深度探求技术核心：通过全套家装案例，使读者在制作过程中学会设计并逐渐积累经验
紧跟最新技术热点：通过精心挑选的6大案例，使读者对应家装中的常见户型设计效果
提升专业实战技能：手把手教授读者获取家装设计效果图的金钥匙，激发创意和灵感
超值附赠DVD光盘：2张约8GB的超大容量光盘，包括近500个场景文件、贴图文件和最终效果文件以及400多分钟的视频教学文件，同时还赠送700多个模型库供读者参考

专业级的设计人员
优秀级的效果图作品
销量排名
位于效果图图书的前列

配2张DVD光盘

孙启善 王玉梅 编著

深度 3ds Max/VRay 全套家装效果图制作完美空间表现

第二版

兵器工业出版社

北京希望电子出版社
Beijing Hope Electronic Press
www.bhp.com.cn

内 容 简 介

本书是一本关于家装设计及表现综合应用方面的专著，由一线制作人员和教学人员编写。全书共分9章，分别介绍了家装设计与表现——基础知识；室内各种模型的制作—建模；真实渲染——VRay 基础参数；精致小户型套一——现代简约风格；精研好户型套二厅——西班牙风格；精品大户型套三双厅——中式风格；精美复式户型——地中海风格；精工奢华别墅——新古典风格；全方位展现——户型图及动画浏览。

本书结构清晰、语言简洁、实例精彩，既可作为室内设计人员的参考手册，也可以供各类电脑设计培训班作为学习教材。

本书附带的光盘包含书中部分案例的场景文件、贴图文件、作品欣赏和视频教学文件。另外还赠送了一些精美的高精度模型。

图书在版编目（CIP）数据

3ds Max/VRay 全套家装效果图制作完美空间表现/ 孙启善，王玉梅编著．—2 版．—北京：兵器工业出版社，2012.6

ISBN 978-7-80248-734-5

Ⅰ．①3… Ⅱ．①孙… ②王… Ⅲ．①室内装饰设计：计算机辅助设计—三维动画软件，3ds Max、VRay Ⅳ．①TU238-39

中国版本图书馆 CIP 数据核字（2012）第 068613 号

出版发行：兵器工业出版社　北京希望电子出版社
邮编社址：100089　北京市海淀区车道沟 10 号
100085　北京市海淀区上地三街 9 号
嘉华大厦 C 座 611
电　　话：（010）82702660（发行）（010）82702675（邮购）
经　　销：各地新华书店　软件连锁店
印　　刷：北京天宇万达印刷有限公司
版　　次：2014 年 11 月第 1 版第 2 次印刷

封面设计：深度文化
责任编辑：刘　立　刘俊杰
责任校对：小　亚
开　　本：787mm×1092mm　1/16
印　　张：22.5（全彩印刷）
印　　数：4001－6000
字　　数：498 千字
定　　价：69.80 元（配 2 张 DVD 光盘）

客厅设计说明：

客厅采用简洁现代风格来进行设计的，整体色调安排了以中暖色为主调，客厅电视墙采用了两块六厘米厚的木板装饰，既起到装饰作用，又起到了实用的功能，在大面积暖黄色壁纸的映衬下格外温馨，沙发背景采用浅色装饰板，让整个空间立即暖意融融，再配以两幅精致的挂画，为整体起到一个透气、留白的位置。

橡木地板　　橡木装饰板

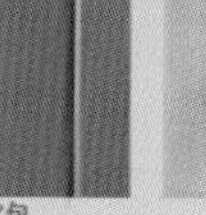

软包　　暗纹壁纸

卧室设计说明：

卧室和客厅是相通的，通过一道厚实的布帘加以分隔。白天的可以将其收起，以增加客厅的采光；晚上将其展开，形成一个私密的空间。针对这种半封闭的形式，在设计风格上采用了与客厅相同的简约现代风格，床头背景采用了褐色软包，软包材质选用鹿皮绒，以达到质感的统一。床头的对面设计一整面墙体的衣橱，为后面使用的时候增加足够的空间。整个天花采用了大型灯池，通过暖暖的灯带与局部的点光照明，制造出富有层次感的空间光影效果。

客厅设计说明：

客厅整体墙面采用带有肌理的拉毛墙面，将每个门洞以拱形造型进行演变，同时电视墙也采用相同的造型，内部贴以褐色系的马赛克，让它不仅拥有典雅、端庄的气质，还具有明显的风格特征，这样使得电视墙造型不突兀，也使整个空间浑然一体。客厅上空高悬的铸铁吊灯、深色的木质以及原木梁的运用，都散发一种古朴、典雅、乡土的气息。质朴的拱形结构，古典的氛围将空间点缀得十分雅致大气，整个空间一种浓浓的异域风情色彩跃然眼前。

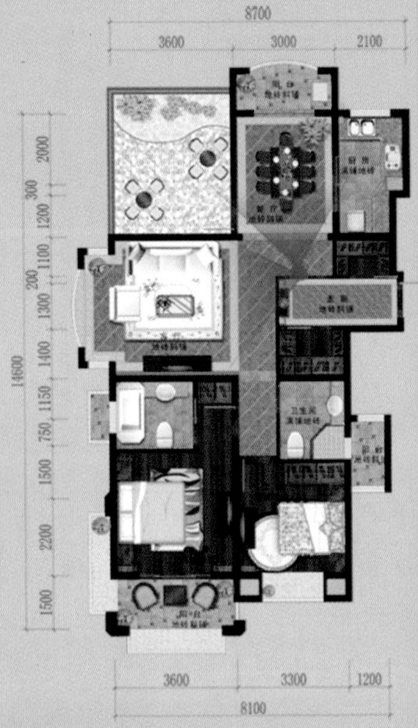

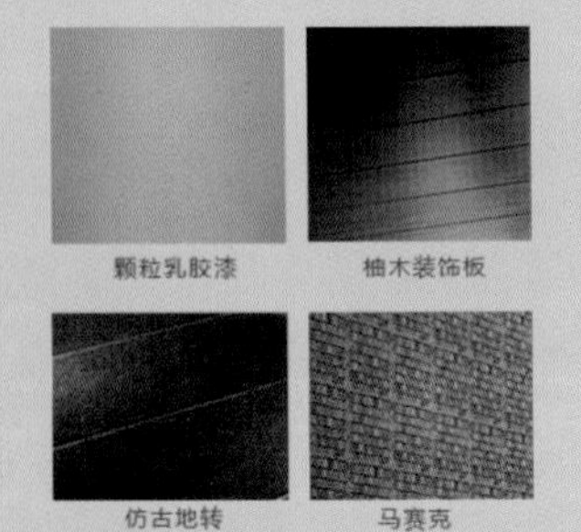

餐厅设计说明：

餐厅作为就餐的空间，需要营造一种格外温馨融洽的气氛，暖色调的处理当然是必不可少的，造型上多以木制作为主，包括深色木梁造型、极具西班牙风格的门板造型和墙面上带有曲线造型的隔板，无一不渗透着西班牙的神秘与热情洋溢，再搭配整体的深色地砖斜拼，暗示着自然的田园生活，给整个空间带来了强烈的视觉冲击效果，更使整个房间洋溢着暖暖的调子，散发一种古朴、典雅的气息。

门厅设计说明：

作为本案例中的门厅，以暖色仿古地砖进行地面铺设，让踏进家门的第一步就暖洋洋的，不同的地砖质感将门厅的特殊地位突出表现出来。门厅天花吊顶以椭圆造型为主，凸现天圆地方的思想。至于墙面上将中式水墨画的低柜搭配深木纹理的条几，为客户提供了充足的储物空间和摆放装饰摆件的地方。交错编制状的大红色装饰墙，灵感来自于吉祥的中国结，有着吉祥、平安之意。中间的磨砂玻璃的现代的质感，为整个门厅的通透感增加了点睛之笔。

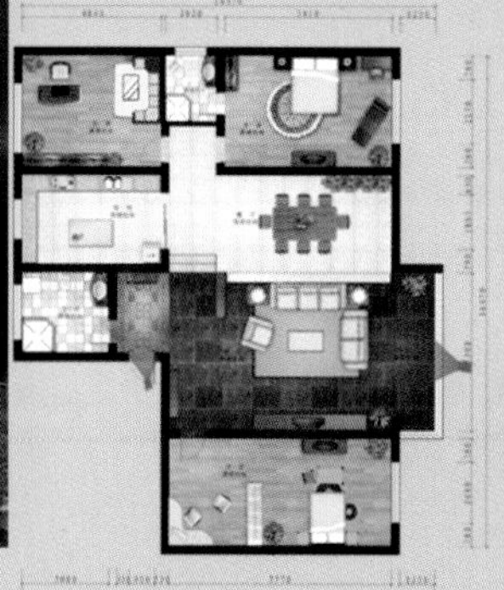

青石板

马赛克拼花

壁纸

胡桃木拼缝

客厅设计说明：

客厅采用典雅的中式风格，整体色调安排以“重色”为主调，墙面大面积的深色木纹，极具自然纹理的青石板地面斜铺，其温润的质感，凸现了老人平和与世无争的安逸心境。电视背景墙运用了中国传统的卷草花纹造型，衬底采用重色玻璃，家中的所有陈设隐约现身其中，朦胧的影像增加了空间感，也不至于让过多的木色显得沉重，留出空间的“透气喘息”之处。客厅隔断也与电视背景墙的卷草图案达成一致，不仅仅在形式上成互为呼应的联系，也缓冲了门厅和客厅空间的过渡。更使整个室内从门厅开始就让人感觉到古香古色。

客厅设计说明：

Ⅰ客厅整体采用带有肌理的拉毛墙面，将每个门洞以拱形造型进行演变，同时电视墙也采用相同的造型，内部贴以褐色系的马赛克，让它不仅拥有典雅、端庄的气质，还具有明显的风格特征，这样可使电视墙造型不突兀，也使整个空间浑然一体。客厅上空高悬的铸铁吊灯、深色的木质以及原木梁的运用，都散发一种古朴、典雅、乡土的气息。质朴的拱形的结构，古典的氛围将空间点缀得十分雅致大气，整个空间一种浓浓的异域风情色彩跃然眼前。

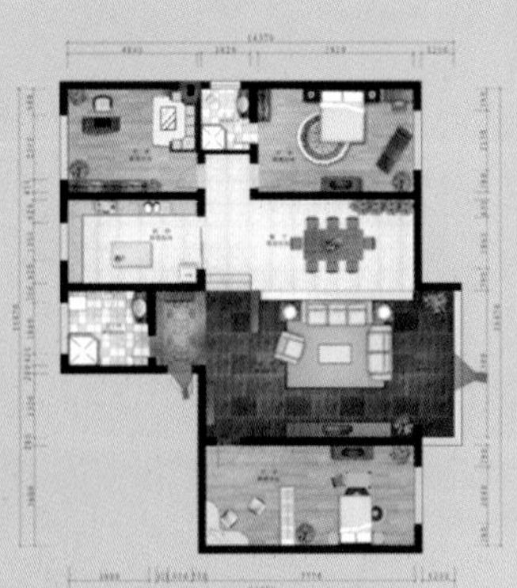

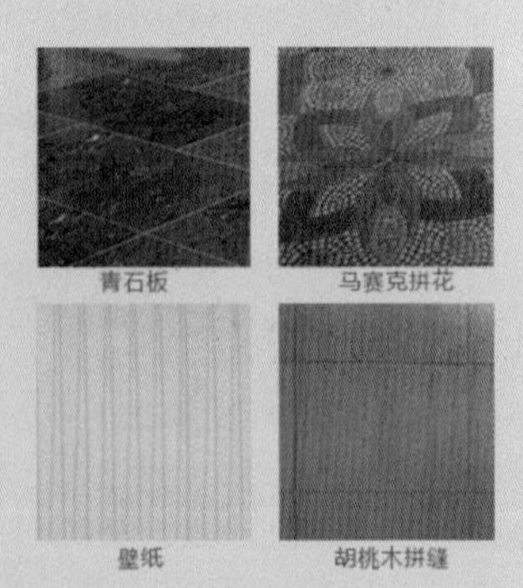

餐厅设计说明：

餐厅作为就餐的空间，需要营造一种格外温馨融洽的气氛，暖色调的处理当然是必不可少的，造型上多以木制作为主，包括深色木梁造型、极具西班牙风格的门板造型和墙面上带有曲线造型的隔板，无一不渗透着西班牙的神秘与热情洋溢，再搭配整体的深色地砖斜拼，暗示出自然的田园生活，给整个空间带来了强烈的视觉冲击效果，更使得整个房间洋溢着暖暖的调子，散发一种古朴、典雅的气息。

中庭设计说明：

中庭的设计整体采用了白色、蓝色为主色调的手法，这是比较典型的地中海颜色搭配。该风格对于现代家居设计的最大魅力，首先来自其纯美的色彩组合。地中海地区的色彩确实太丰富了，并且由于阳光充足，所有颜色的饱和度也很高，将色彩最绚烂的一面表现得淋漓尽致。其次，地中海风格的设计思想精髓在于设计中体现了“自由、悠闲”的生活方式，这些对于生活在钢筋水泥丛林中的现代人来说绝对是一种享受。

天花采用了纹理明显的疤节木材料，与白色的乳胶漆形成了明显的对比，沙发墙面采用了蓝色的条纹壁纸，显得生机勃勃，地面采用了仿古砖，电视墙及楼板侧面的凹槽使用了华丽的马赛克镶嵌、拼贴。

仿古地砖斜拼

蓝白马赛克

地毯

疤节木吊顶

餐厅设计说明：

餐厅的设计风格也采用了与中庭一样的地中海风格，因为这个复式户型的中庭厅和餐厅是相通的，目前国内多数的建筑设计是这样的，在原来的结构上，在餐厅的位置设计了两个很通透的隔断，使客厅、餐厅在无形中进行了合理的分割，从视觉上很通透，但是从功能的分区上很明显。

餐厅的前面采用了暖色的黄色壁纸，正好与中庭的沙发墙形成了强烈的对比，餐桌与餐椅采用了蓝色的纹理漆，正好与吊灯相呼应，餐橱使用了与走廊一样的拱门，为了增加气氛，加入了灯槽。

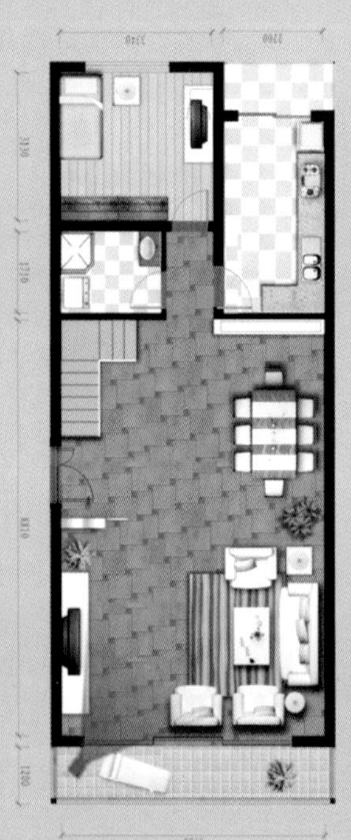

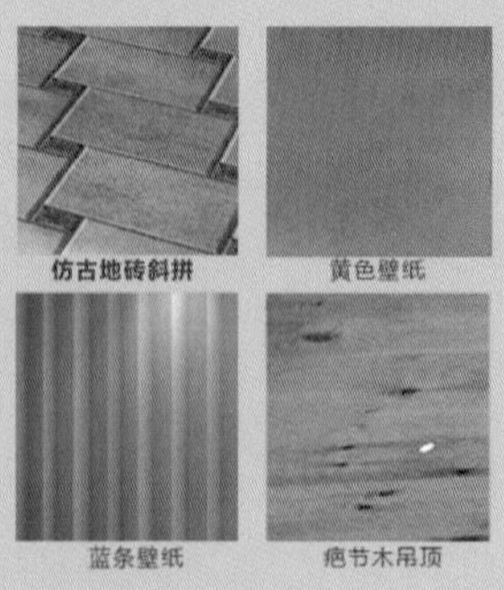

门厅设计说明：

门厅延续了中庭的整体格调，玄关左手边采用阿富汗金大理石线条作为门洞装饰，将玄关和中庭进行了有效的分隔，玄关的正立面则采用了暖色的宝金米黄进行装饰，通过不同的造型来营造不一样的质感，主墙面采用经典的新古典花纹壁纸，搭配精致厚重的大理石线条，外侧配以3cm宽的排骨线，再点缀统一色调的油画和摆台，温润的木质拉门，使整个玄关在一开始就让人为之驻足。

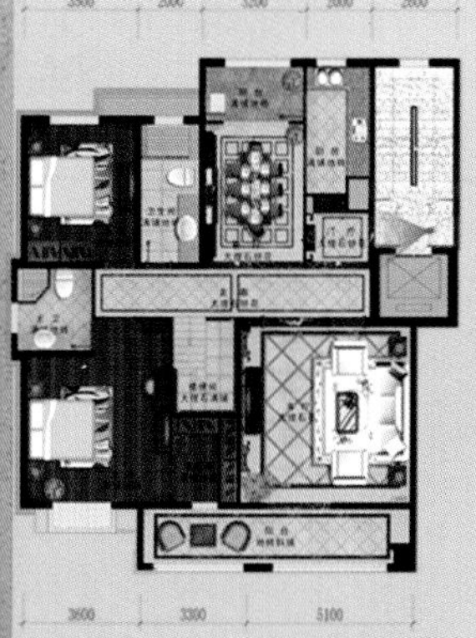

大理石拼花　米黄大理石
壁纸　红木装饰板

中庭设计说明：

别墅整体色调安排以“暖色”为主调，电视背景墙运用了新古典的常见颜色——香槟金，香槟金色的画框衬托沉稳的古典油画；香槟金色的金属造型搭配切边清镜；使整个电视墙有着整体大气的气魄而不显得沉闷，在电视墙的造型中采用暖黄色的大理石和深色大理石相互映衬，繁杂精致的理石线条，再配以恰到好处的灯光效果，让电视墙有着雍容华贵的大气。沙发背景墙和电视墙造型有着异曲同工之妙，相同的材质和相同的色调，只是将大理石线条之内的区域，安排了斜拼的软包造型，两侧点缀新古典的三头壁灯，既统一了风格，又不会产生喧宾夺主的效果。

13300
3500　2000　3200　2000　2600

3600　3300　5100

大理石拼花

沙发墙软包

壁纸

红木装饰板

餐厅设计说明：

餐厅一般的色彩配搭、风格都是随着客厅的，同样采用阿富汗金大理石线条作为门洞装饰，将餐厅走廊和中庭进行分隔，在餐厅的使用功能上，精致的新古典餐桌餐椅、晶莹剔透的水晶灯，让这个空间熠熠生辉，然后再充分利用左手边完整的墙面制作具有展示并具有储物功能的酒柜，极大的满足了餐厅包括厨房中可能要用到的储物功能。

大理石拼花

地板

壁纸

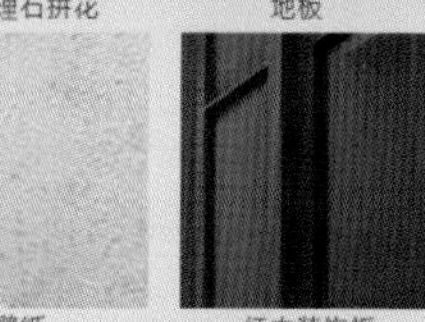

红木装饰板

书房设计说明：

欧洲古典风尚总让人沉醉，渗透到生活细节中，新古典式的书房设计勾起人们对几个世纪前文明觉醒的回忆，新古典式书房装饰会给空间带来全新思路，沉稳、大气、内敛的书房环境，正是摆脱浮躁的社会风气最好的避风港，欧洲复古风潮不老，古典文艺气息在全新的书房中流淌……

户型鸟瞰图：

鸟瞰图就是从高空向下俯视，看到的所有房间的整体效果。根据透视原理，用高视点透视法从高处某一点俯视地面起伏绘制成的立体图。它就像从高处鸟瞰制图区，比平面图更有真实感。视线与水平线有一俯角，图上各要素一般都根据透视投影规则来描绘，其特点为近大远小，近明远暗。

室内动画浏览：

在室内空间中，想要连续详细、更全面地观察室内各个局部效果，必须给制作的方案场景设置动画浏览，这样就可以通过摄影机观察到房间内不同的空间。制作简单的室内浏览动画并不是很麻烦，只要是按照下面的步骤进行操作，就可以设置出理想的室内浏览动画。

沙发01

沙发02

沙发03

沙发04

沙发05

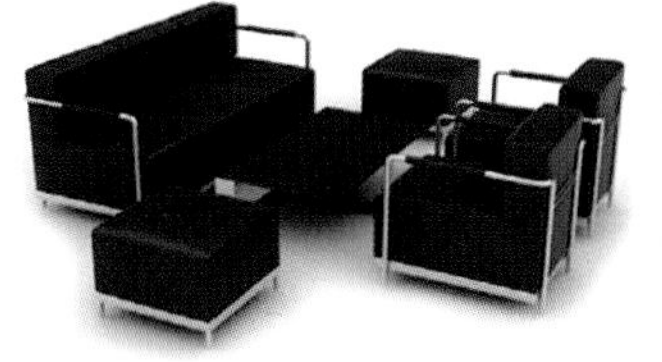
沙发06

沙发07

沙发08

沙发09

沙发10

沙发11

沙发12

沙发13

沙发14

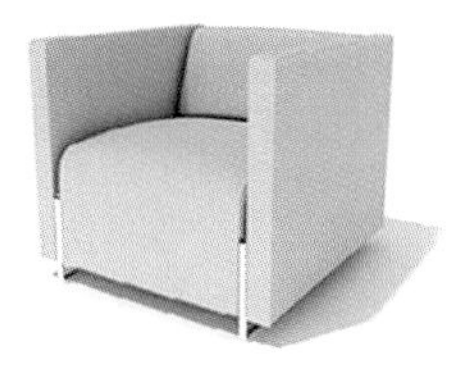
沙发15

沙发16

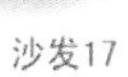
沙发17

沙发18

沙发19

沙发20

沙发21

沙发22

沙发23

沙发24

沙发25

沙发26

床01

床02

床03

床04

床05

床06

床07

床08

床09

床10

床11

床12

餐桌01

餐桌02

餐桌03

餐桌04

餐桌05

餐桌06

餐桌07

餐桌08

窗帘01 窗帘02 窗帘03 窗帘04

窗帘05 窗帘06 窗帘07 窗帘08

窗帘09 窗帘10 窗帘11 窗帘12

窗帘13 窗帘14 窗帘15 窗帘16

植物01 植物02 植物03 植物04

植物05 植物06 植物07 植物08

植物09 植物10 植物11 植物12

植物13 植物14 植物15 植物16

前　言

本书包含了家装设计工作中所接触到的较为常见的户型，并根据户型的不同进行设计与效果图制作，逐一展现户型中每一个房间的使用功能与设计方案和效果。

本书从最初的策划就确立了先理论后实践，从易到难的写作框架。这样，即便是最初级的读者在接触到本书时也可以逐步掌握家装中不同案例的设计和效果图的表现方法与技巧。而且，本书作者是一名工作经验和教学经验相当丰富的老师，在讲解时，采用了教学中经常的方式——案例与设计相结合，全面介绍了效果图的表现、软件的使用方法、设计方案的表现思路和相关的行业知识。

与其他同类书籍相比，本书有以下显著特点：

- 本书所有案例为3ds Max2012、VRay2.00.03版本制作，光盘中配有视频教学，把第4章至第9章的实例都制作成视频教学录像，并配以语音讲解，读者只需按照光盘中的讲解进行操作，就可以制作出精美的效果图。
- 实例经典，内容丰富。学习3ds Max的读者大致分为两类，一类是读者知道做什么（已经有设计方案，有创意了），但是不知道怎么做（不会使用相关的设计软件）；另一类读者是知道怎么做，但是不知道做什么，缺乏创意，没有好的设计方案。本书通过家装设计中的经典案例，让读者在学习如何应用软件的同时，学习效果图的制作技巧，在制作的过程中学会设计并逐渐积累经验。
- 创意与实践并重。本书的范例都是精心挑选的，使广大读者能在学习的过程中了解家装中的常见设计户型，对应着可以设计出怎样的效果，手把手地教授读者获取家装设计效果图的金钥匙，即学即用，可以极大激发读者的创意和灵感。

在本书的编写过程中，虽然笔者始终坚持严谨、求实的作风，并追求高水平、高质量、高品位的目标，但不足之处在所难免，敬请读者、专业人士和同行批评、指正，我们将诚恳地接受您的意见，并在以后推出的图书中不断改进。

本书由无限空间设计工作室策划，由具有多年教学和工作经验的设计师孙启善、王玉梅编写，在写作的过程中得到了胡爱玉、王梅君、孙启彦、孙玉雪、陈俊霞、戴江宏、于冬波、徐丽、宋海生、孙平、张双志、陈云龙、况军业、姜杰、杨丙政、孙贤君、管虹、孔令起、李秀华、王保财、张波等人的大力帮助和支持，在此表示由衷地感谢。

在本书的编写过程中，韩宜波老师审阅了本书的初稿，并提出了许多宝贵的意见，在此表示真诚地感谢。这里还要感谢一直关注着本书的学生以及帮助过我们的朋友们！

编著者

目 录

第1章 家装设计与表现——基础知识

第2章 室内各种模型的制作——建模

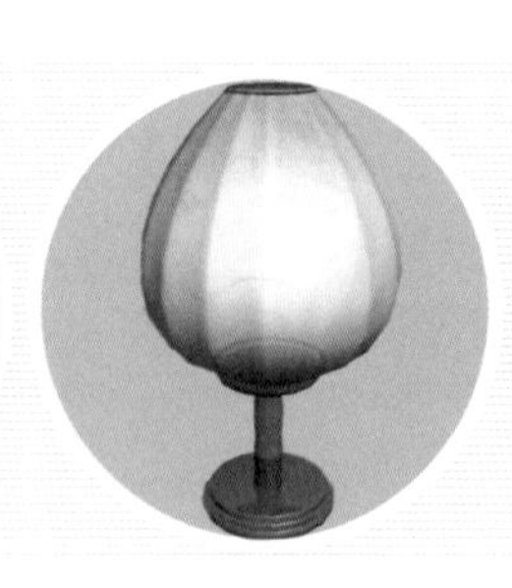
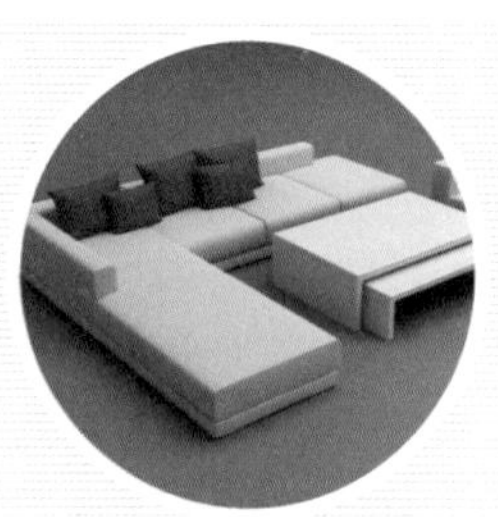

第3章 真实渲染——VRay基础参数

第4章 精致小户型套一——现代简约风格

第5章 精研好户型套二厅——西班牙风格

第6章 精品大户型套三双厅——中式风格

第7章 精美复式户型——地中海风格

第8章 精工奢华别墅——新古典风格

第9章 全方位展现——户型图及动画浏览

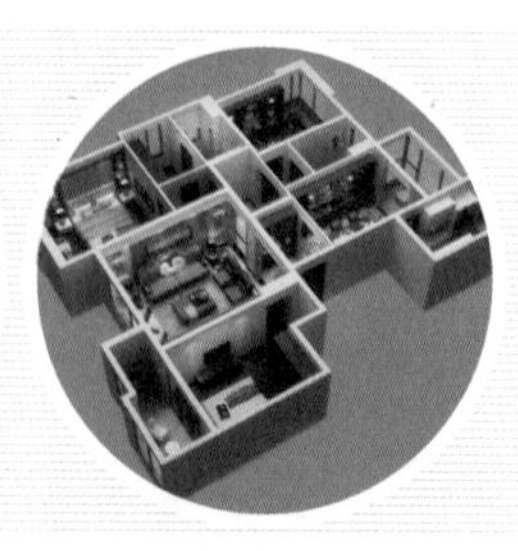

第1章

家装设计与表现——基础知识

本章内容

- 家装的概念
- 家装行业的发展趋势
- 家装的基础知识
- 家装的设计原则
- 了解家庭装修程序
- 美术基础与效果图之间的关系
- 家装效果图的用色原则
- 家装效果图的制作技巧

本章重点以大量的理论知识与丰富的工作经验，结合室内设计中所涉及到的知识，进行全面、综合地介绍，还对后面的软件应用做了一个系统的诠释，便于引导读者有目的地学习。

如果想做一名优秀的设计师，综合素质的提高是很重要的。在做设计师之前，必须了解客户的需求，也就是很好地与客户进行沟通。然后根据客户的要求合理的将设计方案表现出来，再做设计之前，还必须了解材料和工艺，否则做出来的设计就是纸上谈兵。

1.1 家装的概念

“家装”即家庭装修或装潢。装修和装潢原义是指“器物或商品外表”的“修饰”，是着重从外表的、视觉艺术的角度来探讨和研究问题。例如对室内地面、墙面、顶棚等各界面的处理及装饰材料的选用，也可能包括对家具、灯具、陈设和饰品的选用、配置与设计。

装修一词有最终完成的含义，室内装修侧重于技术工程、施工工艺和构造做法等方面，顾名思义主要是指土建工程施工完成之后，对室内各个界面、隔断、门窗等最终的装修工程。

家庭装修设计必须在充分理解客户构思、意图的基础上运用灵活多变的设计手法对室内基本环境的塑造加以深化、调整、充实和发展，不断提高空间环境的物质力量，达到美观、新颖并赋予一定内涵，体现出时代气息，加上声、光、电和通风的配合，创造出更完美的空间环境。

1.2 家装行业的发展趋势

家装设计作为一门新兴的学科，尽管还只是近数十年的事，但是人们有意识地对自己生活、生产活动的室内进行安排布置，甚至美化装饰，赋予室内环境以所祈使的气氛，却早已从人类文明伊始的时期就存在了。

我国清代文人李渔说优秀的设计师进行室内设计可以“与时变化，就地权宜”“幽斋陈设，妙在日异月新”，即所谓的“贵活变”论点。另外，他还建议不同房间的门窗应设计成不同的体裁和花式，但要具有相同的尺寸和规格，以便根据使用要求和室内意境的需要，使各室的门窗可以更替和互换。李渔“活变”的论点，虽然还只是从室内装修的构件和陈设等方面去考虑，但是它已经涉及了因时、因地的变化，把室内设计以动态的发展过程来对待。

随着社会的发展和时代的推移，现代家装设计具有如下所列的一些发展趋势。

第一，从整体上看，室内环境设计学科的相对独立性日益增强；同时，与多学科、边缘学科的联系和结合趋势也日益明显。现代家装设计除了仍以建筑设计作为科学发展的基础外，工艺美术和工业设计的一些观念、思考和工作方法也日益在设计中显示其作用。

第二，家装设计的发展适应于当今社会发展的特点，趋向于多层次、多风格。即由于使用对象的不同、建筑功能和投资标准的差异，明显地呈现出多层次、多风格的发展趋势。但需要着重指出的是，不同层次、不同风格的现代家装设计都将更为重视人们在室内空间中精神因素的需要和环境的文化内涵。

第三，专业设计进一步深化和规范化的同时，业主及大众参与的势头也将有所增强。这是由于室内空间环境的创造总是离不开生活、生产活动与其间的使用者的切身需求，设计者倾听使用者的想法和要求，有利于使设计构思达到共识，贴近使用者的需求、贴近生活，能使使用功能更具实效，也更为完善。

第四，设计、施工、材料、设施、设备之间的协调和配套关系的加强，上述各部分自身的规范化进程进一步完善。

第五，从可持续发展的宏观要求出发，室内装修设计将更为重视防止环境污染的“绿色装饰材料”的运用，考虑节能与节省室内空间，创造有利于身心健康的环境。

现代室内设计的一个显著特点是随着时间的推移，人们对居住环境的要求逐渐改变，从而引起室内功能相应的变化和改变。而且人们对室内环境艺术风格和气氛的欣赏和追求，也是随着时间的推移而不断发生改变的。

1.3 家装的基础知识

无论从事哪一个行业，基础知识的掌握是必不可缺少的。如果从事装潢设计工作，则必须懂关于设计的一些基础知识，例如：人体工程学及家具尺度、室内环境色彩及材料、室内设计风格、施工工艺、设计图纸等。如果不懂这些基础知识，即使设计产品，也只是纸上谈兵，难以变成现实的。如果不懂施工工艺，在施工过程中会出现问题，对公司造成无法挽回的损失，严重的话直接危胁到客户的人身安全。而掌握了这些基础知识，将对今后的设计有很大帮助。

1.3.1 家装设计的含义

下面对家装设计从不同的角度、不同的侧重点来加以分析研究。

家装设计是根据客户提出的对空间的使用性质、所处环境和相应标准，运用现代物质技术手段和建筑美学原理，创造出功能合理、舒适美观、满足人们物质和精神生活需要的室内空间环境的一门实用艺术。这一空间环境既具有满足相应使用功能的要求，同时也反映出历史底蕴、环境氛围等精神因素。其间，明确地将“创造满足人们物质和精神生活需要的室内空间环境”作为室内设计的目的，这正是以人为中心，一切为人创造出美好的生活、生产活动的室内空间环境。

家装设计既是建筑设计的有机组成部分，同时又是对建筑空间进行的第二次划分、设计，它还是建筑设计在微观层次的深化与延伸。

家庭装饰装潢是着重从外表视觉艺术的角度来探讨、研究并解决问题。例如：室内空间各界面的装点美化、施工工艺、装饰材料的选用等方面。

家装设计既与人们所认同的建筑设计体系相区别，又与大众认可的装饰装潢、装修等概念对空间所做的工作内容与改造不同。家装设计在空间中营造良好的人与人、人与空间、人与物、物与物之间的机能关系，达到设计的心理及生理的平衡与满足。家装设计是人类生活中重要的设计活动之一，不仅关乎人们的过去、现在，还体现了人们对未来世界的探索与追求。

1.3.2 室内设计风格

风格即风度品格，其体现创作中的艺术特色和个性。相对来说，可以认为风格跨越的时间要长一些，包含的地域会广一些。

室内设计的风格主要分为：传统风格、现代风格、后现代风格、自然风格以及混合型风格等。

1．传统风格

传统风格的室内设计是在室内布置、线形、色调以及家具、陈设的造型等方面，吸取传统装饰“形”、“神”的特征。例如：吸取我国传统木构架建筑室内的藻井天棚、挂落、雀替的构成和装饰，明、清家具的造型和款式特征，称为传统的中式风格，效果如图1–1所示。

图1-1　传统的中式风格效果

西方传统风格中仿罗马风、哥特式、文艺复兴式、巴洛克、洛可可、古典主义等（其中如仿欧洲英国维多利亚式或法国路易式的室内装潢和家具款式），称为传统的欧式风格，效果如图1–2所示。

图1-2　传统的欧式风格效果

除了上面的两种传统风格外，还有日本传统风格、印度传统风格、伊斯兰传统风格、北非城堡风格等。传统风格常给人们历史延续和地域文脉的感受，它使室内环境突出了民族文化渊源的形象特征。

2．现代风格

现代风格起源于1919年成立的鲍豪斯（Bauhaus）学派，其重视功能和空间组织，注意发挥结构构成本身的形式美，造型简洁，反对多余装饰，崇尚合理的构成工艺，尊重材料的性能，讲究材料自身的质地和色彩的配置效果，发展了非传统的以功能布局为依据的不对称的构图手法。鲍豪斯学派重视工艺制作操作，强调设计与工业生产的联系。

鲍豪斯学派的创始人瓦尔特·格罗皮乌斯（Walter Gropius）对现代建筑的观点是非常鲜明的，他认为"美的观念随着思想和技术的进步而改变""建筑没有中级，只有不断的变革""在建筑表现中不能抹杀现代建筑技术，建筑表现要应用前所未有的形象"。当时杰出的代表人物还有勒·柯布西耶（Le Corbusier）和密斯·凡·德·罗（Mies Van Der Rohe）等。现在，广大的现代风格也可以泛指造型简洁新颖，具有当今时代感的建筑形象和室内环境。现代风格效果如图1-3所示。

图1-3　现代风格效果

3．后现代风格

后现代主义一词最早出现在西班牙作家德·奥尼斯（Federico De Onis）1934年《西班牙与西班牙语类诗选》一书中，用来描述现代主义内部发生的逆动，其中有一种对现代主义纯理性的逆反心理，即为后现代风格。20世纪50年代美国在所谓的现代主义衰落的情况下，也逐渐形成后现代主义的文化思潮。受20世纪60年代兴起的大众艺术的影响，后现代风格是对现代风格中纯理性主义倾向的批判，后现代风格强调建筑及室内装潢应具有历史的延续性，但又不拘泥于传统的逻辑思维方式，探索创新造型手法，讲究人情味，常在室内设置夸张、变形的柱式和断裂的拱券，或把古典构件的抽象形式以新的手法组合在一起，即采用非传统的混合、叠加、变位、裂变等手法和象征、隐喻等手段，以期创造一种融感性与理性、集传统与现代、揉大众与行家于一体的"亦此亦彼"的建筑形象与室内环境。对后现代风格不能仅仅以所看到的视觉形象来评价，还需要透过形象从设计思想来分析。后现代风格效果如图1-4所示。

图1-4　后现代风格效果

4．自然风格

自然风格倡导“回归自然”，美学上推崇“自然美”，认为只有崇尚自然、结合自然，才能在当今高科技、高节奏的社会生活中，使人们获得生理和心理的平衡，因此室内多用木料、织物、石材等天然材料来显示材料的纹理。此外，由于其宗旨和手法的类同，也可以把田园风格归入自然风格一类。田园风格在室内环境中力求表现悠闲、舒畅、自然的田园生活情趣，也常运用天然木、石藤、竹等材质质朴的纹理，巧于设置室内绿化，创造自然、简朴、高雅的氛围。

此外，也有把20世纪70年代反对千篇一律的国际风格的，室内采用木板和清水砖砌墙壁、传统地方门窗造型及坡屋顶等称为“乡土风格”或“地方风格”，也称“灰色派”。自然风格效果如图1–5所示。

图1-5　自然风格效果

5．混合型风格

近年来，建筑设计和室内设计在总体上呈现多元化。室内布置中也有既趋于现代实用，又吸收传统的特征，在装潢与陈设中融古今中西于一体。例如：传统的屏风、摆设和茶几，配以现代风格的墙面及门窗装修、新型的沙发；欧式古典的琉璃灯具和壁面装饰配以东方传统的家具与埃及的陈设、小品等。混合型风格虽然在设计中不拘一格，运用多种体例，但设计中仍然是匠心独具，深入推敲形体、色彩、材质等方面的总体构图和视觉效果。混合型风格效果如图1-6所示。

图1-6　混合型风格效果

1.3.3　室内环境色彩与材料

色彩不是一个抽象的概念，而是和室内每一物体的材料、质地紧密联系在一起的。例如：在绿色的田野里，即使很远的地方，也很能容易发现穿红色服装的人，虽然不能辨别男女老少，但也充分说明色彩具有强烈的信号，起到第一印象的观感作用。当在五彩缤纷的大厅里联欢时，会倍增欢乐；在游山玩水的时候，如果遇上阴天，面对阴暗灰淡的景色会觉得扫兴。这些都表明，色彩能影响人的感情。

色彩能随着时间的不同而发生变化，微妙的改变周围的景色。例如：清晨、中午、傍晚、月夜、景色都很迷人，主要是因光色的不同而各具特色。一年四季不同的自然景观，丰富着人们的生活。色彩的这些特点很快吸引了人们的注意，并被运用到室内设计中。早在1942年，布雷纳德和梅西就对不同色彩的顶棚、墙面的照度利用系数方面做了研究，穆恩还对墙面色彩效果作了数学分析，指出当墙面反射增加9倍时，照度增加3倍，并进一步说明相同反射系数的色彩或非色彩表面，在相同照度下是一样亮的，但在室内经过“相互反射”从天棚和墙经过多次反射后达到工作面，使用色彩表面比无色彩表面照度更大。但色彩现象是发生在人的视觉和心理过程的，而关于色彩的相互关系、色彩的偏爱等许多问题还不能得到真正解决，有待进一步研究。

1．色彩的来源

光是一切物体颜色的唯一来源，是一种电磁波的能量，称为光波。当光波波长范围在380～780nm内，可观察到的光称为可见光。它们在电磁波巨大的连续统一体中，只占极狭小的一部分。光刺激人的视网膜时形成色觉，因此通常见到的物体的颜色，是指物体的反射颜色，而没有光也就没有颜色。物体的有色表面上，反射光的某种波长可能比反射其他光的波长要强得多，这个反射得到的最长的波长，通常成为该物体的色彩。表面的颜色主要是从入射光中减去（被吸收、透射）一些波长而产生的，因此感觉到的颜色主要取决于物体光波反射率和光源的发射光谱。

2．色彩的属性

色彩具有三种属性，或称色彩三要素，即色相、明度和彩度，这三者在任何一个物体上是同时显示出来的，不可分离的。

- 色相：说明色彩所呈现的相貌，如红、橙、黄、绿等，色彩之所以不同，取决于光波波长的长短，通常用循环的色相环表示。
- 明度：表明色彩的明暗程度，取决于光波的波幅，波幅愈大，亮度也愈大，但和波长也有关系。通常将从黑到白分成若干阶段作为衡量的尺度，接近白色的明度高，接近黑色的明度低。色环的明度等级如表1–1所示。

表1-1　色环的明度等级

明度等级	色环上的明度级
白	白
高明度	黄
明	橙黄、绿黄
低明度	橙、绿
中间明度	橙红、青绿
稍暗	红、青
暗	红紫、青紫
深暗	紫
黑	黑

- 彩度：即色彩的强弱程度，或色彩的纯净饱和程度，有时也称为色彩的纯度或饱和度。它取决于所含波长的单一性和复合性。单一波长的颜色彩度大，色彩鲜明，而混入其他波长时彩度就会降低。在同一色相中，把彩度最高的色称为该色的纯色，色相环一般用纯色表示。

3．材质、色彩与照明

室内一切物体除了形、色外，材料的质地即它的肌理（或称纹理）与线、形、色一样传递信息。室内的家具设备不但近在眼前，而且许多和人体发生直接接触，可说是看得清、摸得到的，使用材料的质地对人引起的质感就显得格外重要。新出生的婴儿通过用嘴和手的触觉来了解世界。人们对喜爱的东西，也总是通过抚摸、接触来得到满足。材料的质感在视觉和触觉上同时反映出来，因此，质感给予人的美感中还包括快感，这比单纯的视觉现象略胜一筹。

- 粗糙和光滑：表面粗糙的材料有许多，例如石材、未加工的原木、粗砖、磨砂玻璃、长毛织物等。表面光滑的材料例如玻璃、抛光金属、釉面陶瓷、丝绸。同样是粗糙面，不同材料有不同质感，如粗糙的石材壁炉和长毛地毯，质感完全不一样，一硬一软，一重一轻，但后者比前者有更好的触感。光滑的金属镜面和光滑的丝绸，在质感上也有很大的区别，前者坚硬，后者柔软。粗糙和光滑的比较效果如图1−7所示。

粗糙的材料

光滑的材料

图1-7　粗糙和光滑的比较效果

- 软与硬：许多纤维织物，都有柔软的触感。例如纯羊毛织物虽然可以织成光滑或粗糙质地，但摸上去都是舒服的。棉麻为植物纤维，它们都耐用、柔软，常作为轻型蒙面材料或窗帘；玻璃纤维织物从纯净的细亚麻布到重型织物有很多品种，它易于保养，能防火，价格低，但其触感有时不太舒服。硬的材料如砖石、金属、玻璃，它们耐用耐磨，不变形，线条明显，多数有很好的光洁度和光泽。晶莹明亮的硬材，可使室内很有生气，但从触感上来说，人们一般喜欢光滑柔软，而不喜欢坚硬冰冷。软材和硬材的比较效果如图1−8所示。

软材

硬材

图1-8　软材与硬材的比较效果

- 冷与暖：质感的冷暖表现在身体的触觉、座面、扶手、躺卧之处，这些都要求柔软和温暖，金属、玻璃、大理石都是很高级的室内材料，如果用多了可能产生冰冷的效果。但在视觉上由于色彩的不同，其冷暖感也不一样。例如红色花岗石、大理石触感冷，但视感还是暖的。而白色羊毛触感是暖的，视感却是冷的。选用材料时应两方面同时考虑。木材在表现冷暖软硬上有独特的优点，比织物要冷，比金属、玻璃要暖；比织物要硬，比石材软，可用在许多地方，既可作为承重结构，又可作为装饰材料，更适宜做家具，又便于加工，从这点上来看，可以称为室内材料之王。冷与暖的对比效果如图1–9所示。

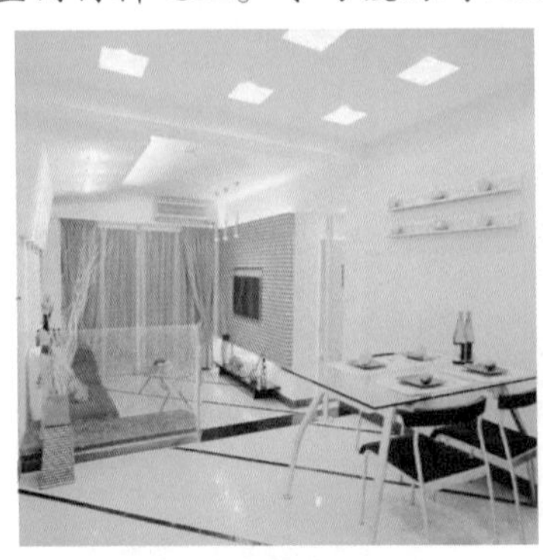

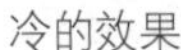

冷的效果

暖的效果

图1-9　冷与暖的对比效果

- 光泽：许多经过加工的材料都具有很好的光泽，例如抛光金属、玻璃、磨光花岗岩、大理石、搪瓷、釉面砖、瓷砖，通过镜面般光滑表面的反射，使室内空间感扩大。同时映出光怪陆离的色彩，是丰富活跃室内气氛的好材料。光泽表面易于清洁，可减少室内劳动，且保持明亮，具有积极意义，常用于厨房、卫生间。光泽与透明度效果如图1–10所示。

图1-10　光泽与透明度效果

- 透明度：也是材料的一大特色。透明、半透明材料常见的有玻璃、有机玻璃、丝绸，利用透明材料可以增加空间的广度和深度。在空间感上，透明材料是开敞的，不透明材料是封闭的；在物理性质上，透明材料具有轻盈感，不透明材料具有厚重感和私密感。例如在家具布置中，利用玻璃面茶几，由于其透明，可使较狭隘的空间感到宽敞一些。通过半透明材料隐约可见背后的模糊景象，在一定情况下，比透明材料的完全暴露和不透明材料的完全隔绝，会具有更大的魅力。透明材料的效果如图1–11所示。
- 弹性：人们走在草地上要比走在混凝土路面上舒适，坐在有弹性的沙发上要比坐在硬面椅上舒服。因其弹性的反作用，达到力的平衡，从而感到省力而达到休息的目的。这是软材料和硬材料都无法达到的。弹性材料有泡沫塑料、泡沫橡胶、竹、藤，另外木材也有一定的弹性，特别是软木。弹性材料主要用于地面、床和座面，它们给人特别的触感。弹性材料的效果如图1–12所示。

图1-11　透明材料的效果

图1-12　弹性材料的效果

- 肌理：指材料的肌理或纹理，有均匀无线条的、水平的、垂直的、斜纹的、交错的、曲折的等自然纹理。暴露天然的色泽肌理比刷油漆更好。某些大理石的纹理是人工无法达到的天然图案，可以作为室内的欣赏装饰品，但是肌理组织十分明显的材料必须在拼装时特别注意其相互关系，以及其线条在室内所起的作用，以便达到统一和谐的效果。在室内肌理纹样过多或过分突出时也会造成视觉上的混乱，这时应更换匀质材料。自然的肌理效果如图1-13所示。

图1-13　自然的肌理效果

有些材料可以通过人工加工进行编织，例如竹、藤、织物，有些材料可以进行不同的组装拼合，形成新的构造质感，使材料的轻、硬、粗、细等得到转化。

同样的曲调，用不同的乐器演奏，效果是不同的；同样是红色，但红宝石、红色羊毛地毯，其性质观感是不同的。此外，同样的材料在不同的光照下，其效果也有很大区别。因此，在用色时，一定要结合材料质感效果、不同质地和在光照下的不同色彩效果。

不同光源光色，对色彩的影响：加强或改变色彩的效果。

不同光照位置，对质地、色彩的影响：在正面受光时，常起到强调该色彩的作用；在侧面受光时，由于照度的变化，色彩将产生彩度、明度上的退晕效果，对于雕塑或粗糙面，由于产生阴影而加强其立体感和强化粗糙效果；在背光时，物体由于处在较暗的阴影下面，则能加强其轮廓线成为阴影，其色彩和质地相对处于模糊和不明显的地位。

对于光滑坚硬的材料，例如金属镜面、磨光花岗岩、大理石、水磨石等，应注意其反映周围环境的镜面效应，有时对视觉产生不利的影响。例如，在电梯厅内，应避免采用有光泽的地面，因亮表面反映的虚像，会使人对地面高度产生错觉。

黑色表面极少有影子，它的质地不像亮的表面那么显著。强光加强质地，漫反射软化质地，有一定角度照射的强光，创造激动人心的质感；头顶上的直射光，使质地的细部表现缩至最小。

1.3.4 室内环境与照明

就人的视觉来说，没有光就没有了一切。在室内设计中，光不仅满足了人们的视觉功能需要，而且是一个重要的美学因素。光可以形成空间、改变空间或破坏空间，它直接影响人对物体大小、形状、质地和色彩的感知。近几年的研究证明，光还影响细胞的再生长、激素的产生、腺体的分泌以及如体温、身体的活动和食物的消耗等生理节奏。因此，室内照明是室内设计的重要组成部分之一，在设计之初就应该加以考虑。

1．照度、光色、亮度、材料的光学性质

- 照度：人眼对不同波长的电磁波，在相同的辐射量时，有不同的明暗感觉。人眼的这个视觉特性称为视觉度，并以光通量作为基准单位来衡量。

光通量的单位为流明（lm），光源发光效率的单位为流明/瓦特（lm/W）。

不同日光源和电光源的发光效率如表1-2所示。

光源在某一方向单位立体角内所发出的光通量叫做光源在该方向上的发光强度，单位为坎德拉（cd）；被光照的某一面上其单位面积内所接收的光通量称为照度，其单位为勒克斯（lx）。

- 光色：主要取决于光源的色温（K），其影响室内的气氛。色温低，感觉温暖；色温高，感觉凉爽。一般色温小于3300K为暖色；在3300～5300K范围为中间色；大于5300K为冷色。光源的色温应与照度相适应，即随着照度增加，色温也相应提高。否则，在低色温、高照度下，会使人感到酷热；而在高色温、低照度下，会使人感到阴森。
- 亮度：亮度作为一种主观的评价和感觉，和照度的概念不同，它表示被照面的单

位面积所反射出来的光通量，也称为发光度，因此与被照面的反射率有关。例如在同样的照度下，白纸看起来比黑纸还要亮。有许多因素影响亮度的评价，诸如照度、表面特性、视觉、背景、注视的持续时间甚至包括人眼的特性。

- 材料的光学性质：光遇到物体以后，某些光线被反射，称为反射光；光也能被物体吸收转化为热能，使物体温度上升，并把物体辐射至室外，被吸收的光就看不见了；还有一些光可以透过物体，称为透射光。这三部分光的光通量总和等于入射光通量。

表1-2　不同日光源和电光源的发光效率

光　源	发光效率
太阳光（高度角为7.5°）	90
太阳光（高度角大于25°）	117
太阳光（建议的平均高度）	100
天空光（晴天）	150
天空光（平均）	125
综合自然光（太阳光与天空光的平均值）	115
白炽灯（150W）	16～40
荧光灯（40W）	50～80
高压钠灯	40～140

当光射到光滑表面的不透明材料上，如镜面和金属镜面，则产生定向反射，其入射角等于反射角，并处于同一平面；如果射到不透明的粗糙表面时，则产生漫反光。材料的透明度导致透射光离开物质以不同的方式透射，当材料两表面平行时，透射光线方向和入射光线方向不变；两表面不平行时，则因折射角不同，透射分光线不平行；非定向光被称为漫射光，是由一个相对粗糙的表面产生非定向的反射，或由内部的反射和折射，以及由内部相对大的粒子引起的。

2．照明的控制

- 眩光的控制：眩光与光源的亮度和人的视觉有关。由强光直射人眼而引起的直射眩光，应采取遮阳的办法；对人工光源，避免的办法是降低光源的亮度、移动光源位置和隐蔽光源。当光源处于眩光区之外，即在视平线45°之外时，眩光就不严重，此时遮光灯罩可以隐蔽光源，避免眩光。遮挡角与保护角之和为90°，而遮挡角的标准各国规定不一，一般为60°～70°，这样保护角的范围就变为30°～20°。因反射光引起的反射眩光，取决于光源位置和工作面或注视面的相互位置，故避免的办法是将其相互位置调整到反射光在人的视觉工作区域之外。当决定了人的视点和工作面的位置后，就可以找出引起反射眩光的区域，在此范围内不应布置光源。如图1-14所示，从图中可以看出利用倾斜工作面，较之平面不宜布置光源的区域要小。此外，如注视工作面为粗糙面或吸收面，使光扩散或吸收，或适当提高环境亮度，减少亮度对比，也可以起到减弱眩光的作用。

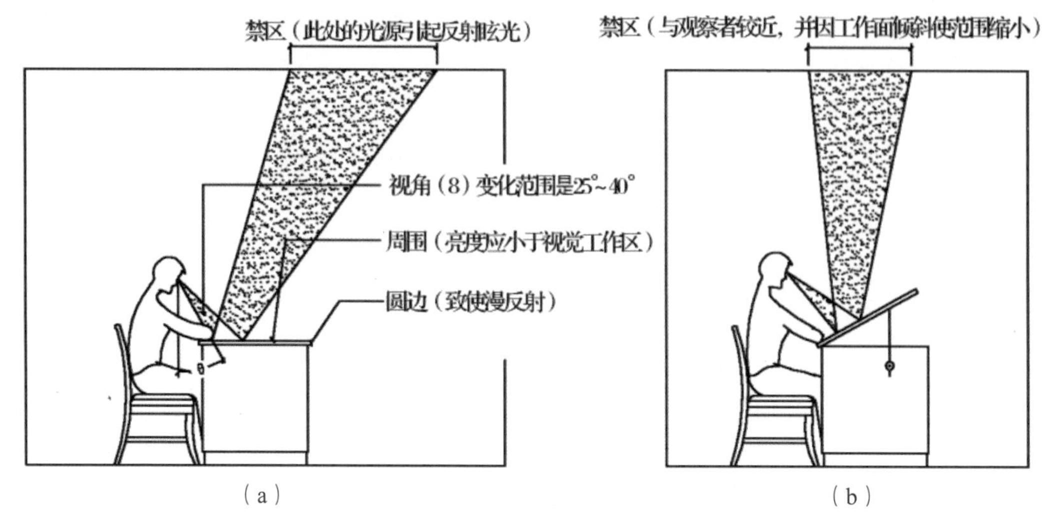

图1-14　不应布置光源的区域

3．亮度比的控制

亮度比的控制即控制整个室内的合理亮度比例和照度分配，与灯具布置方式有关，下面介绍一般灯具的布置方式。

- 整体照明：其特点是常采用匀称的镶嵌于天棚上的固定照明，这种形式为照明提供了一个良好的水平面，也使其在工作面上照度均匀一致，在光线经过的空间没有障碍，任何地方都光线充足，便于任意布置家具，并适合空调和照明相结合。但是耗电量大，在能源紧张的条件下是不可取的，否则就要将整个照度降低。
- 局部照明：为了节约能源，在工作需要的地方才设置光源，并且可以提供开关和灯光减弱装备，使照明水平能满足不同变化的需要。但在暗的房间仅有单独的光源进行工作，容易引起紧张的情绪，并会损害眼睛。
- 整体与局部混合照明：为了改善上述照明的缺点，将90%～95%的光用于工作照明，5%～10%的光用于环境照明。
- 成角照明：使用采用特别设计的反射罩，是使光线射向主要方向的一种方法。这种照明是由墙表面的照明和对表现装饰材料之感的需要而发展起来的。

除了采取上面的集中方法进行布灯外，还可以按照照明地带进行灯光的分布。

- 天棚地带：常作为一般照明和工作照明，由于天棚所处位置的特殊性，使其在照明艺术中占有重要地位。
- 周围地带：处于日常视觉范围内，照明应特别需要避免眩光，并简化。周围地带的亮度应大于天棚地带，否则将造成视觉混乱，而妨碍对空间的理解和对方向的识别，并妨碍对有吸引力的趣味中心的识别。
- 使用地带：此地带的工作照明是必要的，通常各国颁布了不同工作场所要求的最低照度标准。

上述三种地带的照明应保持微妙的平衡，一般认为使用地带的照明与天棚和周围地带照明之比为2：1或3：1或更少，视觉的变化才趋于更小。

1.3.5 人体工程学

人体工程学和环境心理学都是近数十年发展起来的新兴综合性学科。过去人们研究探讨问题，常会把人和物（机械、设施、工具、家具等）、人和环境（空间形状、尺度、氛围等）割裂出来，孤立的对待，认为人就是人，物就是物，环境就是环境，或者单纯地以人去适应物和环境对人们提出要求。而现代室内环境设计日益重视人与物和环境，以人为主体的具有科学依据的协调。因此，室内环境设计除了仍然十分重视视觉活动的设计外，对物理环境、生理环境以及心理环境的研究和设计也已予以高度重视，并开始运用到设计实践中。

1．人体工程学的含义和发展

人体工程学，也称人类工程学、工效学。工效学Ergonomics出自希腊文“Ergo”（即“工作、劳动”）和“nomos”（即“规律、效果”，也是探讨人们劳动、工作效果、效能的规律性）。

人体功能学起源于欧美，最早是在工业社会中，开始大量生产和使用机械设施的情况下，探求人与机械之间的协调，其作为独立学科已有40多年的历史。第二次世界大战中的军事科学技术开始运用人体工程学的原理和方法，在坦克、飞机的内舱设计中，使人在舱内有效地操作和战斗，并尽可能使人长时间地在小空间内减少疲劳，即处理好：人与飞机（操纵杆、仪表、武器等）、环境（内舱空间）的协调关系。第二次世界大战后，各国把人体工程学的实践和研究成果，迅速有效地运用到空间技术、工业产品、建筑及室内设计中。1960年创建了国际人体工程学协会。

如今，社会发展向后工业社会、信息社会过渡，重视“以人为本”，为人服务，人体工程学强调从人自身出发，在以人为主体的前提下研究人们衣、食、住、行以及一切生活、生产活动中综合分析的新思路。

日本千业大学小原教授认为：人体工程学是探知人体的工作能力及其极限，从而使人们所从事的工作趋向适应人体解剖学、生理学、心理学的各个特性。

其实人—物—环境是密切联系在一起的一个系统，今后可望运用人体工程学主动、高效率地支配生活环境。

人体工程学联系到室内设计，其含义为：以人为主体，运用人体计测、生理、心理计测等手段和方法，研究人体结构功能、心理、力学等方面与室内环境之间的合理协调关系，以适合人的身心活动要求，并取得最佳的使用效能，其目标应是安全、健康、高效能和舒适。

2．人体工程学的基础数据和计测手段

室内设计时人体尺度具体数据尺寸的选用应考虑在不同空间与围护的状态下，人们动作和活动的安全，以及对大多数人的适宜尺度，并强调以安全为前提。

- 人体基础数据：主要有下列三个方面，即有关人体构造、人体尺度以及人体动作域等有关数据。
- 人体构造：与人体工程学关系最紧密的是运动系统中的骨骼、关节和肌肉，这三部分在神经系统支配下，使人体各部分完成一系列的运动。骨骼由颅骨、躯干骨、四肢骨三部分组成，脊柱可完成多种运动，是人体的支柱，关节起骨间连接及能活动的作用，肌肉中的骨骼肌受神经系统指挥收缩或舒张，使人体各部分协调动作。

- 人体尺度：是人体工程学研究的最基本的数据之一。不同年龄、性别、地区、民族和国家的人，具有不同的尺度差别。例如我国成年男子平均身高为1670mm，美国的为1740mm，而日本的为1600mm。
- 人体动作域：人们在室内各种工作和生活活动范围的大小，即动作域，它是确定室内空间尺度的重要因素之一。以各种方法测定的人体动作域，也是人体工程学研究的基础数据。如果说人体尺度是静态的、相对固定的数据，那么人体动作域的尺度则为动态的，其动态尺度与活动状态有关。
- 人体生理计测：根据人体在进行各种活动时，有关生理状态变化的情况，通过计测手段，予以客观的、科学的测定，以分析人在活动时的能量和负荷的大小。
- 人体心理测试：心理测试采用精神物理学测量法及尺度法等。

3．人体工程学在室内设计中的应用

由于人体工程学是一门新兴的学科，它在室内环境设计中应用的深度和广度有待于进一步认真开发。目前已开展的应用方面如下所述。

- 确定人和人际在室内活动所需空间的主要依据：根据人体工程学中的有关计测数据，从人的尺度、动作域、心理空间以及人际交往的空间等，确定空间范围。
- 确定家具、设施的形体、尺度及其使用范围的主要依据：家具设施为人所用，因此它们的形体、尺度必须以人体尺度为主要依据；同时，人们为了使用这些家具和设施，其周围必须留有活动和使用的最小空间，而这些要求都由人体工程学科学地予以解决，室内空间越小，停留时间越长，对这方面内容测试的要求也越高，例如车厢、船舱、机舱等交通工具内部空间的设计。
- 提供适应人体的室内物理环境的最佳参数：室内物理环境主要有室内热环境、声环境、光环境、重力环境、辐射环境等，室内设计时有了上述要求的科学参数后，就有了正确的决策。
- 对视觉要素的计测为室内视觉环境设计提供科学依据：人眼的视力、视野、光觉、色觉是视觉的要素，人体工程学通过计测得到的数据，对室内光照设计、室内色彩设计、视觉最佳区域等提供了科学依据。

1.3.6　家具的尺度

1．人体工程学与家具设计

家具是为人所使用的，是服务于人的，因此，家具设计中的尺度、形式及其布置方式，必需符合人体各部分的活动规律，以便达到安全、舒适、方便的目的。人的活动空间与尺寸如图1-15所示。

人体工程学对人和家具的关系，特别是在使用过程中家具对人体产生的生理、心理反应进行了科学的实验和计测，为家具设计作出了科学依据，并根据家具与人和物的关

系及其密切程度对家具进行分类，把人的工作、学习、休息等生活行为分解成各种姿势模型，以此来研究家具设计，并根据人的立位和坐位的基准点来规范家具的基本尺度及家具间的相互关系。

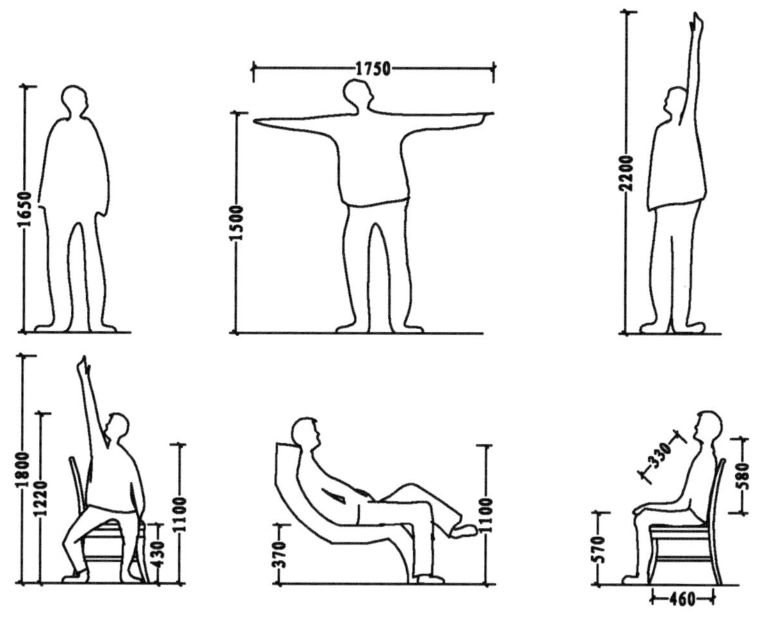

图1-15　家具设计应符合人体尺度

良好的家具设计可以减轻人的劳动，提高工作效率，节约时间，维护人体正常姿态并使人获得身心健康。

2．家具设计的基准点和尺度的确定

人和家具、家具和家具（如桌和椅）之间的关系是相对的，并应以人的基本尺度（站、坐、卧不同状况）为准则来衡量这种关系，以确定其科学性、准确性及相关的家具尺寸。

人的立位基准点是以脚底地面作为设计零点标高，即脚底后跟点加鞋厚（一般为2cm）的位置。坐位基准点是以坐骨结节点为准，卧位基准点是以髋关节转动点为准。

对于立位使用的家具（柜子），以及不设坐椅的工作台等，应以立位为基准点的位置计算；而对坐位使用的家具（桌、椅等），如过去确定桌椅的高度均以地面作为基准点，这种依据是和人体尺度无关的，实际上人在坐位时，眼的高度、肘的高度、肘的位置、脚的状况都只是以坐骨结节点为准计算的，而不能以无关的脚底位置为依据。

因此，就有如下公式：桌面高＝桌面至座面差+坐位基准点高

一般桌面至座面差的范围为250～300mm；

坐位基准点高的范围为390～410mm；

所以一般桌高在640（390+250）～710mm（410+300）这个范围内。

桌面与座面高差过大时，双手臂会被迫抬高而造成不适；当然高差过小时，桌下空间相应变小，而不能容纳腿部时，也会造成困难。

下面列出了一些凳子、桌子、椅子、沙发等家具的尺寸，供学习参考，如图1-16所示。

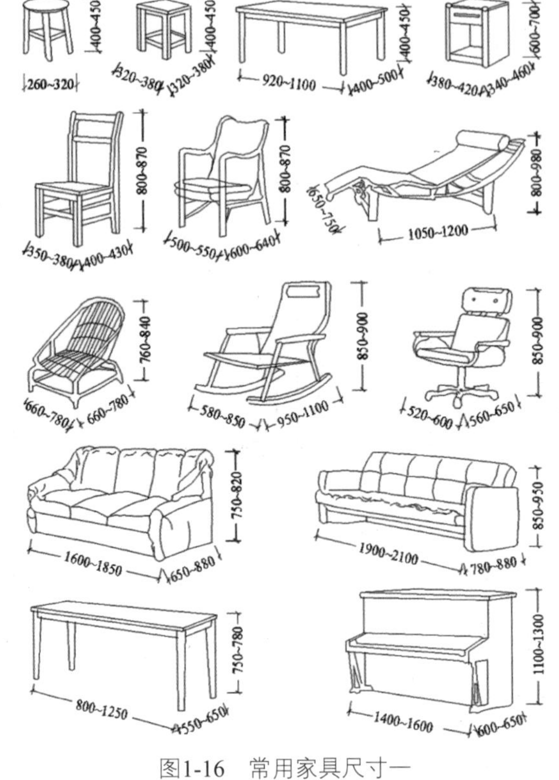

图1-16 常用家具尺寸一

下面列出茶几、计算机桌、柜子、电视柜、床、衣橱等家具的尺寸，供学习参考，如图1-17所示。

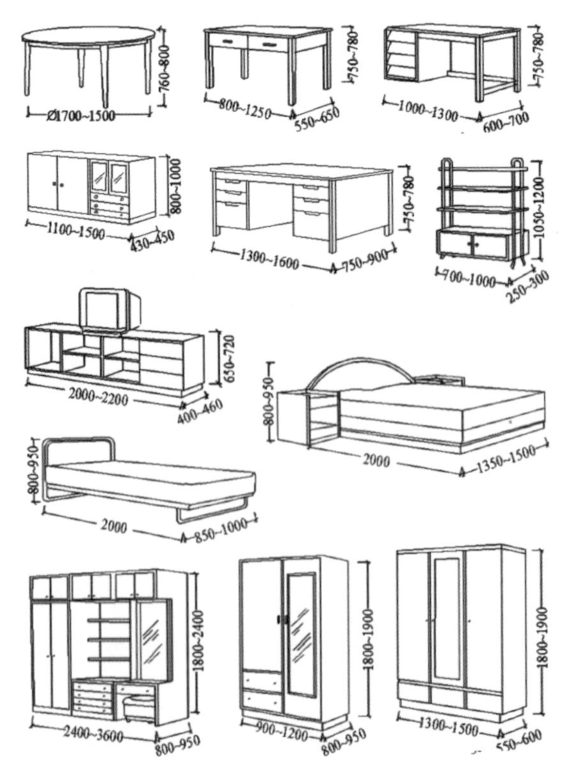

图1-17 常用家具尺寸二

1.3.7 施工工艺

掌握室内各个部件、分项工程的施工工艺利于在设计方案、编制预算时，可以非常准确地确定家具的样式、价格，而且在制作效果图时，也可以更好地将家具的尺寸、形态、结构制作出来，便于更加真实地模拟现实情况。

下面详细介绍它们的施工工艺。

1．顶面工程施工工艺

- 木龙骨石膏板吊顶工程施工：适用于小于1.5m^2及复杂造型的室内吊顶。木龙骨应选择无节疤、无开裂、无树皮、无虫蛀、干燥无变形的。木龙骨（3cm×4cm）框架间隔小于400cm，面涂防火涂料，膨胀螺栓固定。面封1.2cm厚优质双面石膏板，自攻螺丝钉固定，钉盖涂防锈漆，石膏板嵌缝处使用专用嵌缝石膏找平，贴优质防裂绷带。
- 轻钢龙骨石膏板吊顶施工：适用于大于1.5m^2及造型简单的室内吊顶。轻钢龙骨应选择表面光泽自然，壁厚0.6cm以上，无锈斑、扭曲的。轻钢龙骨（60系列）框架间隔小于400cm，膨胀螺栓固定。面封1.2cm厚优质双面石膏板，自攻螺丝钉固定，钉盖涂防锈漆，石膏板嵌逢处使用专用嵌缝石膏找平，贴优质防裂绷带。
- 木制吊顶施工：适用于局部顶部装饰，木龙骨应选择无节疤、无开裂、无树皮、无虫蛀、干燥无变形的。木龙骨（3cm×4cm）框架间隔小于400cm (或选择优质大芯板)，内刷防火涂料。面封优质饰面板，批透明腻子，打磨光滑，面刷聚酯清漆，2～3遍底漆2遍面漆。
- 石膏顶角线安装施工：适用于简洁风格装修及欧式风格装修，石膏线应选择石膏线条外观光滑、洁白、干燥，无变形、扭曲、破损的。使用石膏线专用快粘粉固定，基底为木制部分使用枪钉加固。衔接部分用嵌缝石膏修补，面刷墙顶漆3遍。
- 木制顶角线安装施工：适用于简洁风格装修。松木实木线条或（0.9～1.2cm）澳松板开条，表面可用裸机开槽做装饰。自攻螺丝钉固定，钉盖涂防锈漆。衔接部分使用原子灰修补，表面批腻子打磨平整光滑，面喷硝基混油5遍。
- 木制扣板吊顶安装施工：适用于阳台及室内顶面吊顶。木制扣板应选择优质松木扣板，无太多节疤、开裂、扭曲、霉变，色泽统一，扣槽严密，表面处理光滑。优质木龙骨框架间隔小于400cm，膨胀螺栓固定。内刷防火涂料。面封优质9厘板，封环保白乳胶，枪钉加固松木扣板，松木实木线条收边。面批透明腻子，面刷聚酯清漆，2～3遍底漆2遍面漆。
- 铝扣板吊顶安装施工：适用于厨房、卫生间、阳台吊顶。选用优质铝扣板、轻钢龙骨及专用配件，膨胀螺栓固定，专用配套铝质阴角（阳角）收边条收边。
- 塑料扣板吊顶安装施工：适用于厨房、卫生间、阳台吊顶。优质木龙骨框架，间隔小于400cm，膨胀螺栓固定。内刷防火涂料。选用优质塑料扣板，枪钉固定。专用配套角线收边。

2．隔断及墙面工程施工工艺

- 石膏板轻体墙施工：适用于室内隔断工程。使用优质80系列轻钢龙骨做框架，间隔小于600cm，内填充苯板，双面封1.2cm双面石膏板。衔接处使用嵌缝石膏修补，自攻螺丝钉固定，钉盖涂防锈漆，石膏板嵌逢处使用专用嵌缝石膏找平，贴优质防裂绷带（如一面需要贴墙砖，单面封水泥压力板，面挂铁网，自攻螺丝钉固定）。

- 保温墙施工：适用于阳台及外墙无保温处理工程。使用优质80系列轻钢龙骨做框架，间隔小于600cm，内填充苯板，单面封1.2cm双面石膏板。衔接处使用嵌缝石膏修补，自攻螺丝钉固定，钉盖涂防锈漆，石膏板嵌逢处使用专用嵌缝石膏找平，贴优质防裂绷带（如一面需要贴墙砖，单面封水泥压力板，面挂铁网，自攻螺丝钉固定）。
- 隔音墙施工：适用于墙体隔音性差及音像室。使用优质80系列轻钢龙骨做框架，间隔小于600cm，内填充隔音棉，单（双）面封1.2cm双面石膏板。衔接处使用嵌缝石膏修补，自攻螺丝钉固定，钉盖涂防锈漆，石膏板嵌逢处使用专用嵌缝石膏找平，贴优质防裂绷带。
- 木制玻璃隔断施工：适用于室内隔断工程。大芯板开条切块做框架，选用0.5～1.2cm浮法平板玻璃或艺术玻璃。木制表面贴0.3cm澳松板，衔接处使用原子腻子修补，表面批腻子打磨平整光滑，面刷或喷聚酯清漆，2～3遍底漆2遍面漆。
- 不锈钢玻璃隔断施工：适用于室内及卫生间、厨房隔断。选用0.8～1.2cm不锈钢做框架。选用0.8～1.2cm浮法平板玻璃或艺术玻璃。专用不锈钢金属件安装。

3. 门、门套、窗套、垭口施工工艺

- 混油平板造型门（空心门）施工：优质大芯板开条切块做框架，间隔小于15cm，双面封0.3cm澳松板，0.9cm澳松板开条门边45°切角收口。表面开凹槽做造型。钉孔及衔接处使用原子腻子修补，表面批原子灰打磨平整光滑，面刷或喷聚酯清漆，2～3遍底漆2遍面漆。
- 混油平板造型门（实心门）施工：优质大芯板开条切块，保留收缩缝，双面封0.3cm澳松板，0.9cm澳松板开条门边45°切角收口。表面开凹槽做造型。钉孔及衔接处使用原子腻子修补，表面批原子灰打磨平整光滑，面刷或喷聚酯清漆，2～3遍底漆2遍面漆。
- 混油凹凸造型门（实心门）施工：优质大芯板开条切块做凹凸，实木线条45°切角收口，双面封0.3cm澳松板，0.9cm澳松板开条门边45°切角收口。钉孔及衔接处使用原子腻子修补，表面批原子灰打磨平整光滑，面刷或喷聚酯清漆，2～3遍底漆2遍面漆。
- 混油木框玻璃门：优质大芯板开条切块做造型，实木线条或澳松板开条收口，双面封0.3cm澳松板，0.9cm澳松板开条门边45°切角收口。造型内镶嵌0.5cm浮法平板玻璃，钉孔及衔接处使用原子腻子修补，表面批原子灰打磨平整光滑，面刷或喷聚酯清漆，2～3遍底漆2遍面漆。
- 混油木格玻璃门：优质大芯板开条切块做造型，实木线条或澳松板开条收口，双面封0.3cm澳松板，0.9cm澳松板开条做造型及45°切角收口。造型内镶嵌0.5cm浮法平板玻璃，钉孔及衔接处使用原子腻子修补，表面批原子灰打磨平整光滑，面刷或喷聚酯清漆，2～3遍底漆2遍面漆。

- 清油平板造型门施工：优质大芯板开条切块做框架，面封饰面板，同木质实木线条45°切角收口。钉孔及衔接处使用透明腻子修补，表面打磨平整光滑，面刷或喷聚酯清漆，2～3遍底漆2遍面漆。
- 清油凹凸造型门施工：优质大芯板开条切块做凹凸，面封饰面板，同木质实木线条45°切角收口。钉孔及衔接处使用透明腻子修补，表面打磨平整光滑，面刷或喷聚酯清漆，2～3遍底漆2遍面漆。
- 清油木框玻璃门施工：优质大芯板开条切块做框架，面封饰面板，同木质实木线条45°切角收口。钉孔及衔接处使用透明腻子修补，造型内镶嵌0.5cm浮法平板玻璃，表面打磨平整光滑，面刷或喷聚酯清漆，2～3遍底漆2遍面漆。
- 清油木格玻璃门施工：优质大芯板开条切块做框架，面封饰面板，同木质实木线条做造型 及45°切角收口。钉孔及衔接处使用透明腻子修补，造型内镶嵌0.5cm浮法平板玻璃，表面打磨平整光滑，面刷或喷聚酯清漆，2～3遍底漆2遍面漆。
- 混油垭口及门套施工：优质大芯板开条做框架，面封0.3cm澳松板，0.9cm澳松板开条45°切角收口。钉孔及衔接处使用原子腻子修补，表面批原子灰打磨平整光滑，面刷或喷聚酯清漆，2～3遍底漆2遍面漆。
- 清油垭口及门套施工：优质大芯板开条切块做框架，面封饰面板，同木质实木线条45°切角收口。钉孔及衔接处使用透明腻子修补，表面打磨平整光滑，面刷或喷聚酯清漆，2～3遍底漆2遍面漆。

4．墙、顶面基底及涂料施工工艺

- 墙、顶面涂料滚涂施工：原墙、顶面如基底劣质，则铲除原有表层腻子；原墙、顶面如有空鼓，则铲除空鼓层；原墙、顶面基底为防水涂料，则对表面进行打磨处理。滚刷环保型界面剂，应加固底层。非保温墙发现裂纹，需进行局部贴防裂布进行防裂处理。保温墙建议满墙贴防裂布进行防裂处理。首先批刮石膏腻子大面找平，继续批刮环保墙衬腻子两遍找平并打磨平整。滚涂底漆一遍，面漆2遍。
- 墙面贴壁纸施工：原墙、顶面如基底劣质，则铲除原有表层腻子；原墙、顶面如有空鼓，则铲除空鼓层；原墙、顶面基底为防水涂料，则对表面进行打磨处理。滚刷环保型界面剂，应加固底层。非保温墙发现裂纹，需进行局部贴防裂布进行防裂处理。保温墙建议满墙贴防裂布进行防裂处理。首先批刮石膏腻子大面找平，继续批刮环保墙衬腻子两遍找平并打磨平整。滚涂环保硝基清漆一遍，使用环保白乳胶（或配套专业壁纸粉）进行壁纸粘贴施工。
- 防水漆施工：适用于卫生间墙面施工。原墙、顶面如基底劣质，则铲除原有表层；原墙、顶面如有空鼓，则铲除空鼓层；批刮专用防水腻子找平打磨光滑，面滚涂专用防水涂料3遍。

5．墙、地面材料：墙地砖、复合木地板、实木（竹木）地板施工工艺

- 墙面墙砖施工：原墙面如为水泥粗糙墙面，可直接进行施工。墙面如为水泥压力板新建墙面，表面需先固定铁网，再进行施工。墙面如为光滑墙面，需进行拉毛处理后再进行施工。贴砖施工时应先核算每面墙横、竖向所需数量，确定45°阴阳角贴砖处理及门、窗口部分的贴砖方案，务必做到美观节省。事先确定腰线及

花砖位置（或排列顺序）。墙砖施工前应先泡水15分钟取出，水泥沙浆以1：3的比例混合，墙面抹灰厚度为1.5～2.5cm贴砖对缝找平。

- 墙面马赛克施工：原墙面如为水泥粗糙墙面，则可直接进行施工。墙面如为水泥压力板新建墙面，则表面需先固定铁网，再进行施工。墙面如为光滑墙面，需进行拉毛处理后再进行施工。施工时将施工面挂1：3比例的水泥沙浆找平，保留粗糙表面待凝固；在凝固水泥沙浆表面挂水泥灰浆，将马赛克底面铺贴紧密找平及拼块对缝；待水泥灰浆凝固后，将马赛克面层纸面打湿并揭下。
- 地面地砖施工：将地砖泡水15分钟取出，水泥沙浆以1：3的比例混合，地面抹灰厚度为2.5～3cm铺砖对缝找平。
- 地面水泥沙浆找平施工：水泥沙浆以1：3的比例混合，地面抹灰厚度为1.5～2cm找平。
- 复合木地板施工：检测地面平整度是否需要找平，大面积找平使用水泥沙浆，局部找平使用石膏粉。先铺设复合地板配套地垫，观察室内采光，一般使用顺光铺设。复合木地板进行拼装，要求拼合严密，点胶加固。延墙保留0.6～1cm伸缩缝。过道及门口加设过桥。
- 实木（竹木）地板施工：地面铺设木龙骨（3cm×2cm）框架进行大面积找平，间隔内铺洒防虫剂、干燥剂，面铺设实木（竹木）地板。

6. 包立管及下水管施工工艺

- 包暖气立管施工：使用优质60系列轻钢龙骨做框架，间隔小于400cm，面封1.2cm双面石膏板。衔接处使用嵌缝石膏修补，自攻螺丝钉固定，钉盖涂防锈漆，石膏板嵌缝处使用专用嵌缝石膏找平，贴优质防裂绷带。
- 包下水管施工：适用于厨、卫室内下水管。使用优质60系列轻钢龙骨做框架，间隔小于400cm，面封水泥压力板，挂铁网，自攻螺丝钉固定，或采用立砖砌墙包管。

7. 水、电施工工艺

- 水路施工：使用优质日丰管（PPR）及标准配件，做到冷、热水管连接无误，确保施工质量。管路完成后，必须通知客户及公司质检进行管道打压实验，避免施工隐患。明装管路应做到连接美观、牢固；暗装管路做到开槽规范。槽内如有接头，需先刷防水涂料，后封闭。
- 电路施工：选用国标电线，优质PVC线管。做到照明、插座电路分离，针对空调线路，必须使用4m^{2}电线铺设。强、弱电路施工避免互扰。墙面开槽遵循物业要求，禁止承重墙体横向开槽超过1m。开关、插座面板应安装整齐牢固。强、弱电面板保持50cm间距。电路插座接线做到左零线、右火线。
- 水路施工项目安装施工：项目安装注意物品保护及规范施工，严防划伤及损坏（如有损坏照价赔偿），仔细阅读安装说明书，准确安装。安装完毕自检，使用正常，无不良现象，各接口无误、无渗水。各种龙头安装、开启使用做到左热水、右冷水。
- 电路施工项目安装施工：项目安装注意物品保护及规范施工，严防划伤及损坏（如有损坏照价赔偿），仔细阅读安装说明书，准确安装。安装完毕自检，使用

正常，无漏电，无接错。

8．墙、地面防水涂料施工工艺

防水涂料施工：使用公司选定的优质防水涂料。施工前做好底层清理。普通墙面防水涂料施工，上返30cm；淋浴区墙面防水涂料施工，上返180cm。防水涂层施工完毕，通知客户做24小时闭水试验。在进行下道工序施工时，对已完成的防水涂层做好保护，严防破损，确保做到万无一失。

1.4 家装的设计原则

在居住空间的设计中，首先要注意建筑物本身的结构，哪些是承重墙，哪些是非承重墙，管线的走向，横梁的位置等，只有对原有结构有了详细了解，才能以此为据加以修正、美化。其次要注意使用功能的合理性。在做设计时不能一味追求所谓的创新、个性，一定要给使用者在生活中留下方便、舒适的感觉，这才是好的设计方案。最后，在以上前提下结合主人的生活习惯与喜好，根据美学的原理设计出雅致、舒适的生活空间。

具体来说，在家装设计时对于造型的设计应以简洁、大方为主，在不浪费客户使用空间的前提下给视觉以美的享受。在使用上应首选环保材料。在大的设计基调确定后，材料要围绕中心来选择质地、色彩。比如客厅设计时要注意活动空间的合理安排。而卧室、书屋则是私密之所，除了在隔音、通风、保温、舒适度等方面要注意外，饰物的点缀、色彩的搭配更要体现主人的爱好与性格。厨卫的设计则要将注意力集中在合理安排上，由于厨卫空间一般较小，油烟、湿气又较大，那么通风是最重要的。其次，地面的防滑与墙顶的耐污染、耐擦洗也不能忽视。厨具、洁具的安置以及流动空间的安排，家电的摆放及电源的合理排放都很重要。总之，在家装设计时一定要在使用功能合理的前提下，体现主人的个性和设计师的创意。

作为一名设计师，应具备能设计出一套完美方案的能力，那么怎样才能设计出优秀的方案呢？这不是一日之功，除了对色彩、图纸及设计风格等知识有一定的掌握外，在设计时还要遵循相关空间的设计原则，利于客户在使用时更加舒心、方便。

家庭的组成空间主要有客厅、卧室、书房、餐厅、厨房、卫生间、楼梯、阳台。下面就介绍这些空间的具体设计原则。

1.4.1 客厅的设计

客厅是家人团聚、起居、休息、会客、娱乐、视听活动等多种功能的居室，根据家庭的面积标准，有时兼有就餐、工作、学习，甚至局部设置兼具坐卧功能的家具等，因此客厅是居住空间使用活动最为集中、使用频率最高的核心室内空间，在住宅室内造型风格、环境氛围方面也常起到主导的作用。

全家起居活动和对外会客的场所，其装饰档次在一定程度上标志着主人的素质和身份，是装饰美化的重点，应精心设计、精心选材、精心装饰，以形成一个亲切、舒适的休闲空间。在装饰风格上可选择客户喜爱的方式，关键要达到自己满意的表现效果，或超现代方式，或中西合璧风格，或简洁大气，或婉约精致……大多数家庭采用了简洁明快、自然流畅的装饰方法。

在设计的过程中，主要采用现代简约风格（现代风格）、中式风格、欧式风格、日式风格、田园风格等，如图1–18所示。

现代风格的客厅

简欧风格的客厅

中式风格的客厅

田园风格的客厅

图1-18　各种风格的客厅

1.4.2　卧室的设计

卧室是居住室中最具私密性的房间，卧室应位于平面布局的尽端，以不被穿通；即使在套一厅的多功能居室中，床位仍应尽可能布置于房间的尽端或一角，室内设计应营造一个恬静、温馨的睡眠空间。

卧室的主要功能是休息。亲密、和谐、温馨、宁静是卧室设计的主题，除了必要的家具外，还应尽可能简洁。卧室的色彩应统一，床、窗的软装饰要和家具、墙、地面的色彩一致，灯光以黄暖色为基调。主卧室一般为夫妇所用，私密性很强。睡眠区最重要，如果面积容许，床应尽可能大些，以宽1.5～1.6m，长2～2.1m为好，床头可设软靠。窗纱应有两层，遮光性要好一些。另外，大衣橱、电视柜也是常用的家具。有条件的卧室应该床头朝北，这与人自身的磁场指向相关。梳妆台最好设在主卫中，也可在卧室墙角占一席之地，但梳妆台的镜面禁忌冲着床头。

老人的卧室以实用为主，所有家具应没有尖锐的角，也不要使用拖地的长窗帘，防止老人踩滑。老人房灯光要明亮，色调要素雅，室内可以放一些花草、书画，表现一种清新平和的意境。电视和沙发都是有必要的，面积大的还可放置摇椅，利于老人休息。

儿童房间是个多功能室，要学习，又要娱乐，还要休息。儿童房的家具要平稳坚

固，不会倾倒，不要有玻璃等易碎品，以防止儿童受意外伤害。儿童富于想象，好奇心强，好动，应该设一娱乐区，放一些玩具让儿童经常动手。书桌应放在光线最好的地方以保护儿童视力，书架要低一些，便于拿放又不会倾倒。儿童房可选用色彩较鲜明的墙纸或乳胶漆，并选用造型活泼的灯具。儿童床应放得低一些，可以起一个地台，放上床垫，这样既舒适又安全。主卧室与儿童房的表现效果如图1–19所示。

主卧室的设计效果

儿童房的设计效果

图1-19　主卧室与儿童房的表现效果

1.4.3　书房的设计

书房是供人们学习阅读、工作思考、书写绘画和从事研究工作的地方，也是主人单独会客的私密空间。因此书房的设计应遵循采光科学、安静隔音，应更多地带有个人风采，它的装潢应体现主人的素质修养和爱好情趣。在这个最能体现个人习性爱好和品位专长的环境里，清净而幽雅，别致又清新应是设计的主题。

为促进大脑的思维，书房一般宜采用冷色调（避免刺激的颜色）；学习和工作区应有特殊照明，要避免逆向投光眩耀眼睛。书橱对书房整个气氛影响很大，庄重者喜欢一字排开，玻璃门中透出书香；活跃者喜欢开架式，找书随手拈来，造型也选择不拘一格式。总之，文如其人，书房也是表现客户性格的地方，一定要选择客户喜爱的方式去装扮属于他们自己的天地。各种风格书房的效果如图1–20所示。

欧式书房效果

中式书房效果

图1-20　各种风格书房的效果

1.4.4 餐厅的设计

餐厅的设计要考虑功能和氛围，有个好心情最能增进食欲，利于细细享受美味佳肴。餐厅的使用频率相当高，还有着款待客人的几率，因此，餐厅既是私密空间，也是公共空间。其装饰、造型和色彩与客厅一样重要，风格也应尽量和客厅保持一致。

多数餐厅与客厅同在一个大空间中，少数餐厅或与厨房比邻，或单独成间。客、餐厅同间的布局应考虑采用较为灵活的办法将其隔断，木方柱、玻璃、铁艺装饰可起到这种作用。当然，采取不同吊顶来区分空间，地面用材不同，也是可行的客、餐分区方法。

酒柜、备餐台在餐厅中是必不可少的，特别是酒柜，不仅具有装饰性，而且具有很强的实用性。为了营造餐厅的气氛，可安排一架精美的玻璃酒柜，兼有储藏和陈设双重意义，柜内可装小射灯使其玲珑剔透。为营造餐厅的气氛，还可设计淡色的墙面，垂悬的吊灯，稍暗灯光，辅以壁灯温和的反射光源，形成一派轻松愉快、亲密无间的就餐气氛。若有空间还可增加小吧台一座，对酌小饮，也是一乐。

总之，民以食为天，在装潢前对餐厅设计应多加考究，可使业主在今后用餐时其乐无穷。各种风格餐厅的效果如图1-21所示。

现代风格的餐厅

地中海风格的餐厅

欧式风格的餐厅

中式风格的餐厅

图1-21　各种风格餐厅的效果

1.4.5 厨房的设计

厨房在家庭生活中具有非常突出的重要作用，操作者一日三餐的洗切、烹饪、备餐以及用餐后的洗涤餐具与整理等，一天中常有2～3小时耽搁在厨房，厨房中的操作在家务劳动中也较为劳累，有人比喻厨房是家庭中的“热加工车间”。因此，现代室内设计应为厨房创造一个洁净明亮、操作方便、通风良好的工作氛围，在视觉上也应给人井井有条、愉悦明快的感受，厨房应有对外开窗的直接采光与通风。

所以厨房在设计时，为减轻劳动强度，最需要运用人体工程学原理合理布置空间。设施、用具的布置应充分考虑人体工程学中对人体尺度、动作域、操作效率、设施前后左右的顺序和上下高度的合理配置。厨房内操作的基本顺序为：洗涤、配制、烹饪、备餐，各个环节之间按顺序排列，相互之间的距离以450～600mm之间操作时省时方便。

厨房内的基本设施有：洗涤盆、操作台（切菜、配制）、灶具（打火灶、液化气或电灶）、微波炉、吸排油烟机、电冰箱、储物柜等。

厨房的形式有敞开式和封闭式两种，敞开式扩大了空间，减小了拥挤感，但是受油烟污染，不易清洁；封闭式厨房限制了空间，但避免了油烟侵蚀。一般情况下，中式烹饪还以封闭式为主。厨房门扇以木框透明玻璃为好，因磨砂玻璃易沾油污，不易清洗。

通常厨房的布局以L形和U形为主。L形厨房的两边分别需要至少1.5m的长度，其特点就是将各项配备依据烹调顺序置于L 形的两条轴线上，但为了避免水火太近，造成作业上的不便，最好将冰箱与水槽并排在一条直线，而炉具则置于另一轴线。U形布局则扩大了操作面积，更为实用。如有可能，可设置一个备餐台，不用时收折进地柜，这样就又增加了一个功能。

L形和U形的厨房里，冰箱、炉灶、水池之间都会形成一个三角形的工作区，三边的距离都必须间隔600～900mm以上，让操作者在拿取与放置食物时不会太近或太远，转身时不会太局促，也减少了跑动的距离。较大的厨房，三角形的三边之和以放至4.6～6.7m为宜，炉灶和水池之间的距离以1.2～1.8 m较合理。

厨房地柜的台面高度与在台面上工作时的手腕距离为150mm时，最适合人们操作且能减轻劳动的强度，也就是以离地面740cm、760cm、780cm、800mm为好，具体尺寸因人的身高而异。吊柜高度不能低于1.5m，常用的东西应放在1.7～1.8m的高度，这样伸手即可拿到。

通风是厨房设计的基本要求，是保证户内卫生的重要条件，也是保证人身健康、安全的必要措施。排气扇、排气罩过去常用，现在吸排油烟机具备了上述功能被广泛使用。油烟机一般以安装在炉灶上方0.7～0.8m左右为宜，油烟机的造型和色彩应与橱柜的造型及色彩相一致，以免产生不和谐。

厨房的装饰以简洁、明亮、干净、整齐为主，所以材料应色彩清淡、素雅，并方便清洗，不易污蚀，防潮、防热、耐久性强的材料为好。厨房的吊顶以素白色塑料扣板和铝合金扣板为主，上挂吸顶灯或普通照明灯。但操作台和炉灶上应有集中式光源，吊柜的玻璃门里可设射灯，光源以暖白色较好，灯罩以半透明玻璃和塑料罩为宜。

淡色或白色的墙面砖可使人感受洁净，点缀几块花面砖可使厨房增添生气。橱柜的色彩追求高雅、清新，动人的果绿、天然的木本色、精致的银灰色、典雅的淡紫色、浅蓝色、宁静的米白色和象牙黄都是近来热门的选择。各种风格厨房的效果如图1-22所示。

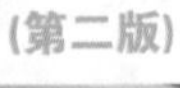

欧式风格的厨房

中式风格的厨房

现代风格的厨房

地中海风格的厨房

图1-22　各种风格厨房效果

1.4.6　卫生间的设计

卫生间是家庭中处理个人卫生的空间，它与卧室的位置应靠近，且同样具有较高的私密性。小面积的户型中常把浴、厕、盥洗置于一室。面积标准较高的户型，为使有人洗澡时，使用厕所不受影响，也可采用卫生间单独分隔开的布局。多室和别墅类住宅常设置两个和两个以上的卫生间。卫生间的室内环境应整洁，平面布局紧凑合理，设备与各个管道的连接可靠，便于检修。

卫生间中各界面材质应具有较好的防水性能，且易于清洁，地面防滑极为重要，常选用的地面材料为陶瓷类同质防滑地转，墙面为防水涂料和瓷质墙面砖，吊顶除需有防水性能，还需考虑便于对管道的检修，如设活络顶格硬质塑胶板和铝合金板等。为使卫生间的气味不逸入其他空间，应设置排气扇，使卫生间内形成负压，气流由其他空间流入卫生间。

现代家庭的卫生间装潢要求高，不仅要求方便、适用、安全，而且要舒适、豪华。卫生间的装潢状况也是整个居室装潢水平的衡量标准之一。

卫生间的主要功能是就厕、盥洗和沐浴。有条件的一定要将干湿区分开，并向多功能的方向发展，做到便溺、沐浴、洗衣、化妆、洗脸互不干扰。

卫生间的吊顶可用塑料扣板或铝扣板，墙面可采用素雅的色彩，也可选用黑白相间或客户喜欢的浓郁色彩。卫生间洁具的选择应从整体考虑，尽量与主色调相协调。如果墙和地面以浅色为主，则可选用彩色卫生洁具，与墙面形成对比，使卫生间呈现出立体感。

老人的卫生间要多安扶手，且坐便器、浴缸旁必须要有。行动不便的老人可使用冲

淋房，以保证安全。

卫生间的开关插头都应有防水功能，应选用防雾防水的装饰银镜，选用的镜前灯、吸顶灯也应该是全封闭罩防潮灯具。图1–23所示的卫生间就比较简单明快。

现代风格的卫生间　　欧式风格的卫生间　　地中海风格的卫生间

图1-23　各种风格的卫生间效果

1.4.7　楼梯的设计

楼梯按形式分为单跑式、拐角式、回径式和旋转式等，通常台阶的宽度不小于250mm，高度范围在160～180mm，长度不小于850mm，楼梯的位置要留心，避免上下楼时碰头。

居家使用的楼梯以木质为主，金属楼梯也可考虑，但脚感不如木楼梯。扶栏有木制、不锈钢、铁艺、石材之分，但只有木质最舒适；使用铁艺等金属作扶栏的，与手接触的部分最好还是选用木质材料。栏杆一定要牢固，不能动摇。楼梯上要几步一灯，防止踏空。

有的居室楼梯走廊很长，通常设计用字画点缀；若能凿壁借光，就能去除“堵”的感觉；若能开洞造景，上悬射灯，下置艺术品，就成了艺术走廊；若能吊成花架，盆盆吊兰悬在墙边便成了室中绿荫。精心设计下的走廊，不仅可以扫除过道的沉闷，而且会成为家中的一道亮丽风景线。各种风格楼梯的效果如图1–24所示。

传统风格楼梯　　现代风格楼梯

图1-24　各种风格楼梯效果

1.4.8 阳台的设计

阳台往往被封闭起来，成为多功能的生活和休闲空间，一则卫生干净，二则又扩大了居住面积。如果只有一个阳台，可以设计成生活区域，在阳台的一面安设上下水及电源管线，放置洗衣机和洗手盆，这样洗好的衣物不必从卫生间的洗衣机中取出再穿堂过厅去晾晒。还可在洗手盆上方设一镜面，便于梳洗。阳台的另一面可设置一小小的书架和书桌，成为学习区域。再有空间可兼养花草，调节室内环境。

如果还有一个阳台，可作为休闲空间设计，和客厅相连，可与客厅装潢一并考虑，使客厅显得宽大而明亮，如可在阳台上设计木质的花架、碎石的地面，仿古的壁灯和休闲的小圆桌将外景内做，给客厅增加丰富多彩的内容。

若阳台和儿童房相连，则可抬高地面100～120mm，铺架地台，成为儿童游戏玩耍的娱乐空间，可以放置书籍、玩具、棋具、积木等，让孩子自由自在地在阳光下学习、嬉戏，茁壮成长。

若阳台与主卧室相连，则是夫妻品茗和聊天的私密场所：一个茶几，两把圈椅，轻纱薄幔的窗帘，精致的落地灯，平添几分柔情蜜意。

若阳台与老人房相连，则可放置一把摇椅，可躺可坐，听听戏，打打牌，还可侍弄花草，享受阳光和美景带来的好心情。

最浪漫的阳台是头顶上挂着青葫芦、绿丝瓜，架下放着藤编桌椅，几杯清茶泛着惬意，脚边是青椒红橘，墙面地面均用外墙粗面砖，一副农家乐的情景实在让人心醉。阳台也可设置健身区，放一台跑步机，一边跑步一边享受阳光也是一种乐趣。总之，阳台是家内空间的延伸，是室内面积的补充，一定要充分利用。舒适惬意的阳台效果如图1-25所示。

图1-25　舒适惬意的阳台效果

后面的设计中，可以将上述这些设计原则附加其中。

1.5 了解家庭装修程序

想成为一名优秀的设计师，综合能力和整体素质的提高是必不可少的，包括与客户沟通、现场测量、设计方案、工程报价、现场施工管理及对一些设计软件的熟练掌握等，这些都是直接影响设计水准、表现意图的重要因素。下面详细地、更加深入地介绍相关的家装知识。

1.5.1 客户沟通

无论干哪一个行业，沟通是非常重要的一个环节。一位出色的设计师能和客户沟通的很默契。沟通有很深的技巧性与原则性，如果和客户沟通好了，就意味着工程即将成功一半。如果沟通不好，就不会被允许去现场测量，更谈不上设计方案及现场管理了。

在装饰公司中接到客户咨询电话或者上门咨询时，作为设计师一定要把握好尺寸，客户一般关心的是：家装设计风格、费用、周期等，要有针对性地为其进行讲解。在确定基本意向后，设计师一定要把客户的装修要求了解清楚。需要注意的是，客户提出的要求最好事先经全家人详细讨论过，尽量全面、一次性地掌握所有相关内容，便于在设计时做到面面俱到。在这个过程中设计师必须仔细聆听客户的意见，并作记录，如果事后发觉有不清楚的地方，应该及时与客户联络，直到完全明了为止。

沟通的最终目的是了解客户需要什么样的装修风格、色调、价位，然后根据客户提供的要求进行设计。可以提前将大体的设计意图告诉客户，通过这样表达出来的目的，是让客户可以提前得到装修后的效果，对于不满意的意见，可以当场提出来，相互交流、探讨……直到暂时没有其他意见。这样才不至于在做完整套的设计方案后，作大量的修改。所以设计前的沟通、相互间的交流存在很大技巧，这一步也是非常重要的，事实证明：与客户间的交流越深入，设计出来的作品往往越能打动客户的心，利于得到较好的装修效果，客户的满意度越高。与客户进行沟通的场景如图1-26所示。

图1-26 与客户进行沟通场景

如果和客户沟通完成，且要求都交代好了，这时就可以进行第二步，也就是“现场测量”。

1.5.2 现场测量

设计师收到客户提供的平面图之后，应该亲自到现场度量及观察现场环境，研究客户的要求是否可行，并且获取现场设计灵感，进行综合考察，以便更加科学、合理地进行家装设计。

- 定量测量：主要测量室内的长、宽，计算出每个用途不同的房间的面积。
- 定位测量：主要标明门、窗、暖气罩的位置（窗户要标明数量）。
- 高度测量：主要测量各房间的高度。

在测量时，设计师应该按照比例绘制出室内各房间平面图，平面图中标明房间长、宽，并详细注明门、窗、管道、暖气罩的位置，在这些工作都确定完成之后，就可以综合客户的要求与现场的实际情况，进行详细设计了。测量尺寸如图1-27所示。

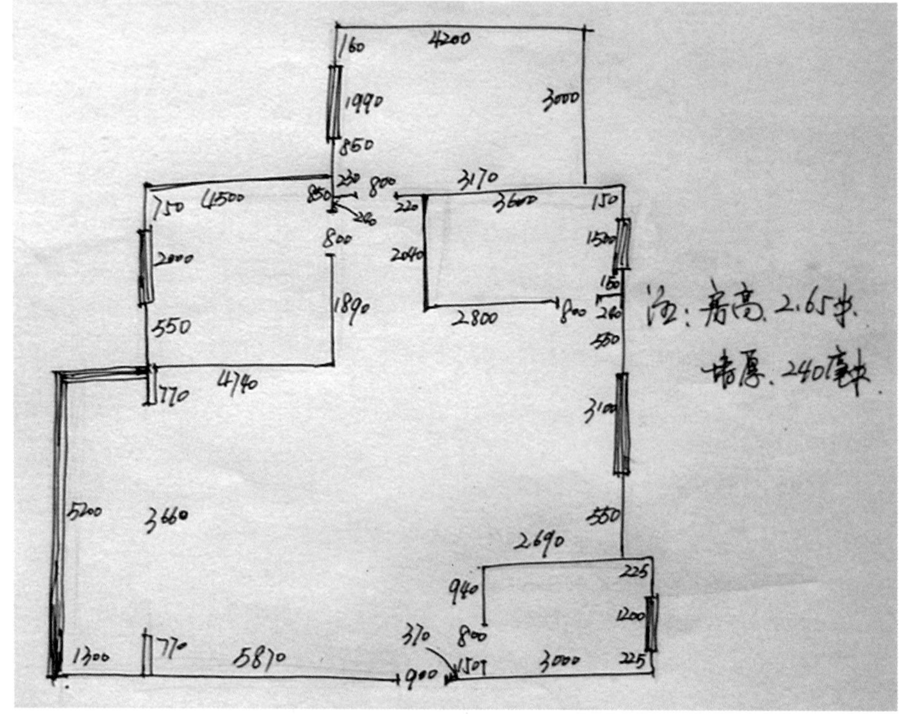

图1-27　测量房间的尺寸

测量时候记录的是房间的内墙尺寸，所以在后面绘制平面图时要将墙体的厚度加进去，施工图的绘制可参阅《中文版AutoCAD 2004室内设计师必备使用手册》一书，如果想快速而准确地绘制平面图，现场测量的时候一定要将尺寸记清。

1.5.3　确定设计方案

当测量完房间的尺寸后，就可以考虑整体的设计思路。根据客户选择的风格，设计师进行家装设计。在设计的过程中，一个有经验的设计师应该有很多资料。设计的时候可以参照一些好的设计作品，经过合理修改可以运用到你的作品中，这叫做“借鉴”；而如果将整套都参照别人的，那就叫“抄袭”，也就称不上出色的设计师了。一个好的设计师应该有自己的设计风格，里面有自己的东西，有自己的思想，这才叫做设计。

通常在方案的设计过程中，设计师根据前期所得到的设计需求，按照能体现实用、安全、经济、美观原则的装饰设计原则，以科学的技术工艺方法，对家庭居室内部固定的六面体进行装饰装修，塑造出一个美观实用、整体舒适的室内环境。一般主要包括以下一些内容。

- 地面装修：地面是家居的重要部分，对它进行装修，主要在色彩、质地图案等方面加以装饰改观。
- 墙面装修：即立面装修，它可以采用抹灰、粉刷、涂饰、镶贴、屏挂等多种方法进行装饰施工。

- 顶棚装修：是采用各种材料进行各种屋顶顶棚或吊顶顶棚的施工。同时，还要设置必要的水暖、通风、照明、音响等设备。
- 家具及其他家居设备的设置：也是家居装修的一个重要内容。
- 其他物品的设置：主要包括家居摆设、字画、盆花等的设置。有时，这些物品对室内装修能起到很好的装饰效果。

居室装修力求做到以下3个方面。

- 弥补土建完工后的不足，考虑生活条理化，应将空间合理分区，动静环境及其使用频率安排井然有序，使居住者生活方便。
- 增强舒适性、美观性，装饰家居应以美观、舒适、整洁、方便为原则，力求质朴优雅，富有情调。
- 表现自我个性，根据家庭成员的阅历、性格、爱好和文化素养选定居室的装饰风格，充分体现个人的个性。

在刚开始的方案设计中，不要急着用计算机去制作，可以用手在纸上绘制出大体的设计方案轮廓，这时要反复推敲，与客户相互探讨，直到满意为止。手绘的设计草图如图1–28所示。

图1-28　手绘的设计草图

设计的草图基本完成后，就可以用AutoCAD先来绘制平面布置图。

1.5.4　绘制平面图、效果图、施工图

设计师在确定设计风格、设计目的后，需要为客户提供详细的平面布置图、天花布置图、家具立面图、局部的节点大样图和整体的室内效果图，通过这些图纸可以对装修后的效果有一个直观的认识。

当大体设计方案定好以后，就可以使用AutoCAD来绘制平面布置图，效果如图1–29所示。

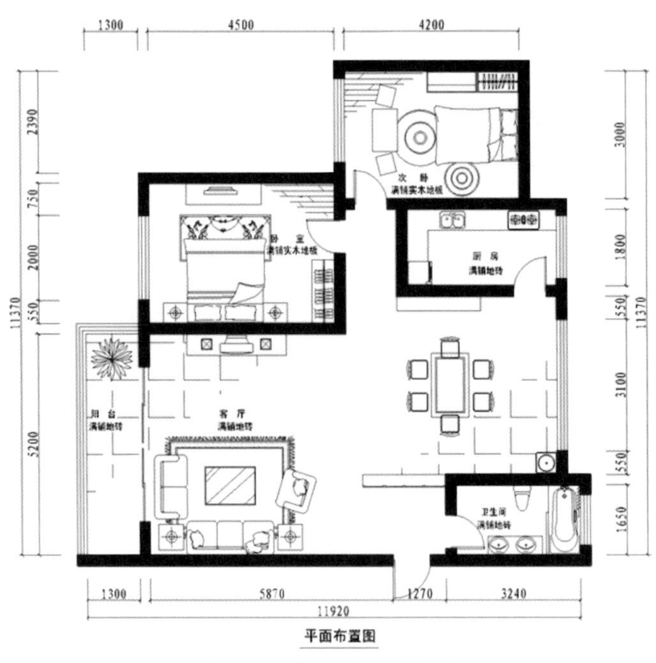

图1-29 套二双厅平面图

其实平面图在大多数人的眼里是很简单的，实际不是那么回事，因为一个真正从事设计的人对平面图的要求是很严格的，需要表现详细的尺寸、家具的大小与摆放位置。当绘制完平面布置图后，还有天花布置图，效果如图1–30所示。

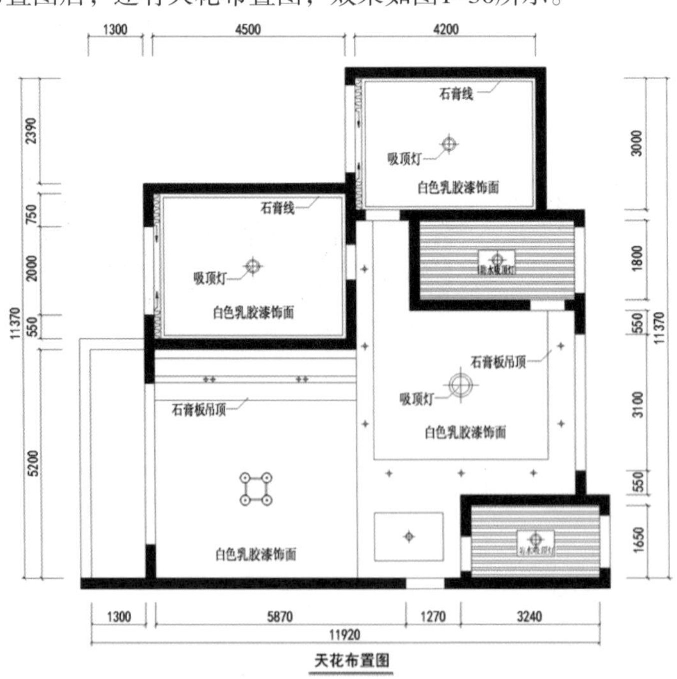

图1-30 套二双厅天花布置图

家具立面图和部分节点大样图先不要绘制，等客户确认以后再来绘制，也就是先让客户看效果图，当看效果图的时候客户经常会提出一些意见，这个时候必须进行修改，等修改完成后客户认可，最后就可以绘制立面图和节点大样图。有了这套图纸就可以清楚地表示室内家具布置和尺寸，便于以后工人施工。

上面说到的AutoCAD图纸对于专业一点的客户或许可以清楚室内的布局，为了更清楚地将设计效果表达出来，唯一的方法就是绘制效果图。将上面绘制的平面布置图输入到3ds Max中，建立模型，然后导入到Lightscape中进行调整灯光、材质，渲染出图。最后利用Photoshop进行后期处理。客厅及餐厅完成后的效果如图1-31所示。

图1-31　套二双厅客厅、餐厅效果图

有的客户要求制作卧室效果图，作为设计师应该满足客户的要求，所以应将主卧、儿童房全部表现出来，效果如图1-32所示。

图1-32　套二双厅主卧、儿童房效果图

很少有客户要求做厨房、卫生间的，严格来说没有必要每一个空间都出效果图，这样的话工作量太大，因为做效果图相对来说比较复杂。套二双厅的厨房、卫生间效果如图1-33所示。

图1-33　套二双厅厨房、卫生间效果图

效果图的表现是很重要的，也是有难度的，并不是学完3ds Max就可以制作出很好的效果图，它需要的综合要素很多，例如对装饰设计的了解、对材料及工艺的了解、对一些专业知识的掌握（颜色、灯光、造型）、对软件的掌握等。

制作效果图只是给客户看，最终是让客户满意，但是在制作的时候一定要想清楚，实际施工过程中能不能制作出来，有没有这种装饰材料，以及成本高低问题，综合上面介绍的室内设计材料、施工工艺等进行合理的可行性设计。

相对来说，效果图对于室内设计中的表现可以说是功不可没的，在客户看到效果图的同时，就可以很清楚地了解自己的家装修完工之后是什么样子，是哪一种效果，对于不满意的地方也可以有针对性地提出来，便于整个工程的顺利施工。

1.5.5 工程报价

在方案设计阶段，最后一步就是编制工程预算，将该工程中涉及到的水路电路改造、墙面粉刷、制作的家具等分项工程，全部列举出来，尽量做到全面、细致，避免出现漏项、掉项的错误。

在设计阶段需要设计师注意的是：不管在图纸中，还是在预算的备注、说明中，必须表达清楚每个部位的尺寸、做法、用料（包括品牌、型号）、价钱。例如，不能用笼统一句“厨房组合柜一米”来概括详细项目；如果有些组合柜是由许多小组合柜组成的，应清楚表明这些小组合柜的型号、尺寸、相关配件等内容，便于与客户沟通，避免在以后产生不必要的纠纷。

设计方案基本制定好之后，客户最关心的就是费用问题，于是整个工程的预算报价也就正式被提上了“谈判桌”，它涉及客户对装修费用的接受程度。如果所做的设计方案得到了客户的认同，但是在装修报价的意见上却达不到统一，很可能前面所做的一切都是“无用功”。因此，工程报价也是至关重要的一步。

在报价过程中，需要将每一个房间所用的材料费、工费算得清清楚楚，通过公司自己的报价表，也就是固定的预算模板，把总共需要的明细逐一列出来，这样，总造价就能轻松计算出来。在做报价的过程中，设计师必须明白，这个工程的利润大至是多少，如果客户要求让利，我们可以降低多少，尽量在价位上取得一致，便于后面工程施工时，客户能更好的配合，避免在施工时遇到意想不到的事情。有关工程报价表参见附录I。

1.5.6 方案洽谈阶段

当设计方案确定，所有的图纸、预算都准备完成之后，设计师就可以和客户联系，当面进行实质性的方案交流、探讨。将制作出来的平面图、顶面图、效果图对客户进行讲解，即为什么要这样设计，这样设计的目的、好处是什么。

客户会根据设计师提供的设计方案图纸进行仔细分析，思考设计师所提供的方案是否能更好的为自己今后的生活、工作提供便利，是否有与当初构想有冲突的地方等。对于客户可能提出的问题，设计师要逐一为其解答。若需要改动方案时，在得到客户同意时，可以适当进行变更，但是有时鉴于整体的设计风格，可以在确保不影响客户今后生活的前提下，说服客户采用最初的设计，避免改动后的设计风格不伦不类。

当客户对设计师所提供的设计和预算满意之后，就可以进入签约确认阶段。

1.5.7 签订装修合同

在双方对设计方案及预算确认的前提下，签订由相关部门制定的具有法律效力的装修合同，明确双方的权利与义务。

在与客户签合同时，尤其要注意，合同中必须注明以下几点核心问题。

- 装修的具体内容，如给客户装修住房的哪些部位；
- 装修的开工、竣工时间；
- 工程中所用材料的品牌、规格、型号、等级、单价、数量；
- 工程的付款方式、时间；
- 竣工后，此工程的保修内容及期限。

通常合同中一般包括下列内容：签约双方名称、装修费用、付款办法(分期或一次性)、施工期限(计工作天数，不是完工日期)，以及双方的责任义务等；附件包括：分列项目的报价单、图纸和材料样品。合同及附件一般一式两份，由双方分别保存。

在家庭装修时，变更项目即通常所说的增减项目，只是在原有的合同基础上，就增减的工程项目进行详细说明，合同双方共同协商每一个增减项目，并且详细说明每一个增减项目的做法和收费标准，直到双方确认共同签字认可方为有效。

签订变更合同应注意两点：第一，双方在增减项目时，不要以口头达成的协议为准，一定要及时签订书面变更合同；第二，签订变更合同应及时通过市场签证，以避免日后纠纷的发生。

这样在合同签订之后，双方的利益都可以得到保障。有关《家居装饰装修施工合同》参见附录II。

1.5.8 现场施工管理

由客户、设计师、工程监理、施工负责人四方参与，在现场由设计师向施工负责人详细介绍预算项目、图纸、特殊工艺，协调办理相关手续。

在明确工程的各个分项之后，便由施工负责人全面管理工地的现场施工、操作，根据设计师提供的图纸、预算，从定位放线开始，到讲购材料、工人施工、家具尺寸等方面进行全方位的把关，正确地将整个设计变为现实。

在现场施工过程中，出现不清楚或是有错误的地方，作为施工负责人应尽快与设计师进行沟通，以确保工程的顺利进行。

1.5.9 验收、竣工阶段

竣工图是工程全部完成后最终存档的图纸，也是交给甲方看的图纸，然后根据竣工图纸来完成工程决算。由客户、设计师、工程监理、施工负责人参与，验收合格后在质量报告书上签字确认。

近年来因家庭装修引发的纠纷日益增多，为了使装饰公司与消费者双方都满意，可参照建筑装饰行业管理部门编制的各种施工验收规定去检验装修是否合格。验收除了鉴定装修整体效果外，主要还是看手工质量是否令人满意。工程完成后由用户验收，用户认为不妥的地方，最好开出一张项目清单，通知装修公司来修缮。

装修公司修缮妥当，家装工程全部完工后，施工现场应清洁、整理。家装工程进入保修期，客户在使用过程中如发现质量问题，先同装饰公司取得联系，将发生的质量问题说明，凡是由装饰公司所做的装修，都可以进行保修，保修期为一年。

上面介绍了家装工程的具体程序，但具体操作起来也会因客户不同而不同，而大体程序相差无几，希望通过上面的介绍可以引领读者对家装工程的程序有一个清楚的认识。

1.6 美术基础与效果图之间的关系

有美术基础，对做室内设计或者效果图会有很大帮助，尤其是对造型、色彩等可以更好地运用到空间中，素描是美术的基础，通过本节的介绍，可使读者了解素描、比例关系、三大面五大调子、近大远小、近实远虚、素描的细节处理，以及快速制作效果图的一半制作流程，为下面的学习打好基础。

1.6.1 素描的含义

使用木炭、铅笔、钢笔等工具，用线来勾勒出物体明暗的单色画，这种绘画方式称为素描。素描是一切绘画艺术必须经过的一个阶段。它可以用交错的单色线条来表现出物体的轮廓、光感及质感。图1–34所示，就充分说明了这一点。

静物素描

石膏像素描

图1-34　素描的表现效果

优秀的素描作品可以很好地刻画出景物的光感和质感，要做好这些并不容易，需要扎实的基本功，不仅要不断地努力，还要多思考。在制作效果图的过程中，可以将素描中的美术知识应用到效果图的整体氛围中。

通过观察这些作品，可以发现它们都有几个共同的特点。

它们都是单色的，而且都是由一些粗犷和细小的线条构成，看着都很舒服，主要是因为把握好了比例关系，初学者常常由于把握不好物体的比例关系，而无法正确地完成效果图，所以本书的开始就安排了一些美术知识，希望可以对初学者提供一些帮助。

根据这些特点，做了以下总结。

- 无论是哪种表现方式，只要是单色都可以称为素描。
- 交叉的线也可以解释成一种绘画手法，能很好的体现出一个面的变化，当两点之间可以连成一条线时，多条线充电就可以构筑成一个面。
- 无论是黑白的还是彩色的，都离不开黑白灰三种色调，它们是一切图像的基础。
- 自然界一切物体的形态都具有三度的特征，即长度、宽度和高度。“度”是指程度和尺度，是构成形体特征最主要的因素。形体自身各度与形体之间的尺度比值叫做“比例”。

在上述4点中，黑白灰和比例关系是需要牢记并掌握的。

1.6.2 比例关系

上面介绍了素描的含义，其中也提到了比例关系，若想获得准确、理想的比例，就要通过对比去感觉他们之间的比例。

在把握比例关系时，主要靠感觉，特别是要在审美前提下来感觉和捕捉对象的比例特征时，比例的概念还不仅仅局限于此，还涉及到亮度、数量度、疏密度等因素。

在素描中，应该强调比例关系的准确性，以前物体的比例关系都是客观存在的，例如形状、长款、高低、大小、粗细等。比例是各物体之间与物体自身的一种度量关系，任何物体都可以用一个特定的比例来衡量和判断，如图1–35所示。

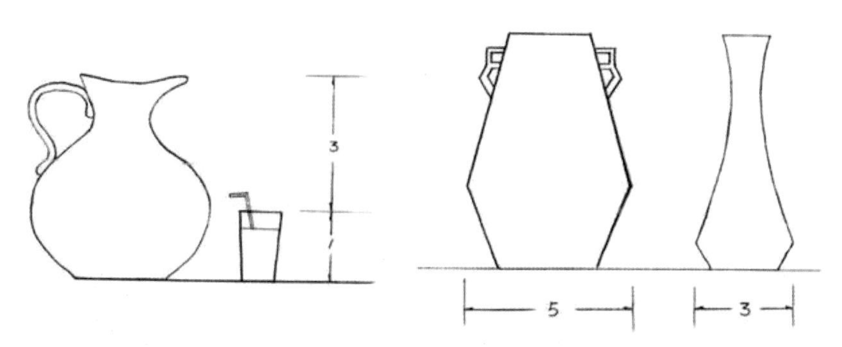

图1-35 物体之间的比例关系

确定比例关系的方法是先从整体出发确定大的比例关系，然后再确定局部细小的比例关系，如图1–36所示。在写生的时候，要正确掌握比例关系，不是只靠人多或工具测量，主要还是目测，要注意训练眼睛的观察能力和判断能力。

上面的这一步是非常重要的，就个人经验来讲，素描中对物体形态（也就是比例关系）的把握决定了绘画的成败，效果图中的建模也属于这一点，要想做出照片级的效果图，就必须确定好物体之间的比例关系，最好能与实际物体的尺寸符合。

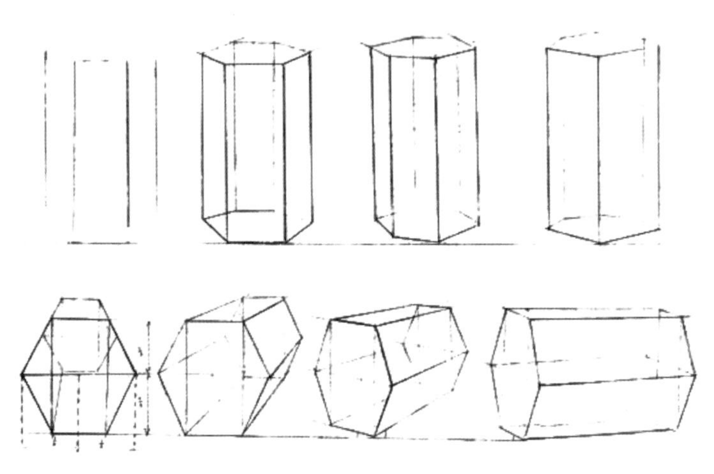

图1-36　同一个物体不同的观察视角得到的效果

1.6.3　三大面五大调子

黑白灰就是三大面即亮面、暗面和反光面，五大调子即亮部（高光）、灰部、明暗交界线、反光和投影。这些都是生活中常见的，如图1–37所示。

亮面是指一个大的区域，收到光照的部分都称为亮面；暗面和亮面相反，光照不到的地方称为暗面；而反光面则存在于暗面中，它是物体在光的作用下，产生的一种光反射效果。

图1–38中标记得更详细一些，称为五大调子。高光是指物体中最亮的那个部分；灰面和高光比较接近。简单理解，就是亮面和暗面中间的过渡色；明暗交接线，顾名思义，就是明和暗交界的地方；反光与三大面中的反光面是相同的意思；投影，有光必然有影子出现，这五大调子是素描最重要的元素，不仅是在素描中，色彩和摄影都不能脱离这些元素。在制作商业效果图的时候，客户常说的素描关系指的就是三大面五大调子。但是产生这种明暗关系的最根本的原因是光源和物体的体积，很明显，光照射到有体积的物体上就会产生调子。它的规律是受光部亮，背光部暗，在它们交界的区域产生了明暗交界线。不只是球和立方体，世界万物都有这些因素，这里不做过多的介绍，后面章节中，会结合实例操作进行说明。

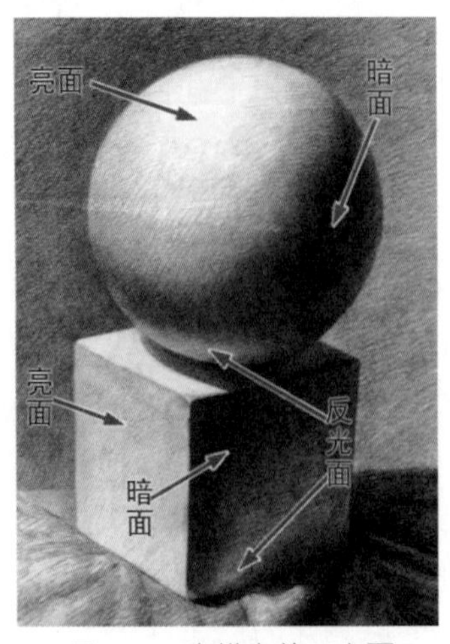

图1-37　素描中的三大面

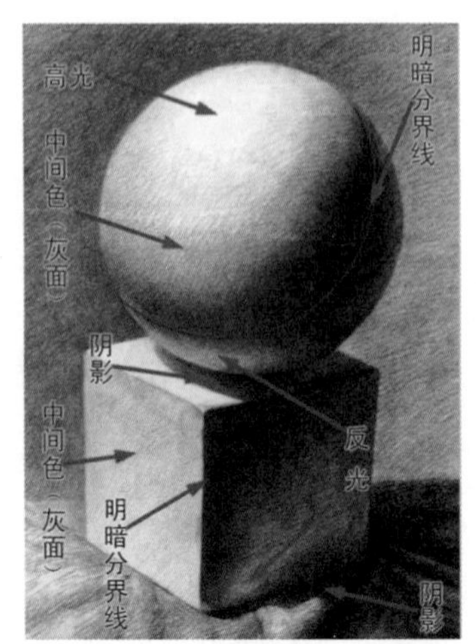

图1-38　素描中的五大调子

1.6.4 绘图中的透视原理

本节将介绍透视的知识。透视涉及的知识点很多，这里只介绍一些基本的内容。透视是绘画法理论术语。“透视”一词原于拉丁文“perspclre”（看透）。最初研究透视是采取通过一块透明的平面去看景物的方法，将所见景物准确描画在这块平面上，即成该景物的透视图。后来将在平面画幅上根据一定原理，用线条来显示物体的空间位置、轮廓和投影的科学称为透视学。

在日常生活中，随时随地都可以看到近大远小与近实远虚等物体特征，这是典型的最基本的透视知识，那么，还有哪些需要掌握的呢？首先介绍一些名词。

- 视点：人眼睛所在的地方。
- 视平线：与人眼等高的一条水平线。
- 视线：视点与物体任何部位的假想连线。
- 视角：视点与任意两条视线之间的夹角。
- 灭点：透视点的消失点。

图1-39中标出了上述几个名词所对应的位置。

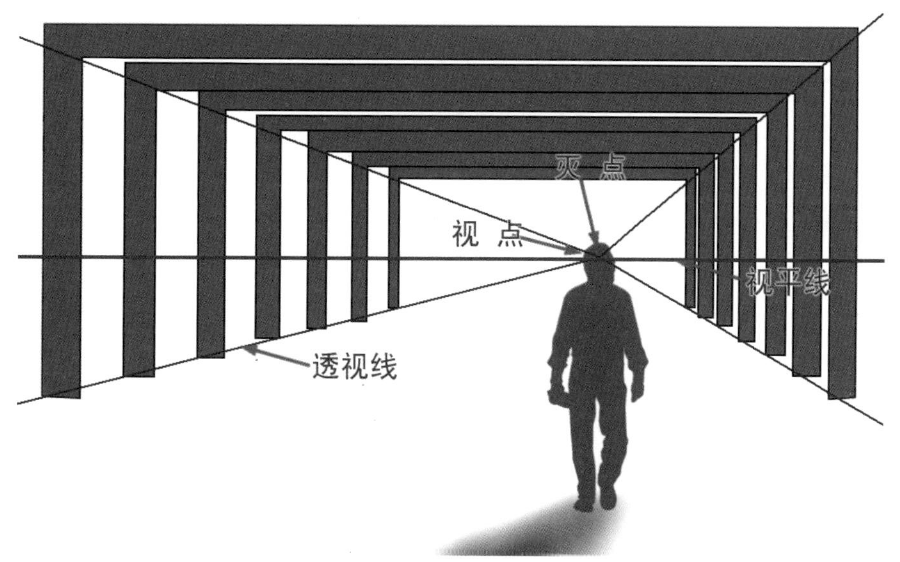

图1-39 透视图解

在这张图中，人所占的位置称为视点，由视点出发，红色的线就是视平线，它与人的眼睛一样高；蓝色的线是透视线，在远端相交在一起称为灭点。在制作效果图时，软件系统已经自动调整好了准确的透视关系，设计师只需要绘制好墙体、窗户即可，然后再创建一架摄影机，透视即生成了。在真正的效果图领域，客户往往会其他的要求，对照照片建立模型是最省事的设计方法，但是对于3D图像制作的读者来说，这就可能有些难度了，这个时候透视会起到关键性的作用。一张图片或者几张侧面图，所需要的不仅仅是建模能力，更重要的是要考验对建筑美感及造型的把握能力。

再来看两组图片，如图1-40和图1-41所示。

图1-40说的是近大远小的透视。相同大小的盒子，由于离视点越来越远，逐渐变小，眼睛看远处的物体时也越来越看不清楚细节。

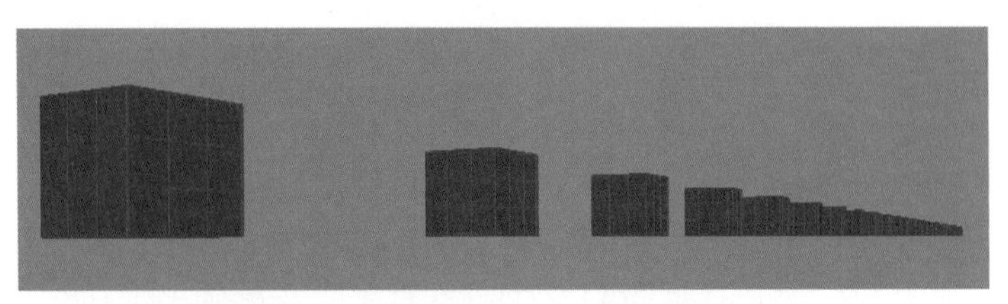

图1-40　物体呈现近大远小的透视效果

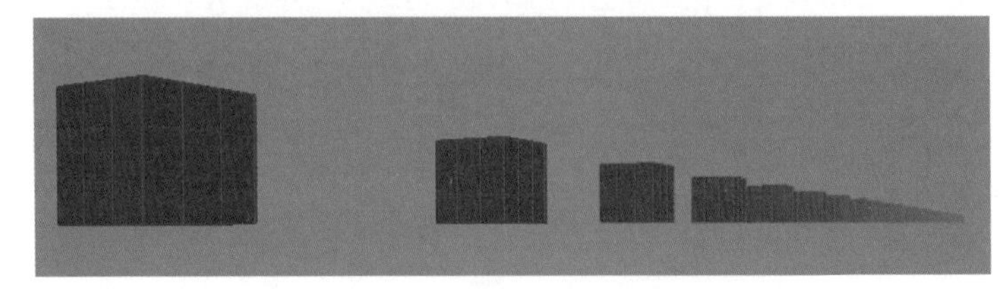

图1-41　物体呈现近实远虚的透视效果

图1–41所示是一张带有景深的图片。眼睛是有目标性的，也就是说把视线放在第二个盒子上，那么离这个目标点越远的物体就越模糊。可以做个试验，将注意力集中在第二个盒子上，再用余光去看周边的盒子，根本看不清细节，只能看出有个大概的形态。根据这两点，可以认为目光是有衰减的，与摩擦力的作用一样，通过摩擦一段时间后，运动的物体就会停止，眼睛所看到的范围也是有限的，并且也受到自然界的影响。

在素描中最基本的形体是立方体。素描时，大多是以对三个面所进行的观察方法来决定立方体的表现。另外，利用面与面的分界线所造成的角度，也能暗示出物体的深度，这就涉及到透视规律。透视分一点透视（又称平行透视），两点透视（又称成角透视）及三点透视（俯视或者仰视）三类，下面就分别进行介绍。

1．一点透视

所谓一点透视，就是在一个空间内只有一个灭点。以常见的立方体为例，就是将立方体放在一个水平面上，前方的面（正面）的四边分别与画纸四边平行时，上部朝纵深的平行直线与眼睛的高度一致，消失成为一点，而正面则为正方形，如图1–42所示。一点透视在室内效果图中经常见到，如图1–43所示。

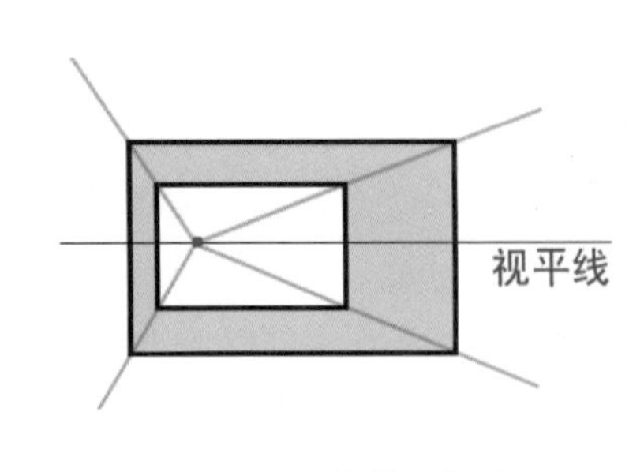

图1-42　立方体的一点透视

图1-43　一点透视的效果图

2．两点透视

两点透视是指在一个空间内有两个灭点，也就是把立方体画到画面上，立方体的四个面相对于画面倾斜成一定角度时，往纵深平行的直线产生了两个消失点。在这种情况下，与上下两个水平面相垂直的平行线也产生了长度的缩小。如图1-44所示，无论在室内还是室外效果图中，经常会有两点透视。成角透射的效果如图1-45所示。

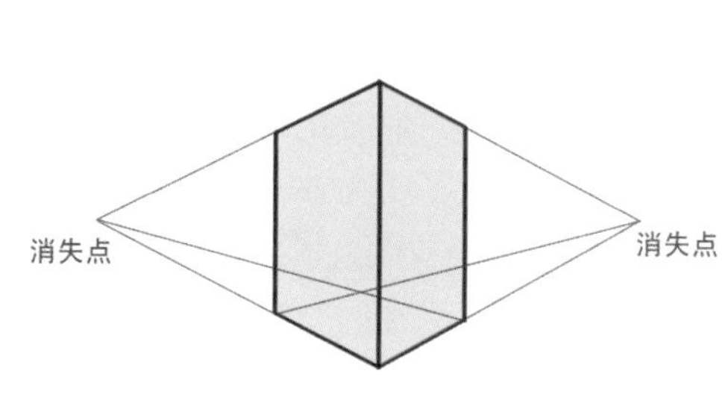

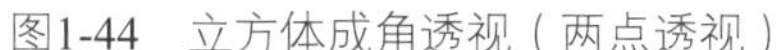
图1-44　立方体成角透视（两点透视）

图1-45　成角透视的效果图

观察图1-43和图1-45所示的两组透视图，不难发现横向和竖向的区别。竖向都是垂直向下的，与地面成90°角，那么在横向上就有了变化。在一点透视中，因为它只有深度上的透视变化，并且透视线延长到远端交于一点，那么在横向和竖向上都是平行的，所以它们永远无法交于一点；两点透视的横向却可以交于一点，就像3ds Max中的X、Y轴（横向用X来表示，深度用Y来表示，高度用Z来表示），两点透视在X、Y方向上都有变化，这就是与一点透视的区别所在。

3．三点透视

三点透视与上面两种透视的区别在于Z轴方向上有了透视的变化，这种图多数用于表现建筑的庄严、宏伟，但是在真正的效果图制作中，这种图只能作为附加图，三点透视的应用并不算多。图1-46和图1-47所示的就是三点透视的例子。

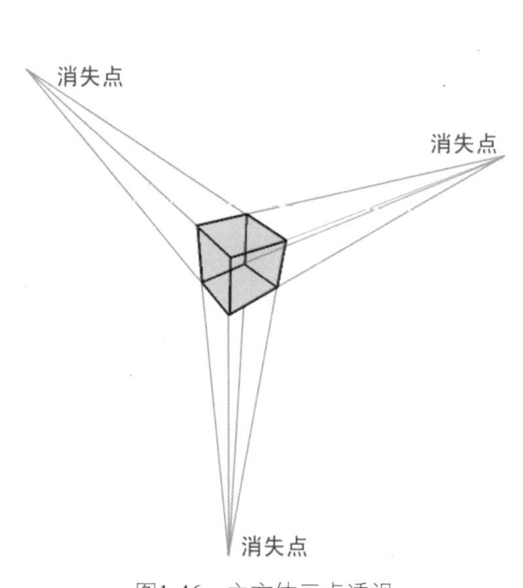

图1-46　立方体三点透视

图1-47　三点透视的效果图

通过上面的学习，希望能够掌握这三种透视的识别方法，以便在以后的工作中能准确、快速地把握好透视关系，多看图从而多锻炼自己的眼力，为以后的学习打好基础。

1.6.5 摄影原理在效果图中的应用

摄影是指使用某种专门设备进行影像记录的过程，一般使用机械照摄影机或者数码照摄影机进行摄影。有时摄影也被称为照相，也就是通过物体所反射的光线使感光介质曝光的过程。有人说过一句精辟的语言：摄影家的能力是把日常生活中稍纵即逝的平凡事物转化为不朽的视觉图像。然而，一幅摄影作品的好坏，又取决于若干因素，比如说摄影机的品质、拍摄的对象、构图、光感等。就像在制作效果图的过程中，建立的模型是否细腻精致、材质贴图是否真实、灯光的效果、构图的采用，都与最终的成图有着密切的联系。对于摄影的知识，这里就针对与效果图相关的构图和光感来作一下详细的介绍。

构图指将现实生活中三维空间环境下的物体利用视觉特征，有机地再现由边角限定的二维空间内，并担负着突出主体、吸引视线、简化杂乱，给出均衡和谐画面的作用，并通过画面构造传达阐释更多的信息，反映作者对一事物的认识和感情，也就是指如何把人、景、物安排在画面中以获得最佳布局的方法，是把形象结合起来的方法，是揭示形象的全部手段的总和。而且同样的一个场景，恰到好处的构图可以让作品更加出色。

摄影创作离不开构图，就像写文章离不开布局和章法一样，它是作品能否获得成功的重要因素之一，创作与构图的关系是那样密切。效果图表现也同样如此，好的构图可以更全面、更有力地表现制作者的思想意图，如图1–48所示。

图1-48　相同场景不同构图产生的效果

由图1–48不难发现，左图采取的是方构图，没有将复式别墅的气势展示出来，而右图则将客厅的恢宏气势表现得淋漓尽致，从而轻松看清空间的结构，这样作为一幅效果图就有了成功的基础。在摄影的构图学中有句话叫“意在摄先”，说的是在摄影之前必须立意，意就是要突出的主题。因此，在制作效果图模型的时候，就要先明确，这个空间需要表现的具体是哪一部分，确立之后，根据实际结构来考虑什么样的构图更能体现这个空间的重点。

构图是摄影作品成为佳作的主要方面，那么光又是怎样影响摄影作品的呢？光是摄影的媒介和工具，是摄影的根基，摄影艺术是光与影的艺术。没有光就不能获得影调，也就不能形成摄影艺术形象。所以，在摄影构思中要有光的造型意识，调动光的造型作用，充分发挥光在摄影艺术造型中的作用。光感在摄影作品中的体现如图1–49所示。

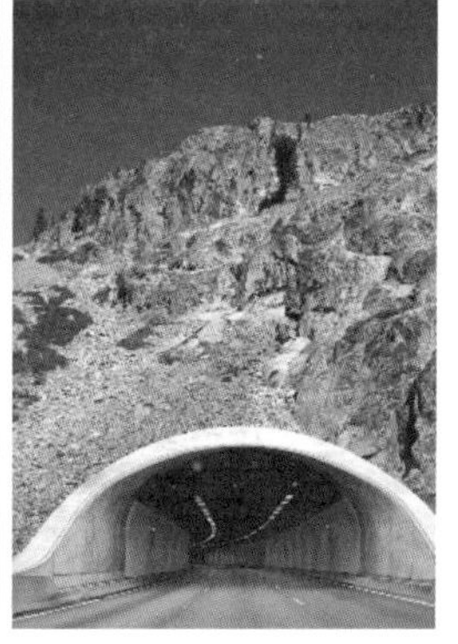

图1-49　光感在摄影作品中的体现

通过图1-49不难发现，不同的场景和拍摄者不同的表现意图都可以借助光感来达到。例如左图祖孙二人在太阳的照耀下各忙其事，老者在织毛衣，幼童在看书，近处还有一只慵懒的猫在半眯着眼睛，太阳光打在身上所透出来的暖洋洋的光晕与整个图面一起向读者诉说着天伦之乐的惬意与温馨。右图则是通过冷色的天空、粗狂的岩石对比隧道里的暖色灯光，意喻回家是一种怎样的心境，不用言语就可以明白。由此可以明显的感觉到灯光在摄影作品中的作用。

灯光在效果图的制作过程中起着举足轻重的作用，整个气氛和主题是需要灯光来体现的。制作完模型、确定好构图，然后就要考虑可以烘托气氛的灯光效果。灯光的设置过常简称为“布光”。虽然说一个复杂的场景由不同的灯光师分别来布光会有若干种不同的方案与效果，但是布光的几个原则都会遵守。对于室内效果图与室内摄影，有个著名而经典的布光理论就是：三点照明，下面对其进行介绍。

三点照明，又称为区域照明，一般用于较小范围的场景照明。如果场景很大，则可以把它拆分成若干个较小的区域进行布光。一般有三盏灯即可，分别为主体光、辅助光与背景光。主体光通常用来照亮场景中的主要对象与其周围区域，并且担任给主体对象投影的功能。主要的明暗关系由主体光决定，包括投影的方向。主体光的任务根据需要也可以用几盏灯光来共同完成，如常用VRay平面光来完成，如图1-50所示。

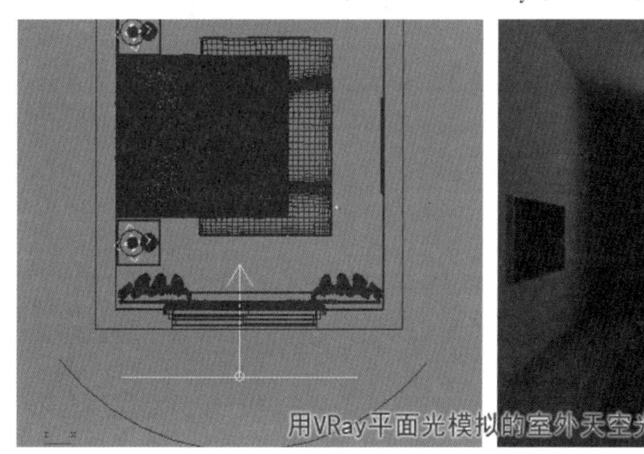

图1-50　主光源的模拟

通常如果是表现白天的效果，场景中主要是以室外的天空光和太阳光为主要照明光源，这样采用的灯光就比较亮一些，然后为了增加室内的灯光效果，可以再设置一些辅助光源。

室内场景中的辅助光又称补光。用一个聚光灯照射扇形反射面，以形成一种均匀的、非直射性的柔和光源，用它来填充阴影区以及被主体光遗漏的场景区域、调和明暗区域之间的反差，同时能形成景深与层次，而且这种广泛均匀布光的特性使它为场景打一层底色，定义了场景的基调。由于要达到柔和照明的效果，通常辅助光的亮度只有主体光的50%~80%，如图1-51所示。

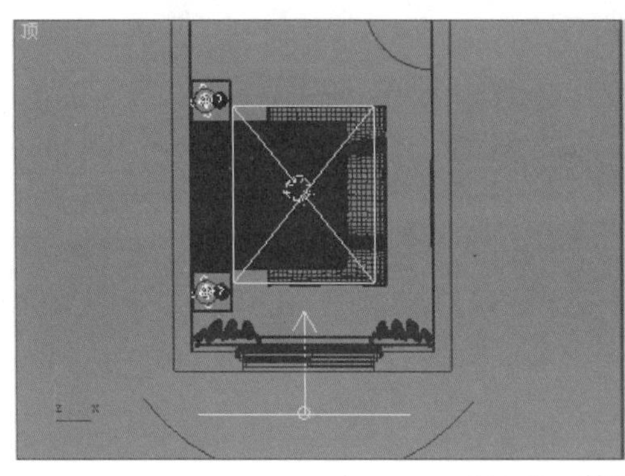

图1-51　辅助光源的模拟

背景光的作用是增加背景的亮度，从而衬托主体，并使主体对象与背景分离。一般使用泛光灯，亮度宜暗不可太亮。上面的案例布置完灯光后的效果如图1-52所示。

图1-52　卧室布置日景灯光后的效果

通过上面的介绍顺序，可以总结出布光的顺序如下：

- 先定主体光的位置与强度；
- 决定辅助光的强度与角度；
- 分配背景光与装饰光。这样产生的布光效果应该能达到主次分明，互相补充。

在为效果图布光的时候，还有几个方面需要特别注意。

- 灯光宜精不宜多。过多的灯光会使工作过程变得杂乱无章，难以处理，显示与渲染速度也会受到严重影响。只有必要的灯光才能保留。另外，要注意灯光投影与阴影贴图及材质贴图的用处，能用贴图替代灯光的地方最好用贴图去做。例如要表现晚上从室外观看到的窗户内灯火通明的效果，用自发光贴图去做会方便得多，效果也很好，但不要用灯光去模拟。切忌随手布光，否则成功率将非常低。对于可有可无的灯光，要坚决不予保留，同时，灯光过多也会影响机器的渲染速度。

- 灯光要体现场景的明暗分布，要有层次性，切不可把所有灯光一概处理。根据需要选用不同种类的灯光，如选用聚光灯还是泛光灯；根据需要决定灯光是否投影，以及阴影的浓度；根据需要决定灯光的亮度与对比度。如果要达到更真实的效果，一定要在灯光衰减方面下一番功夫。可以利用暂时关闭某些灯光的方法排除干扰对其他灯光进行更好的设置。
- 在3ds Max中的灯光是可以超现实的，要学会利用灯光的“排除”与“包括”功能判断灯光对某个物体是否起到照明或投影作用。例如要模拟烛光的照明与投影效果，通常在蜡烛灯芯位置放置一盏泛光灯。如果这盏灯不对蜡烛主体进行投影排除，那么蜡烛主体会在桌面上产生很大的一片阴影，这样可能会影响画面的整体效果。在建筑效果图中，也往往会通过“排除”的方法使灯光不对某些物体产生照明或投影效果。
- 布光时应该遵循由主题到局部、由简到繁的过程。对于灯光效果的形成，应该先调角度定下主格调，再调节灯光的衰减等特性来增强现实感。最后再调整灯光的颜色做细致修改。如果要逼真地模拟自然光的效果，还必须对自然光源有足够深刻的理解。多看些摄影用光的书，多做试验会很有帮助。不同场合下的布光用灯也是不一样的。在室内效果图的制作中，为了表现出一种金碧辉煌的效果，往往会把一些主灯光的颜色设置为淡淡的橘黄色，可以达到材质不容易表现出的效果。

1.6.6 细节的处理

任何事物都有它的形态，从巨大到渺小，可以将眼睛所能看到的物体用艺术的手法表现出来。但也不是看到什么就画什么，要有取舍，艺术讲究乱中有序，那么如何做好细节方面的处理呢？图1-53所示已经说明了细节问题，如模型细节、材质细节、渲染细节等。

图1-53　不同物体的细节

- 模型细节：包括物体的大小、形状及物体之间的比例关系。
- 材质细节：包括物体本身的固有颜色、物体之间的溢色、反射强度等。
- 渲染细节：包括光源的种类、光源方向、所处环境等。

上述这些都是在制作中需要把握的。以上图所示的酒杯中的红酒为例来介绍细节的问题。首先观察图1–54，从颜色方面来看，这杯红酒是一个上等品；还有台面上的葡萄也是精挑细选出来的，但是，不要只看到这些，要看更深的东西。

图1-54　图的细节决定品质

在这张局部图中，瓶子中酒的清亮透彻，还有葡萄表面的白色绒毛与高光，都形象地体现出要表达的物体的形态，虽然这是一张渲染的图片，但是感觉它真实存在，这就是一幅好的作品。在作图时也要记住细节的刻画，生动地表现出某一个物体。

1.7 家装效果图的用色原则

空间配色不得超过三种，其中白色、黑色不算色。

- 金色、银色可以与任何颜色相陪衬，金色不包括黄色，银色不包括灰白色。
- 在没有设计师指导的情况下，家居最佳配色灰度是墙浅、地中、家私深。
- 厨房不要使用暖色调，黄色色系除外。
- 禁用深绿色的地砖。
- 坚决不要把不同材质但色系相同的材料放在一起，否则，会有一半的机会犯错。
- 想制造明快现代的家居氛围，就不要选用那些印有大花小花的东西（植物除外），尽量使用素色的设计。
- 天花板的颜色必须浅于墙面或与墙面同色。当墙面的颜色为深色时，天花板必须采用浅色。天花板的色系只能是白色或与墙面同色系。

三种颜色是指在同一个相对封闭空间内，包括天花板、墙面、地面和家私的颜色。客厅和主人房可以有各成系统的不同配色，但如果客厅和餐厅是连在一起的，则视为同一空间。

白色、黑色、灰色、金色、银色不计算在三种颜色的限制之内。但金色和银色一般不能同时存在，在同一空间只能使用其中一种。

1.8 家装效果图的制作技巧

本书重点介绍家装效果图的制作，既然是制作，就要先来介绍一下制作的一些技巧，在后面制作过程中是非常有帮助的。

1.8.1 作图前要先做好整体规划

俗话说得好，磨刀不废砍柴工！制图前最好先做好规划，整个工程要几个场景才能展示清楚。每个场景要由哪些元素构成，哪些元素需要进行建模，哪些元素可以在素材库或光盘中找到，然后还要考虑整体的颜色搭配，材质选择等。只有这样，作图时才能做到有的放矢，少走弯路。

1.8.2 分清重点，减少工作量

把场景建立起来后，先加上一部临时摄影机，挑选好出图视角。对于那些不可视的面，就不必为其太费功夫，这样就能省去不少建模和赋予材质的工作量；对于那些较远的物体，建模时就不必考虑细节，有个形状和颜色即可，因为不管你出的是A 2 还是A3图，在1440dpi的情况下，那些场景深处的物体细节根本无法显现。

1.8.3 尽量不要在总场景中直接建模

很多业余效果图设计师总喜欢在总场景中建模，如果你用的是专业级的图形工作站还是可以的。因为即便是一个简单的室内装饰效果图，通常也会由近万个面构成，加上灯光材质贴图，每次渲染下来都对CPU、内存、显卡是一次满负荷的考验，如果用的是“瘟酒吧”（Windows 98）那么这种经历就如同走上一次高空钢索，即使使用 Hide (隐藏）命令隐藏掉部分物体，赶上场景复杂时渲染一次的时间也够去喝杯茶的了！

有经验的设计师通常会在独立的场景中为不同的物体建模，然后再用 Merge (合并）命令将不同的子场景进行合并，从而合理地利用计算机资源，提高作图效率。

1.8.4 一定记好为几何元素命名

作图时千万不要为了一时痛快而忘记为几何元素命名，否则等到场景一合并，就会出现上百的box01，box02，…，box103等。使人根本分不清哪一个几何元素属于哪个物

体。所以每当完成一个物体的建模后，就要及时对相关元素进行命名，同样也要及时为材质进行命名，以免出现混乱。

1.8.5 建立你自己的模型材质库

市面上有许多的材质光盘销售，有正版的也有盗版的，大多3ds Max 爱好者都会或多或少的有几张，但还是强烈的建议建立自己的模型材质库。因为不论是正版还是盗版，光盘作者大多不是很懂建筑和装饰，所以经常会看到这样的命名方法：大理石01，大理石02，…；木纹01，木纹02，…。而在一个职业设计师的材质库里可能看到的是：印度红大理石01，蒙古黑大理石02，西班牙金花米黄01…；或者胡桃木纹，红榉木纹，花樟木纹…。可以将所拥有的材质盘全部复制到硬盘上，删除重复材质，再按用途或类别进行分类命名，模型库也依此照办，经过一段时间的积累，一定会有一个自己的材质模型库，再作效果图时就不用来回地换图了。

1.9 小结

本章主要介绍了室内设计的一些相关理论内容，而要想成为一名出色的室内设计师还必须掌握这些基本理论知识。在家装设计过程中，就需要将上面介绍的室内设计的风格、设计原则等知识，综合的进行整理、结合，确定客户的设计方案，然后用相关的设计软件通过不同的图纸表现出来，然后根据图纸报价、签订合同、进场施工到最后的竣工结算，这些都需要初涉设计领域的人全部掌握，只有做到这一步，才能在今后的设计工作中得心应手。所以请读者仔细阅读本篇内容，结合基础的第1章，将其融会贯通并用于今后的设计中，为进一步学习后面的章节做好准备。

第2章

室内各种模型的制作——建模

本章内容

- 各类工艺品的建模要领
- 各类灯具的最简建模
- 各类家具的最优建模
- 各类洁具的快速建模

本章主要介绍室内局部构件的制作，包括工艺品、灯具、家具、洁具等。室内也是由这些局部构件组成的，这部分的制作要比墙体的制作难度大一些，因为里面有很多不规则的造型以及大量的曲面，所以制作起来就比较吃力，应该说这部分的内容是很重要的，所以希望读者不要忽视，只有熟练运用所学习的命令，在建模的时候可以很轻松地制作出来。

2.1 各类工艺品的建模要领

在室内点缀适当的装饰性工艺品造型，对室内空间的美化和完善起着不可忽视的作用。若装饰物布置得体，将会成为室内空间的点睛之笔。在进行室内装饰时，要根据装饰环境和人们的喜好，选择合适的工艺品，譬如各类瓷器、玻璃器皿、雕刻、壁挂、挂毯、装饰画等，用以丰富整体空间气氛，增加层次感。

2.1.1 制作装饰物

无论在什么样的空间，装饰物的放置是必不可缺少的。下面介绍制作装饰瓶造型，它们的造型绝大多数都属于旋转体。因而可以用【车削】命令生成装饰瓶，上面的干枝用【放样】来完成。最终效果如图2-1所示。

图2-1 装饰物的效果

/现场实战——制作装饰物

01 启动3ds Max 2012，将单位设置为【毫米】。

02 单击【创建】|【线形】|线按钮，在【前】视图绘制出装饰瓶的剖面线，可以先绘制1个450mm×100mm矩形作为尺寸参照，尺寸及形态如图2-2所示。

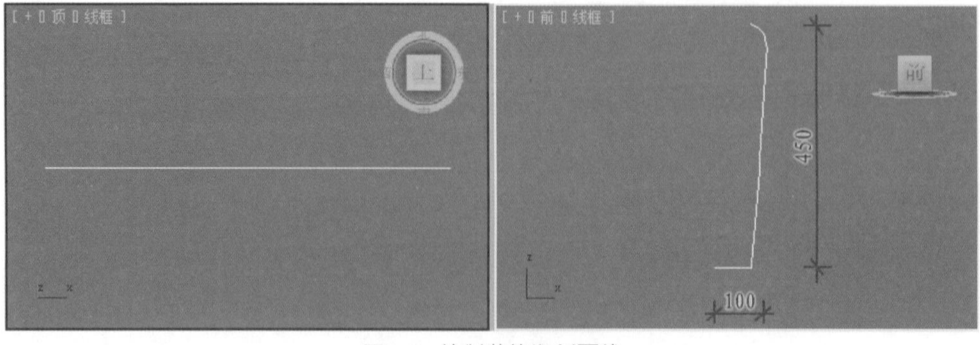

图2-2 绘制装饰瓶剖面线

03 按3键，进入【样条线】层级，为线形添加一个3的轮廓，再进入【顶点】层级，选择右面的两个顶点，单击切角按钮，在【前】视图拖动鼠标，此时的直角就会变为圆角，效果如图2-3所示。

04 对外面的点同样进行圆角，效果如图2-4所示。

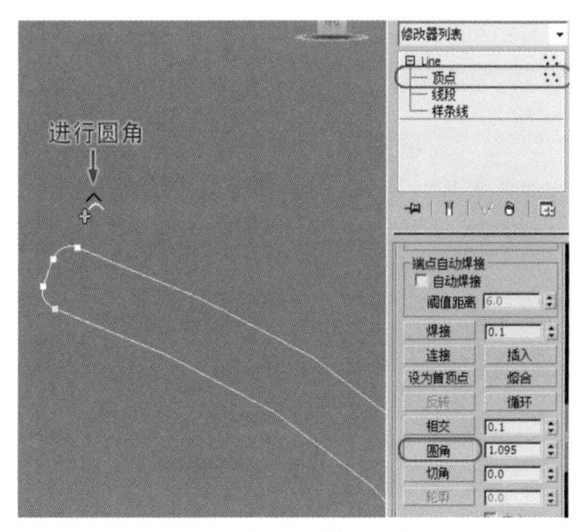

图2-3　对顶点进行圆角

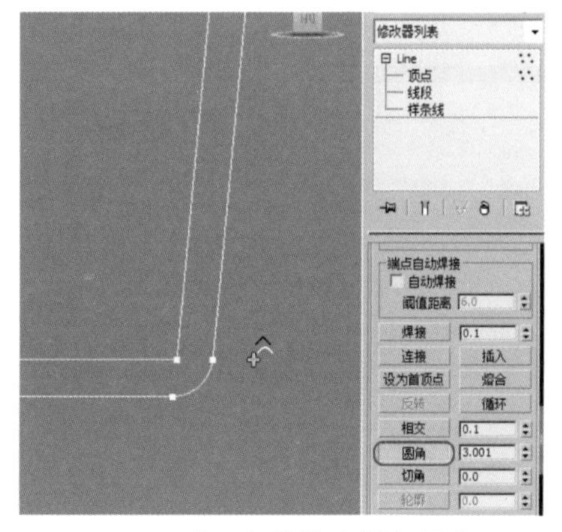

图2-4　对顶点外的点进行圆角

05 确认线型处于选择状态，在【修改器列表】中执行【车削】命令，为绘制的线形添加一个【车削】命令，选中【焊接内核】复选框，然后单击【对齐】选项区下的 最小 按钮，为了得到圆滑的效果，设置【分段】为36，如图2-5所示。

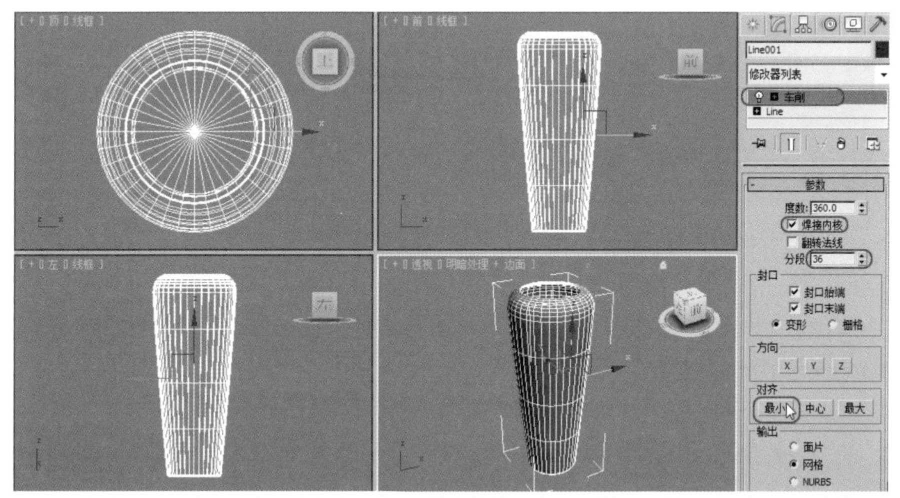

图2-5　设置【车削】参数

在执行一些修改命令时，通常是在 修改器列表 中执行的，每一次过去找都比较麻烦，所以就定义了一个自己的命令面板，这样在执行命令的时候直接单击该按钮即可，详细的定义方法将在多媒体中介绍。

06 用同样的方法再来制作一个装饰瓶，效果如图2-6所示。

在绘制线形的时候绘制的是单线，所以旋转之后的装饰瓶里面是空的，这时给它赋上双面材质即可。

07 给装饰瓶赋予双面材质时，按住Shift键，在【顶】视图用【移动工具】拖动第二次制作的装饰瓶，在弹出的复制对话框中单击 确定 按钮，用【缩放】工具将复制的装饰瓶缩小，效果如图2-7所示。

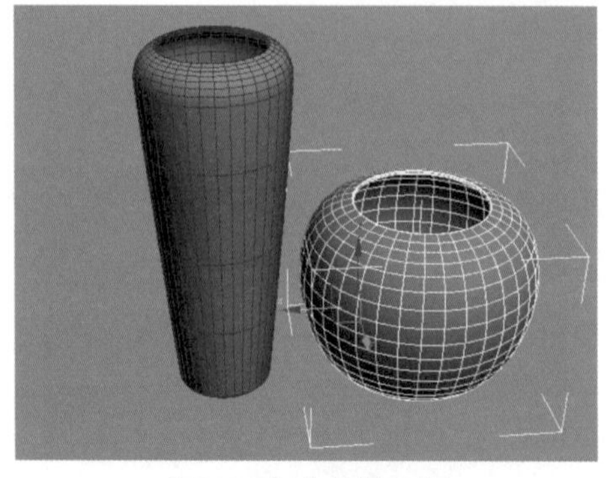

图2-6 制作的装饰瓶

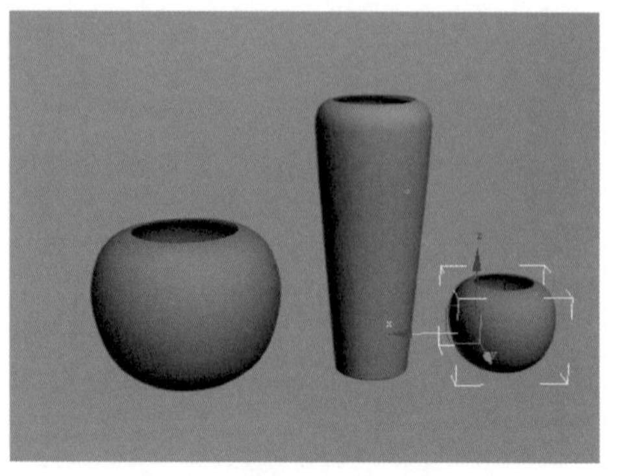

图2-7 复制缩放后的形态

08 在【前】视图用【线】命令绘制出干枝的形态（作为放样的“路径”），在【顶】视图绘制一个小圆形（作为放样的“截面”），形态如图2-8所示。

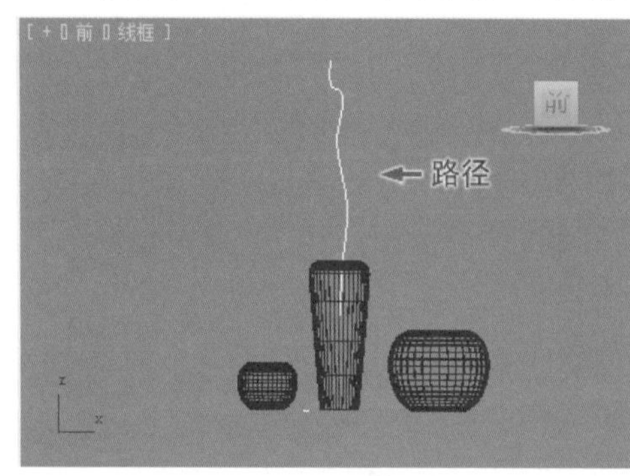

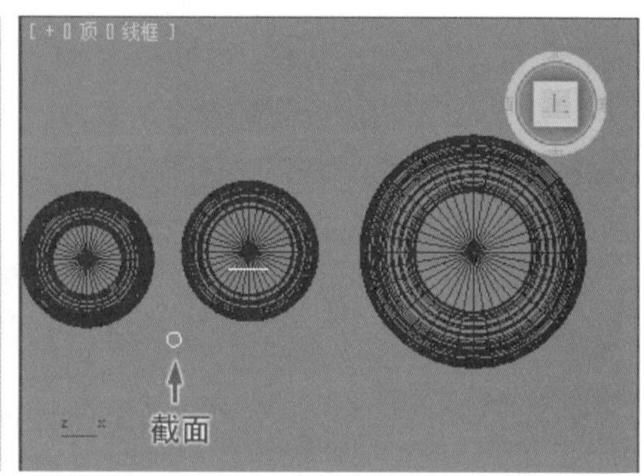

图2-8 绘制的路径和截面

09 在【前】视图选择绘制的曲线，单击【创建】|【几何体】按钮，在标准基本体下拉列表框中选择复合对象选项，单击放样按钮，再单击获取图形按钮，在【顶】视图单击小圆形，生成放样物体，如图2-9所示。

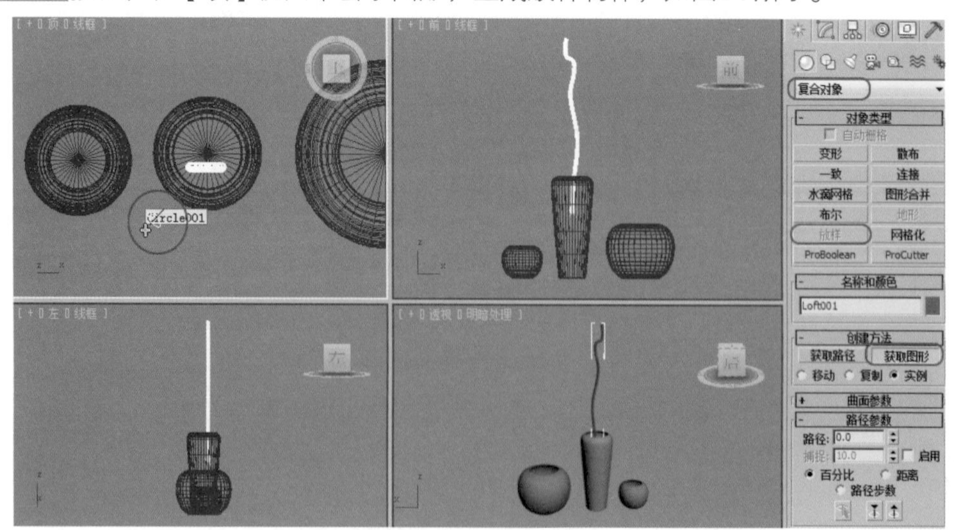

图2-9 进行放样操作

10 进入【修改】命令面板，为了优化模型，加快计算机的运行速度，将放样物体的【图形步数】设置为2，【路径步数】设置为4，如图2-10所示。

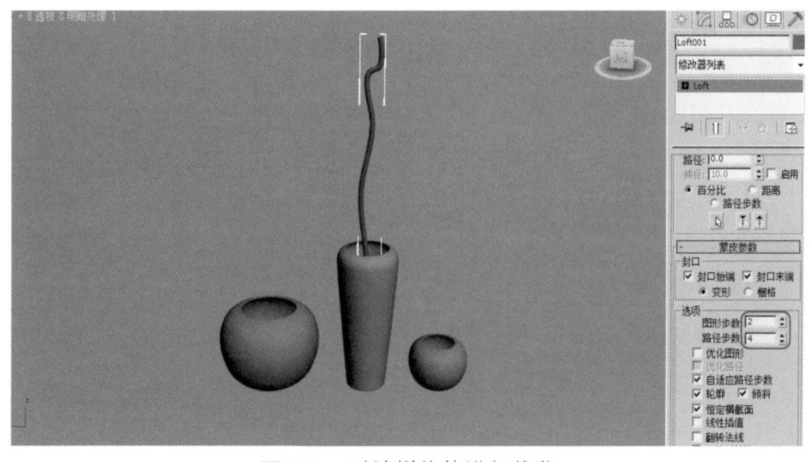
图2-10　对放样物体进行优化

干枝的上部要细一些，所以必须使用【放样】类下的缩放进行调整。

11 单击【修改】按钮进入【修改】命令面板，再单击下方 变形 卷展栏下的 缩放 按钮，弹出【缩放变形】对话框，调整一下左面的顶点即可，如图2-11所示。

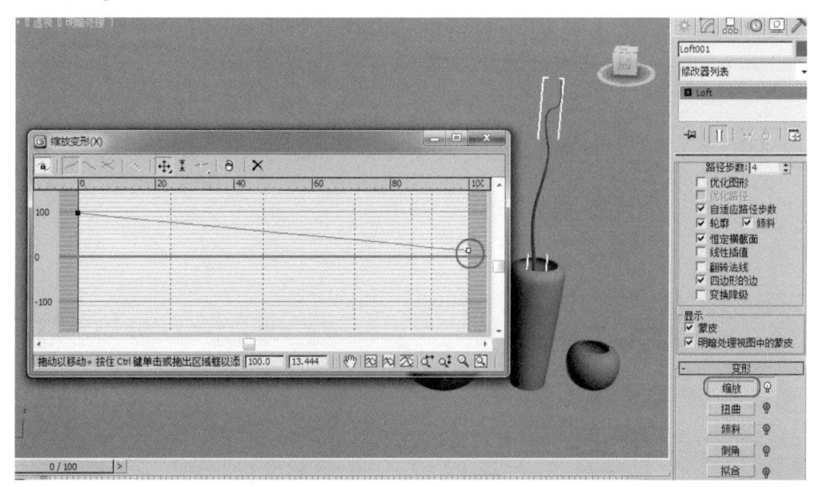
图2-11　对干枝进行缩放调整

12 可以将放样物体执行【转换为可编辑多边形】命令。然后进行调整，可以复制多个，然后进入【顶点】层级进行调整。最终的效果如图2-12所示。

13 单击菜单栏中的【保存文件】按钮，将此造型保存为“装饰物.max”文件。

图2-12　制作的干枝

2.1.2 制作装饰画

装饰画是室内墙面的重要装饰品，它可以填补墙面空白、均衡构图，使整个画面格局更加协调。在现在设计中，大部分直接使用一幅画即可，但是为了学习新的命令，下面介绍复杂装饰画框的制作，主要使用【倒角剖面】的命令完成，最终效果如图2–13所示。

图2-13 装饰画的效果

现场实战——制作装饰画

01 启动3ds Max 2012，将单位设置为【毫米】。

02 单击【创建】 |【线形】 | 矩形 按钮，在【前】视图创建一个500mm×800mm的矩形（作为“路径”）。用【线】命令在【顶】视图绘制出画框的剖面线（20mm×35mm），路径及剖面的形态如图2-14所示。

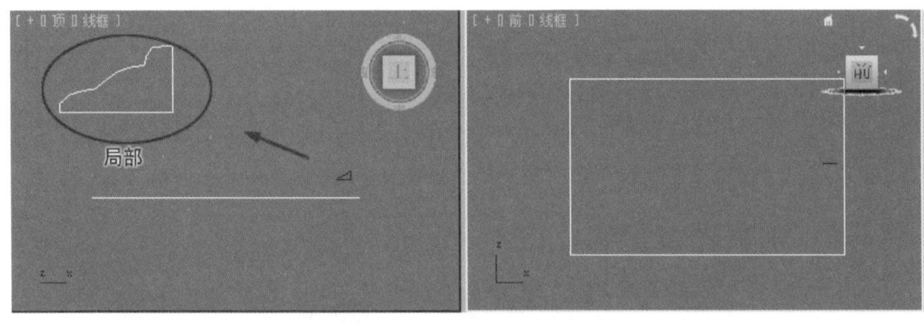

图2-14 绘制的矩形及线形

03 确认矩形处于选择状态，在【修改器列表】中执行【倒角剖面】命令。在参数面板中单击 拾取剖面 按钮，在【顶】视图拾取绘制的剖面线，此时画框生成，效果如图2-15所示。

图2-15 制作的画框

04 将画框执行【转换为可编辑多边形】命令，按4键，进入【多边形】层级子物体，将画框后面的面删除，然后按3键，进入【边界】层级，单击【编辑边界】类下的 封口 按钮，此时的面就封堵上了，效果如图2-16所示。

05 为装饰画赋予材质后的效果如图2-17所示。

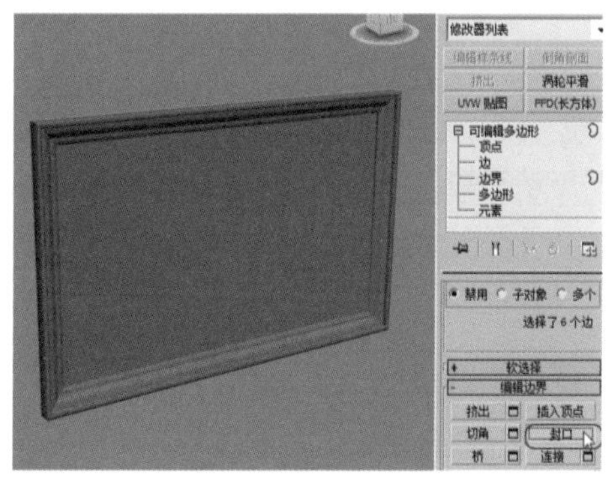

图2-16　为画框封口产生画布

图2-17　装饰画赋予材质后的效果

06 单击菜单栏中的【保存文件】按钮，将此造型保存为“装饰画.max”文件。

2.1.3　制作果盘

果盘主要是摆放在茶几及桌子上的装饰物，它分为三部分：盘子、苹果和香蕉。盘子和苹果主要是绘制线形，然后用【车削】命令生成，香蕉主要使用【放样】来完成，最终的效果如图2–18所示。

图2-18　果盘的最终效果

现场实战——制作果盘

01 启动3ds Max 2012，将单位设置为【毫米】。

02 单击【创建】|【线形】| 多边形 按钮，在【顶】视图中用鼠标拖出一个多边形（作为香蕉的“截面”），在【前】视图用【线】命令绘制一条平滑曲线（作为香蕉的“路径”），如图2-19所示。

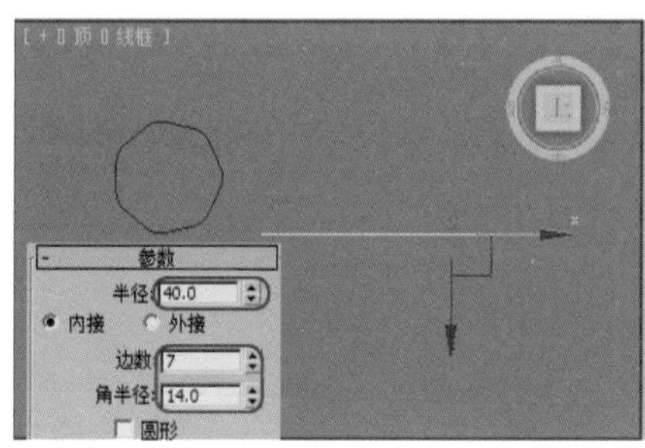

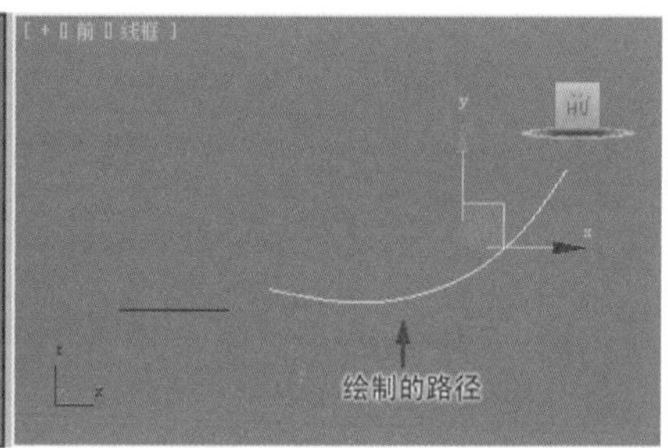

图2-19　绘制的截面和路径

03 在【前】视图选择绘制的曲线，单击【创建】|【几何体】按钮，在 标准基本体 下拉列表中选择 复合对象 选项，单击 放样 按钮，再单击 获取图形 按钮，在【顶】视图单击多边形，生成放样物体，如图2-20所示。

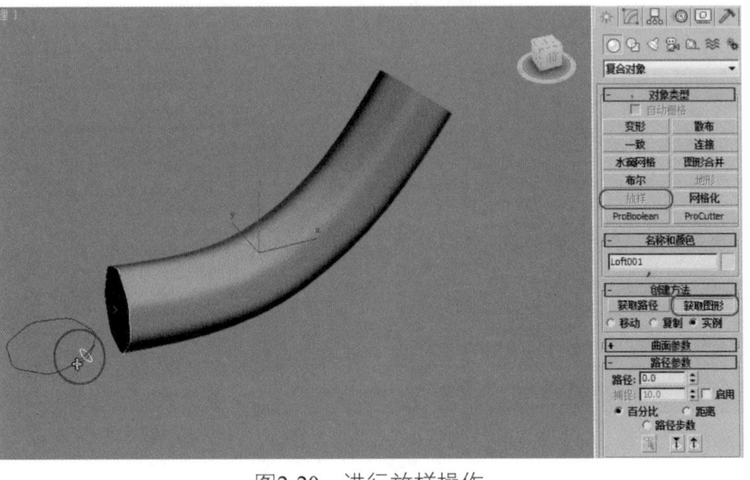

图2-20　进行放样操作

04 单击【修改】按钮进入【修改】命令面板，再单击下方 变形 卷展栏下的 缩放 按钮，弹出【缩放变形】对话框，在控制线上添加几个点，调整形态，如图2-21所示。

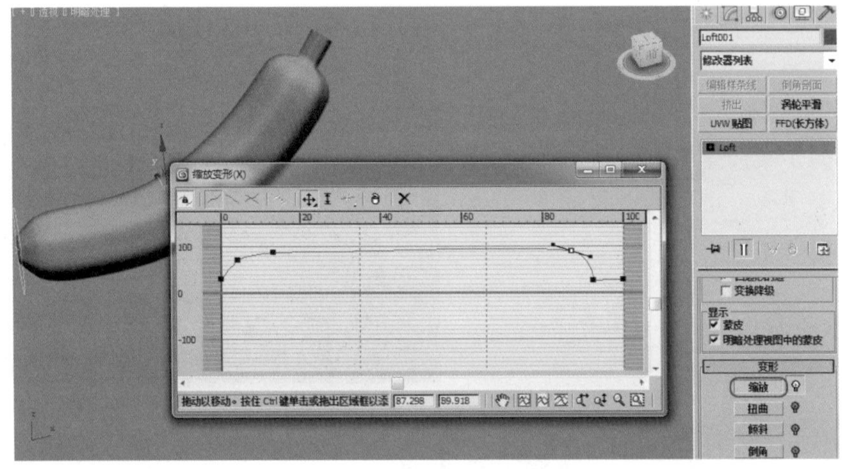

图2-21　对香蕉进行缩放调整

注意 如果感觉香蕉的形状不好看，可以选择路径，进入【顶点】层级子物体，进行调整；若边数不满意，选择多边形修改参数即可。

05 关闭缩放变形对话框，然后可以复制多个，对其进行旋转，在【顶】视图创建一个方体（作为“香蕉蒂”），将其执行【转换为可编辑多边形】命令进行调整。最终效果如图2-22所示。

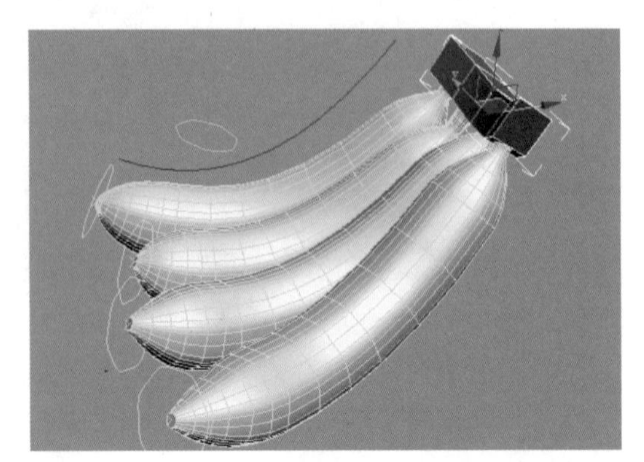

图2-22　制作的香蕉效果

06 在【前】视图用【线】命令绘制出盘子的剖面线，然后施加轮廓，如图2-23所示。

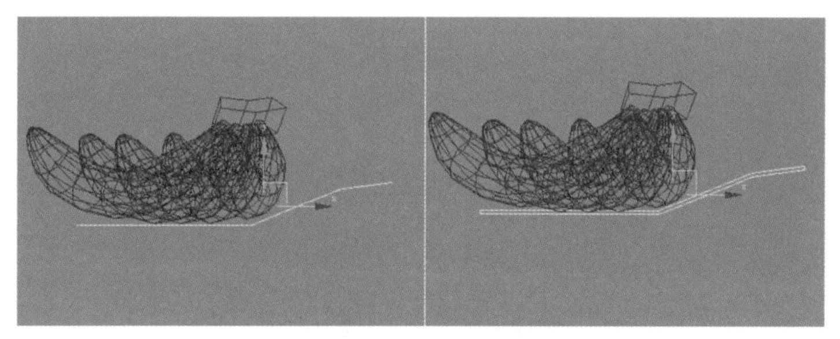

图2-23　绘制果盘的剖面线

07 在命令面板中执行【车削】命令，调整各项参数，如图2-24所示。

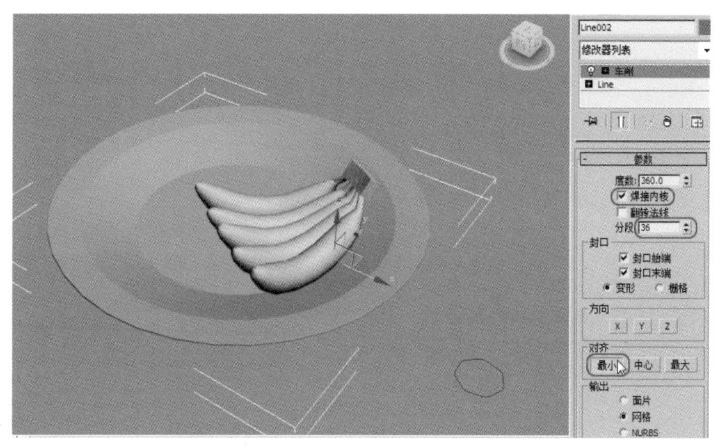

图2-24　制作的果盘

08 在【前】视图用【线】命令绘制出苹果的剖面线，然后执行【旋转】命令，效果如图2-25所示。

09 复制多个，然后修改一下形态，将方向及大小调整一下。最终的效果如图2-26所示。

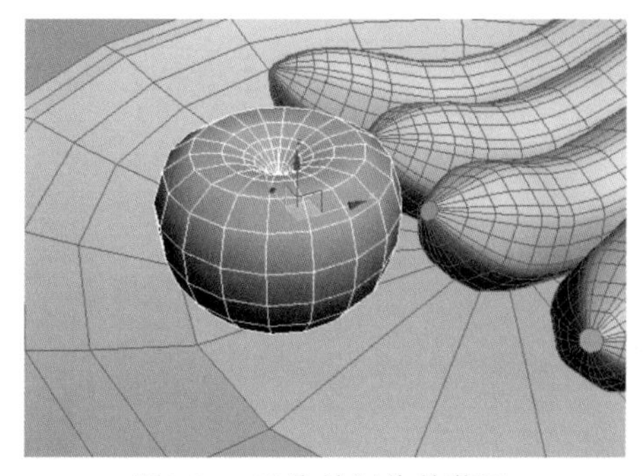

图2-25　用旋转制作的苹果

图2-26　复制后的的苹果

10 将制作的模型保存起来，文件名为“果盘.max”文件。

2.1.4　制作咖啡杯

咖啡杯的制作是创建长方体，然后执行【转换为可编辑多边形】命令进行修改，最终完成咖啡杯的制作，效果如图2–27所示。

图2-27 咖啡杯的最终效果

/现场实战——制作咖啡杯

01 首先启动3ds Max 2012中文版，将单位设置为【毫米】。

02 在【顶】视图创建一个长方体，参数及形态如图2-28所示。

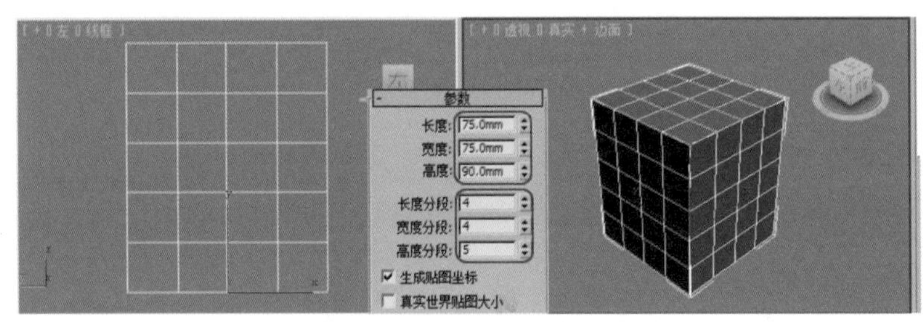

图2-28 【长方体】的形态及参数

技巧 在制作这样类似造型的时候，也可以创建【圆柱体】来制作，但是必须合理控制好段数，然后使用【可编辑多边形】命令进行修改。

03 将长方体执行【转换为可编辑多边形】命令，按1键，进入【顶点】层级子物体，用工具栏中的【移动】工具进行调整，效果如图2-29所示。

04 按2键，进入【边】层级子物体，在【前】视图选择如图2-30所示的两条边。

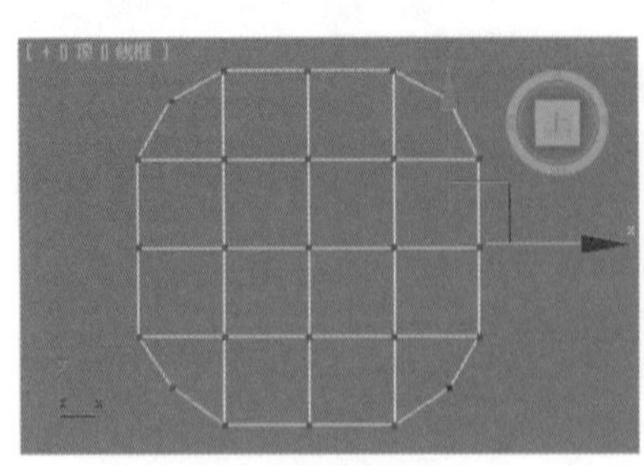

图2-29 调整后的形态

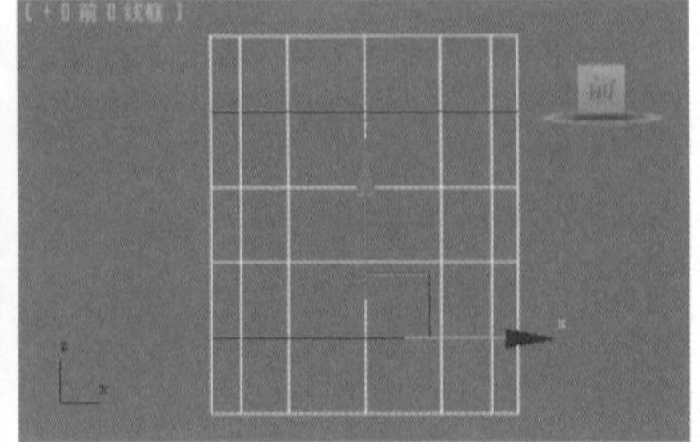

图2-30 选择的边

05 单击 切角 右面的小按钮，在弹出的【助手标签】中设置【边切角量】为8mm，单击【确定】按钮，如图2-31所示。

06 用同样的方法为中间水平的边进行切角，效果如图2-32所示。

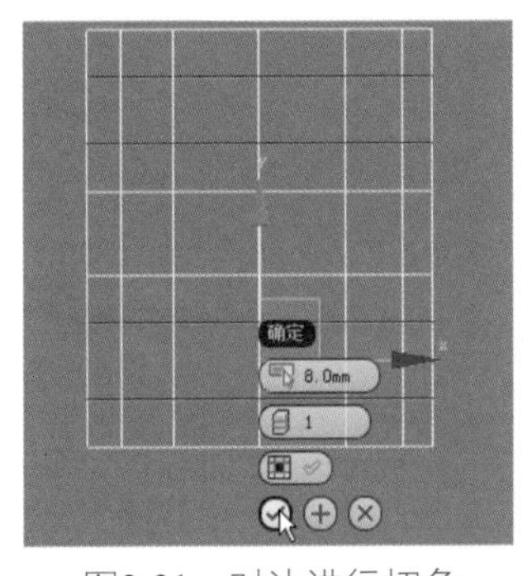

图2-31　对边进行切角

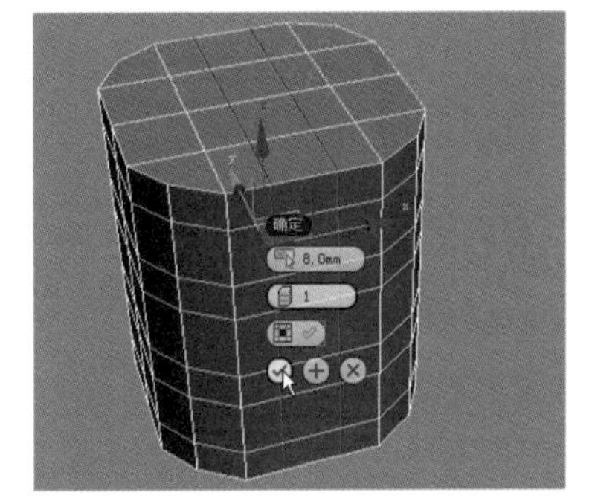

图2-32　对中间水平的边进行切角

下面介绍制作杯把。

07 用【线】命令在【前】视图绘制出杯把的形态，如图2-33所示。

08 选择长方体，按4键，进入【多边形】■层级子物体，选择如图2-34所示的面。

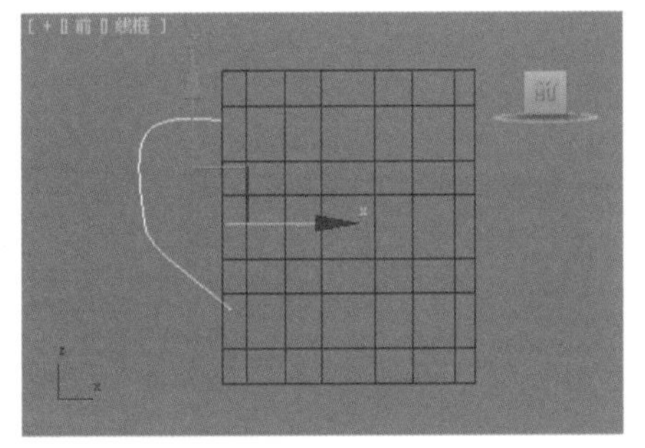

图2-33　绘制的杯把

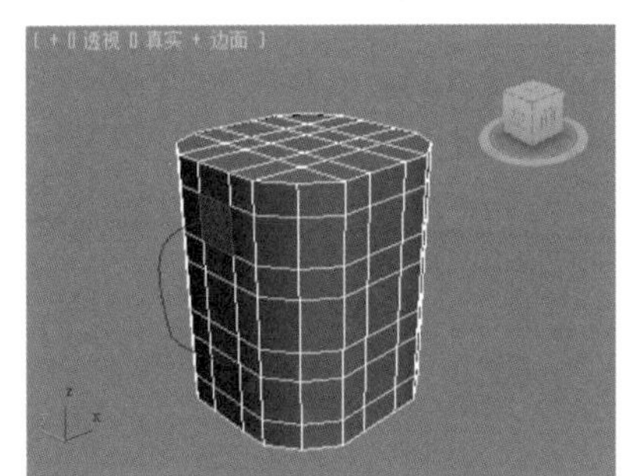

图2-34　选择的面

09 单击 沿样条线挤出 右面的小按钮，在弹出的【助手标签】中单击【拾取样条线】按钮，在【前】视图拾取绘制的线型，设置分段为10，单击【确定】按钮，效果如图2-35所示。

10 选择如图2-36所示的面，单击 桥 按钮，此时的两个面就焊接为一体了。

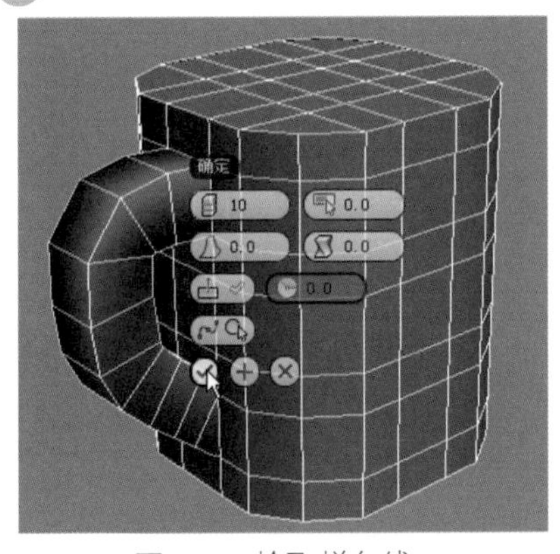

图2-35　拾取样条线

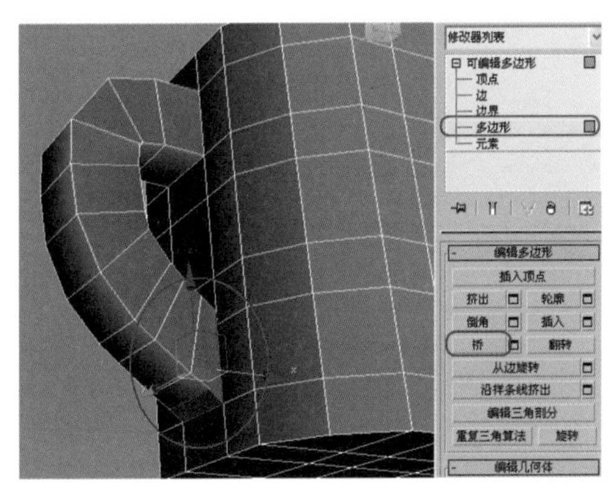

图2-36　执行【桥】命令

在使用【桥】命令的时候，可以单击右面的小按钮，在弹出的【跨越多边形】窗口中可以设置【分段】、【锥化】、【偏移】、【平滑】等参数。

11 按1键，进入【顶点】层级子物体，用工具栏中的【移动】工具进行调整，直到满意为止，效果如图2-37所示。

12 按4键，进入【多边形】层级子物体，在【前】视图选择上面的面并全部删除，效果如图2-38所示。

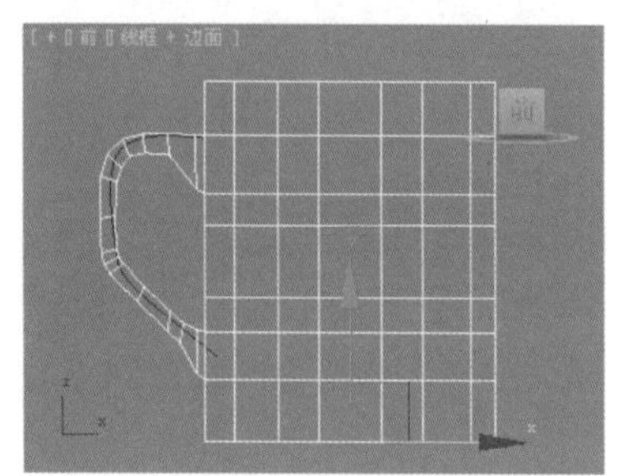
图2-37　调整后的形态

图2-38　删除上面的面

13 按3键，进入【边界】层级子物体，选择上面的边界，单击 封口 按钮，如图2-39所示。

14 按4键，进入【多边形】层级子物体，选择上面的面，使用 倒角 命令制作出咖啡杯的深度，效果如图2-40所示。

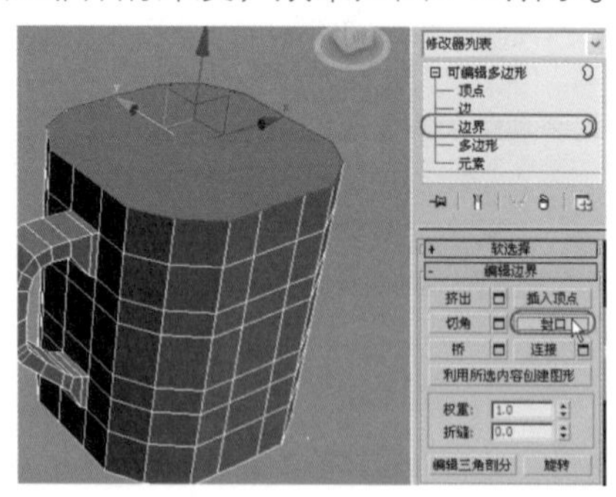
图2-39　单击【封口】按钮

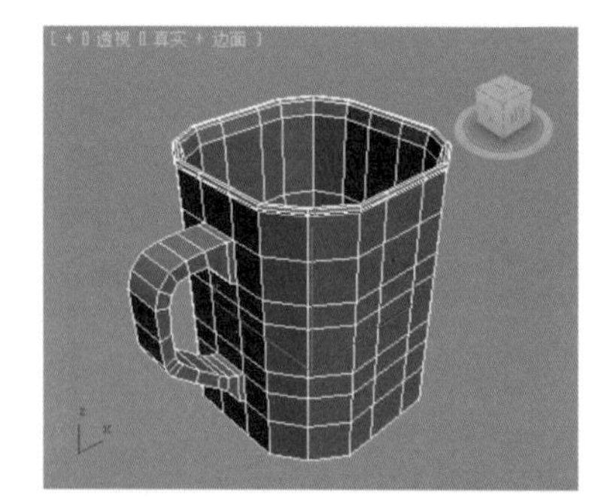
图2-40　执行【倒角】命令

技巧　在执行【倒角】命令的时候，最好在【透】视图看一下【倒角】效果，一定要根据实际情况进行操作。

15 按1键，进入【顶点】层级子物体，对咖啡杯的形态进行细致调整，最终效果如图2-41所示。

16 在【修改器列表】中执行【涡轮平滑】命令，【迭代次数】设置为2，效果如图2-42所示。

图2-41　调整后的形态

图2-42　执行【涡轮平滑】命令效果

17 将制作的模型保存起来，文件名为“咖啡杯.max”文件。

2.2 各类灯具的最简建模

灯具是室内效果图中必不可少的构件之一，它应用范围非常广泛，大到宾馆、饭店、会议室、小到居家场所，各类灯具可以说是无所不在。灯具的类型因造型和功能以及所放置的空间位置不同，分为吊灯、壁灯、台灯、地灯以及射灯等。

2.2.1 制作吊灯

在家庭装潢设计中，顶部的处理是非常重要的一个环节。除了天花的造型要跟整体格局协调之外，还要选用合适的吊灯。下面创建方体，然后执行【转换为可编辑多边形】命令进行修改，制作一种方形玻璃吊灯，效果如图2-43所示。

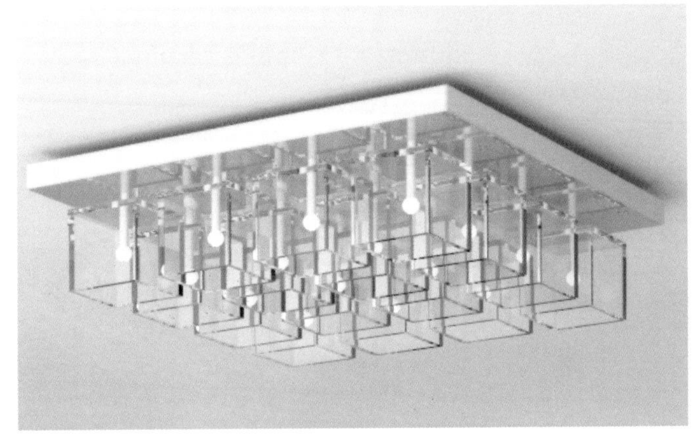

图2-43　方形玻璃吊灯的效果

/现场实战——制作现代吊灯

01 启动3ds Max 2012，将单位设置为【毫米】。

02 单击【创建】 |【几何体】 | 长方体 按钮，在【顶】视图单击并拖动鼠标创建一个800mm×800mm×40mm的方体（作为“灯座”），参数及形态如图2-44所示。

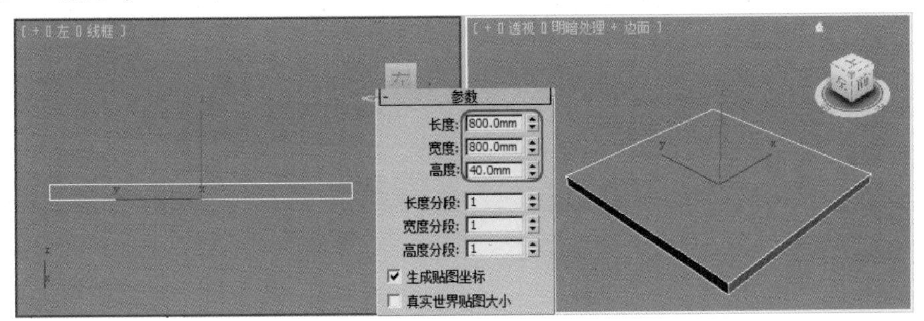

图2-44　创建的方体及参数

03 右击鼠标，在弹出的快捷菜单中执行【转换为】|【转换为可编辑多边形】命令，按4键，进入【多边形】■层级子物体，在【透】视图选择下面的面，单击 倒角 右面的□按钮，在弹出的对话框中设置参数，单击【确定】✓按钮，如图2-45所示。

04 然后选择上面的面，再执行 倒角 命令，第一次将轮廓数量设置为-100mm，单击【应用并继续】⊕按钮，再输入高度为40mm，单击【确定】✓按钮，如图2-46所示。

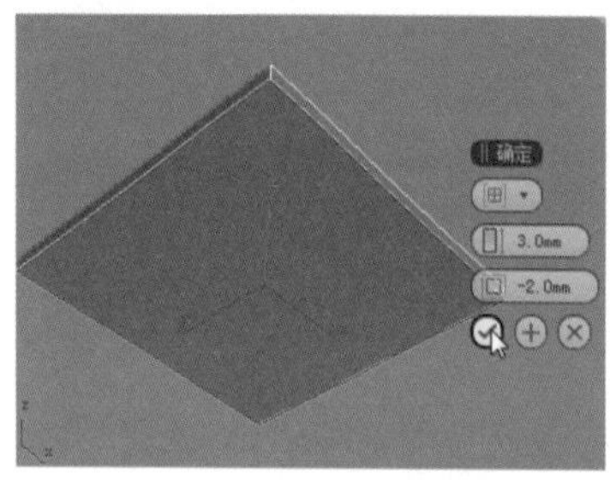

图2-45　对面进行倒角

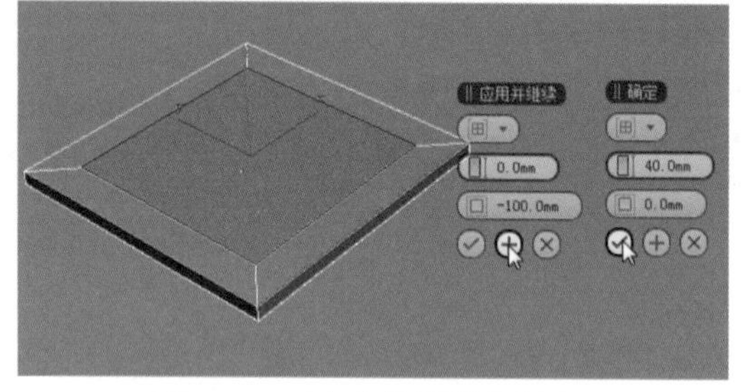

图2-46　对上方的面进行倒角

05 在【顶】视图创建一个150mm×150mm×140mm的方体（作为“玻璃灯罩”），参数及位置如图2-47所示。

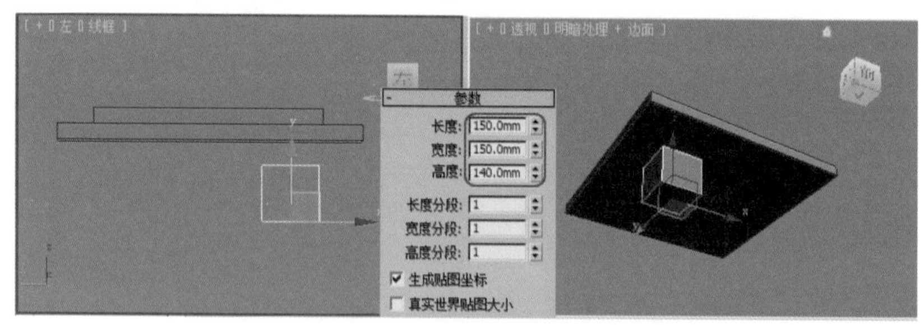

图2-47　方体的参数及位置

06 将方体执行【转换为可编辑多边形】命令，按4键，进入【多边形】■层级子物体，在【透】视图选择下面的面，执行 倒角 命令，第一次将轮廓数量设置为-8mm，单击【应用并继续】⊕按钮，再输入高度为-130mm，单击【确定】✓按钮，如图2-48所示。

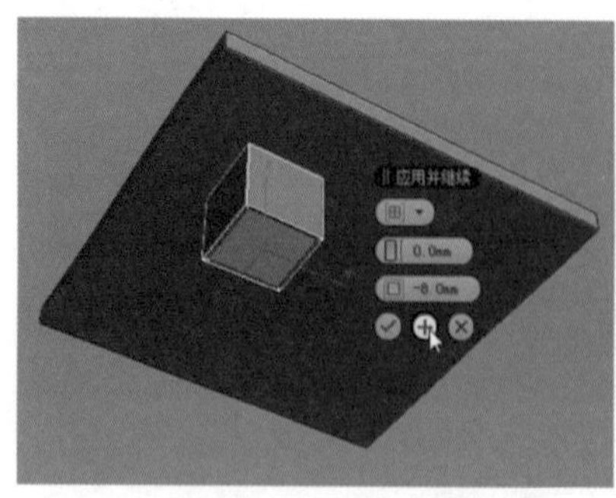

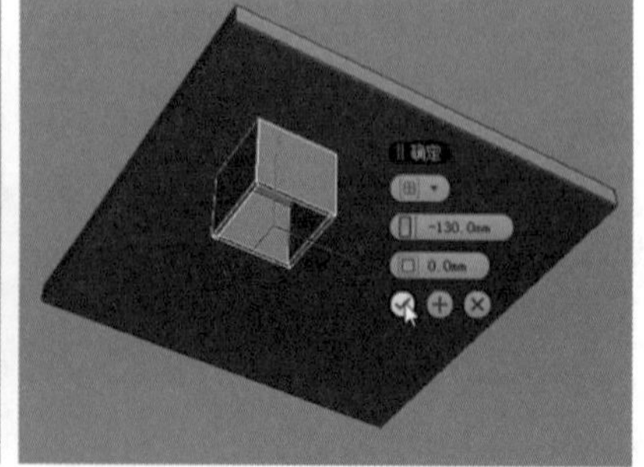

图2-48　对下面的面进行倒角

07 单击【创建】 |【几何体】 | 圆柱体 按钮，在【顶】视图灯罩的中间创建一个柱体（作为“灯泡”），参数及位置如图2-49所示。

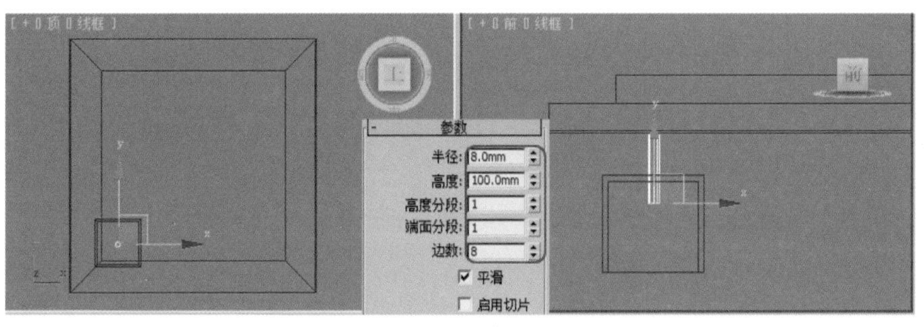

图2-49　柱体的参数及位置

08 将柱体执行【转换为可编辑多边形】命令，按4键，进入【多边形】层级子物体，在【透】视图选择下面的面，执行多次 倒角 命令，效果如图2-50所示。

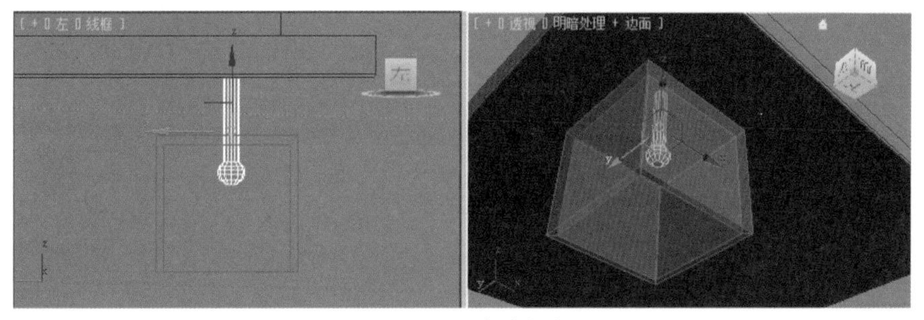

图2-50　制作的灯泡

09 在【顶】视图选择灯罩和灯泡，然后复制多个，如图2-51所示。

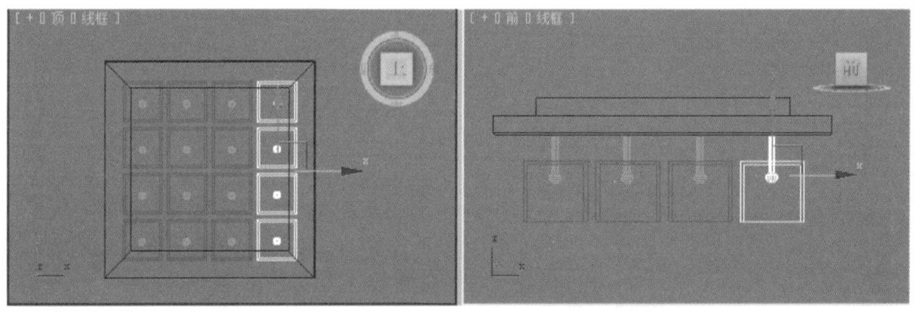

图2-51　复制后的效果

10 灯座赋予磨砂不锈钢，灯罩赋予玻璃材质，灯泡赋予自发光材质，最终的效果如图2-52所示。

11 将制作的模型保存起来，文件名为“玻璃吊灯.max”文件。

图2-52　赋予材质后的效果

2.2.2 制作台灯

下面介绍中式台灯的制作方法，其共分两部分，分别是灯罩和灯座。灯罩的制作主要是用【放样】来完成的。灯座的制作主要是用【线】绘制出截面，然后执行【旋转】命令来完成，效果如图2-53所示。

图2-53 中式台灯的效果

现场实战——制作中式台灯

01 首先启动3ds Max 2012，将单位设置为【毫米】。

02 单击【创建】|【线形】|星形按钮，在【顶】视图绘制一个星形（作为截面），在【前】视图绘制一条长度为400mm的直线（作为路径），其形态如图2-54所示。

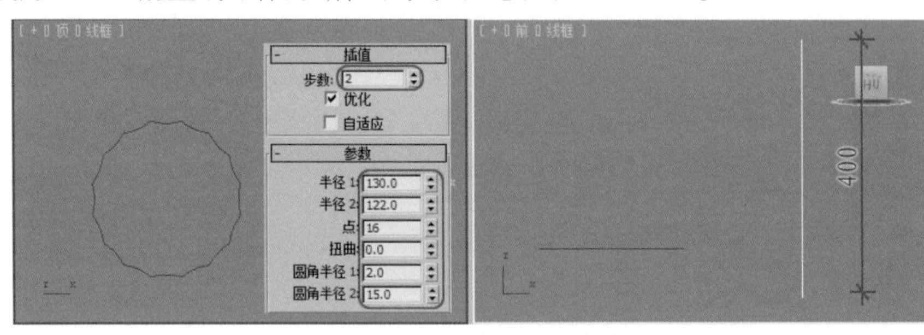

图2-54 绘制的星形及直线

03 将绘制的星形转换为编辑样条线，然后为其执行一次数量为1的轮廓，如图2-55所示。

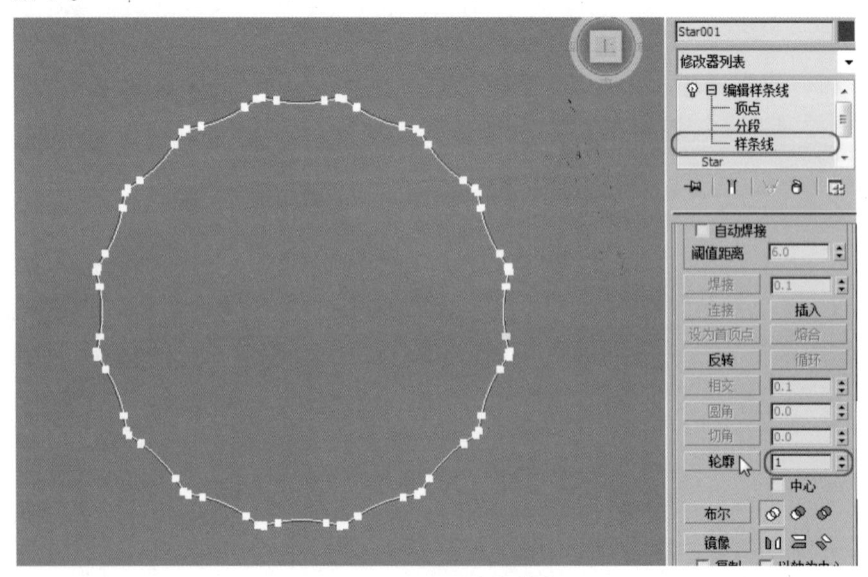

图2-55 为星形施加轮廓

04 在【前】视图选择绘制的直线，单击【创建】 |【几何体】按钮，在 标准基本体 下拉列表中选择 复合对象 选项，单击 放样 按钮，再单击 获取图形 按钮，在【顶】视图单击星形，生成放样物体。为了优化模型，修改一下它的步数即可，如图2-56所示。

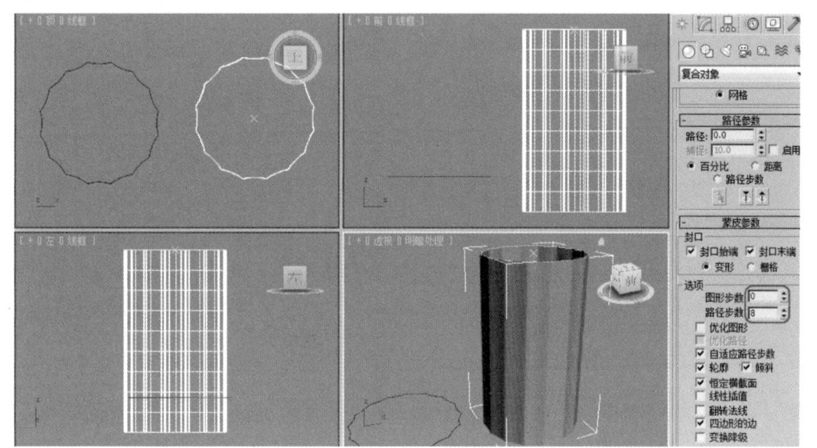

图2-56　放样物体

05 单击【修改】按钮，进入【修改】命令面板，再单击下方 变形 卷展栏下的 缩放 按钮，弹出【缩放变形】对话框，调整两端的顶点，形态如图2-57所示。

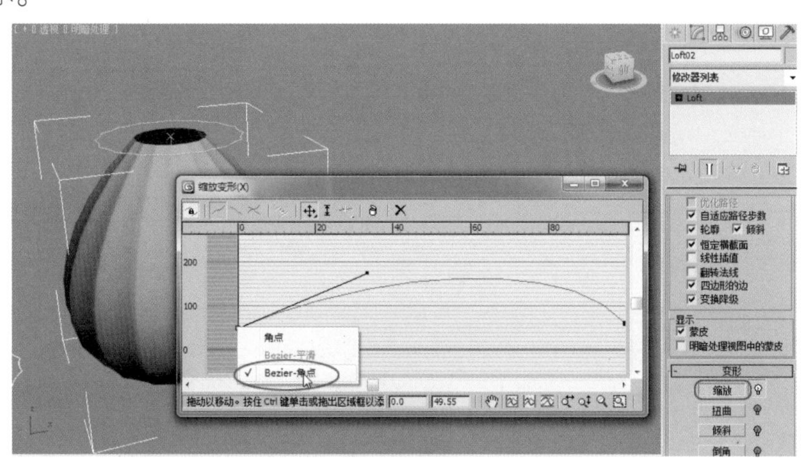

图2-57　对放样物体进行缩放修改

06 单击【创建】 |【线形】 | 线 按钮，在【前】视图绘制台灯座的剖面线，形态如图2-58所示。

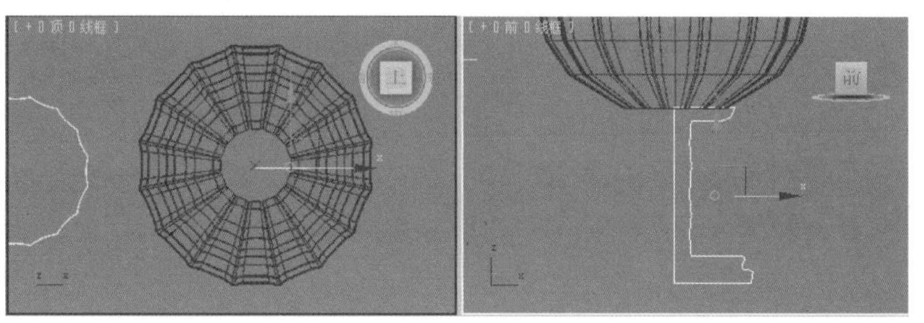
图2-58　绘制台灯座的的剖面线

07 在【修改器列表】中执行【车削】命令，单击【对齐】选项区下的 最小 按钮，如图2-59所示。

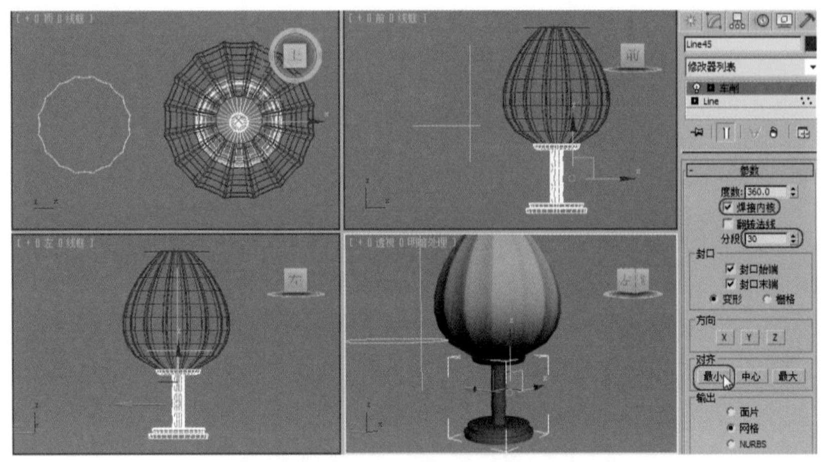

图2-59　单击【最小】按钮

08 台灯赋予材质后的效果如图2-60所示。

09 将制作的模型保存起来，文件名为“中式台灯.max”文件。

图2-60　赋予材质后的效果

2.2.3　制作射灯

射灯是由两部分组成的，分为灯架和灯头，灯架主要是由创建柱体来完成的。灯头的制作也是创建柱体，然后执行【转换为可编辑多边形】命令进行修改，效果如图2–61所示。

图2-61　壁灯的效果

/现场实战——制作射灯

01 启动3ds Max 2012，将单位设置为【毫米】。

02 单击【创建】 |【几何体】 | 圆柱体 按钮，在【顶】视图创建一个圆柱体（作为“灯底座”），参数及位置如图2-62所示。

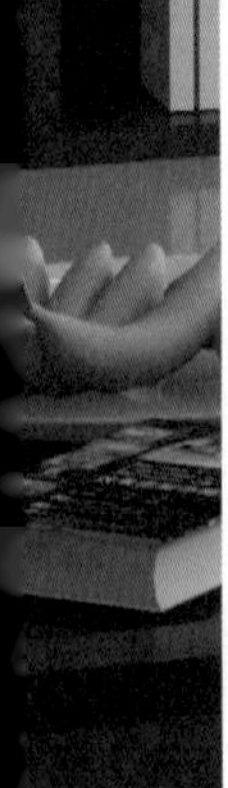

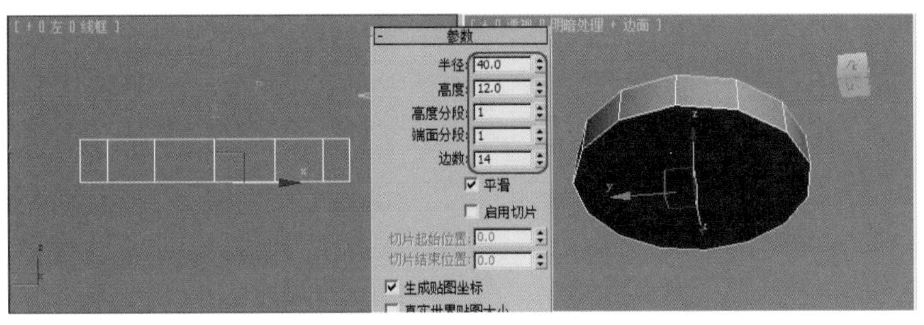

图2-62 圆柱体的参数及位置

03 在【左】视图沿Y轴向下复制一个圆柱体，按照图2-63所示修改参数。

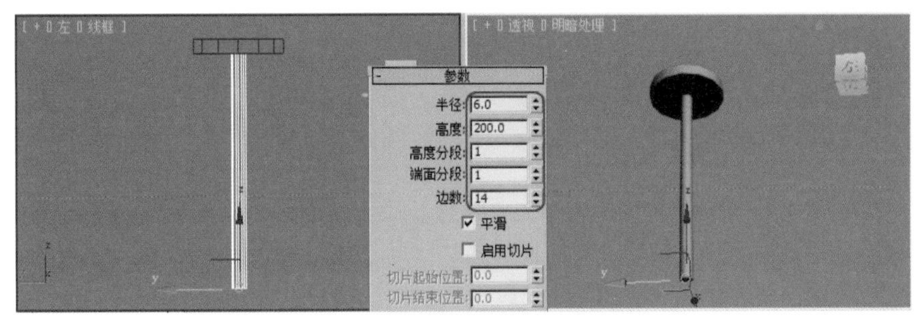

图2-63 修改柱体的参数

04 再复制一个圆柱体，并修改参数，然后用工具栏中的【旋转】工具在【左】视图沿Z轴进行选装，形态如图2-64所示。

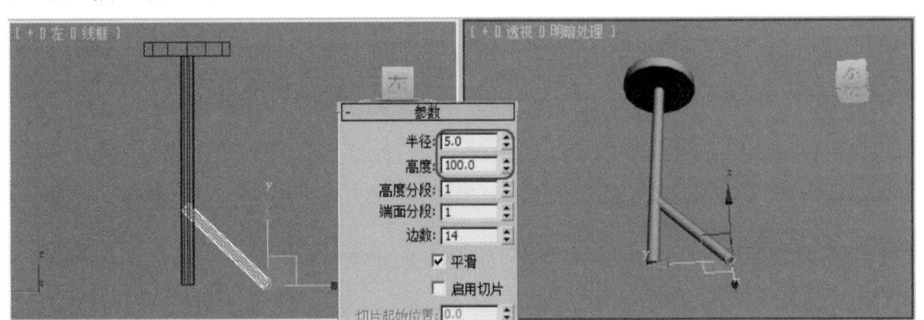

图2-64 对复制的柱体进行旋转

05 选择中间的圆柱体，再复制一个（作为“灯头”），按照图2-65所示修改参数。

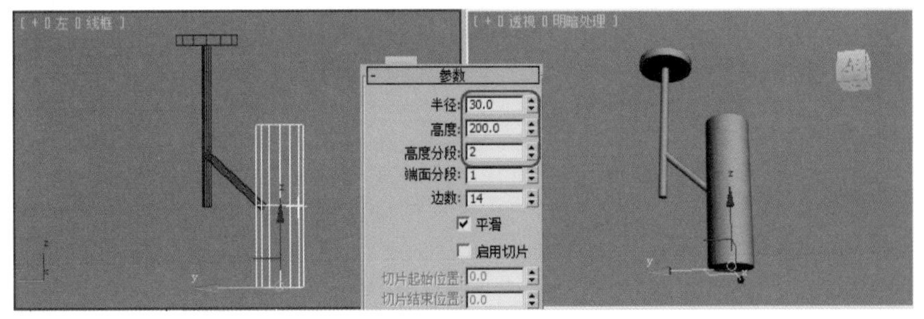

图2-65 复制的柱体

06 将圆柱体执行【转换为可编辑多边形】命令，按1键，进入【顶点】层级，在【左】视图选择上面的顶点，然后用工具栏中的【缩放】工具沿X、Y轴进行缩放，如图2-66所示。

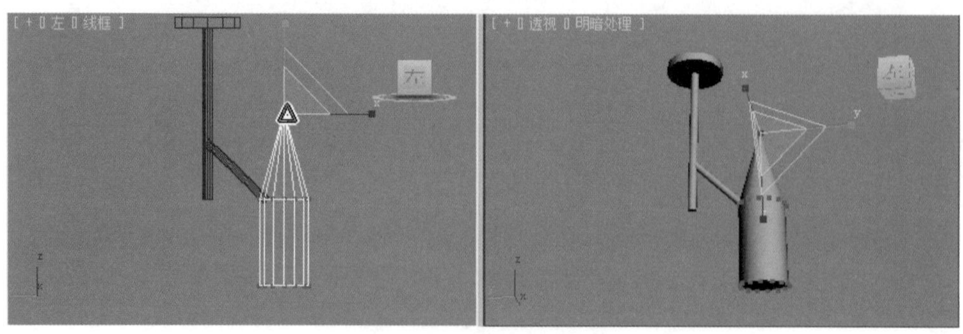

图2-66　对顶点进行缩放

07 按4键，进入【多边形】■层级子物体，在【透】视图选择下面的面，然后执行 倒角 命令，效果如图2-67所示。

08 壁灯的的灯架赋予不锈钢材质，只有灯头下面的面赋予自发光材质。最终的效果如图2-68所示。

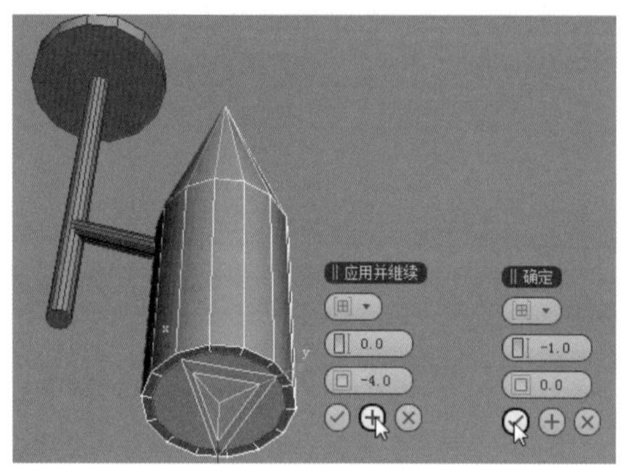

图2-67　执行【倒角】命令

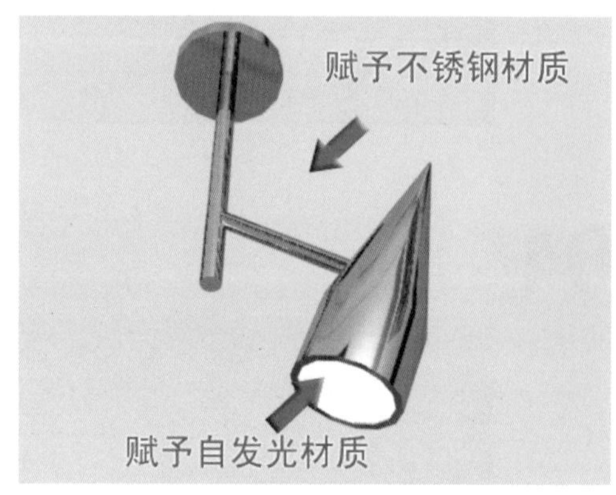

图2-68　赋予材质后的效果

09 将制作的模型保存起来，文件名为“射灯.max”文件。

2.3 各类家具的最优建模

家具是组成室内设计的一个重要组成部分，制作也是比较麻烦的。制作家具也是练习建模的最好途径，在平时练习的过程中，最好多制作一些各种各样的家具，然后保存起来，在后面制作效果图时就可以直接合并到场景中，从而极大提高了作图速度。

2.3.1　制作组合沙发

沙发的造型可以说是多如繁星的，不同的风格会有不同款式的沙发来供选择。在制作的时候可以用多种方法来完成，不但要将模型制作得精细、美观，还要比例合适，也就是按照尺寸来制作。制作沙发的思路主要是创建长方体，然后将其执行【转换为可编辑多边形】命令进行调整，最终效果如图2–69所示。

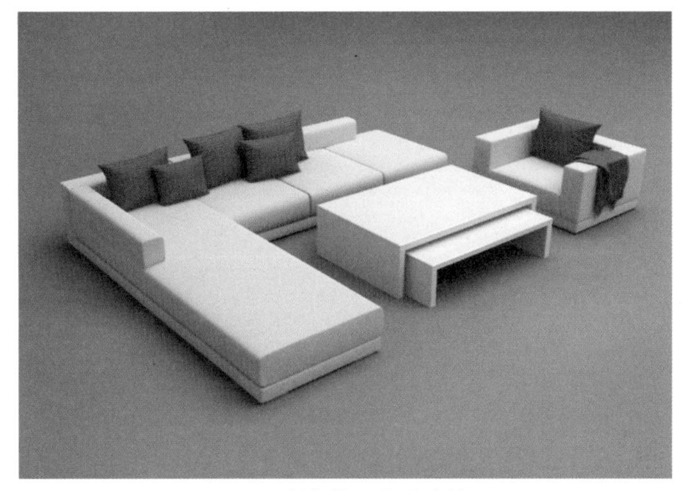

图2-69 制作的现代沙发效果

/现场实战——制作组合沙发

01 启动3ds Max 2012，将单位设置为【毫米】。

02 单击【创建】 |【几何体】 | 长方体 按钮，在【顶】视图创建一个800mm×1200mm×160mm的方体，段数分别改变为4×6×1，参数及形态如图2-70所示。

03 右击鼠标，在弹出的快捷菜单中执行【转换为】|【转换为可编辑多边形】命令，如图2-71所示。

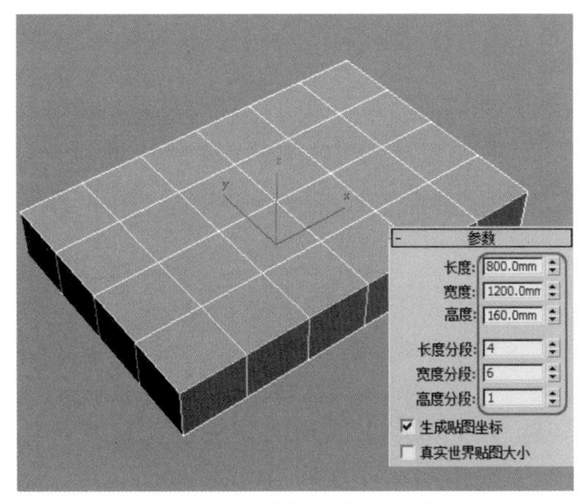

图2-70 创建的长方体及参数设置

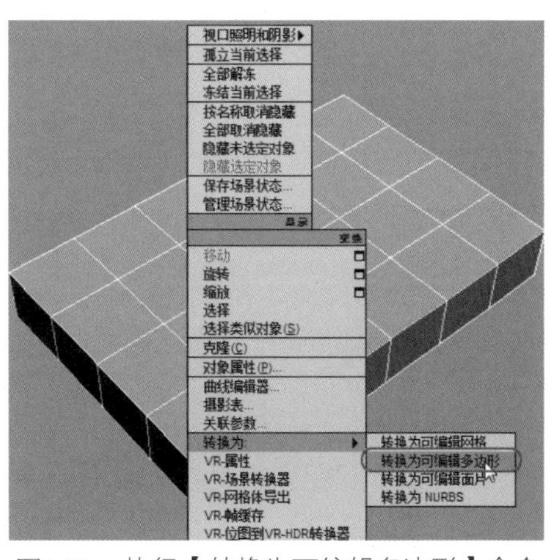

图2-71 执行【转换为可编辑多边形】命令

> **技巧** 为了便于观察，在【透】视图中可以按F4键，此时的物体将会显示它的边面，这样可以清楚观看物体的结构形态。在【透】视图，物体的边缘会有白色支架显示，这样会影响观察物体的形态，可以按J键进行取消。

04 按4键，进入【多边形】层级子物体，在【透】视图选择上面的12个面，单击 挤出 右面的按钮，在弹出的对话框中设置参数，然后单击【应用并继续】按钮，如图2-72所示。

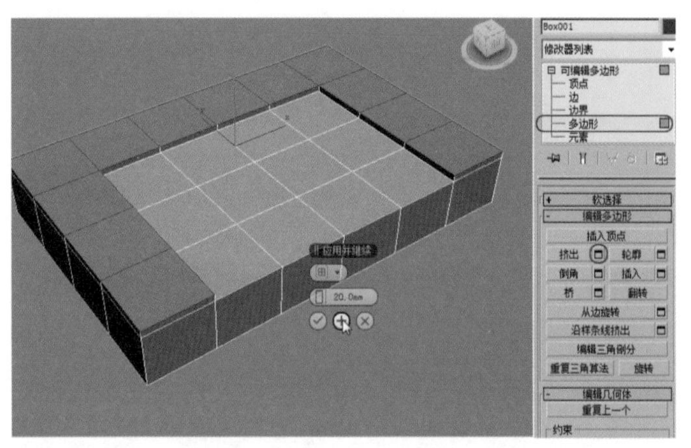

图2-72　对面进行挤出一

05 调整【挤出高度】为120mm，单击三次【应用并继续】⊕按钮，制作出沙发扶手及后背的高度，效果如图2-73所示。

06 调整【挤出高度】为20mm，单击【确定】⊘按钮，效果如图2-74所示。

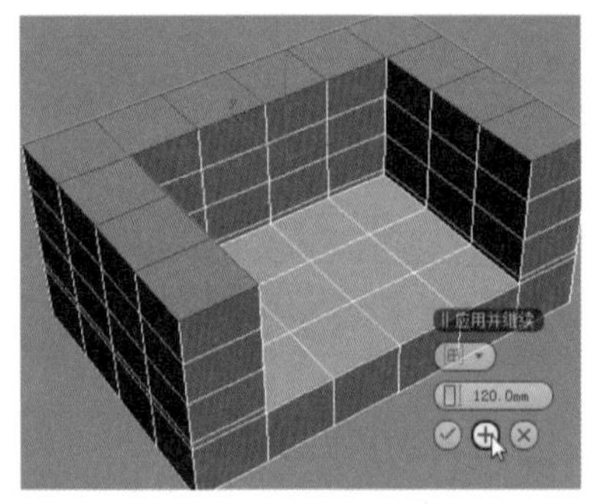

图2-73　对面进行挤出 二

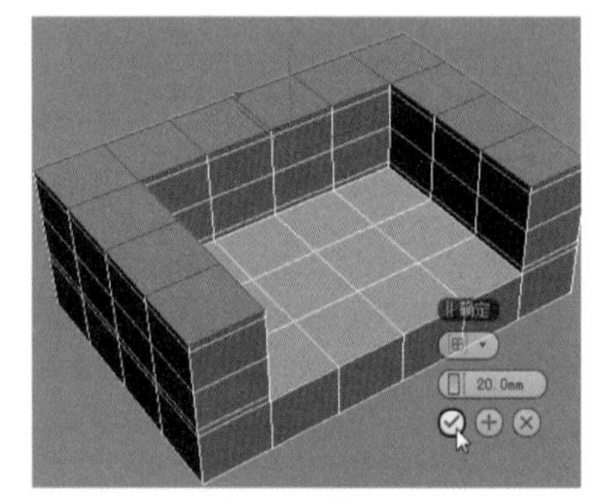

图2-74　对面进行挤出三

07 在【透】视图选择沙发底座的面，如图2-75所示。

08 单击 倒角 右面的□按钮，在弹出的对话框中设置参数，单击【确定】⊘按钮，制作出底座，如图2-76所示。

图2-75　选择的面

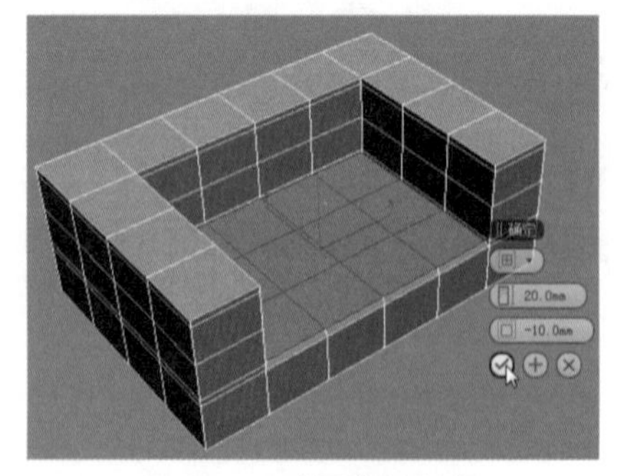

图2-76　对面进行倒角

下面制作沙发边的凹槽效果。

09 按2键，进入【边】◁层级子物体，在不同的视图选择如图2-77所示的边。

10 单击 挤出 右面的□按钮，在弹出的对话框中设置参数，单击【确定】⊘按钮，生成凹槽，如图2-78所示。

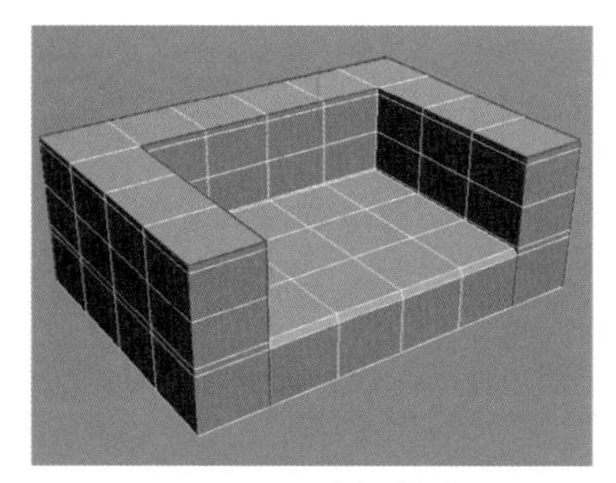

图2-77 选择的边

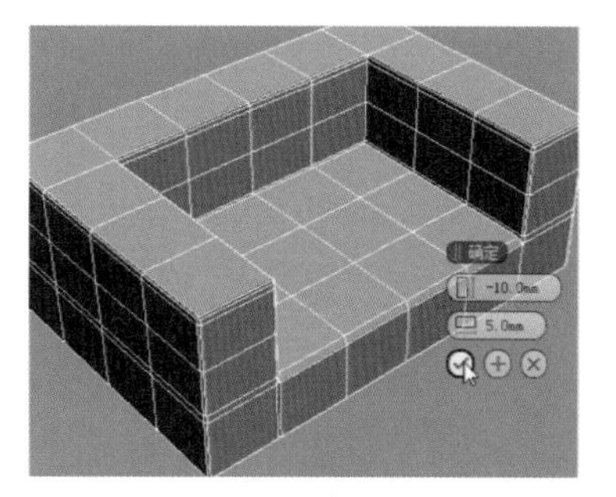

图2-78 对边进行挤出

11 单击【边】按钮，退出边层级子物体。

12 在【修改】面板中选中【细分曲面】卷展栏下的【使用NURMS细分】复选框。修改【重复】值为1，使面光滑。如果设置为2的话面片太多，影响机器的运行速度。因此只设置为1即可，效果如图2-79所示。

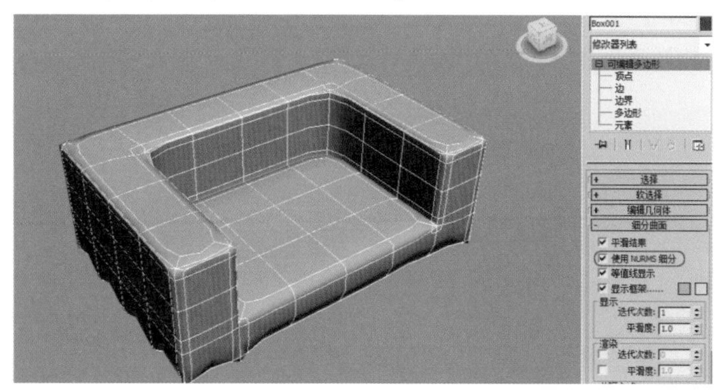

图2-79 选中【使用NURMS细分】复选框

从上面的效果来看，形状不太理想，说明物体的段数不太合理，有的位置缺少段数，造成圆角过大，下面就来进行修改。

13 首先取消选中【使用NURMS细分】复选框，退出圆滑效果。

14 按5键，进入【元素】层级子物体，选择所有元素，单击 切片平面 按钮，在视图旋转一下剪切平面的框，然后再单击 切片 按钮来增加段数，效果如图2-80所示。

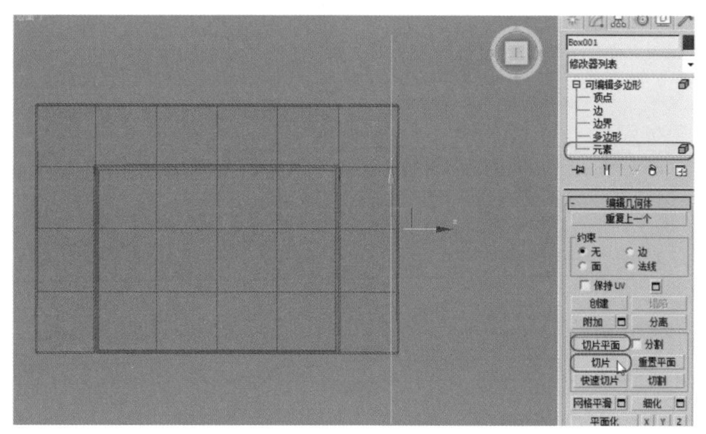

图2-80 用快速切片增加段数

15 用同样的方法增加多条段数，效果如图2-81所示。

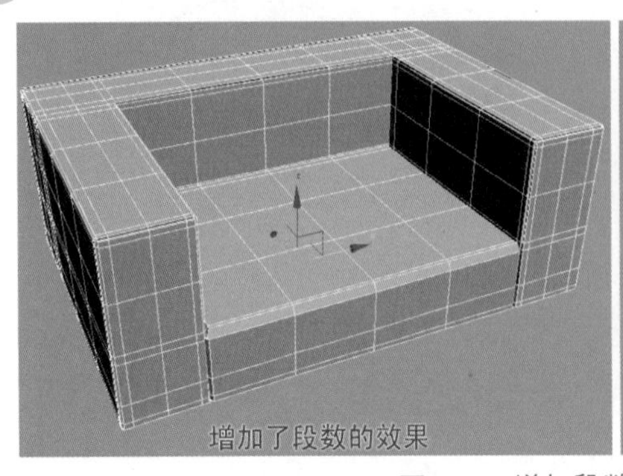

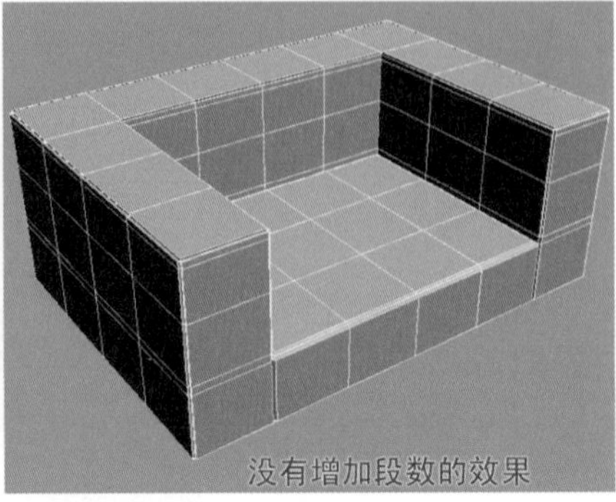

图2-81　增加段数的前后效果

16 再次选中【使用NURMS细分】复选框，此时的效果如图2-82所示。

17 单击【创建】｜【几何体】｜ 切角长方体 按钮，在【顶】视图创建一个切角长方体（作为"沙发座"）。进入【修改】命令面板对参数进行修改，参数及形态如图2-83所示。

图2-82　增加段数后圆滑的效果

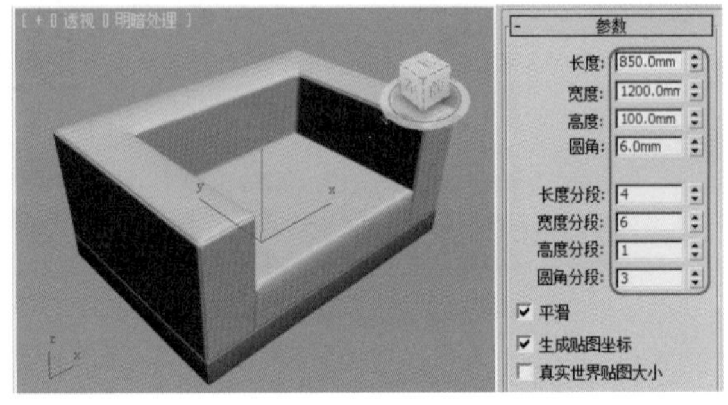

图2-83　切角长方体的位置及参数

下面制作沙发腿。

18 复制一个切角长方体（作为"沙发腿"），修改参数后放在沙发底座的下方，如图2-84所示。

19 再复制一个切角长方体，修改参数后放在上方，如图2-85所示。

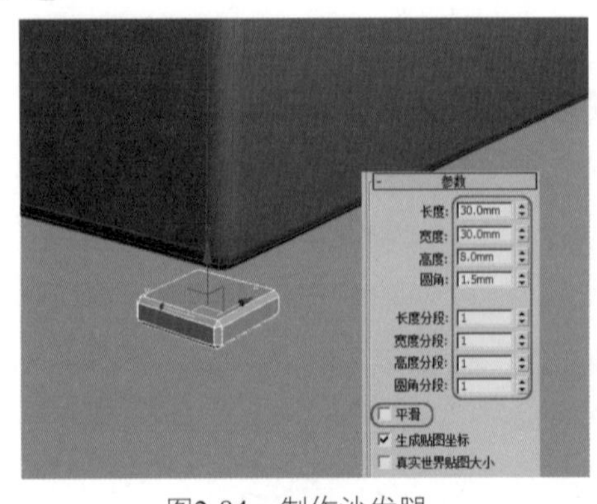

图2-84　制作沙发腿一

图2-85　制作沙发腿二

20 将两个切角长方体同时选择，复制三组，位置如图2-86所示。

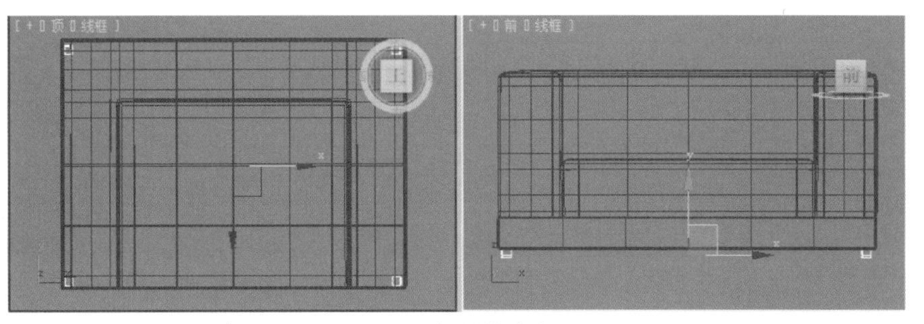

图2-86　复制的沙发腿

下面制作靠垫造型。

21 在【前】视图创建一个方体，参数的设置如图2-87所示，然后对其执行【转换为可编辑多边形】命令。

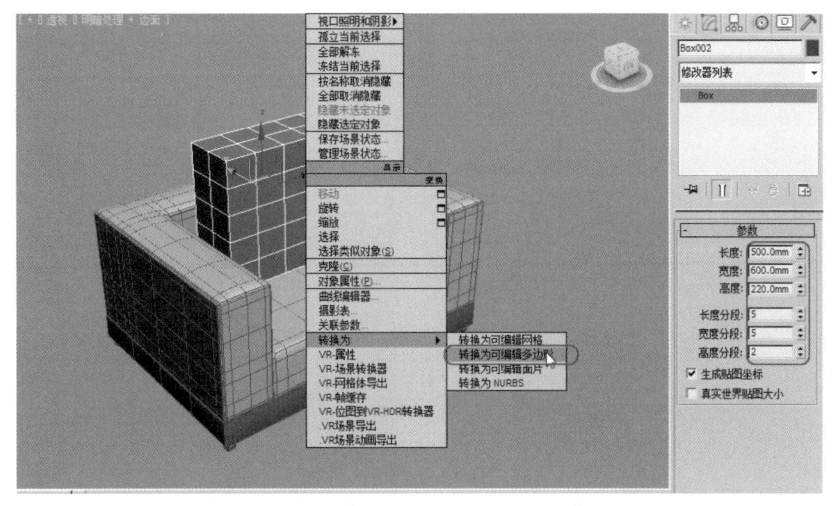

图2-87　执行【转换为可编辑多边形】命令

22 在【修改】面板中选中【细分曲面】卷展栏下的【使用NURMS细分】复选框。修改【显示】选项区中的【迭代次数】值为1，使面光滑，效果如图2-88所示。

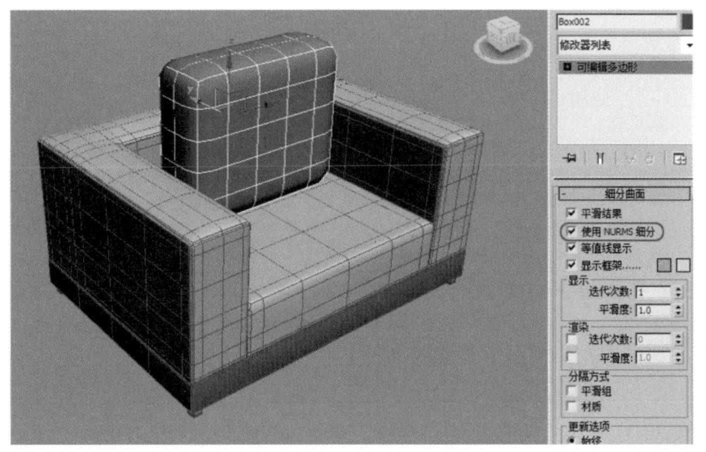

图2-88　选中【使用NURMS细分】复选框

23 按1键，快速激活【顶点】按钮，在【前】视图选择外面的顶点，然后在【顶】视图沿Y轴进行缩放，效果如图2-89所示。

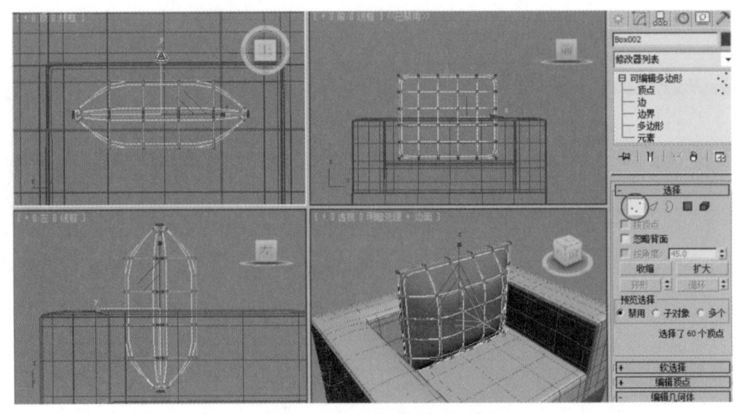

图2-89　对点进行缩放

24 用【移动】工具可以进行局部调整，在调整的时候一定要注意观察现实生活中靠垫的造型，这样才能控制好形态，旋转一下角度，效果如图2-90所示。

25 在【修改】命令面板中执行【噪波】命令，【比例】设置为100，选中【分形】复选框，设置【迭代次数】为10，调整【强度】选项区下的Z轴为20mm，其效果如图2-91所示。

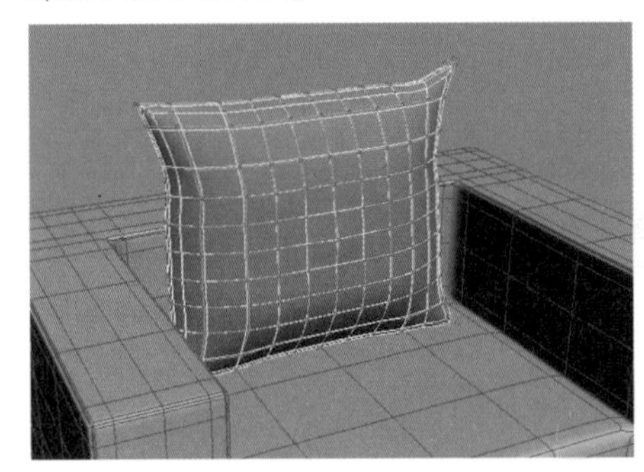

图2-90　调整的形态

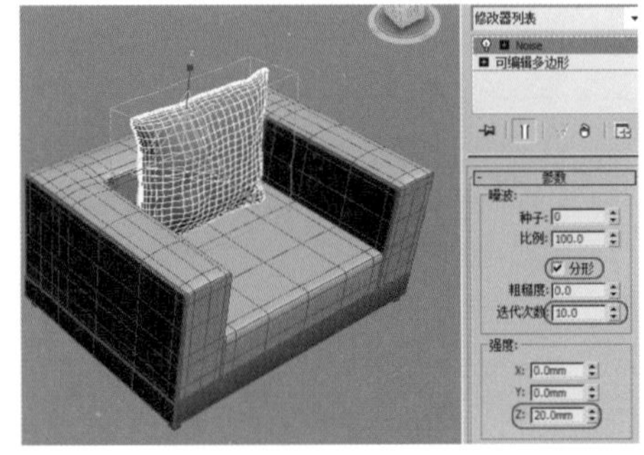

图2-91　调整参数

26 L型沙发的制作就不再介绍，在制作的时候一定要掌握好尺寸及结构。复制几个大小不同的靠垫的效果如图2-92所示。

27 最后再制作两个茶几，大茶几的尺寸为1500mm×900mm，高度为400mm，小茶几的尺寸为1200mm×650mm，高度为300mm，板的厚度为40mm，最终效果如图2-93所示。

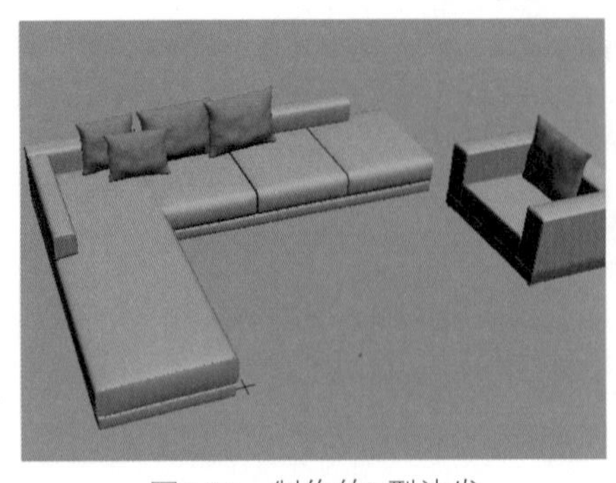

图2-92　制作的L型沙发

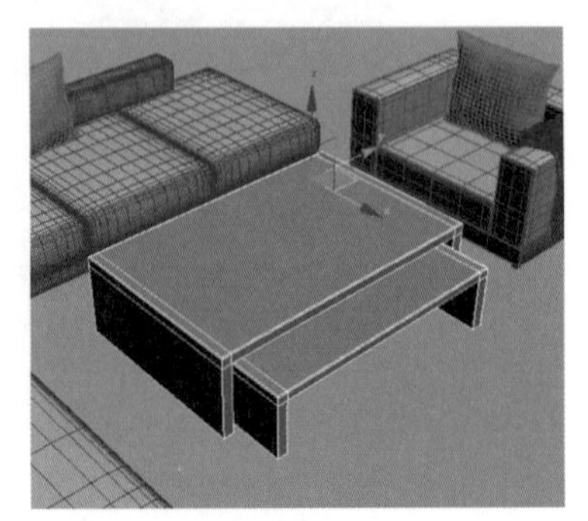

图2-93　制作的茶几

28 将制作的模型保存起来，文件名为“组合沙发.max”文件。

2.3.2 制作中式茶几

制作中式茶几使用的命令不多，但是一定将它的结构制作出来，尤其是边缘的切角处理，在以后渲染的时候很出效果，家具的一些高光就是这样得到的，这些小的问题往往最能显示出物体的质感。最终效果如图2–94所示。

图2-94 中式茶几的效果

Max/VRay/现场实战——制作中式茶几

01 启动3ds Max 2012，将单位设置为【毫米】。

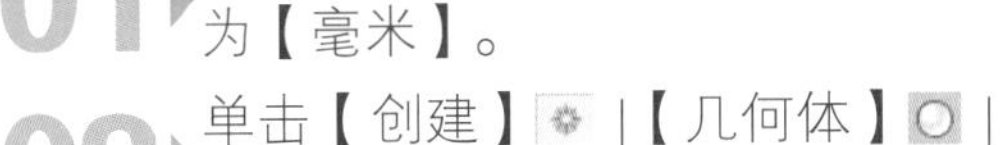

02 单击【创建】|【几何体】|长方体按钮，在【顶】视图创建一个1100mm×1200mm×220mm的方体，如图2-95所示。

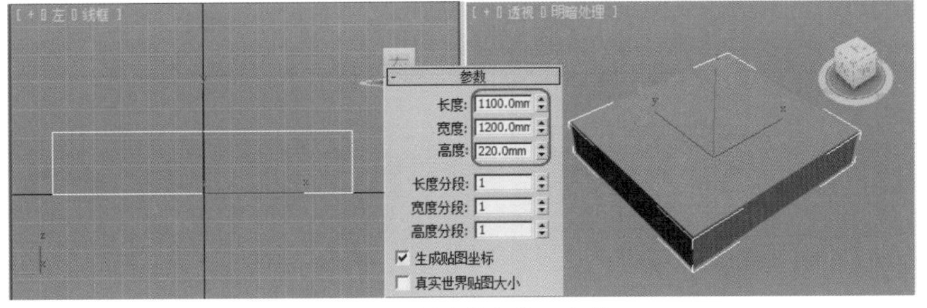

图2-95 创建的方体及参数

03 将长方体执行【转换为可编辑多边形】命令，按2键进入【边】层级子物体，选择四个角上的边，单击切角右面的小按钮，在弹出的对话框中输入200mm，单击【应用并继续】按钮，如图2-96所示。

04 再输入2mm，单击【确定】按钮，如图2-97所示。

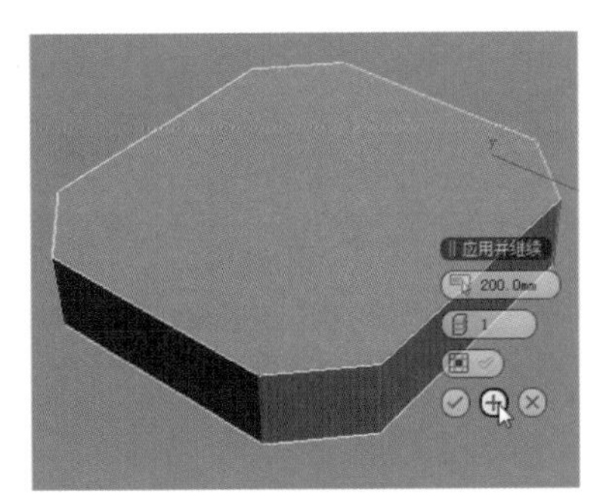

图2-96 对边进行切角

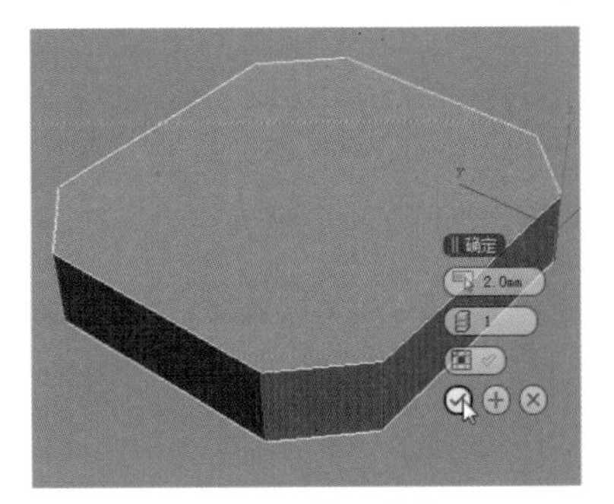

图2-97 输入数值

05 按4键，进入【多边形】层级子物体，在【透】视图选择上面的面，单击切角右面的小按钮，在弹出的对话框中设置参数，然后单击【应用并继续】按钮，如图2-98所示。

06 再在轮廓量下方的窗口中输入-8mm，单击【应用并继续】⊕按钮，如图2-99所示。

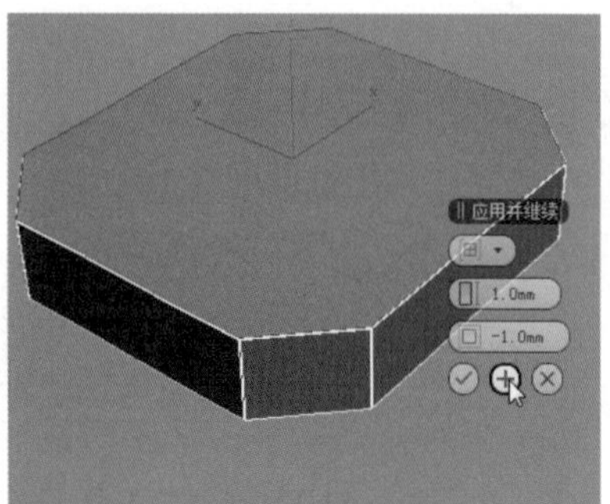

图2-98　对面进行切角一

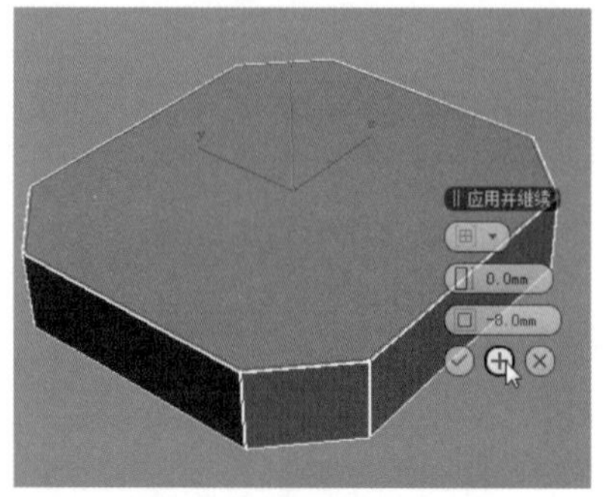

图2-99　对面进行切角二

07 再在高度下方的窗口中输入10mm，单击【应用并继续】⊕按钮，如图2-100所示。

08 在轮廓量下方的窗口中输入8mm，单击【应用并继续】⊕按钮。再输入高度为1mm，轮廓量为1，单击【应用并继续】⊕按钮。再将高度设置为100mm，上面再制作出一个小切角，最终效果如图2-101所示。

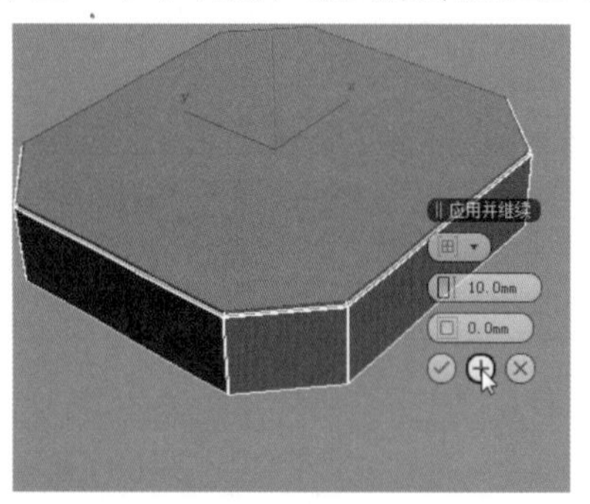

图2-100　对面进行切角三

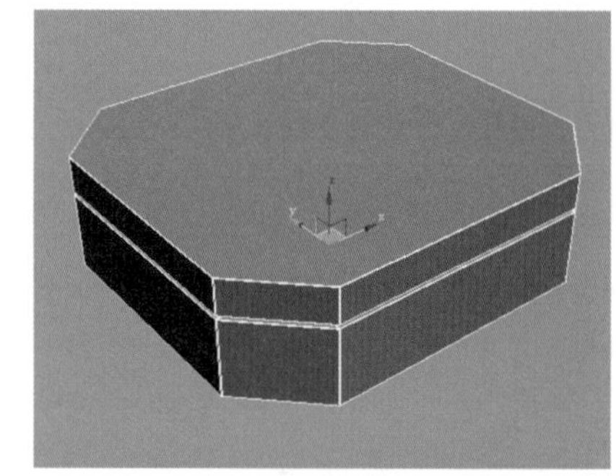
图2-101　制作完成的茶几面

下面制作茶几腿。

09 在【顶】视图创建一个长方体（作为茶几架），参数及位置如图2-102所示。

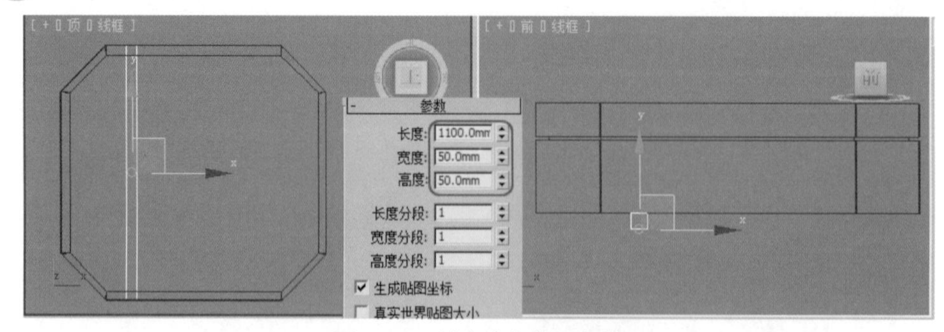

图2-102　创建的方体及参数

10 用移动复制的方式复制一条，位置如图2-103所示。

11 选择两个长方体，用旋转复制的方式复制一组，将长度修改为1200mm，位置如图2-104所示。

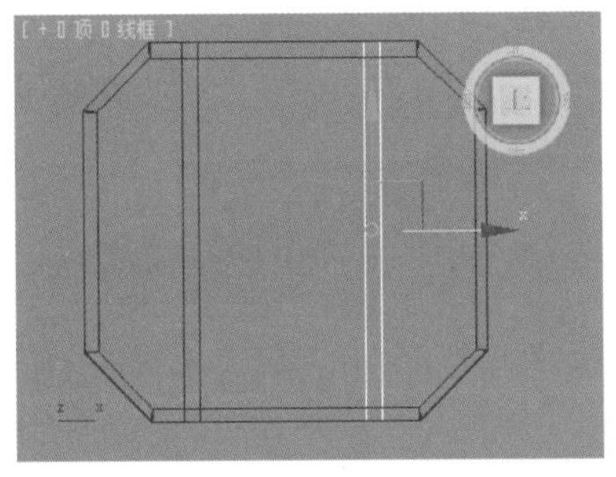

图2-103 复制的位置

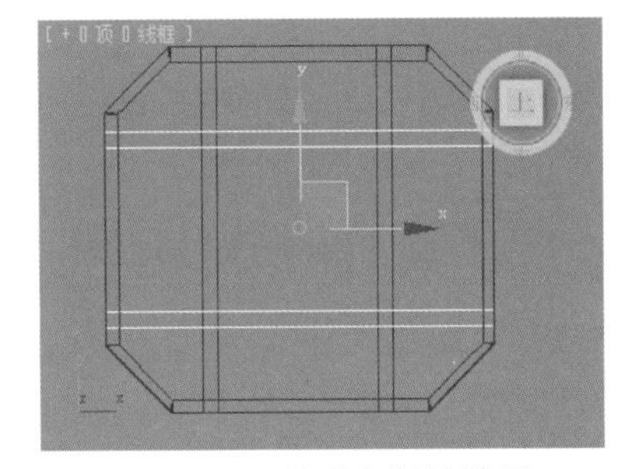

图2-104 旋转复制的效果

12 在【顶】视图创建一个长方体（作为茶几腿），参数及位置如图2-105所示。

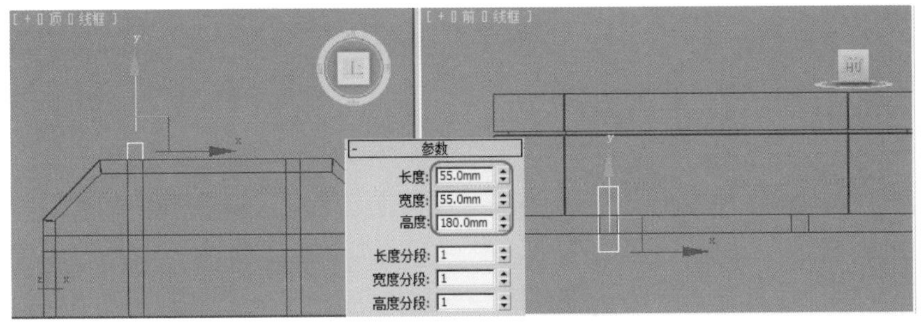

图2-105 创建的方体及参数

13 在【顶】视图复制多个，位置及形态如图2-106所示。

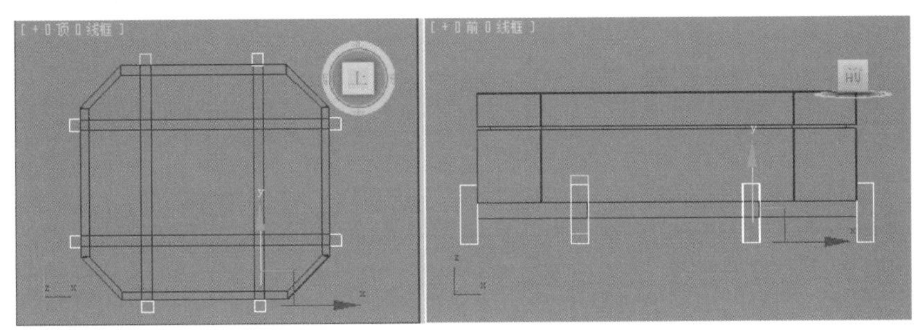
图2-106 制作完成的茶几腿

14 创建合适段数的圆柱体，通过执行【转换为可编辑多边形】命令制作茶几的把手，大小要合适，效果如图2-107所示。

15 在茶几的上面用长方体制作一块桌布，再创建一个茶壶，修改形态，最终赋予材质后的效果如图2-108所示。

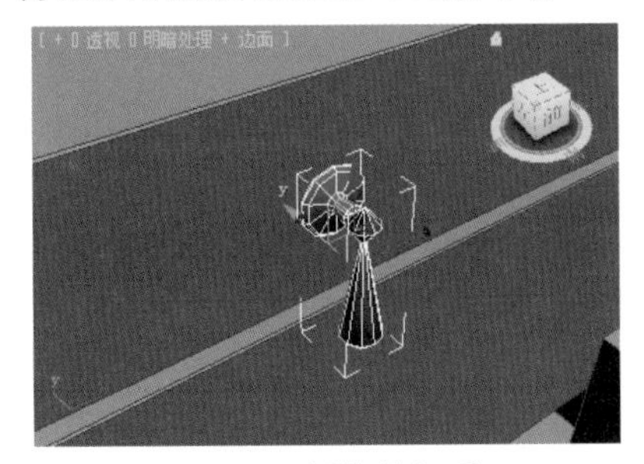
图2-107 制作的把手

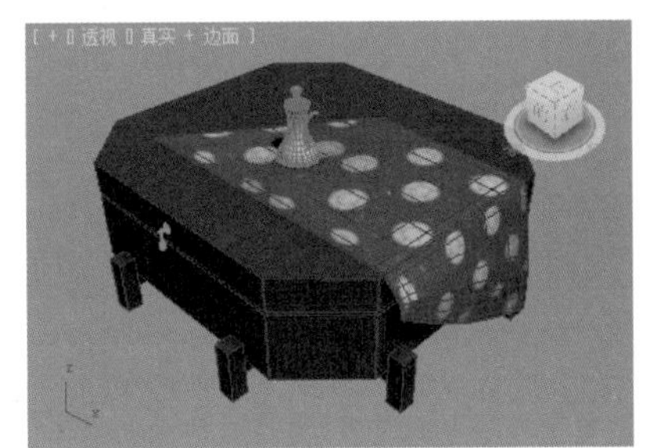
图2-108 赋予材质后的效果

16 将制作的模型保存起来，文件名为“中式茶几.max”文件。

2.3.3 制作中式椅子

制作中式椅子使用的命令比较多，用【倒角剖面】命令生成底座造型，椅子架的制作基本上是用画线来生成的，少量的造型用线绘制截面，执行【挤出】命令生成的。座垫的制作是创建方体，然后执行【转换为可编辑多边形】命令进行修改。最终效果如图2-109所示。

图2-109 中式椅子的效果

/现场实战——制作中式椅子

01 启动3ds Max 2012，将单位设置为【毫米】。

02 单击【创建】 |【线形】 | 矩形 按钮，在【顶】视图绘制一个500mm×550mm矩形（作为“截面”），用【线】命令在【前】视图绘制一条曲线（作为“轮廓线”），形态如图2-110所示。

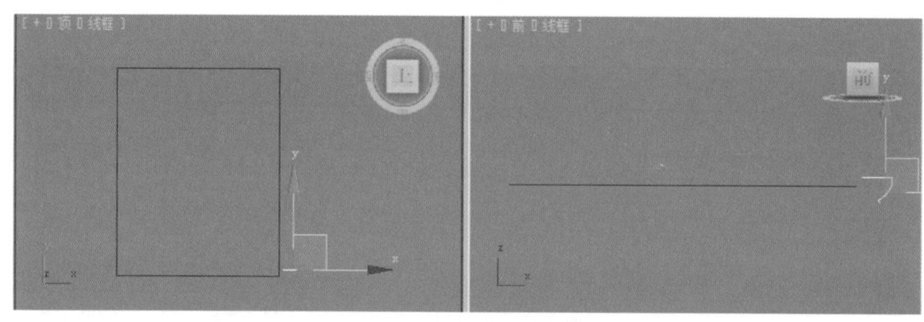

图2-110 绘制的截面与轮廓线

03 确认截面处于选择状态，单击 修改器列表 按钮，执行【倒角剖面】命令，单击 拾取剖面 按钮，在【前】视图单击截面线，此时生成椅子的底座，如图2-111所示。

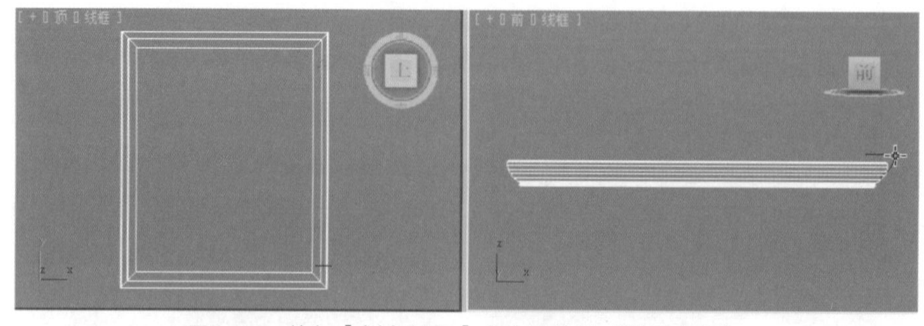

图2-111 执行【倒角剖面】命令制作的“椅子底座”

04 在【前】视图用【线】命令绘制出椅子后背的截面线，然后施加一个15的轮廓，如图2-112所示。

05 然后在【修改器列表】中执行【挤出】命令，数量设置为150.0mm，如图2-113所示。

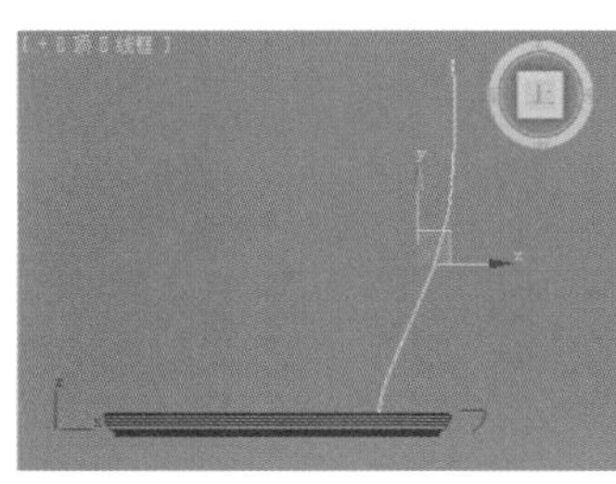
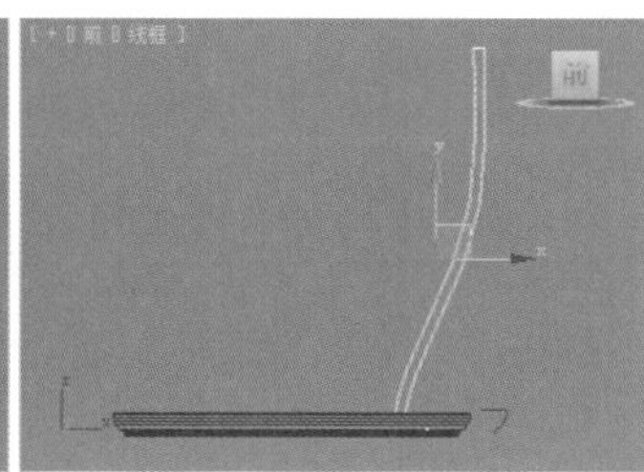

图2-112　绘制线形施加轮廓

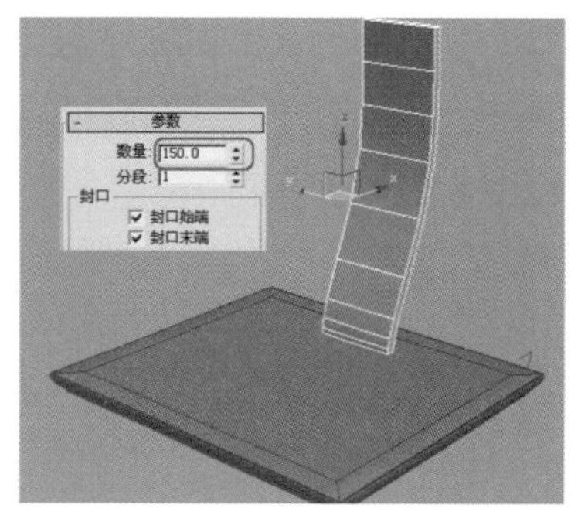

图2-113　制作的后背造型

06 用【线】命令在【顶】视图绘制出椅子扶手的形态，进入【修改】面板，调整【厚度】设置为45.0，选中【在渲染中启用】和【在视口中启用】复选框，进入【顶点】层级，然后在【顶】视图和【前】视图调整形态，如图2-114所示。

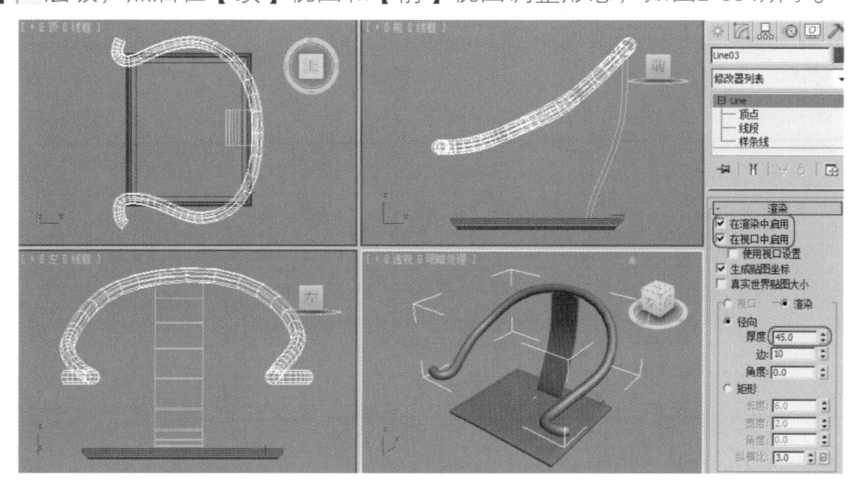

图2-114　绘制的线形形态及参数

07 用同样的方法在【前】视图绘制三个线形（作为后背的“立柱”），形态及位置如图2-115所示。

08 用【线】命令绘制出截面，然后执行【挤出】命令，数量设为8mm。然后在【顶】视图旋转一下，放在两边的立柱上方，位置及效果如图2-116所示。

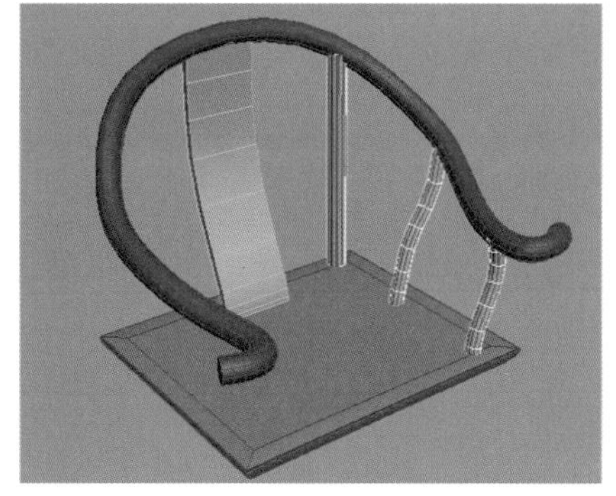

图2-115　绘制的三个立柱

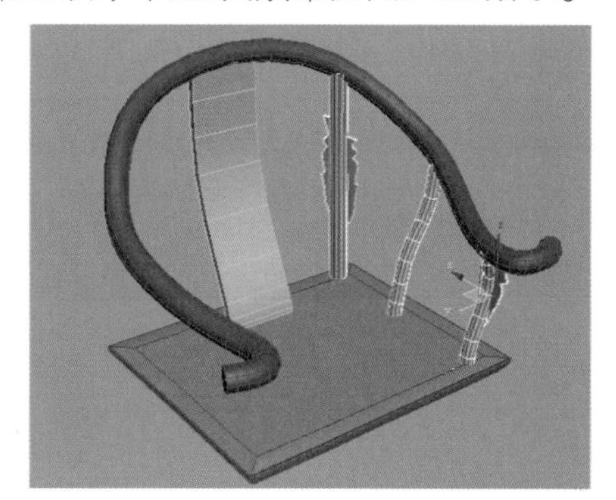

图2-116　制作的木雕花

09 将三个立柱和木雕花附加为一体，然后使用工具栏中的【镜像】工具来生成对面的。在椅子座上方制作一个座垫，如图2-117所示。

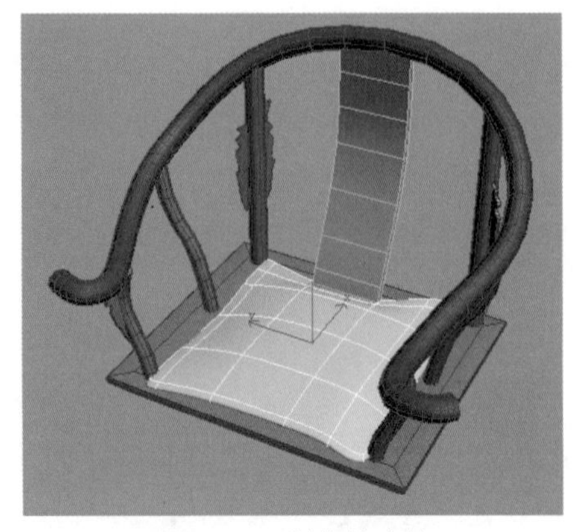

图2-117　制作的座垫

下面制作椅子腿。

10 在【顶】视图创建一个柱体，然后用移动复制的方法再复制三条，放在合适的位置，参数及位置如图2-118所示。

11 用同样的方法将水平的制作出来，位置如图2-119所示。

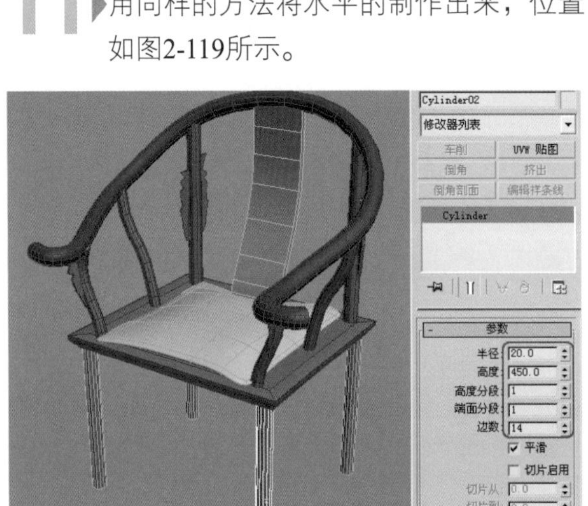

图2-118　制作的椅子腿

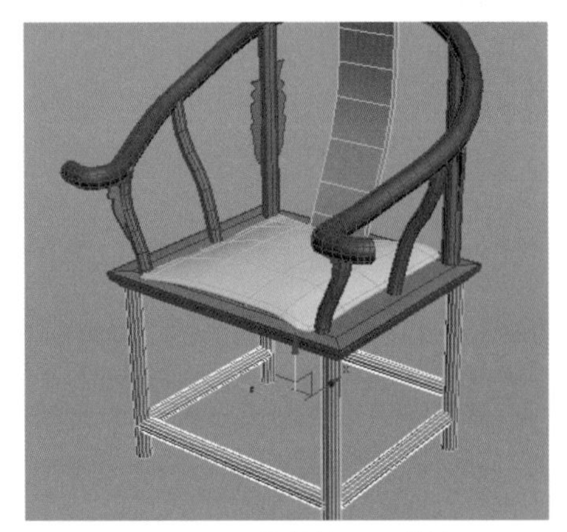

图2-119　制作的椅子腿横撑

12 在【左】视图用【线】命令绘制出木雕花的截面，然后执行【挤出】命令，数量设为5mm，效果及位置如图2-120所示。

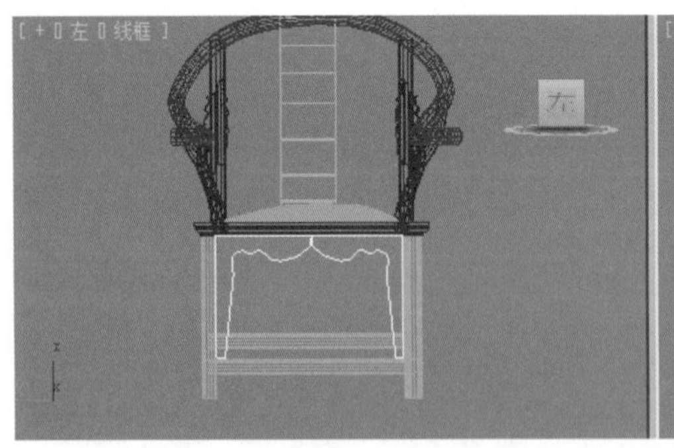

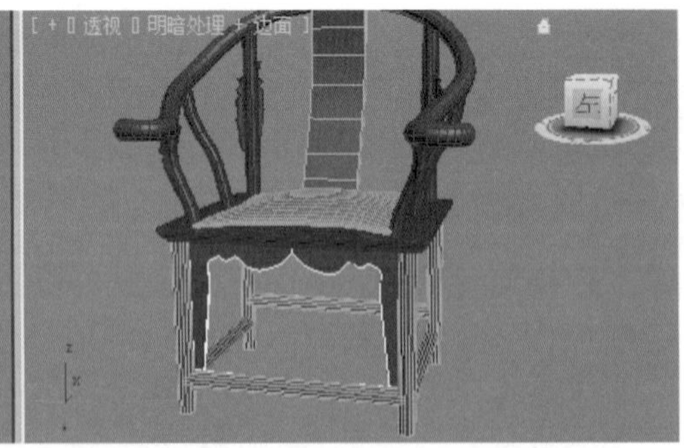

图2-120　制作的椅子腿木雕花

13 用旋转复制的方式在【顶】视图将另外三个制作出来。

14 将椅子执行【转换为可编辑多边形】命令，除了座垫之外，将所有的造型附加为一体。椅子架赋予木纹材质，座垫赋予布纹材质。最终效果如图2-121所示。

15 将制作的模型保存起来，文件名为“中式椅子.max” 文件。

图2-121　椅子赋予材质后的效果

2.3.4　制作餐桌餐椅

餐桌餐椅的形状不同，制作的方法也是不同的，不过它们都有相同的制作思路，就是先创建简单的几何体，然后通过执行【编辑】命令来完成模型的制作。下面制作现代餐桌餐椅。先创建长方体，然后用【编辑多边形】命令修改完成。在制作椅子腿的时候用到了【弯曲】命令，最终效果如图2–122所示。

图2-122　餐桌餐椅的效果

现场实战——制作餐桌餐椅

01 首先启动3ds Max 2012，将单位设置为【毫米】。

02 单击【创建】 |【几何体】 | 长方体 按钮，在【前】视图创建一个500mm×400mm×100mm的方体，段数分别设为2×2×1，如图2-123所示。

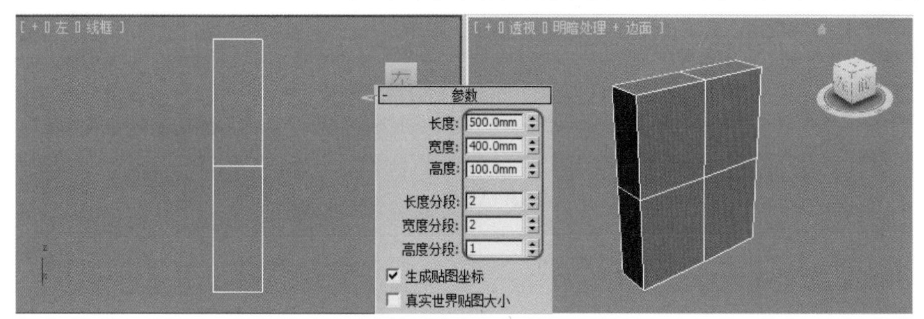

图2-123　创建的方体及参数

03 对方体执行【转换为可编辑多边形】命令。

04 按4键，进入【多边形】■层级，在【透】视图选择两面的面，接着单击 挤出 右面的■按钮，弹出【挤出多边形】对话框，设置【挤出高度】的值为50mm，使选择的面挤出来，如图2-124所示。

05 用同样的方法将其他的面进行挤出，在【透】视图选择底下侧面的面进行挤出，形态如图2-125所示。

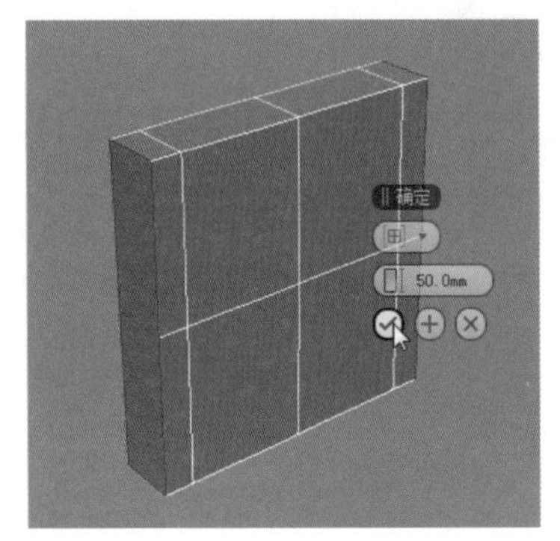

图2-124 对面执行【挤出】命令

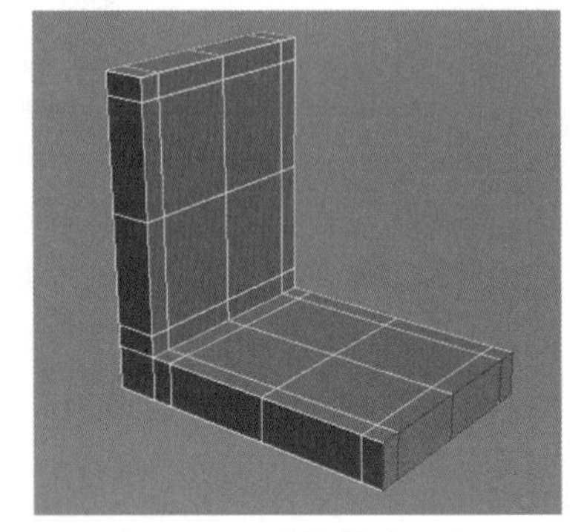

图2-125 连续挤出三次

椅子靠背及座垫就基本完成了，下面对它进行圆滑即可。

06 在【修改】面板中选中【细分曲面】卷展栏下的【使用NURMS细分】复选框。修改【重复】值为1，使面光滑。如果设置为2的话面片太多，影响机器的运行速度。因此只设置为1即可，效果如图2-126所示。

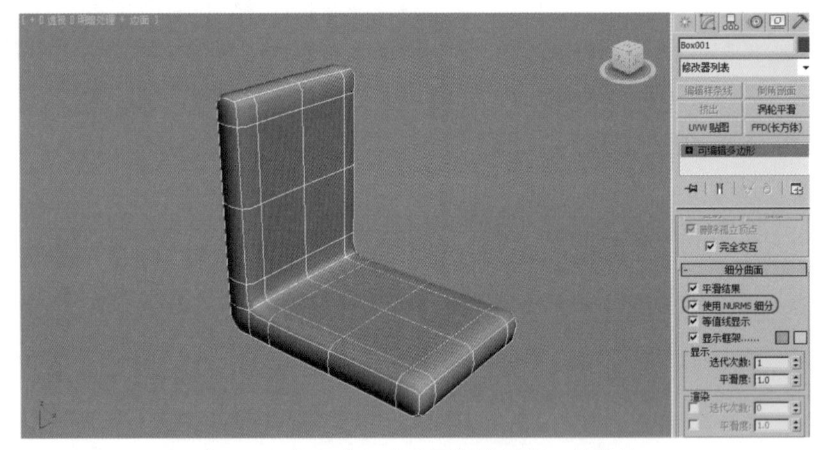

图2-126 设置【细分曲面】卷展栏下的数值

07 按1键，进入【顶点】∴层级，在【前】视图选择中间的顶点，用【移动】和【缩放】工具调整椅子的形态，效果如图2-127所示。

图2-127 用【移动】和【缩放】工具调整顶点的形态

08 按4键，进入【多边形】■层级，在【左】视图选择椅子座下面的面，按Delete键，删除下面的面，如图2-128所示。

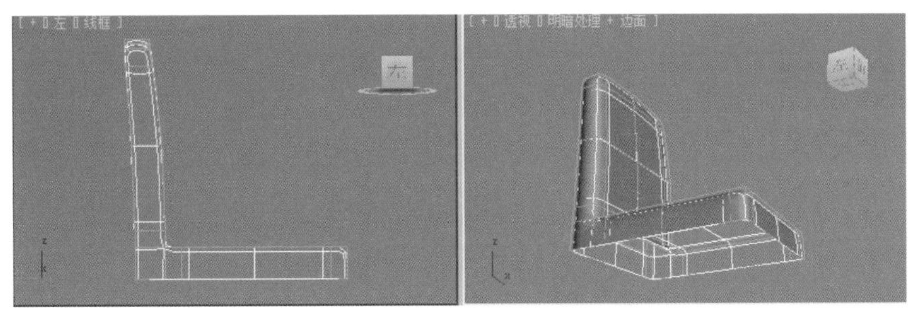

图2-128　选择下面的面删除

下面制作椅子腿造型。

09 在【顶】视图创建一个50mm×50mm×50mm的方体，对方体执行【转变为可编辑多边形】命令。按4键，进入【多边形】■层级，在【透】视图选择下面的面，再单击 倒角 右面的□按钮，打开【倒角多边形】对话框，设置高度为50mm，轮廓数量为-1mm，连续单击7次【应用并继续】⊕按钮，最后单击【确定】✓按钮，效果如图2-129所示。

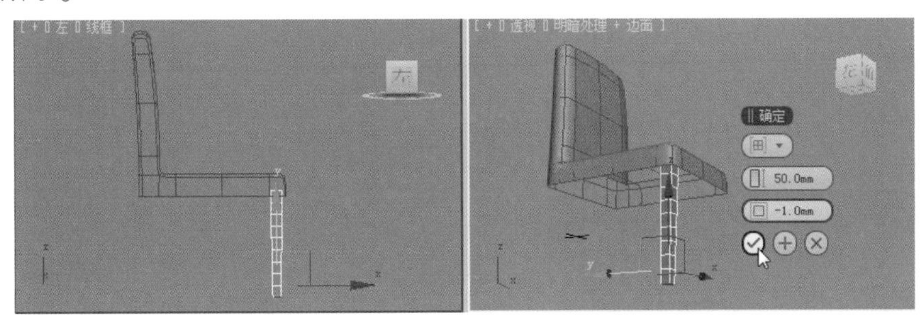

图2-129　用倒角制作的"椅子腿"

10 在【修改器列表】中执行【弯曲】命令，【角度】设置为12，【方向】设置为150，如图2-130所示。

11 用工具栏中的【镜像】工具将其他的三条制作出来，效果如图2-131所示。

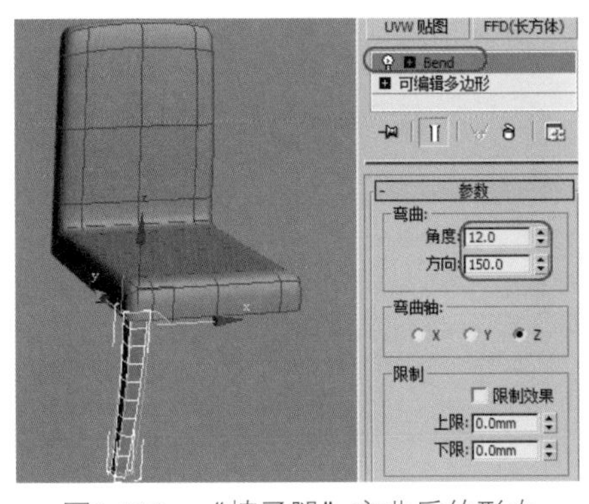

图2-130　"椅子腿"弯曲后的形态

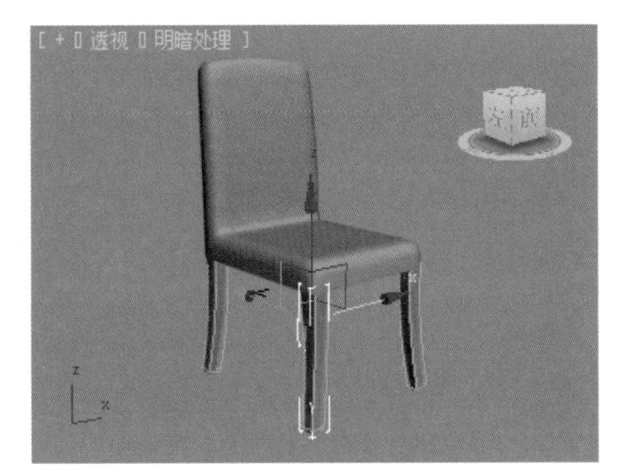

图2-131　制作的椅子腿

12 在【顶】视图创建一个800mm×1600mm×40mm的方体，段数分别设为3×3×1（作为"餐桌"），如图2-132所示。

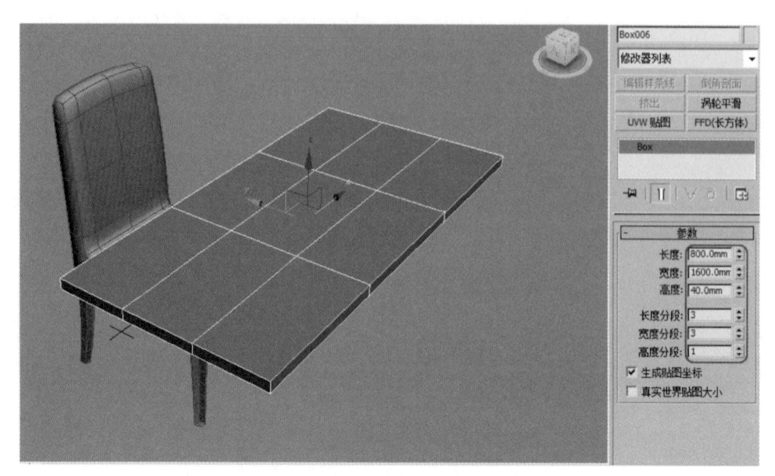

图2-132　创建的方体及参数

13 对方体执行【转变为可编辑多边形】命令，按1键，进入【顶点】层级，在【顶】视图调整顶点，然后按4键，进入【多边形】层级，在【透】视图选下面四个角的面，执行【挤出】命令，数量设为750mm。效果如图2-133所示。

14 餐桌上面的桌布是用线形绘制出的截面，然后执行【挤出】命令生成的。

15 将餐椅组成一组，用【复制】和【镜像】命令制作出另外三把“餐椅”。

16 下面是为其赋予材质后的效果，如图2-134所示。

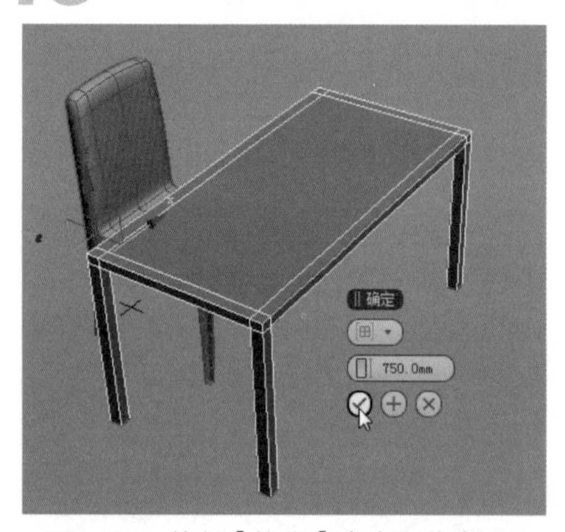

图2-133　执行【挤出】命令制作桌腿

图2-134　椅子赋予材质后的效果

一般情况下，为了表现的效果更好，设计师往往会在已经做好的家具上摆放一些装饰品如餐具、花饰、桌布，这样就将整个气氛提高了，衬托的造型也更加美观。

17 将制作的模型保存起来，文件名为“餐桌餐椅.max”文件。

2.3.5　制作双人床

床的造型是各种各样的，制作起来也是比较麻烦的。基本上属于曲面建模，所以难度要大一些，制作的方法有很多种，但是一定要选择最优秀的建模方式来建立，最终效果如图2–135所示。

图2-135　双人床的效果

/现场实战——制作双人床造型

01 启动3ds Max 2012，将单位设置为【毫米】。

02 单击【创建】 |【几何体】 | 长方体 按钮，在【顶】视图创建一个2000mm×1500mm×80mm的方体（作为“床板”），如图2-136所示。

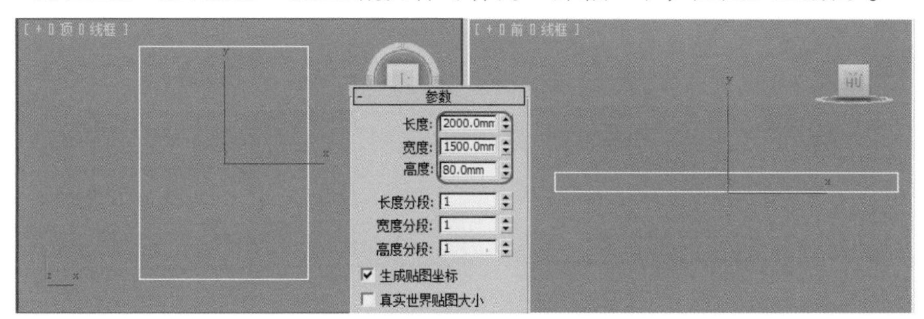

图2-136　方体的形态及参数

03 用同样的方法创建一个125mm×125mm×30mm的方体（作为“床腿”）。在【顶】视图再创建一个柱体（作为“床腿”），参数及位置如图2-137所示。

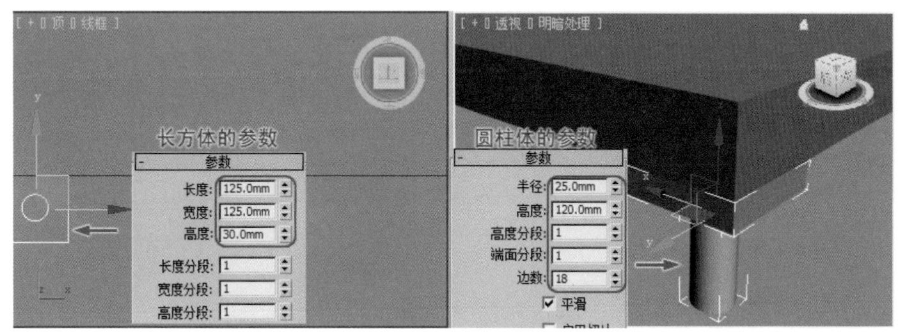

图2 -137　制作的床腿

04 对方体执行【转换为可编辑多边形】命令，然后与柱体连接为一体，将多余的面删除。在【顶】视图沿Y轴复制三个，如图2-138所示。

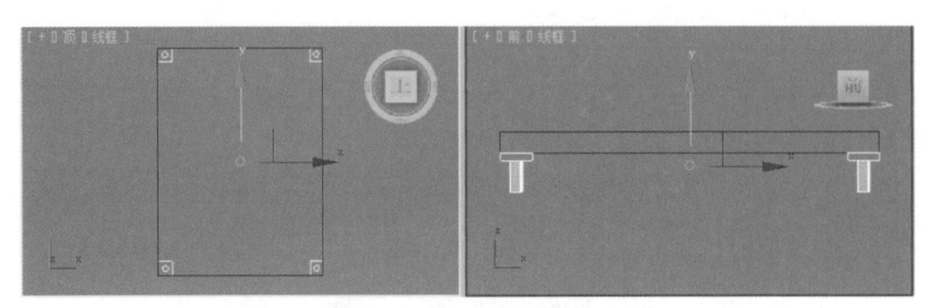

图2-138　复制的床腿位置

05 单击【创建】|【几何体】|切角长方体按钮，在【顶】视图创建一个切角长方体（作为“床垫”）。进入【修改】命令面板对参数进行修改，参数及位置如图2-139所示。

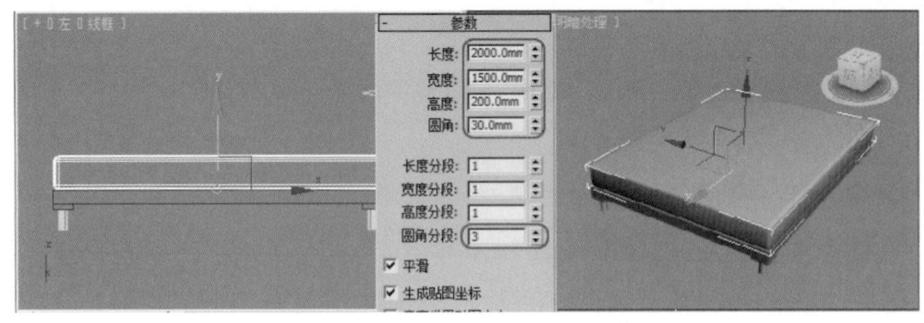

图2-139　切角长方体的形态及参数

06 单击【创建】|【线形】|线按钮，在【左】视图绘制出床头的剖面线，执行【挤出】命令，数量设为1500mm。形态如图2-140所示。

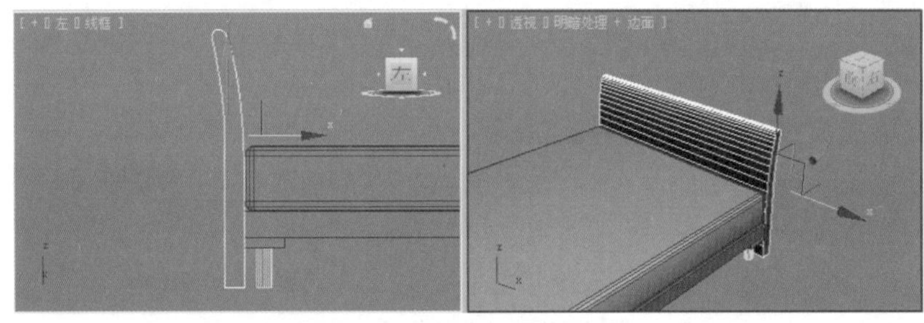

图2-140　制作的床头造型

07 对其执行【转换为可编辑多边形】命令，按2键，进入【边】层级，选择两边的面，执行【倒角】命令，效果如图2-141所示。

08 在【顶】视图创建一个方体（作为“枕头”），各项参数设置如图2-142所示。

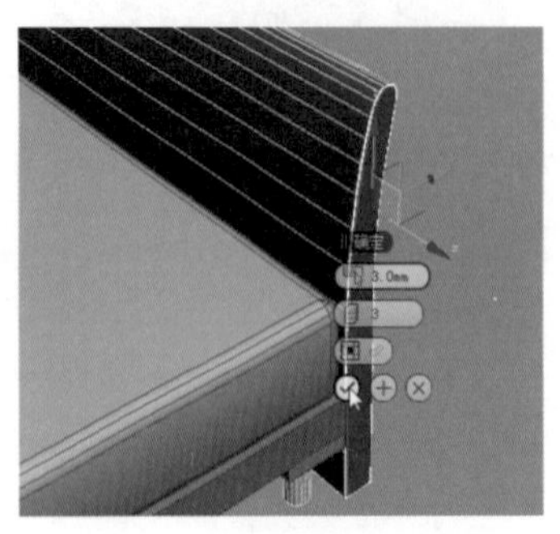

图2-141　对床头进行编辑

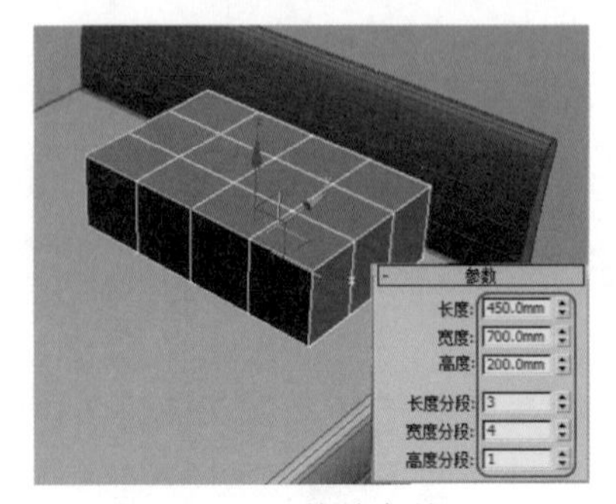

图2-142　方体的参数设置

09 对其执行【转换为可编辑多边形】命令，在【修改】面板中选中【使用NURMS细分】复选框。修改【重复】值为2，使面光滑。进入【顶点】进行缩放、移动操作。就像前面介绍制作沙发上的靠垫的制作方法一样，最终的效果如图2-143所示。

10 在【顶】视图用移动复制的方式复制一个放在另一侧。

图2-143 制作的枕头

下面制作床单。

11 在【顶】视图创建一个2000mm×1600mm×450mm的方体，段数分别设为15×15×2。对方体执行【转换为可编辑多边形】命令，如图2-144所示。

12 在【左】视图选择下面和靠近床头的所有的面删除，选中【细分曲面】卷展栏下的【使用NURMS细分】复选框。修改【迭代次数】值为1，使面光滑，效果如图2-145所示。

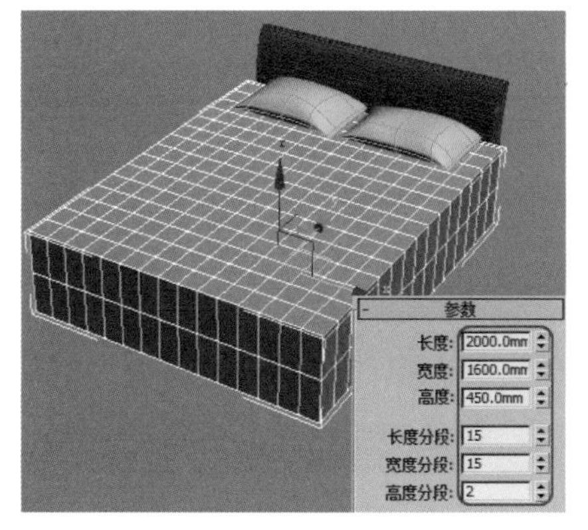

图2-144 创建的方体及参数

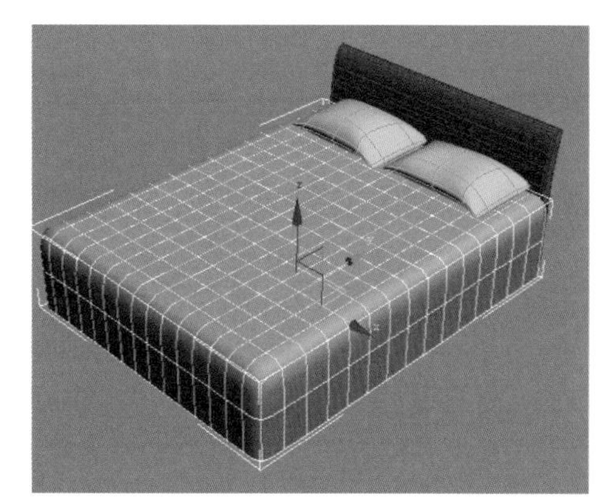
图2-145 选中【使用NURMS细分】复选框后的效果

13 激活【顶点】按钮，在【前】视图选择底下的顶点，每隔一排选一排，再在【左】视图用同样的方法选择，按住Ctrl键可以加选。在【顶】视图单击工具栏中的【缩放】按钮进行修改，修改后的形态如图2-146所示。

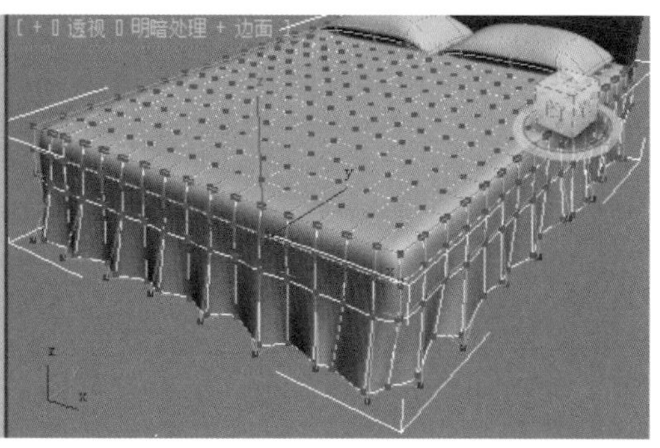
图2-146 缩放后顶点的形态

此时形态还不是很理想，可以用工具栏中的【移动】工具再细部调整，也就是调整

桌布布纹的形态，调整到一个满意的效果为止。

14 再制作床头柜及简单的台灯，最后赋予相应的材质。最终的效果如图2-147所示。

15 将制作的模型保存起来，文件名为“双人床.max”文件。

图2-147 桌布的最终效果

2.3.6 制作休闲躺椅

休闲躺椅是客厅或者卧室里比较受欢迎的座椅，那么在效果图表现的过程中，怎样制作一个自己喜欢的家具呢？这就需要细心观察、留意尺寸，做的时候把握住家具的细节和特点。下面创建长方体，然后用【编辑多边形】命令修改完成休闲躺椅的制作。最终的效果如图2–148所示。

图2-148 休闲躺椅的效果

Max/VRay/现场实战——制作休闲躺椅造型

01 首先启动3ds Max 2012中文版，将单位设置为【毫米】。

02 在【顶】视图创建一个长方体，参数及形态如图2-149所示。

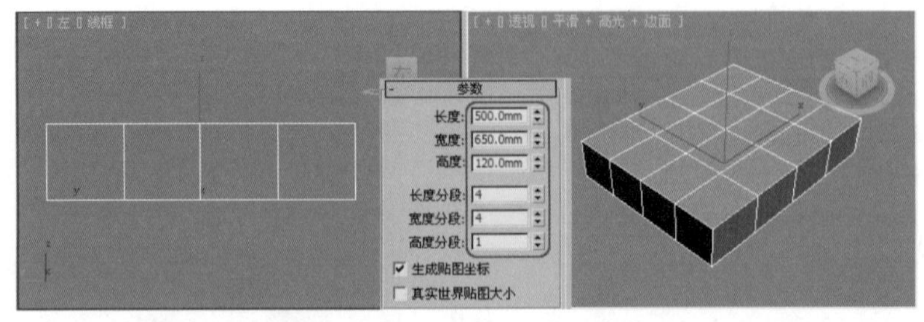

图2-149 长方体的形态及参数

03 对长方体执行【转换为可编辑多边形】命令，按4键，进入【多边形】■层级子物体，选择右面的面执行【挤出】命令多次，然后进行旋转角度，再调整顶点，效果如图2-150所示。

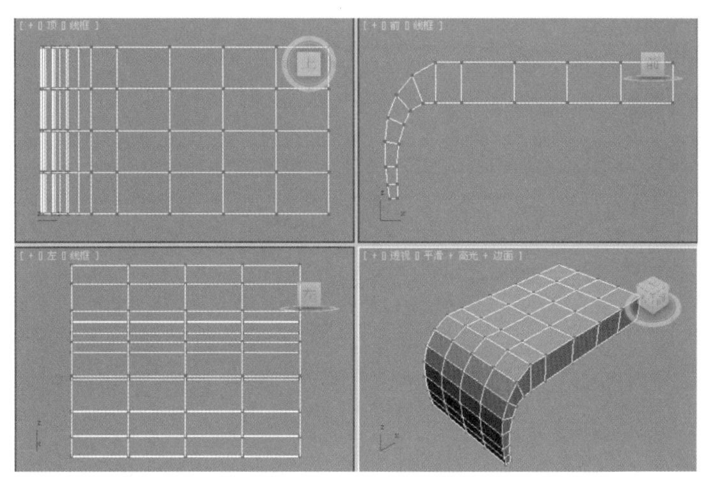

图2-150　调整后的形态

技巧：在制作下面拐角部分造型的时候，可以绘制一条曲线，执行【沿样条线挤出】命令制作，再进行移动修改，方法与制作咖啡杯把是一样的。

04 为长方体增加几个段数，效果如图2-151所示。

05 按4键，进入【多边形】层级子物体，单击 切割 按钮，在拐角的地方增加段数，用来模拟褶皱效果，效果如图2-152所示。

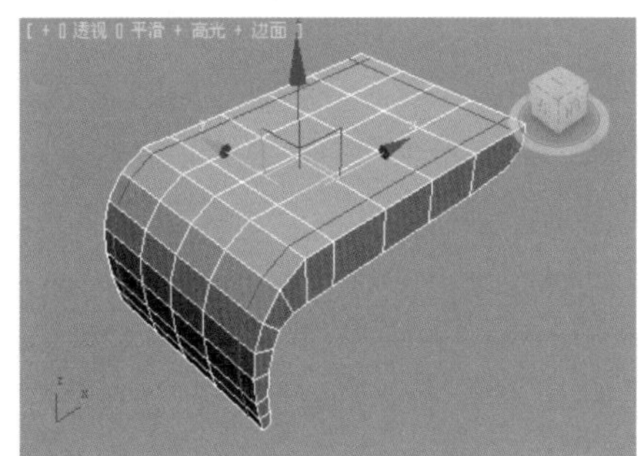

图2-151　增加的段数

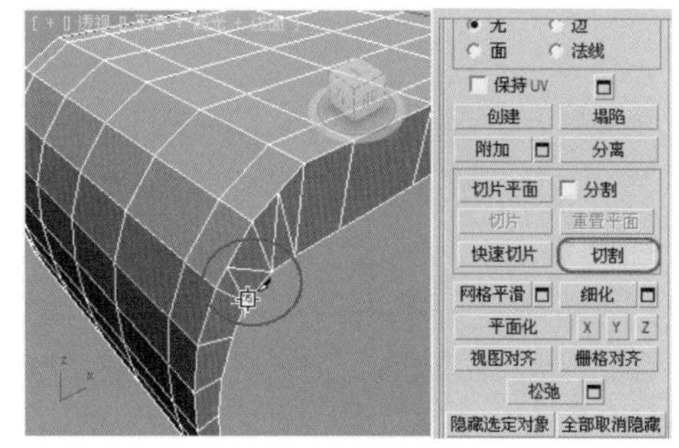

图2-152　用【切割】增加段数

06 按1键，进入【顶点】层级子物体，用工具栏中的【移动】工具进行调整形态，效果如图2-153所示。

07 在【修改器列表】中执行【涡轮平滑】命令，效果如图2-154所示。

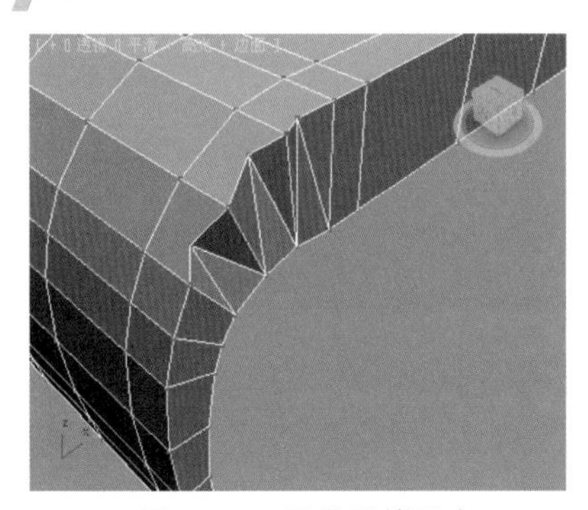

图2-153　调整后的形态

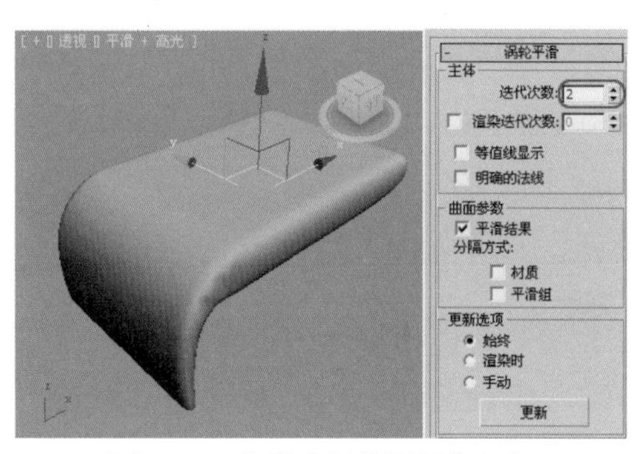

图2-154　执行【涡轮平滑】命令

其实在制作这样造型的时候，可以制作一半，然后另一半直接用镜像来完成即可，这样可以极大提高作图的速度及质量。

08 用同样的方法制作出靠背，效果如图2-155所示。

09 在上面再制作一个靠垫，最后执行【FFD长方体】命令调整一下形态，效果如图2-156所示。

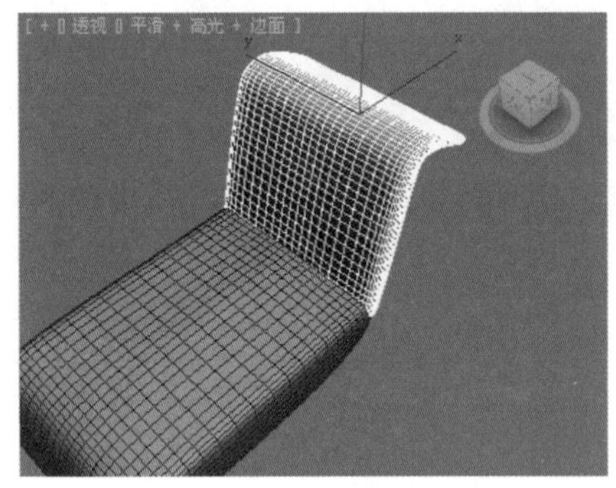

图2-155 制作的靠背

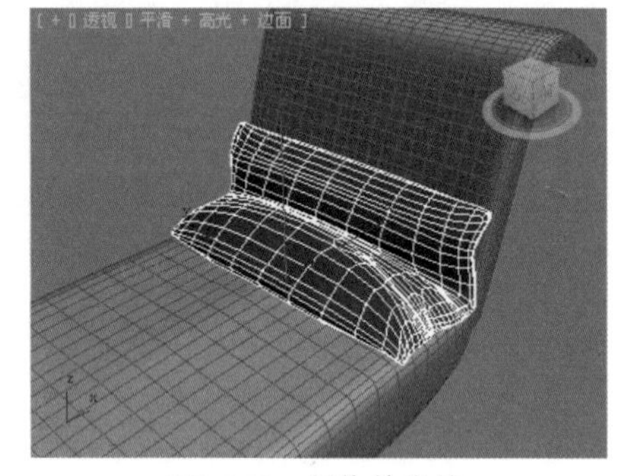

图2-156 制作的靠垫

10 最后执行【圆柱体】及【长方体】命令制作出椅子腿，用【可编辑多边形】命令修改一下，形态如图2-157所示。

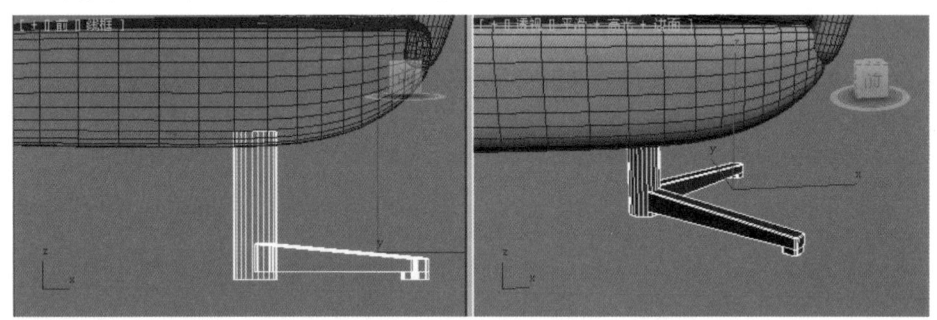

图2-157 制作的椅子腿

11 将制作的模型保存起来，文件名为“休闲躺椅.max”文件。

2.4 各类洁具的快速建模

洁具主要是用在卫生间里面的，它也属于家具的一种，在制作的时候也比较麻烦，平常用到的洁具有：洗手盆、浴盆、淋浴房、座便器等。

2.4.1 制作座便器

座便器的建模相对来说要复杂一些，底座主要用【放样】命令来制作，然后执行【转换为可编辑多边形】命令进行修改；盖子是创建方体，然后执行【转换为可编辑多边形】命令进行修改完成；水箱是由创建切角方体和球体完成的，效果如图2–158所示。

图2-158　座便器的效果

/现场实战——制作座便器

01 启动3ds Max 2012，将单位设置为【毫米】。

02 在【顶】视图绘制一条封闭线形（约500mm×500mm），作为放样的截面线，在【前】视图绘制一条直线（高度为500mm），作为放样的路径，形态如图2-159所示。

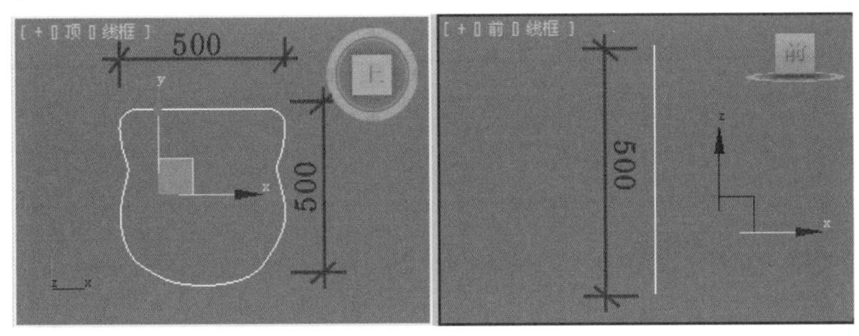

图2-159　绘制的截面和路径

03 在【前】视图选择绘制的直线，单击【创建】｜【几何体】按钮，在标准基本体下拉列表中选择复合对象选项，单击放样按钮，再单击获取图形按钮，在【顶】视图单击截面线，生成放样物体，如图2-160所示。

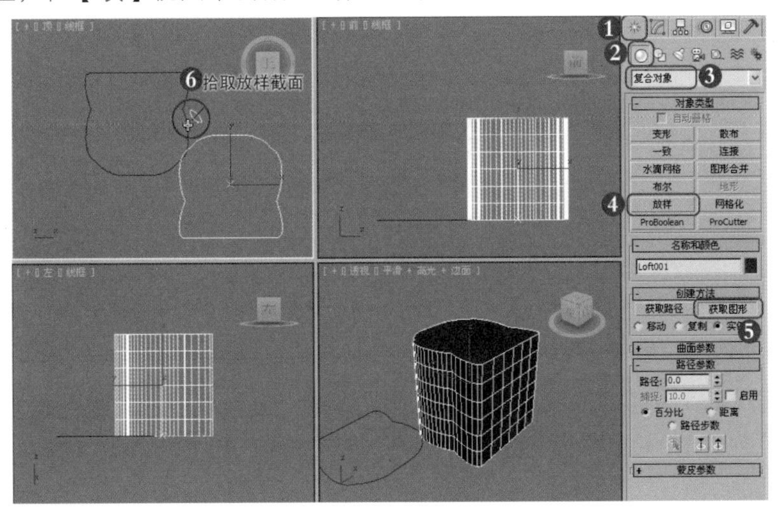

图2-160　执行【放样】命令

04 单击【修改】按钮进入【修改】命令面板，再单击下方 变形 卷展栏下的 缩放 按钮，弹出【缩放变形】对话框，在控制线上添加一个点，调整形态。如图2-161所示。

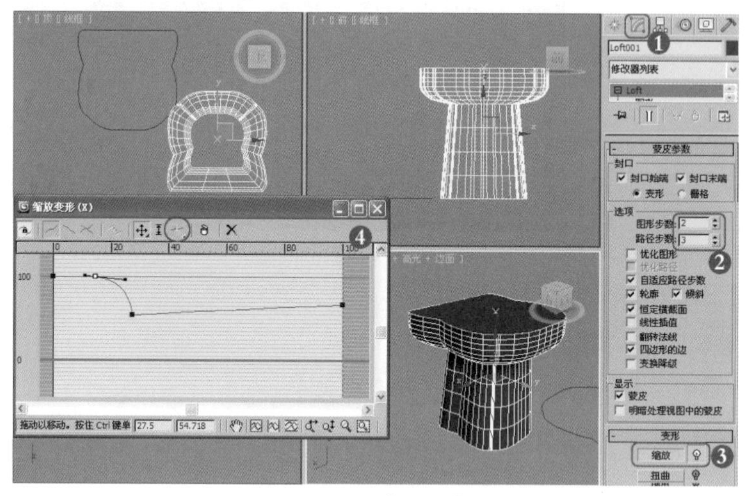

图2-161　调整【缩放】参数

05 对放样物体执行【转换为可编辑多边形】命令，按1键，进入【顶点】层级子物体，在【前】视图和【顶】视图调整顶点的形态，如图2-162所示。

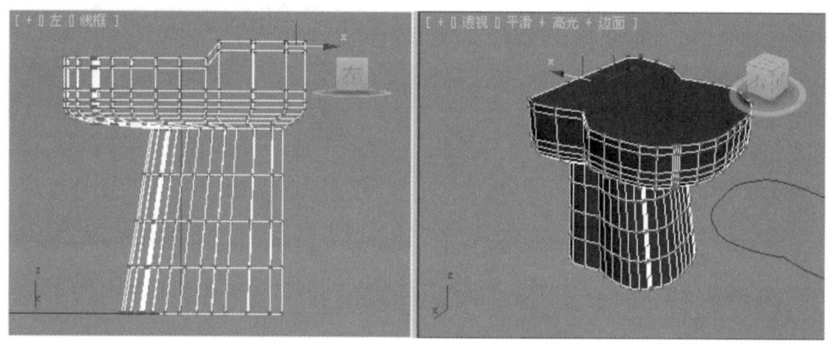

图2-162　调整顶点的形态

06 单击【创建】|【几何体】| 长方体 按钮，在【顶】视图创建一个350mm×450mm×50mm的方体，段数分别设为4×4×1（作为盖子），如图2-163所示。

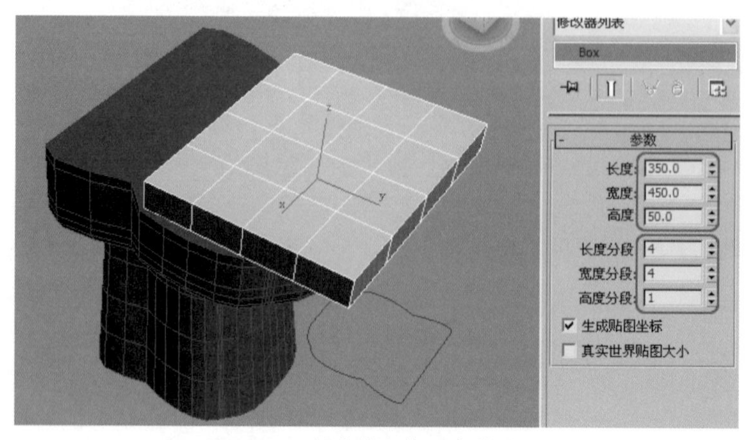

图2-163　创建的方体及参数设置

07 对方体执行【转换为可编辑多边形】命令，选中【细分曲面】卷展栏下的【使用NURMS细分】复选框。修改【迭代次数】值为2，使面光滑。进入【顶点】级别，在【顶】视图调整顶点的形态，如图2-164所示。

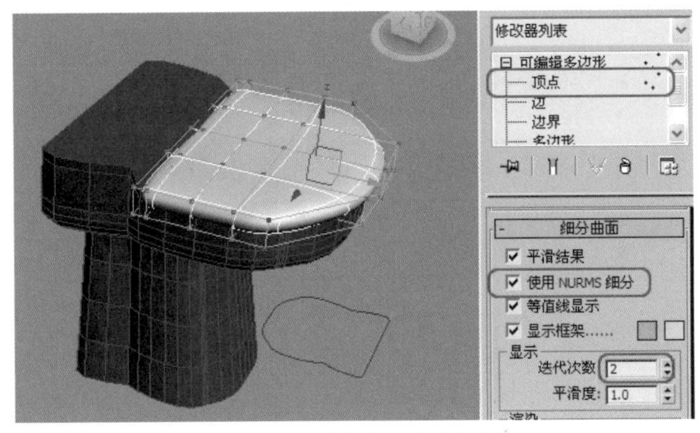

图2-164　制作的座便器盖子

08 在【前】视图创建一个切角方体（作为“水箱”），进入【修改】命令面板对其参数进行修改，参数及位置如图2-165所示。

09 再制作出水箱上面的造型，效果如图2-166所示。

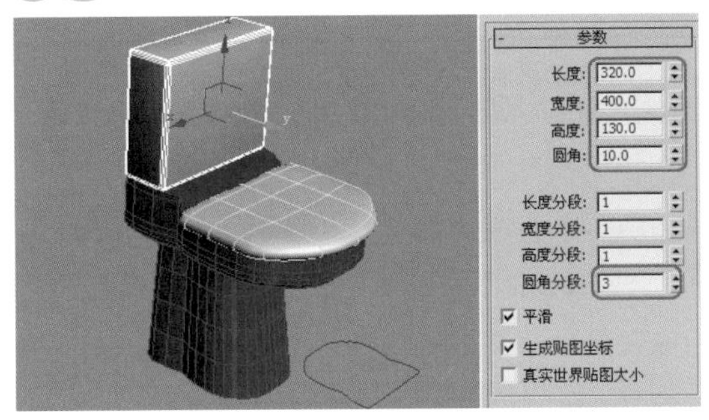

图2-165　创建的切角方体

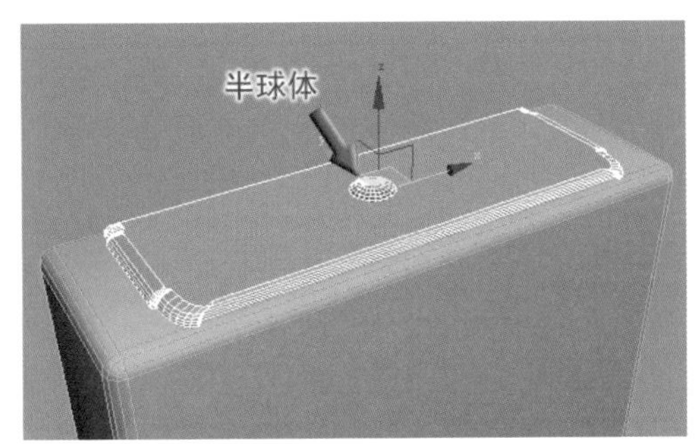

图2-166　创建的切角方体

10 将制作的模型保存起来，文件名为“座便器.max”。

2.4.2　制作浴盆

浴盆的制作是创建方体，然后执行【转换为可编辑多边形】命令进行修改，最终效果如图2-167所示。

图2-167　浴盆的效果

现场实战——制作浴盆

01 启动3ds Max 2012，将单位设置为【毫米】。

02 单击【创建】|【几何体】| 长方体 按钮，

在【顶】视图创建一个1500mm×700mm×380mm的方体，段数分别设为6×4×2，如图2-168所示。

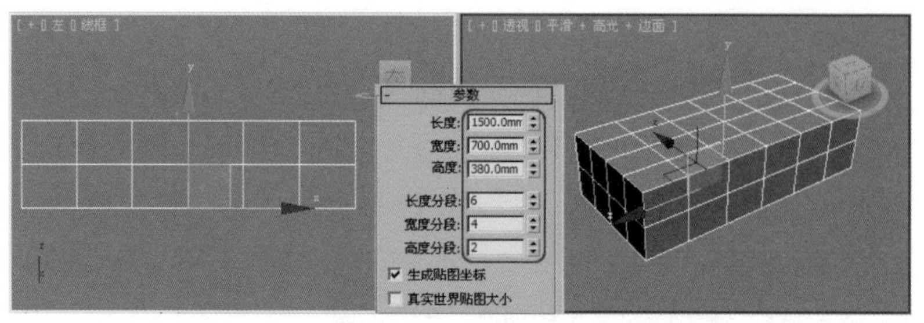

图2-168　创建的方体

03 对方体执行【转换为】|【可编辑多边形】命令，按1键，进入【顶点】层级子物体，在【顶】视图选择不同的顶点进行移动，效果如图2-169所示。

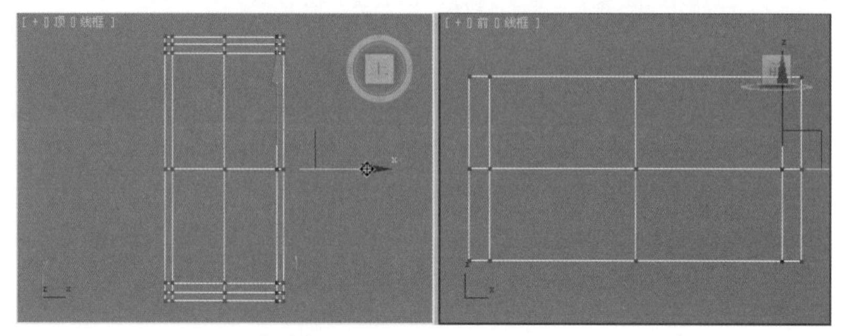

图2-169　调整顶点的位置

04 按4键，进入【多边形】层级子物体，在【透】视图选择中间上面的四个大面，单击 倒角 右面的按钮，在弹出的【助手标签】中单击两次【应用并继续】按钮，再单击【确定】按钮。如图2-170所示。

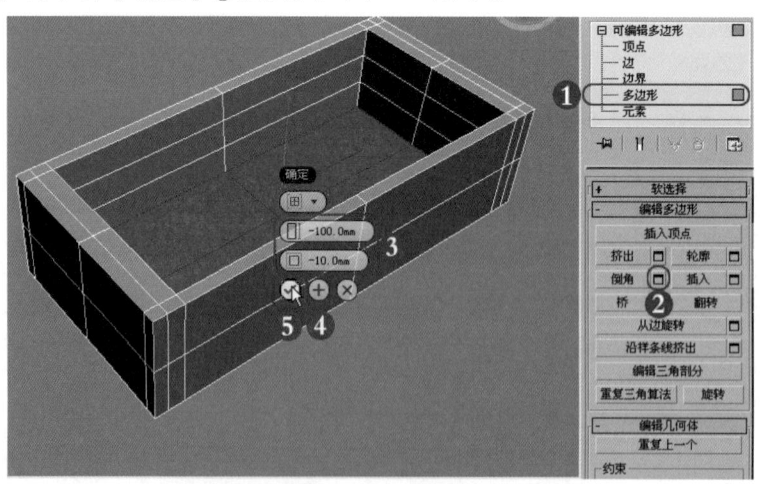

图2-170　倒角的面

05 关闭【多边形】层级子物体，退出【可编辑多边形】命令。

06 在【修改】面板中选中【细分曲面】卷展栏下的【使用NURMS细分】复选框，修改【迭代次数】值为2，使面光滑。如果数值设置为3或4，则面片太多，影响机器的运行速度，因此只设置为2即可。效果如图2-171所示。

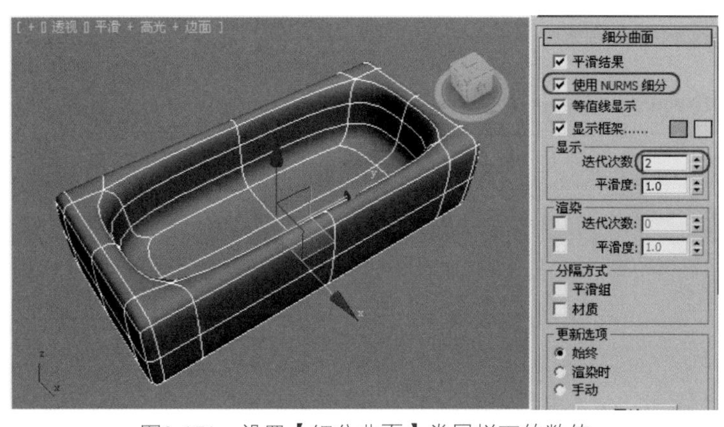

图2-171　设置【细分曲面】卷展栏下的数值

如果感觉浴盆的边缘太圆滑，可以再将侧面的面挤出一部分，挤出之后就会增加段数，有了段数边缘就不会那么圆滑了。还可以进入顶点进行调整。

图2-172　浴盆的最终效果

07 按4键，进入【多边形】■层级子物体，在【前】视图或【左】视图选择下面的面删除，这样做的目的是为了让下部的边不出现圆滑的效果，再就是减少面片。最终的效果如图2-172所示。

08 将制作的模型保存起来，文件名为“浴盆.max”。

2.4.3　制作淋浴房

淋浴房的制作就复杂一些了，因为它比较复杂，用到的命令也比较多，其中绘制线形，执行【挤出】命令用得是最多的，效果如图2–173所示。

图2-173　淋浴房的效果

/现场实战——制作淋浴房

01 启动3ds Max 2012，将单位设置为【毫米】。

02 在【顶】视图绘制一个900mm×900mm的矩形，如图2-174所示。

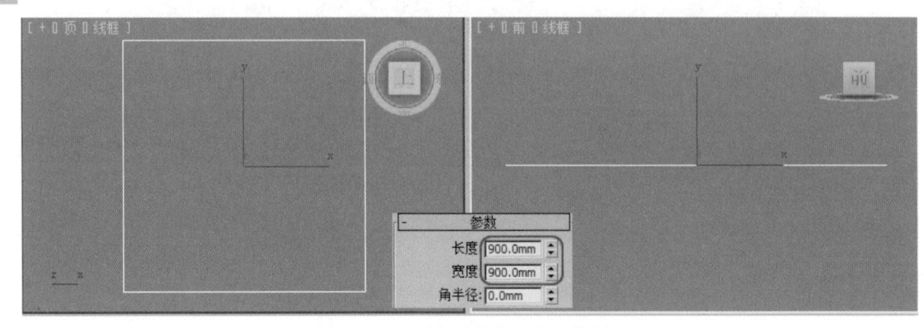

图2-174 绘制的矩形及参数

03 右击鼠标，在弹出的快捷菜单中执行【转换为】|【转换为可编辑样条线】命令，按1键，进入【顶点】级别，在【顶】视图选择右下方的顶点，然后在 圆角 右侧的窗口中输入300，按Enter键，效果如图2-175所示。

04 在【修改器列表】中执行【挤出】命令，【数量】设置为100mm，如图2-176所示。

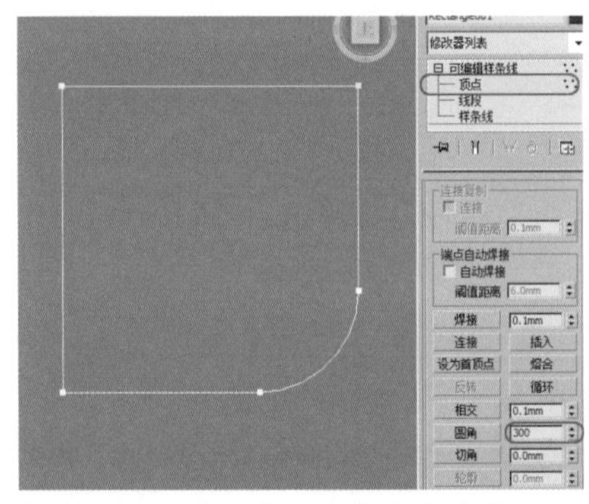

图2-175 执行【圆角】命令的效果

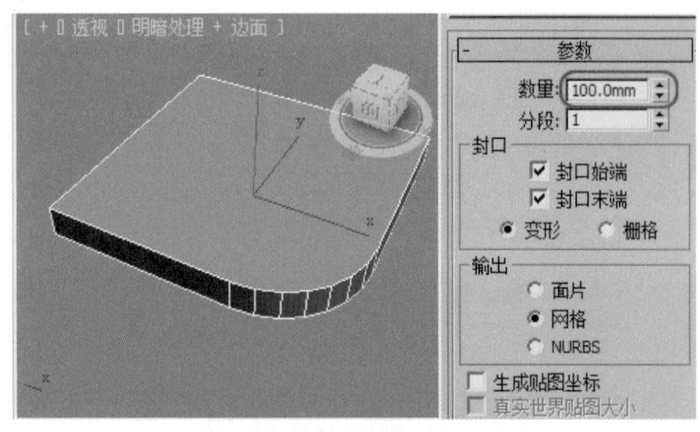

图2-176 执行【挤出】命令

05 在【顶】视图绘制一条折线，然后施加轮廓，执行【挤出】命令，数量设置为1900mm，如图2-177所示。

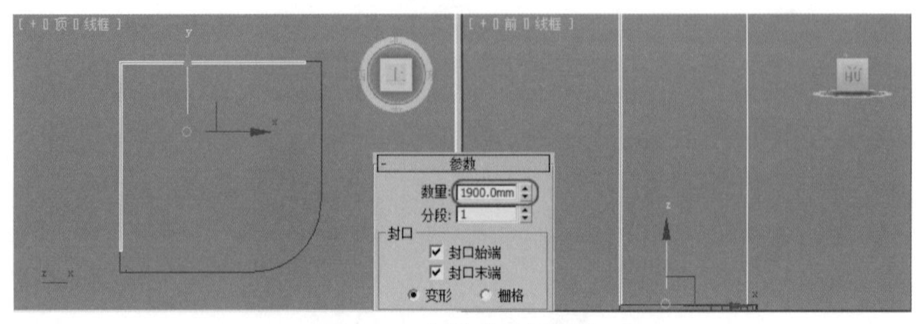

图2-177 制作的后板造型

06 在【前】视图选择底座，然后复制一个，放在上方（作为顶）。

07 在【顶】视图绘制一条折线（作为玻璃），然后执行【圆角】命令，再施加轮廓。执行【挤出】命令，数量设置为1900mm，如图2-178所示。

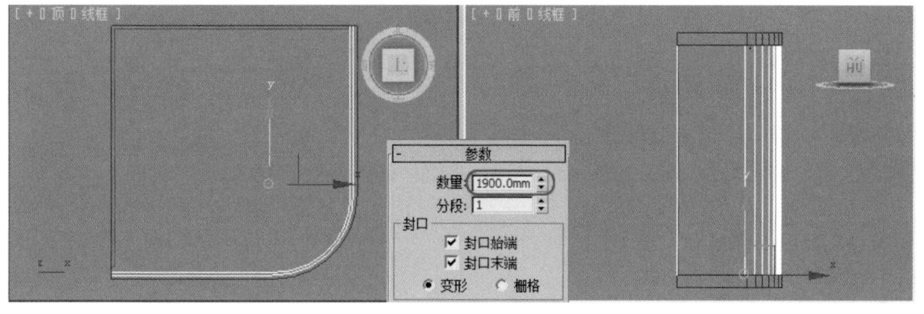

图2-178 制作的玻璃

08 在【左】视图创建一个长方体，然后执行【转换为可编辑多边形】命令进行修改（作为把手），最终效果如图2-179所示。

09 里面的淋浴头及架子就不介绍了，主要是绘制线形来完成的。外面的把手就随意了，可以是方的，也可以是圆的。最终效果如图2-180所示。

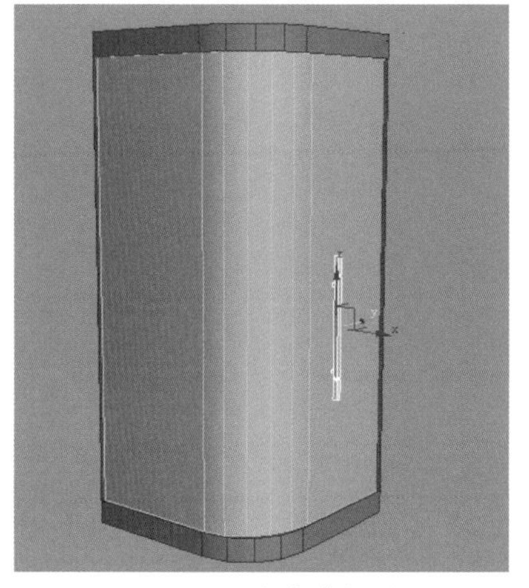
图2-179 制作的把手

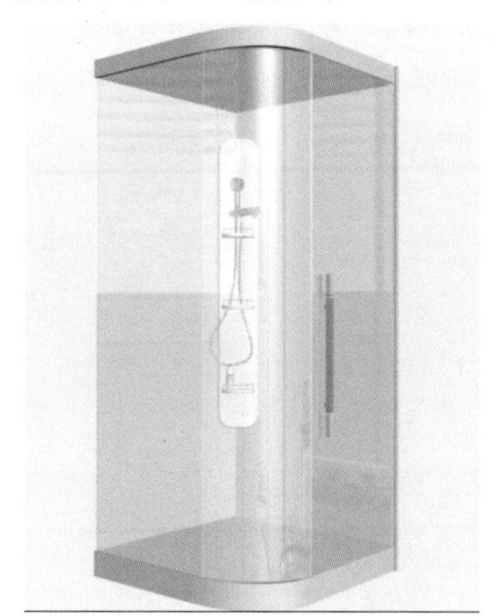
图2-180 淋浴房的最终效果

10 将制作的模型保存起来，文件名为“淋浴房.max”。

2.5 小结

本章重点介绍了室内常用家具模型的制作，目的就是将基础的命令练习好，因为制作家具用到的命令比较多，可以为后面制作整套户型打下坚实的基础。

第3章

真实渲染
——VRay基础参数

本章内容

- VRay渲染器简介
- VRay物体
- 【VRay置换修改】命令
- VRay灯光
- VRay像机
- VRay材质
- VRay_贴图
- VRay的渲染参数面板
- 合理设置VRay渲染参数

作为拥有最多客户的3ds Max来说，渲染器一直是其最为薄弱的一部分，在其还没有加入新的渲染器的时候，3ds Max一直是很多用户的软肋，面对众多三维软件的竞争，很多公司都开发了外挂3ds Max下的渲染器插件。例如Brazil、FinalRender、VRay等一些优秀的渲染器插件。本章主要对外挂在3ds Max下的VRay渲染器做比较详细的介绍。

3.1 VRay渲染器简介

VRay渲染器是保加利亚的chaos Group公司开发的3ds Max的全局光渲染器，chaos Group公司是一家以制作3D动画、计算机影像和软件为主的公司，有50多年的历史，其产品包括计算机动画、数字效果和电影胶片等，同时也提供电影视频切换，著名的火焰插件（Phoenix）和布料插件（SimCloth）就是它的产品。

VRay渲染器是模拟真实光照的一个全局光渲染器，无论是静止画面还是动态画面，其真实性和可操作性都让用户为之惊讶。它具有对照明的仿真，以帮助做图者完成犹如照片级的图像；它可以表现出高级的光线追踪，以表现出表面光线的散射效果，动作的模糊化。除此之外，VRay还能带来很多让人惊叹的功能，它极快的渲染速度和较高的渲染质量，吸引了全世界很多的用户。

读者应该对3ds Max比较熟悉，而插件是作为辅助3ds Max提高性能的附加工具出现的，广泛应用于3ds Max里进行CG制作的插件种类繁多，最常用也是读者比较感兴趣的就是有关图像方面的插件。例如BR（巴西）、FR、MR、VRay等都是现在各大3ds Max制作软件里优秀的渲染工具，现在正式整合在3ds Max里，一直和软件保持着良好的兼容性。而BR（巴西）和FR也是较早出现的，具有更高品质的渲染效果，只是时间上会消耗很多。

VRay的出现打破了前三者的一贯作风，参数设置简洁明了，没有过多的分类，而且品质和速度有了明显的提高，兼容性也比较优秀，支持3ds Max自身大部分的材质类型及几乎所有类型的灯光，版本提升及时。它也有自带的灯光和材质，而且可以提高速度和质量，主要用于3ds Max。

3.2 VRay物体

VRay不但有单独的渲染设置控制面板，它还有非常独特的VRay自带的物体类型。当VRay渲染器安装成功以后，在几何体创建命令面板中便会增加1个VRay物体创建面板，分别由【VR_代理】、【VR_毛发】、【VR_平面】、【VR_球体】组成，如图3-1所示。

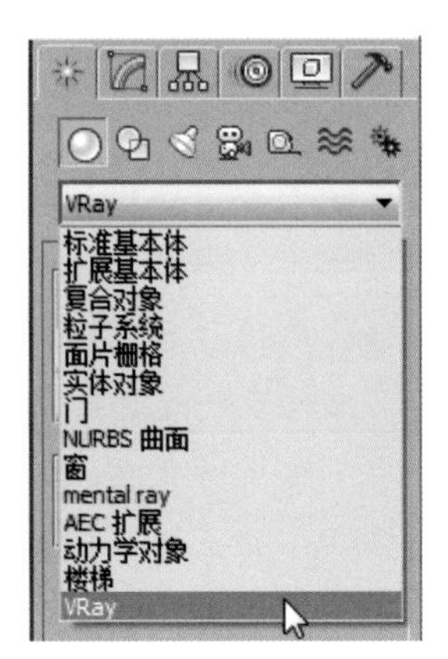

图3-1　VRay物体创建面板

3.2.1 【VR_代理】按钮

【VR_代理】只在渲染时使用，它可以代理物体在当前场景中进行的形体渲染，但并不是真正意义上存在于这个当前场景中。其作用与3ds Max中【文件】|【外部参照对象】命令的十分相似。要想使用【VR_代理】物体命令，首先要将代理的文件格式创建为代理物体支持的格式，代理物体的文件格式是*.vrmesh。

下面创建一个*.vrmesh文件格式的代理物体。

首先在场景中创建一个长方体，确认长方体处于选择状态，然后右击鼠标，在弹出的快捷菜单中执行【VR-网格体导出】命令，如图3-2所示。在弹出的【V-Ray网格体导出】对话框中将文件指定一个路径，然后单击 确定 按钮，如图3-3所示。

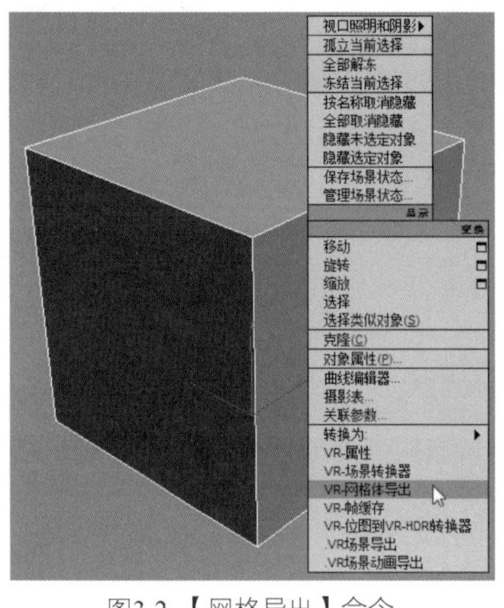

图3-2 【网格导出】命令

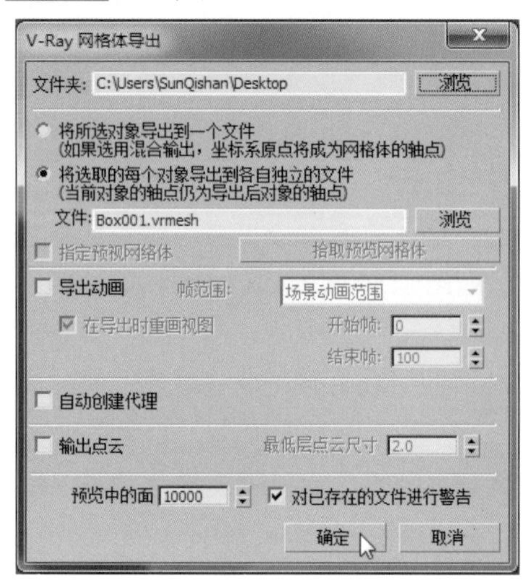

图3-3 【网格导出】对话框中

参数详解

- 【文件夹】：用来显示网格导出物体的保存路径，可以单击右面的 浏览 按钮更换文件的路径。
- 【将所选对象导出到一个文件】：当选择两个或两个以上的网格导出物体时，选择这个选项，可以将多个网格导出物体当作一个网格导出物体来进行保存，其中包括该物体位置的位置信息。
- 【将选取的每个对象导出到各自独立的文件】：当选择两个或两个以上的网格导出物体时，选中这个单选按钮，可以将每个网格导出物体当作一个网格导出物体来进行保存，文件名称将无法进行自定义，它们会以导出的网格物体的名称来代替。
- 【文件】：显示代理物体的名称，也可以自己重新命名。
- 【导出动画】：将网格导出物体与场景的动画设置一起进行导出。
- 【自动创建代理】：当选中此复选框时，会将生成的代理文件自动代替场景中原始的网格物体，而且代理物体与原始的网格物体会在同一位置上，同时也会保持与原始物体相同的材质贴图。

当VRay代理物体创建完成以后，单击命令面板中的【创建】 |【几何体】 |

VR_代理 | 浏览 按钮，如图3-4所示。在弹出的【Choose external mesh file】（选择外部网格文件）对话框中选择代理物体文件，单击 打开(O) 按钮，如图3-5所示。最后在视图中单击即可将代理物体导入到当前的场景中。

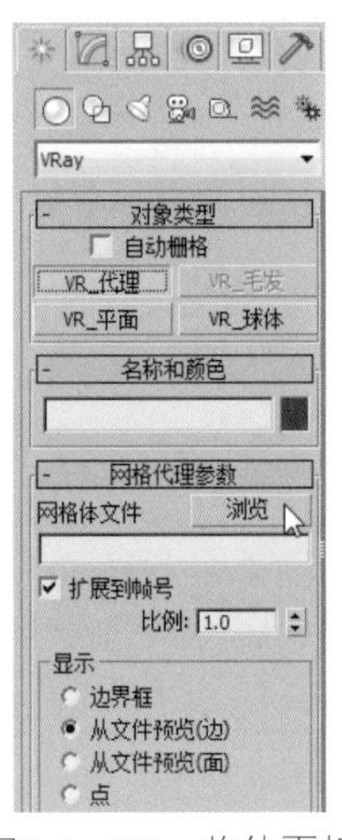

图3-4　VRay物体面板

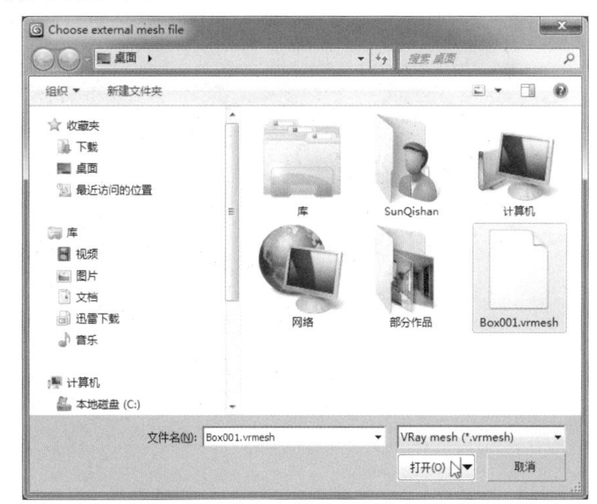

图3-5　选择外部网格文件对话框

参数详解

- 【网格体文件】：用来显示代理物体的保存路径和名称。
- 【边界框】：无论什么样的代理物体都是以一种方体的形式显示出来的，方体的大小与代理物体的外边界大小相同，如图3-6所示。
- 【从文件预览（边）】：是默认的显示方式，以线框的方式进行显示，同时还可以看到该代理物体的外观形态，如图3-7所示。
- 【从文件预览（面）】：是默认的显示方式，以线框的方式进行显示，同时还可以看到该代理物体的外观形态，如图3-7所示。
- 【点】：这种显示方式是物体以很小的点显示出来，在场景中看不到物体的外观形态。

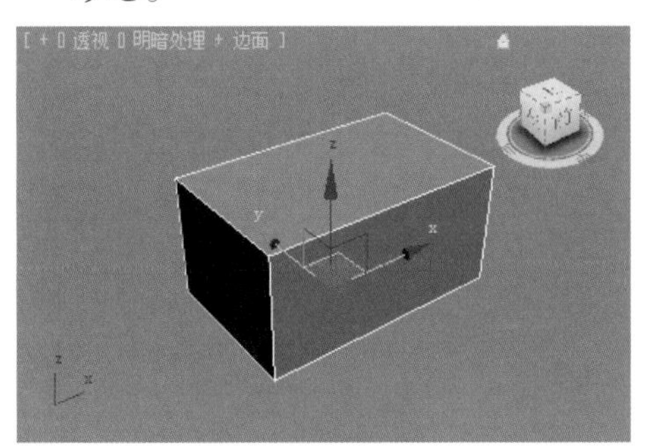

图3-6　边界框显示方式

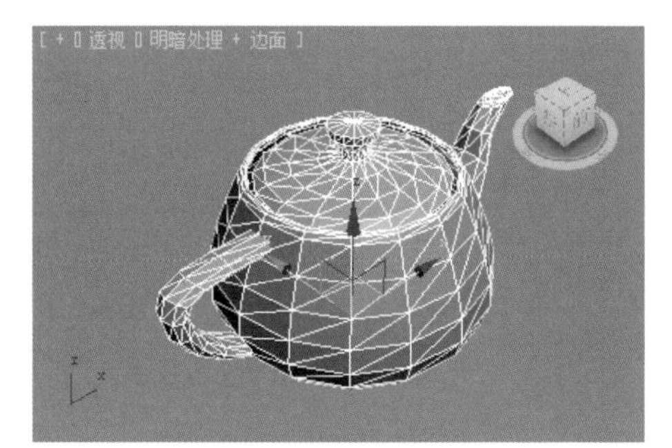

图3-7　从文件预览显示方式

3.2.2 【VR_毛发】按钮

【VR_毛发】用来在其他模型上创建毛发效果，事先要将模型处于被选中状态，以激活这个命令，然后才能生成毛发，否则这个命令是关闭状态。毛发物体在视图中不显示毛发效果，只是显示毛发物体的图标，毛发效果只有在渲染以后才会显示，如果没有将VRay指定为当前渲染器，将无法进行渲染。经常用它来模拟地毯、布料、植物、草地等。如图3-8所示，这是利用VR_毛发功能模拟的地毯、毛巾效果。

【VR_毛发】表现的地毯效果

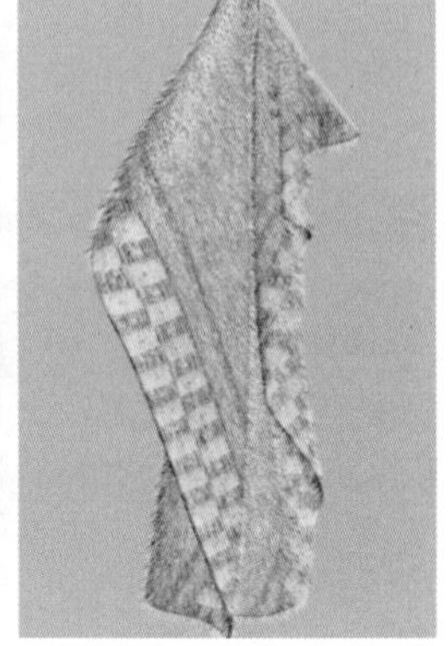

毛巾效果

图3-8　用毛发表现的地毯、毛巾效果

在视图中首先创建一个三维物体，然后单击 VR_毛发 按钮，在该物体上就会生成很好的毛发效果，其参数面板如图3-9所示。但要注意，毛发的多少和物体的段数有关，即段数多，毛发就多；段数少，毛发就少。

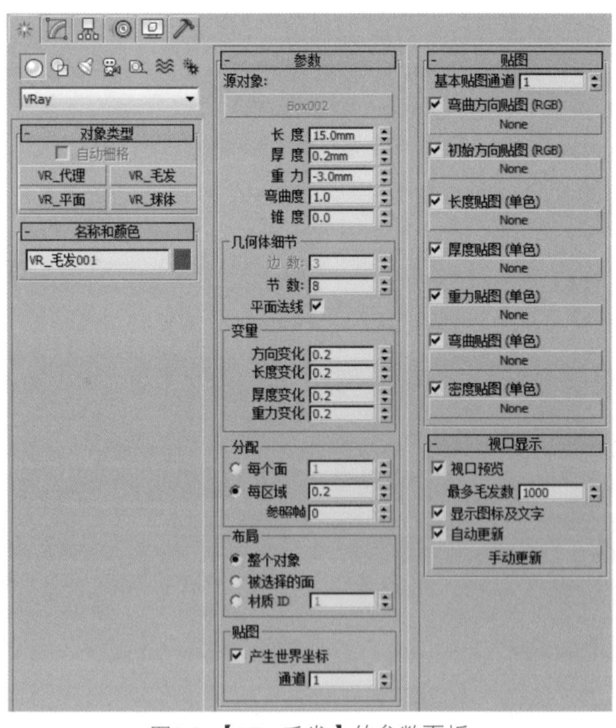

图3-9 【VR_毛发】的参数面板

参数详解

- 【源对象】：用来选择一个物体产生毛发，单击下面的就可以在场景中选择想要产生的物体。
- 【长度】：用来控制毛发的长度，数值越大生成的毛发就越长，如图3-10所示。

图3-10　调整长度参数的效果

- 【厚度】：用来控制毛发的粗细，数值越大生成的毛发就越粗，如图3-11所示。

图3-11　调整厚度参数的效果

- 【重力】：用来控制重力对毛发的影响程度，正值表示重力方向向上，数值越大，重力效果越强；负值表示重力方向向下，数值越小，重力效果越强；当值为0时，表示不受到重力的影响。
- 【弯曲度】：用来控制毛发的弯曲程度，数值越大越弯曲。
- 【锥度】：设置毛发的锥化程度。
- 【边数】：用来控制圆柱型或多边形毛发的边数，当前的版本还不可以使用。
- 【节数】：用来控制毛发弯曲时的光滑程度。数值越高，毛发越光滑，但是段数会越多，对计算机的运行速度影响很大。效果如图3-12所示。

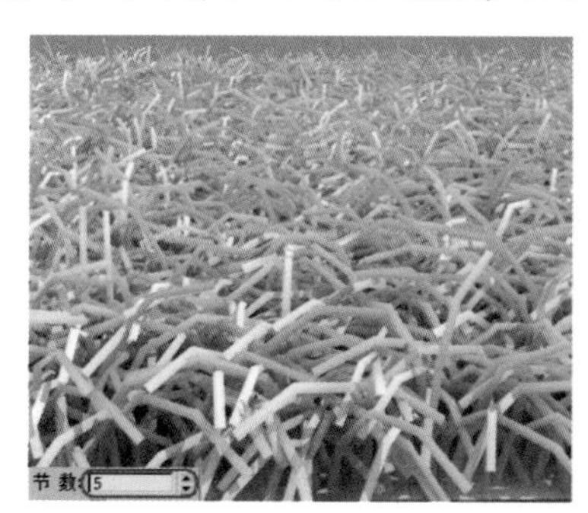

图3-12　调整【节数】参数的效果

- 【平面法线】：这个参数用来控制毛发的形态。默认为选中，毛发的形态为平面式；如果将该选项取消选中，毛发的形态为圆柱式。效果如图3-13所示。
- 【方向变化】：用来控制毛发在方向上的随机变化。数值越高随机效果越强；数值为0时，毛发在方向上没有任何变化。

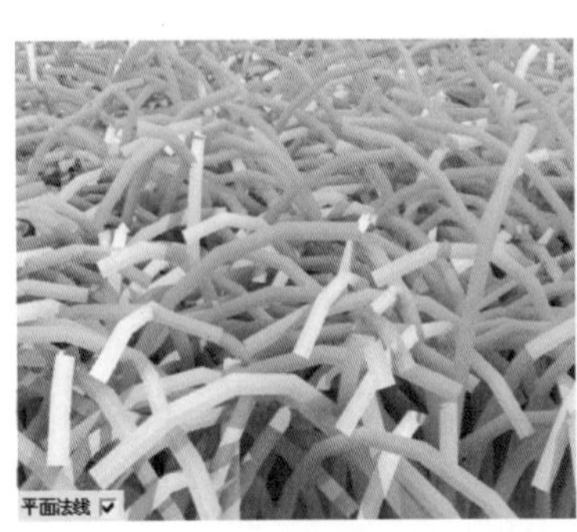

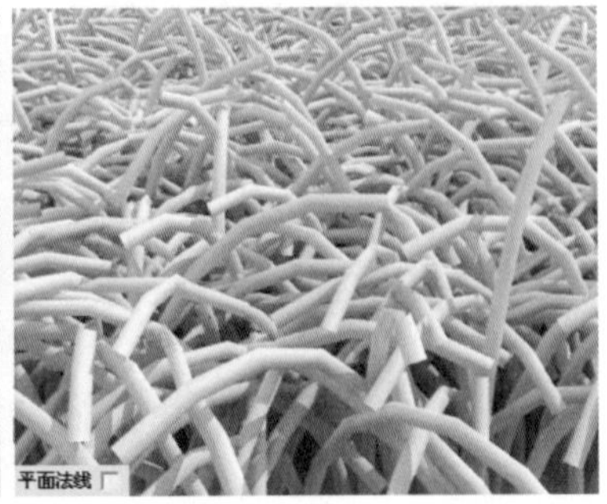

图3-13　平面法线参数的效果

- 【长度变化】：用来控制毛发在长度上的随机变化。数值越高随机效果越强，数值为0时，毛发的长度将显示的一样。如果调整为1，毛发的长短变化比较明显，默认为0.2，效果如图3-14所示。

图3-14　长度参量参数的效果

- 【厚度变化】：用来控制毛发粗细的随机变化。数值越高随机效果越强，数值为0时，毛发的粗细将会显示为一样。
- 【重力变化】：用来控制毛发受重力影响的随机变化。数值越高随机效果越强，数值为0时，所有毛发均受相同重力的影响。
- 【每个面】：主要用来控制物体的每个三角面产生的毛发数量，因为物体的每个面不都是均匀的，所以渲染出来的毛发也不均匀。
- 【每区域】：这个选项为默认的分配方式，可以得到均匀的毛发分布方式。主要用来控制物体的每个三角面产生的毛发数量，因为物体的每个面不都是均匀的，所以渲染出来的毛发也不均匀。
- 【参照帧】：这明确源物体获取到计算面大小的帧，获取的数据将贯穿于整个动画过程,确保所给面的毛发数量在动画中保持不变。
- 【整个对象】：该选项为默认选项，意味着整个物体将产生毛发效果。
- 【被选择的面】：该选项可以让物体的任意部分产生毛发效果，但是必须使用网格物体或者编辑多边形命令，对网格物体需要放置毛发的部分进行选择，这样在渲染时，选择的部分才可以产生毛发效果。
- 【材质ID】：该选项跟赋予物体多维/子对象材质的方法相似，通过选择ID号可以控制物体不同部位的毛发效果。
- 【产生世界坐标】：该选项默认为启动，这意味着可以手动调节使用贴图通道来控制毛发。

- 【通道】：W坐标将被修改的通道。
- 【基本贴图通道】：使用该选项可以选择贴图的通道。
- 【弯曲方向贴图】：该选项是用彩色贴图来控制毛发的弯曲方向。
- 【初始方向贴图】：该选项是用彩色贴图来控制毛发的根部生长方向。
- 【长度贴图（单色）】：该选项是用灰度贴图来控制毛发的长度。
- 【厚度贴图（单色）】：该选项是用灰度贴图来控制毛发的粗细。
- 【重力贴图（单色）】：该选项是用灰度贴图来控制毛发受重力的影响。
- 【弯曲贴图（单色）】：该选项是用灰度贴图来控制毛发的弯曲程度。
- 【密度贴图（单色）】：该选项是用灰度贴图来控制毛发的生长密度。
- 【视口预览】：选中该选项，可以在视图中实时预览由于毛发参数变化而导致的毛发变化情况。
- 【最多毛发数】：设置在视图中实时显示的毛发数量的上限。
- 【显示图标及文字】：选中该选项，在视口中能看到图标及文字的内容，如VR_毛发。
- 【自动更新】：该选项默认为选中，可以通过视口适时地观察毛发的变化。
- 【手动更新】：取消【自动更新】选项的选中后，可以通过单击该按钮来观察毛发的变化。

3.2.3 【VR_平面】按钮

【VR_平面】主要用来制作一个无限广阔的平面。在创建平面物体时，只需要在视图中单击即可创建完成，平面物体在视图中只是显示平面物体图标。在渲染的过程中必须将VRay指定为当前渲染器，否则渲染会看不见。它没有任何参数可以调节，可以随便更改颜色。并且还可以赋予平面材质贴图，但很少用到它。

3.2.4 【VR_球体】按钮

【VR_球体】主要用来制作球体。在创建VR_球体物体时，只需要在视图中单击即可创建完成，球体物体在视图中只是显示线框方式，在渲染的过程中必须将VRay指定为当前渲染器，否则渲染会看不见。VR球体有两个参数，分别是【半径】和【翻转法线】。

3.3 【VRay置换修改】命令

【VRay置换修改】命令与3ds Max中的【凹凸】贴图很相似，但是更强大，【凹凸】贴图仅仅是材质作用于物体表面的一个效果，而【VRay置换修改】修改器是作用于物体模型上的一个效果，它表现出来的效果比【凹凸】贴图表现的效果更丰富更强烈。

图3-15是相同的一幅贴图，左边的是使用了【凹凸】贴图表现的效果，凹凸的数量为300，右边的是使用了VRay置换修改，数量为30的效果，可以很明显地看出，凹凸贴

图只是在物体的表面上起到了一定的视觉作用，而VRay置换修改可以将物体的形状改变，从球体的阴影上可以很明显地看出来。

使用【凹凸】贴图的效果　　　　使用【VRay置换修改】的效果

图3-15 【凹凸】贴图和【VRay置换修改】的效果对比

首先在场景中创建一个三维物体，确认物体处于被选中状态，在修改器窗口中执行【VRay置换修改】命令，将当前的渲染器指定为VRay渲染器，参数面板如图3-16所示。

图3-16 VRay置换修改的参数面板

参数详解

- 【2D映射（景观）】：这个方式是根据置换贴图来产生凹凸效果，凹或凸的地方是根据置换贴图的明暗来产生的，暗的地方凸。实际上，VRay在对置换贴图分析的时候，已经得出凹凸结果，最后渲染的时候只是把结果映射到3D空间上，这种方式要求指出正确的贴图坐标。
- 【3D映射】：这种方式是根据置换贴图来细分物体的三角面。它的渲染效果要比2D好，但是速度比2D慢。
- 【细分】：这种方式和三位贴图方式比较相似，它在三位置换的基础上对置换产生的三角面进行光滑，使置换产生的效果更加细腻，渲染速度比三位贴图的渲染速度慢。
- 【纹理贴图】：单击这里的按钮，可以选择一个贴图来当作置换所用的贴图。
- 【纹理通道】：这里的贴图通道和给置换物体添加的UVW map里的贴图通道相对应。
- 【过滤纹理贴图】：如果选中该复选框，将会在置换过程中使用【图像采样器（抗锯齿）】卷展栏中的【抗锯齿纹理】贴图过滤功能。如果将【使用物体材质】复选框进行选中，那么会被忽略。
- 【过滤模糊】：用来控制置换物体渲染出来的纹理清晰度，值越小纹理越清晰。
- 【数量】：用来控制置换效果的强度，值越高效果越强烈，而负值将产生凹陷的效果。

- 【移位】：用来控制置换物体的收缩膨胀效果。正值是物体的膨胀效果，负值是收缩效果。
- 【水平面】：用来定义置换效果的最低界限，在这个值以下的三角面将全部删除。
- 【相对于边界框】：置换的数量将以Box的边界为基础，这样置换出来的效果非常强烈。
- 【分辨率】：用来控制置换物体表面分辨率的程度，最大值16 384，值越高表面被分辨得越清晰，当然需要置换贴图的分辨率也比较高才可以。
- 【精确度】：用来控制物体表面置换效果的精确度，值越高置换效果越好。
- 【紧密边界】：当选中这个复选框时，VRay会对置换贴图进行预先分析。如果置换贴图色阶比较平淡，那么会加快渲染速度；如果置换贴图色阶比较丰富，那么渲染速度会减慢。
- 【边长度】：该参数用于确定置换的品质。取值越小，置换的效果越精确。这时因为网格物体的每一个三角面都将会分成大量的更为细小的三角面，也就是说三角面越小，置换的细节部分越容易产生。
- 【视口依赖】：选中该复选框时，边长度以像素为单位来确定三角形边的最大长度。如果取消选中，则以世界单位来定义边界的长度。
- 【最大细分】：该参数用于确定原始网格的每一个三角面细分之后得到的极细三角面的最大数值，产生的三角面的最大数量是以该参数的平方值来计算的。
- 【紧密边界】：当选中这个复选框时，VRay会对置换贴图进行预先分析。如果置换贴图色阶比较平淡，那么会加快渲染速度。如果置换贴图色阶比较丰富，那么渲染速度会减慢。
- 【使用对象材质】：选中该复选框时，VRay可以从当前物体材质的置换贴图中获取纹理贴图信息，而不会使用修改器中的置换贴图的设置。
- 【保持连续性】：在不选中该复选框时，具有不同材质ID和不同光滑组的面之间将会产生破裂现象，而选中后，将防止它们破裂。
- 【边阈值】：该选项只有在选中【保持连续性】复选框时才可以使用。它可以控制在不同光滑组或材质ID号之间进行混合的缝合裂口的范围。

3.4 VRay灯光

VRay除了支持3ds Max的【标准灯光】和【光度学灯光】外，还提供了自己的灯光面板，由【VR_光源】、【VR_IES】、【VR_环境光】、【VR_太阳】组成的，如图3-17所示。

图3-17　VRay灯光面板

3.4.1 【VR_光源】按钮

【VR_光源】是最常用的灯光之一，参数比较简单，但是效果非常真实。一般常用来模拟柔和的灯光、灯带、台灯灯光、补光灯。具体参数面板及形态如图3-18所示。

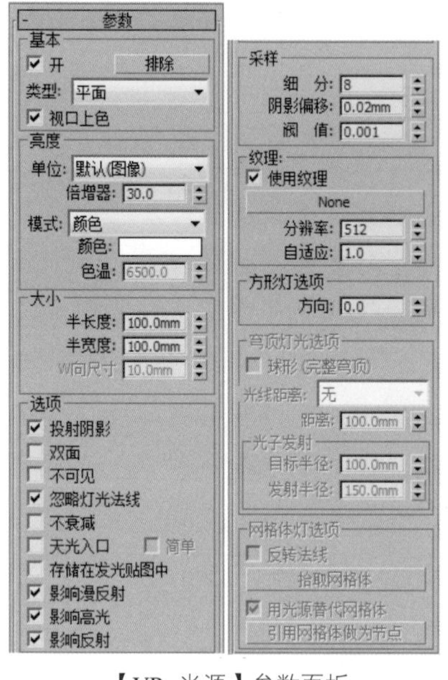

【VR_光源】参数面板

【VR_光源】的形态

图3-18 【VR_光源】参数面板及形态

参数详解

- 【开】：控制是否开启VR_光源。
- 排除：可以将场景中的物体排除光照或者单独照亮。
- 【类型】：灯光的类型，在右侧的窗口中一共有4种灯光类型，分别是【平面】、【穹顶】、【球体】、【网络体】，如图3-19所示。

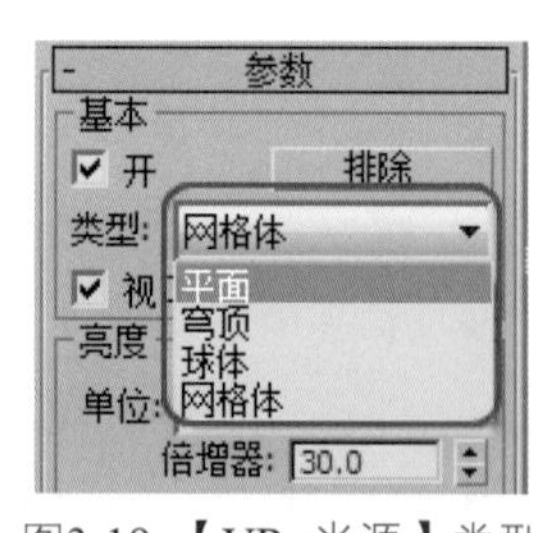

图3-19 【VR_光源】类型

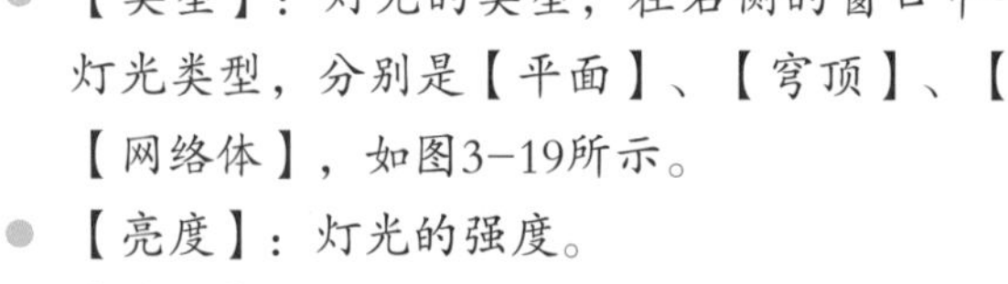

- 【亮度】：灯光的强度。
- 【单位】：灯光的强度单位。
- 【倍增器】：调整灯光的亮度。
- 【模式】：灯光的颜色控制。
- 【颜色】：可以设置灯光的颜色。
- 【半长度】：平面灯光长度的一半（如果灯光类型选择【球体】，这里的参数就变成半径了）。
- 【半宽度】：平面灯光宽度的一半（如果灯光类型选择【穹顶】或者【球体】，这里的参数不可用）。
- 【W向尺寸】：在当前的版本中这个数值不可用，在以后的高版本的【长方体】灯光类型中，这个数值将可以调节。
- 【投射阴影】：控制是否对物体的光照产生阴影。

● 【双面】：用来控制灯光的双面都产生照明效果，应用此项与否的对比效果如图3-20所示。

图3-20 【双面】选项选中与否的对比效果

● 【不可见】：这个选项是用来控制渲染后是否显示灯光（在设置灯光的时候一般将这个复选框选中），应用此项与否的对比效果如图3-21所示。

图3-21 【不可见】选项选中与否的对比效果

● 【忽略灯光法线】：光源在任何方向上发射的光线都是均匀的，如果将这个复选框取消选中，光线将依照光源的法线向外照射，应用此项与否的对比效果如图3-22所示。

图3-22 【忽略灯光法线】选项选中与否的对比效果

从图3-22可以看出【忽略灯光法线】的作用，选中它时，不按照光线的法线发射光线；而不选中它时，按照光线的法线发射光线，光影更加柔和。

● 【不衰减】：在真实的自然界中，所有的光线都是有衰减的，如果将这个选项取消选中，VRay灯光将不计算灯光的衰减效果。应用此项与否的对比效果如图3-23所示。

图3-23 【不衰减】选项选中与否的对比效果

- 【天光入口】：这个选项是把Vray灯光转换为天光，这时的VR_光源就变成了【间接照明（GI）】，失去了直接照明。当选中这个选项时，【投射阴影】、【双面】、【不可见】等参数将不可用，将被VRay的天光参数所取代。
- 【存储在发光贴图中】：选中这个复选框，同时【间接照明（GI）】里的【首次反弹】引擎选择【发光贴图】时，VR_光源的光照信息将保存在【发光贴图】中。在渲染光子的时候将变得更慢，但是在渲染出图时，渲染速度会提高很多。当渲染完光子的时候，可以关闭或删除这个VR_光源，它对最后的渲染效果没有影响，因为它的光照信息已经保存在【发光贴图】中。
- 【影响漫反射】：该选项决定灯光是否影响物体材质属性的漫反射。
- 【影响高光】：该选项决定灯光是否影响物体材质属性的高光。
- 【影响反射】：选中该复选框时，灯光将对物体的反射区进行光照，物体可以将光源进行反射。
- 【细分】：这个参数用来控制渲染后的品质，比较低的参数，杂点多，渲染速度快；比较高的参数，杂点少，渲染速度慢。应用此项与否的对比效果如图3-24所示。

图3-24 设置【细分】参数选中与否的对比

- 【阴影偏移】：这个参数用来控制物体与阴影偏移距离（一般保持默认即可）。
- 【阈值】：设置采样的最小阈值。
- 【纹理】：在灯光类型下选择【穹顶】时这项参数才可使用。
- 【使用纹理】：控制是否用纹理贴图作为半球光源。
- 【None（无）】：选择贴图通道。
- 【分辨率】：设置纹理贴图的分辨率，最高为2048。
- 【球形（完整穹顶）】：这个选项没有什么具体的意义。

- 【目标半径】：这个选项定义光子从什么地方开始发射。
- 【发射半径】：这个选项定义光子从什么地方开始结束。

建议读者无论在研究哪一部分的参数时，都应多做测试，通过测试才会更深刻地理解每个参数的含义，这样才能为以后制作高品质的效果图打下好的基础。

3.4.2 【VR_IES】按钮

【VR_IES】是一个V型射线特定光源插件，可用来加载IES灯光，能使现实世界的光分布更加逼真(IES文件)。VR_IES和3ds Max光度学中的灯光类似，而专门优化的要比通常的快。其参数面板如图3-25所示。

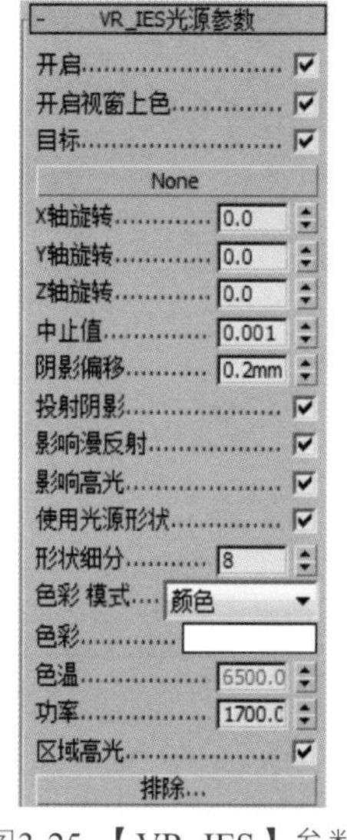

图3-25 【VR_IES】参数

3.4.3 【VR_环境光】按钮

【VR_环境光】与【标准灯光】下的【天光】类似，主要用来控制整体环境的效果。其参数面板如图3-26所示。

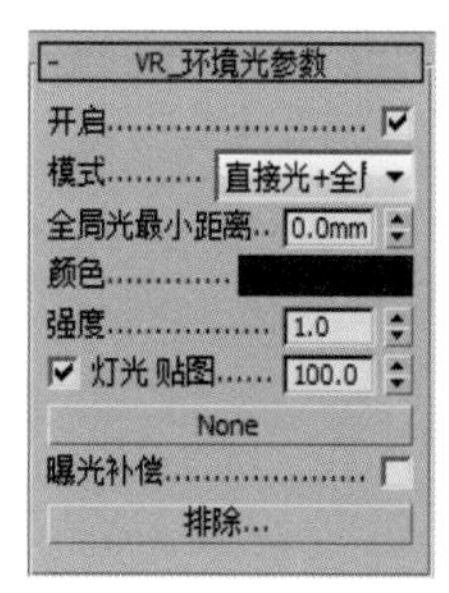

图3-26 【VR_环境光】参数

3.4.4 【VR_太阳】按钮

【VR_太阳】是VRay灯光中非常重要的灯光类型，主要用来模拟日光的效果，参数较少、调节方便，但是效果非常逼真。在单击创建【VR_太阳】时会弹出【V-Ray Sun】对话框，此时单击【是】按钮即可，如图3-27所示。

参数详解

- 【开启】：用于控制灯光开启与关闭。
- 【不可见】：用于控制灯光的可见与不可见。

- 【影响漫反射】：控制灯光是否照亮物体的漫反射。
- 【影响高光】：控制灯光是否照亮物体的高光。
- 【投射大气阴影】：控制灯光是否投射大气阴影。
- 【混浊度】：这个参数就是空气的混浊度，能影响太阳和天空的颜色。如果是小数值，则表示是晴朗干净的空气，颜色比较蓝；如果是大数值，则表示是阴天有灰尘的空气，颜色呈橘黄色。
- 【臭氧】：这个参数是指空气中氧的含量，如果是小数值，则阳光比较黄；如果是大数值，则阳光比较蓝。
- 【强度倍增】：这个参数是指阳光的亮度，默认值为1，场景会出现很亮曝光的效果。一般情况下使用标准摄影机的话，亮度设置范围为0.005～0.01；如果使用VR摄影机的话,亮度默认即可。
- 【尺寸倍增】：这个参数是指阳光的大小，数值越大，阴影的边缘越模糊；数值越小，边缘越清晰。
- 【阴影细分】：这个参数用来调整阴影的质量，数值越大，阴影质量越好，没有杂点。
- 【阴影偏移】：这个参数用来控制阴影与物体之间的距离。
- 【光子发射半径】：用来控制光子发射的半径大小。
- 排除...：与标准灯光一样，用来排除物体的照明。

在【VR_太阳】中会涉及一个知识点——【VR_天空】贴图。在第一次创建【VR_太阳】时，会提醒是否添加VR_天空环境贴图，如图3-28所示。

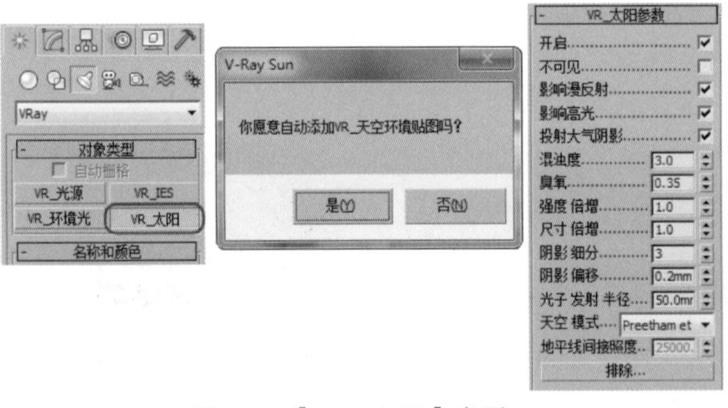

图3-27 【VR_太阳】参数

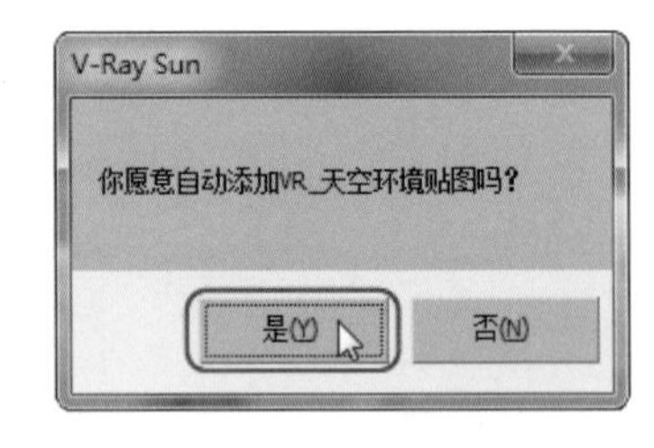

图3-28 提示框

单击【是】按钮，在改变【VR_太阳】中的参数时，【VR_天空】的参数会自动跟随发生变化。此时按8键可以打开【环境和效果】控制面板，然后单击【VR_天空】贴图并拖曳到一个空白材质球上，选中【实例】单选按钮，最后单击【确定】按钮。对话框如图3-29所示。

此时可以选中【手动太阳节点】复选框，并设置相应的参数，便可以单独控制【VR_天空】的效果，如图3-30所示。

下面介绍【VR_天空】参数面板，它是在贴图里面的，既可以放在3ds Max的环境里面，也可以放在VRay的GI环境里。

参数详解

- 【手设太阳节点】：当不选中时，【VR_天空】的参数将从场景中【VR_太阳】

的参数里自动匹配；当选中时，就可以从场景中选择不同的光源，例如3ds Max中的目标平行光。这样的话，【VR_太阳】就不能再控制VR_天空光了，直接调整VR_天空光的参数即可。

- 【太阳节点】：在场景中用来拾取VR_太阳光。
- 其他参数与刚才介绍的【VR_太阳】的参数的作用一样，这里不再赘述。
- 【太阳不可见】：设置太阳光在背景中的可见性。

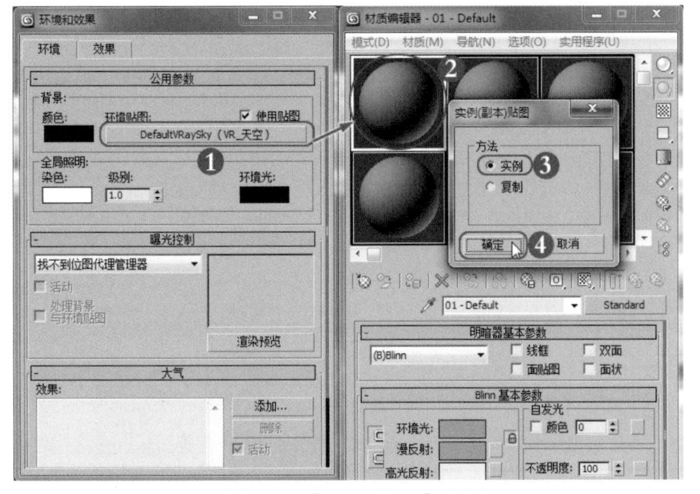

图3-29 【VR_天空】贴图

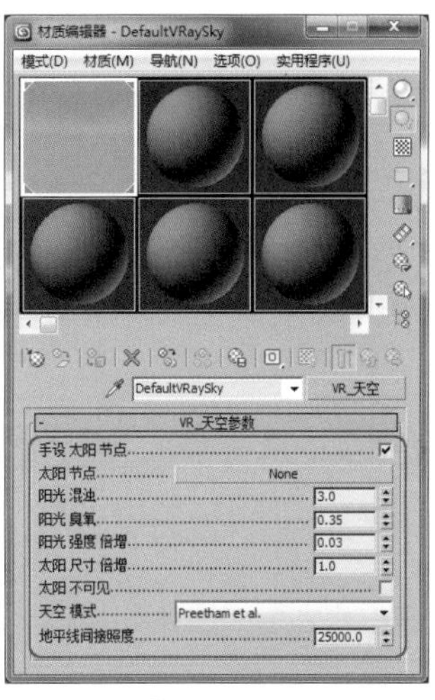

图3-30 【VR_天空】参数

3.4.5 VR阴影

在大多数情况下，标准的3ds Max光影追踪阴影无法在VRay中正常工作，此时必须使用VRayShadow（VR阴影），才能得到好的效果，除了支持模糊阴影外，也可以正确表现来自VRay置换物体或者透明物体的阴影。参数面板如图3-31所示。

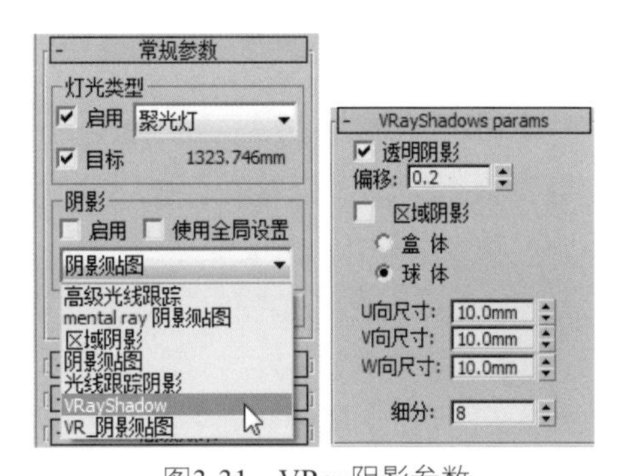

图3-31 VRay阴影参数

VRay支持面阴影，在使用VRay透明折射贴图时，VRay阴影是必须使用的。同时用VRay阴影产生的模糊阴影的计算速度要比其他类型产生的模糊阴影速度快。

参数详解

- 【透明阴影】：这个选项用于确定场景中透明物体投射的阴影。当物体的阴影是由一个透明物体产生时，该选项十分有用。当选中该复选框时，VRay会忽略Max的物体阴影参数。
- 【偏移】：这个参数用来控制物体底部与阴影偏移距离（一般保持默认即可）。
- 【区域阴影】：打开或关闭面阴影。
- 【盒体】：计算阴影时，假定光线是由一个立方体发出的。
- 【球体】：计算阴影时，假定光线是由一个球体发出的。

- 【U向尺寸】：当计算面阴影时，可以控制光源的U向尺寸（如果光源是球形的话，该尺寸等于该球形的半径）。
- 【V向尺寸】：当计算面阴影时，可以控制光源的V向尺寸(如果选择球形光源的话，该选项无效)。
- 【W向尺寸】：当计算面阴影时，可以控制光源的W向尺寸(如果选择球形光源的话，该选项无效)。
- 【细分】：这个参数用来控制面积阴影的品质，数值比较低时，杂点多，渲染速度快；数值比较高时，杂点少，渲染速度慢。

3.5 VRay像机

3.5.1 【VR_穹顶像机】参数

【VR_穹顶像机】用来渲染半球圆顶效果，参数面板如图3-32所示。

- 【反转-X】：让渲染的图像在X轴上翻转。
- 【反转-Y】：让渲染的图像在Y轴上翻转。
- 【视野】：设置视角的大小。

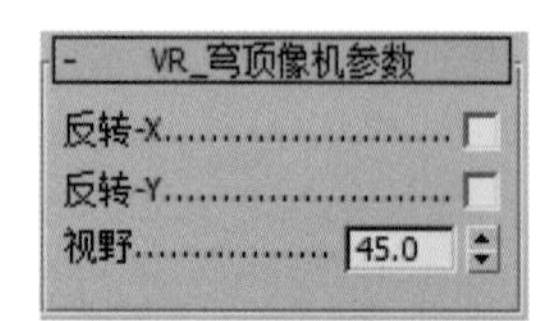

图3-32 【VR_穹顶像机】参数面板

3.5.2 【VR_物理像机】参数

【VR_物理像机】的功能和现实中的照摄影机功能相似，都有光圈、快门、曝光、ISO等调节功能，使用【VR_物理像机】可以表现出更真实的效果图，参数面板如图3-33所示。

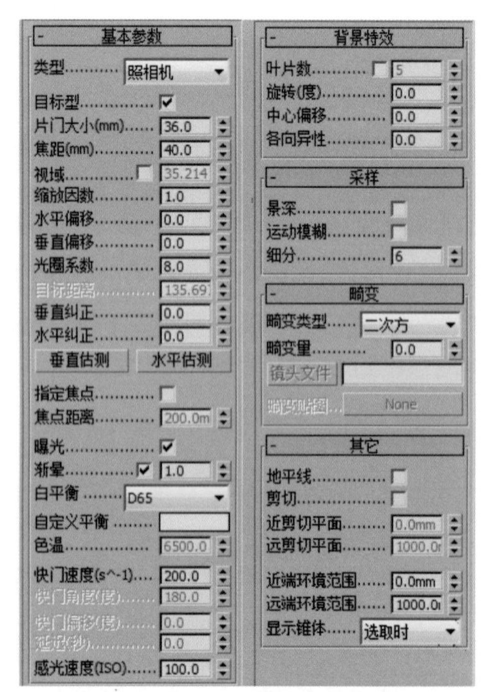

图3-33 【VR_物理像机】参数面板

参数详解

- 【类型】：【VR_物理像机】内置了3个类型的摄影机，分别为照相机、摄影机（电影）、摄像机（DV），通过这个选项用户可以选择需要的类型。
- 【目标型】：选中此复选框，目标点将放在焦平面上；不选中的时候，可以通过后面的目标距离来控制到目标点的距离。
- 【片门大小（mm）】：控制所看到的景物范围，值越大，看到的景物越多。

- 【焦距（mm）】：控制焦长。
- 【缩放因数】：控制视图的缩放。值越大，视图拉得越近。
- 【水平偏移】：控制视图水平偏移的效果。
- 【垂直偏移】：控制视图垂直偏移的效果。
- 【光圈系数】：设置摄影机的光圈大小，主要用来控制最终渲染的亮度。数值越小，图像越亮；数值越大，图像越暗。
- 【目标距离】：指到目标点的距离，默认情况下是关闭的，当把目标选项去掉时，就可以用目标距离来控制目标点距离。
- 【垂直纠正】：控制摄影机在垂直方向上的变形，主要用于纠正三点透视到两点透视。
- 【指定焦点】：开启这个选项后，可以手动控制焦点。
- 【焦点距离】：控制焦距的大小。
- 【曝光】：当选中这个复选框后，【VR_物理像机】中的【光圈】、【快门速度】和【胶片感光度】设置才会起作用。
- 【渐晕】：模拟真实摄影机里的渐晕效果，选中此复选框可以模拟图像四周黑色渐晕效果。
- 【白平衡】：此设置和照相机的功能一样，可控制图的色偏。
- 【快门速度（s^-1）】：控制光的进光时间，值越小，进光时间越长，图像就越亮；值越大，进光时间就越小。
- 【快门角度】：当摄影机选择电影摄影机类型的时候，此选项被激活，作用和上面的快门速度一样，控制图的亮暗。角度值越大，图就越亮。
- 【快门偏移】：当选择电影相机类型的时候，此选项被激活，主要控制快门角度的偏移。
- 【延迟】：当选择视频相机类型的时候，此选项被激活，作用和上面的快门速度一样，控制图的亮暗。值越大，表示光越充足，图就越亮。
- 【感光速度（ISO）】：用来控制图的亮暗，数值越大，表示ISO的感光系数强，图越亮。一般白天效果比较适合用较小的ISO，而晚上效果比较适合用较大的ISO。
- 【背景特效】：在【背景特效】卷展栏下的各项参数用于控制图像的散景效果，也就是常说的焦外成像，这一卷展栏中的参数，只有【采样】卷展栏下的【景深】选项被打开后才会起作用，主要针对高光点起作用。通常，在理想的景深模糊效果中，图像被模糊的部分如果存在高光点，则高光的像素会出现一定程度的扩张。而且，高光的形状也会跟摄影机光圈的形状相似。
- 【叶片数】：指用于设置生成散焦时的镜头光圈的边数。光圈的边数决定了焦外成像的效果。如果不选中这个复选框，那么产生的散景效果就是个圆形。这在高光点上的体现是最明显的。
- 【旋转（度）】：用来控制散景小圆圈的旋转角度。
- 【中心偏移】：用来控制散景偏离原对象的距离。

- 【各向异性】：控制散景的各向异性效果。取值越大，散景的小圆圈就会被拉伸的越长，从而变成椭圆形。
- 【采样】：此卷展栏中的参数主要控制景深与运动模糊效果，以及它们的采样级别。
- 【景深】：指景深效果的开关，选中它之后，场景中会产生景深特效。
- 【运动模糊】：该参数用来控制场景中是否产生动态模糊效果。
- 【细分】：控制景深和运动模糊效果采样的细分级别。取值越大，图像的品质就越高，但是渲染的时间也就越长。

3.6 VRay材质

在VRay渲染器中有11种材质类型，如图3-34所示。其中做效果图最常用的是【VRayMat】（【VR_材质】）、【VR_发光材质】、【VR_材质包裹器】，其他部分的材质基本上用到得很少，这里重点介绍这三种材质。

图3-34　高动态范围贴图参数面板

下面详细介绍每一种材质的作用及参数。

执行菜单栏【渲染】|【材质编辑器】菜单命令，此时选择【精简材质编辑器】，这是以前老版本的界面，相信还是比较习惯此界面的。而默认的是【石板精简材质编辑器】，是新增的一个材质编辑器工具。

3.6.1 【VRayMat】（【VR_材质】）材质

【VRayMat】（【VR_材质】）在VRay渲染器中是最常用的一种材质，读者可以通过它的贴图通道制作出真实的材质，比如反射、折射、模糊、凹凸、置换等，并且一个场景如果全部使用【VR_材质】会比使用3ds Max材质的渲染速度快很多。参数面板如图3-35所示。

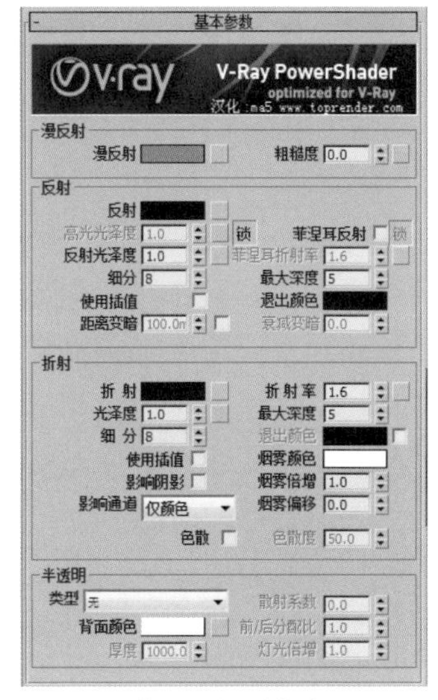

图3-35 【VR_材质】参数面板

参数详解

- 【漫反射】：漫射主要来设置材质的表面颜色和纹理贴图。通过单击右面的色块，可以调整它自身的颜色。单击色块右面的小按钮，可以选择不同的贴图类型。与标准材质的使用方法相同。
- 【反射】：材质的反射效果是靠颜色来控制的，颜色越白反射越亮，颜色越黑反射越弱；而这里选择的颜色则是反射出来的颜色，和反射强度是分开计算的。单击右面的按钮，可以使用贴图的灰度来控制反射的强弱（颜色分为色度和灰度，灰度控制反射的强弱，色度控制反射出什么颜色）。效果如图3-36所示。

图3-36 用颜色来控制反射

- 【高光光泽度】：用来控制材质的高光大小，使用它时先单击右面的锁按钮解除锁定状态，材质必须具备反射才可以使用，否则无效。效果如图3-37所示。

图3-37 调整数值来控制高光

- 【反射光泽度】：用来控制材质的反射模糊效果。数值越小，反射效果越模糊，默认数值为1，表示没有模糊效果。效果如图3-38所示。

图3-38 调整数值来控制反射

- 【细分】：用来控制反射模糊的品质，数值越小，渲染速度越快，反射效果也越粗糙，而且具有明显的颗粒；数值越大，渲染速度越慢，反射的效果就会好一些。
- 【使用插值】：如果选中这个复选框，VRay能够使用一种类似发光贴图的缓存方式来加速模糊反射的计算速度。
- 【菲涅耳反射】：如果选中这个复选框，反射将具有真实世界的玻璃反射。这意味着当角度在光线和表面法线之间角度值接近0度时，反射将衰减(当光线几乎平行于表面时，反射可见性最大)。当光线垂直于表面时几乎没反射发生。
- 【菲涅耳反射率】：用来控制菲涅耳反射的强度。在默认情况下该项为禁用状态，只有单击【菲涅耳反射】右边的L按钮，解除锁定状态才可用。
- 【最大深度】：用来控制反射的最大次数。反射次数越多，反射就越彻底，当然渲染时间也越慢。通常保持默认的值设为“5”比较合适。
- 【退出颜色】：当物体的反射次数达到最大时就会停止计算反射，这时由于分反射次数不够造成的反射区域的颜色就用退出色来代替。
- 【折射】：材质的折射效果是靠颜色来控制的，颜色越白物体越透明，进入物体内部产生折射的光线也就越多；颜色越黑物体越不透明，进入物体内部产生折射的光线也就越少；单击右面的按钮，可以通过贴图的灰度来控制折射的效果。
- 【光泽度】：用来控制材质的折射模糊效果。数值越小，折射效果越模糊，默认数值为1，表示没有模糊效果。单击右面的小按钮，可以通过贴图的灰度来控制折射模糊的强弱。
- 【细分】：控制折射模糊的品质，较高的值可以得到比较光滑的效果，但是渲染的速度就会慢；较低的值模糊区域将有杂点，但是渲染速度会快一些。
- 【使用插值】：如果选中这个复选框，VRay能够使用一种类似发光贴图的缓存方式来加速模糊反射的计算速度。
- 【影响阴影】：这个选项控制透明物体产生的阴影。选中它，透明物体将产生真实的阴影。这个选项仅对VRay灯光或者VRay阴影类型有效。
- 【影响通道】：如果选中这个复选框，将会影响透明物体的Alpha通道效果。
- 【折射率】：设置透明物体的折射率。
- 【最大深度】：用来控制折射的最大次数。折射次数越多，折射就越彻底，当然渲染时间也越慢。通常保持默认值“5”比较合适。
- 【退出颜色】：当物体的折射次数达到最大次数时就会停止计算折射，这时由于折射次数不够造成的折射区域的颜色就用退出色来代替。
- 【烟雾颜色】：该选项可以让光通过透明物体后，光线变少，就像物理世界中的半透明物体一样。这个颜色的值和物体的尺寸有关，厚的物体颜色需要浅一点，才有效果。
- 【烟雾倍增】：该数值实际上就是雾的浓度。数值越大雾越浓，光线穿透物体的能力越差。数值一般不要大于1。
- 【烟雾偏移】：雾的偏移，较低的数值会使雾向摄影机的方向偏移。

- 【类型】：次表面散射的类型有两种，一种是【硬（帽）模型】、另一种是【软（水）模型】。
- 【背面颜色】：用来控制次表面散射的颜色。
- 【厚度】：用来控制光线在物体内部被追踪的深度。取值越小被追踪的深度越低，取值较大时物体可以被光线穿透。
- 【散射系数】：物体内部的散射总量。0.0表示光线在所有方向被物体内部散射；1.0表示光线在一个方向被物体内部散射；而不考虑物体内部的曲面。
- 【前/后分配比】：控制光线在物体内部的散射方向。0.0表示光线沿着灯光发射的方向向前散射；1.0表示光线沿着灯光发射的方向向后散射；0.5表示这两个情况各占一半。
- 【灯光倍增】：光线穿透能力倍增值，数值越大，散射效果越强。

3.6.2 【VR_发光材质】材质

【VR_发光材质】材质可以指定给物体，并把物体当作光源来使用，效果和3ds Max里的自发光效果比较类似，用户可以把它制作成材质光源，参数面板如图3-39所示。

图3-39 【VR_发光材质】参数面板

参数详解

- 【颜色】：材质光源的发光颜色，可以用贴图来控制，效果如图3-40所示。
- 1.0：用来设置自发光材质的亮度，与灯光的倍增是一样的，效果如图3-41所示。

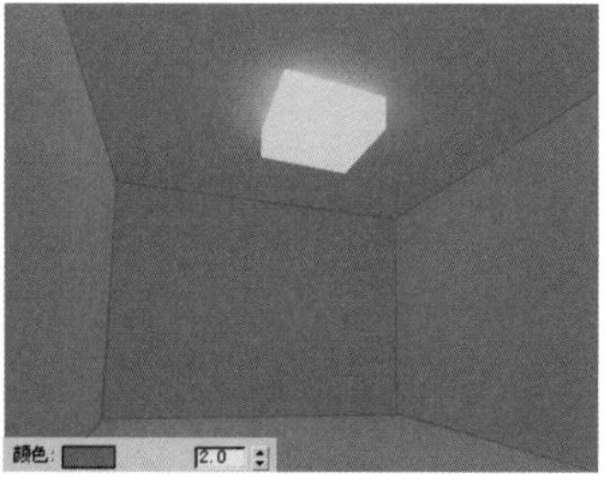

图3-40 设置两种颜色的发光效果

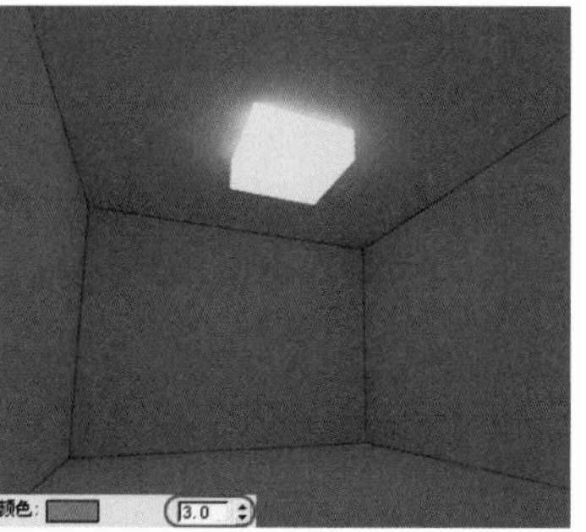

图3-41 设置自发光材质的亮度对比

- 【不透明度】：这个参数可以让贴图进行发光。

3.6.3 【VR_材质包裹器】材质

【VR_材质包裹器】主要用来控制材质的全局光照、焦散和物体的不可见等特殊属性。通过对材质包裹器的设定，就可以控制上述一些属性，参数面板如图3-42所示。

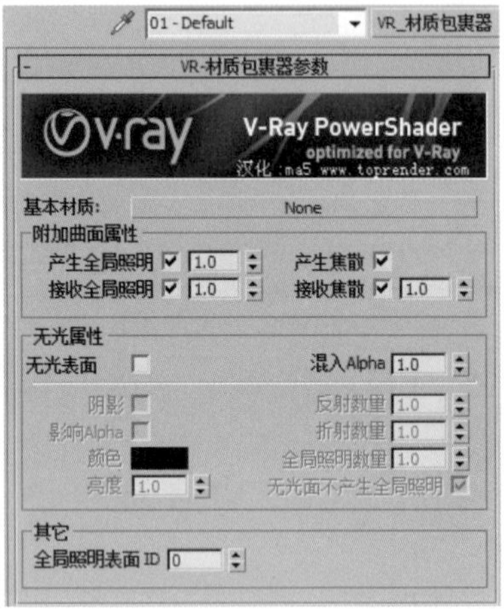

图3-42 【VR_材质包裹器】材质参数面板

参数详解

- 【基本材质】：用来设置【VR_材质包裹器】中使用的基本材质参数，此材质必须是VRay渲染器支持的材质类型。
- 【附加曲面属性】：这里的参数主要控制赋有包裹材质物体的接受、创建GI属性以及接受、创建焦散属性。
- 【产生全局照明】：控制当前赋予包裹材质的物体是否计算GI光照的产生，后面的参数控制GI的倍增数量。
- 【接收全局照明】：控制当前赋予包裹材质的物体是否计算GI光照的接收，后面的参数控制GI的倍增数量。
- 【产生焦散】：控制当前赋予包裹材质的物体是否产生焦散。
- 【接收焦散】：控制当前赋予包裹材质的物体是否接收焦散。
- 【无光属性】：目前VRay没有独立的【无光属性】材质，但包裹材质里的这个不可见选项可以模拟【无光属性】材质效果。
- 【无光表面】：控制当前赋予包裹材质物体的是否可见，选中后，物体将不可见。
- 【混入Alpha】：控制当前赋予包裹材质的物体在Alpha通道的状态。1表示物体产生Alpha通道；0表示物体不产生Alpha通道；−1表示会影响其他物体的Alpha通道。
- 【阴影】：控制当前赋予包裹材质的物体是否产生阴影效果。选中后，物体将产生阴影。
- 【影响Alpha】：选中后，渲染出来的阴影将带Alpha通道。
- 【颜色】：用来设置赋予包裹材质的物体产生的阴影颜色。
- 【亮度】：控制阴影的亮度。
- 【反射数量】：控制当前赋予包裹材质物体的反射数量。
- 【折射数量】：控制当前赋予包裹材质物体的折射数量。
- 【全局照明数量】：控制当前赋予包裹材质物体的GI总量。

3.7 VRay_贴图

在VRay渲染器中有12种材质类型，如图3-43所示。其中做效果图最常用的是【VR_

贴图】贴图、【VR_天空】贴图、【VR_HDRI】贴图、【VR_线框贴图】贴图。

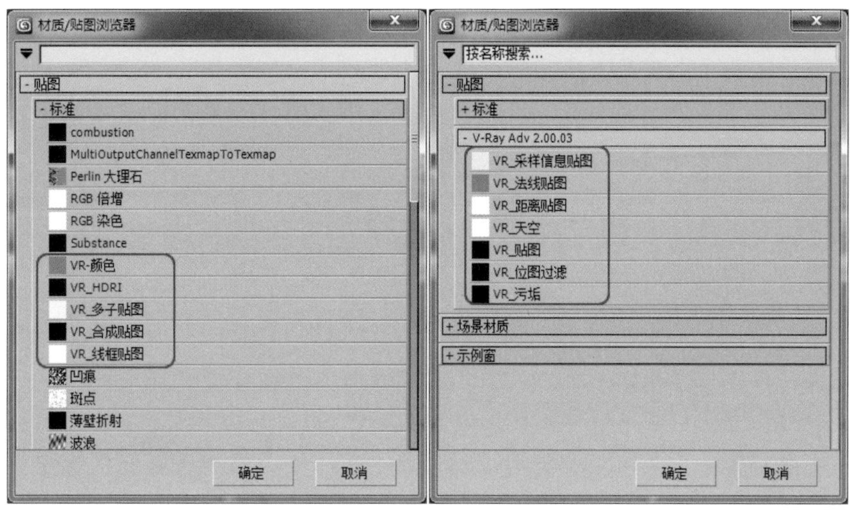

图3-43　材质/贴图浏览器

【VR_天空】贴图上面已经介绍，这里不再赘述。

3.7.1 【VR_贴图】贴图

如果使用VRay渲染器，直接使用【VR_贴图】就可以替代3ds Max标准材质的反射和折射效果。【VR_贴图】的参数面板如图3-44所示。

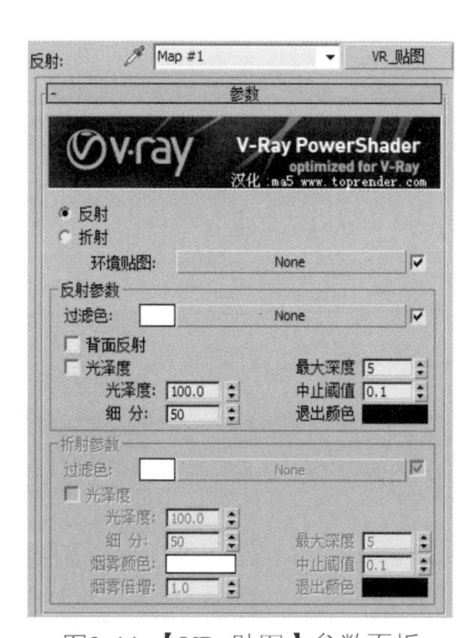

图3-44　【VR_贴图】参数面板

参数详解

- 【反射】：用来控制【VR_贴图】是否产生反射效果。通常反射通道里需要这个选项。
- 【折射】：用来控制【VR_贴图】是否产生折射效果。通常折射通道里需要这个选项。
- 【环境贴图】：为反射和折射材质选择一个环境贴图。
- 【过滤色】：控制反射的程度，白色将完全反射周围的环境，而黑色将不发生反射效果，也可以用在后面贴图通道里的贴图的灰度来控制反射程度。
- 【背面反射】：当选中这个复选框时，将计算物体背面的反射效果。
- 【光泽度】（复选框）：控制光泽度的开和关。
- 【光泽度】：控制物体的反射模糊程度。0表示最大程度的模糊；100 000表示最小程度的模糊（基本上没有模糊的产生）。
- 【细分】：用来控制反射模糊的质量，较小的数值将得到很多杂点，但是渲染的速度快；较大的数值将得到比较光滑的效果，但是渲染的速度慢。
- 【最大深度】：用来计算物体的最大反射次数。

- 【中止阈值】：用来控制反射追踪的最小值。较小的数值反射效果好，但是渲染的速度慢；较大的数值反射效果不理想，但是渲染的速度快。
- 【退出颜色】：当反射已经达到最大次数后，未被反射追踪到的区域的颜色。
- 【过滤色】：控制折射的程度，白色将完全折射，而黑色将不发生折射效果。同样也可以用在后面贴图通道里的贴图的灰度来控制折射程度。
- 【光泽度】（复选框）：控制光泽度的开和关。
- 【光泽度】：控制物体的折射模糊程度。0表示最大程度的模糊；100 000表示最小程度的模糊（基本上没有模糊的产生）。
- 【细分】：用来控制折射模糊的质量，较小的数值将得到很多杂点，但是渲染的速度快；较大的数值将得到比较光滑的效果，但是渲染的速度慢。
- 【最大深度】：用来计算物体的最大折射次数。
- 【中止阈值】：用来控制折射追踪的最小值。较小的数值折射效果好，但是渲染的速度慢；较大的数值折射效果不理想，但是渲染的速度快。
- 【退出颜色】：当折射已经达到最大次数后，未被反射追踪到的区域的颜色。
- 【烟雾颜色】：可以理解为光线的穿透能力，白色将没有雾的效果，黑色物体将不透明，颜色越深，光线穿透能力越差，雾效果越浓。
- 【烟雾倍增】：用来控制雾效果的倍增，数值越小，雾效果越淡；数值越大，雾效果越浓。

3.7.2 【VR_天空】贴图

【VR_天空】贴图用来控制场景背景的天空贴图效果，用来模拟真实的天空效果。其参数面板如图3-45所示。

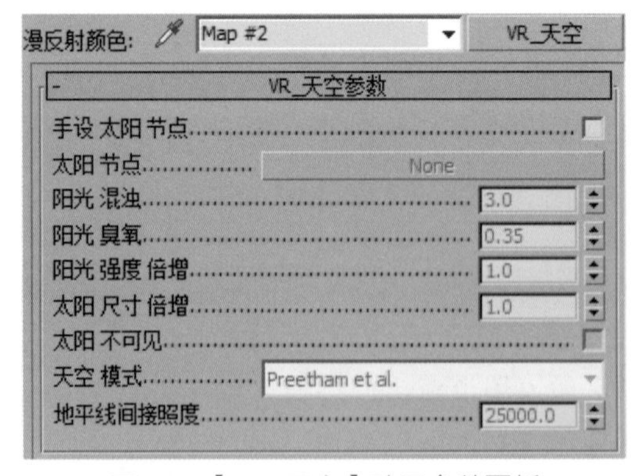

图3-45 【VR_天空】贴图参数面板

关于【VR_天空】贴图参数上面已经都做了详细介绍，这里不再赘述。

3.7.3 【VR_HDRI】贴图（高动态范围贴图）

【VR_HDRI】贴图（高动态范围贴图）是一种特殊的贴图类型，主要用于场景的环境贴图，把HDRI当做光源使用。【VR_HDRI】贴图的参数面板如图3-46所示。

参数详解

- 【位图】：主要用来显示高动态范围贴图的存放路径。单击 浏览 按钮，可以选择HDR图像文件。但是使用这种方法选择高动态范围贴图，在材质球上是无法预览的。只有在环境中选择了【VR_HDRI】贴图（高动态范围贴图）类型，然后将其实例复制材质球上，最后通过单击 浏览 按钮选择HDR图像文件，这样才会在材质球上显示出来。

图3-46 【VR_HDRI】贴图参数面板

- 【贴图类型】：用来控制高动态范围贴图方式，由角式、立方体、球体、反射球、3ds Max标准5种类型组成。
- 【角式】：用于使用了对角拉伸坐标方式的高动态范围贴图。
- 【立方体】：主要用于使用了立方体坐标方式的高动态范围贴图。
- 【球体】：主要用于使用了球状坐标方式的高动态范围贴图。
- 【反射球】：主要用于使用了镜像球坐标方式的高动态范围贴图。
- 【3ds Max标准】：主要用于对单个物体指定环境贴图。
- 【水平旋转】：用来控制高动态范围贴图在水平方向上的旋转角度。
- 【水平翻转】：让高动态范围贴图在水平方向上反转。
- 【垂直旋转】：用来控制高动态范围贴图在垂直方向上的旋转角度。
- 【垂直翻转】：让高动态范围贴图在垂直方向上反转。
- 【整体倍增器】：用来控制高动态范围贴图的亮度及对比度。
- 【渲染倍增】：用来控制渲染后高动态范围贴图的亮度及对比度。
- 【伽码】：用来控制高动态范围贴图的亮度。

3.7.4 【VR-线框贴图】贴图

【VR-线框贴图】是一个很简单的贴图类型，它可以使物体产生网格线框效果，与3ds Max里的线框效果类似。【VR-线框贴图】的参数面板如图3-47所示。

图3-47 【VR-线框贴图】参数面板

参数详解

- 【颜色】：用来调整网格线框的颜色。
- 【隐藏边线】：用来控制是否渲染几何体隐藏的边界线。
- 【厚度】：用来调整边界线的粗细，主要分为两个单位，分别是【世界单位】和【像素】。
- 【世界单位】：厚度单位为场景尺寸单位。
- 【像素】：厚度单位为像素。

下面是一个茶楼的设计方案，这个场景使用了【VR-线框贴图】，效果如图3-48所示。

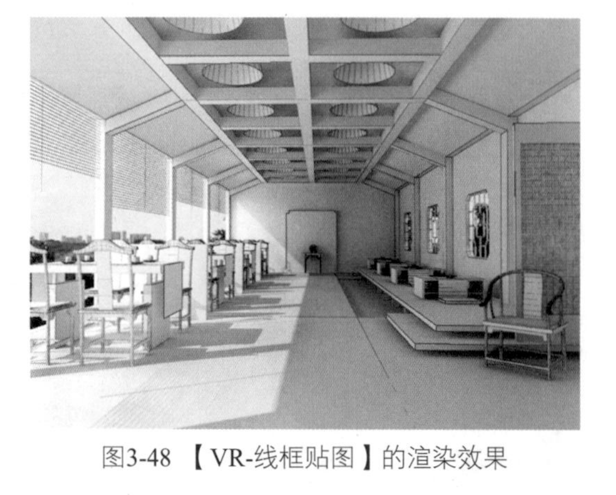

图3-48 【VR-线框贴图】的渲染效果

下面是这个场景的【VR–线框贴图】的参数，效果如图3–49所示。

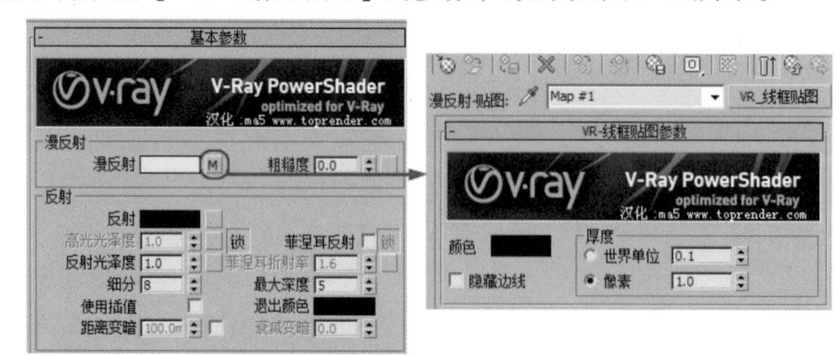

图3-49 【VR-线框贴图】的材质参数

3.8 VRay的渲染参数面板

VRay渲染器的渲染参数控制栏通用设置比较简单，而且有多种默认设置提供选择。它支持多通道输出，颜色控制以及曝光效准。

首先将当前的渲染器指定为V–Ray Adv 2.00 .03中文版，按F10键，打开【渲染设置】窗口，选择【公用】选项卡，在【指定渲染器】卷展栏类下单击【选择渲染器】...按钮，在弹出的【选择渲染器】窗口中选择【V–Ray Adv 2.00 .03】，如图3–50所示。

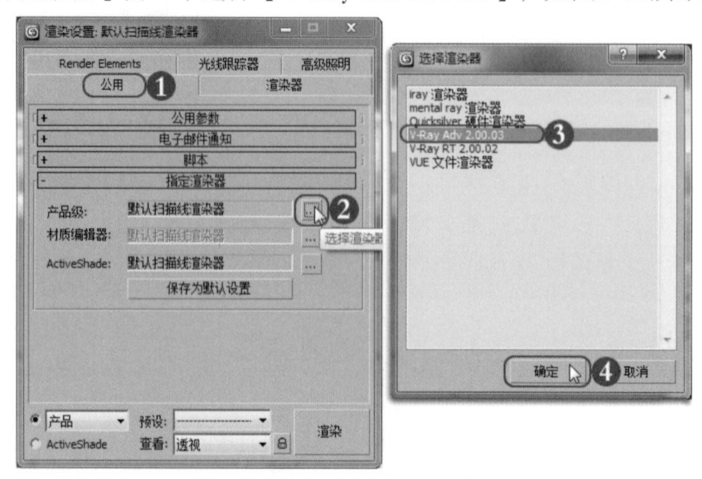

图3-50 将VRay指定为当前渲染器

3.8.1 【VR_基项】选项卡

【V-Ray】选项卡主要包括：【V-Ray::授权】、【V-Ray::关于VR】、【V-Ray::帧缓存】、【V-Ray::全局开关】、【V-Ray::图像采样器（抗锯齿）】、【V-Ray::自适应图像细分采样器】、【V-Ray::环境】、【V-Ray::颜色映射】、【V-Ray::像机】卷展栏。如图3-51所示。

1.【V-Ray::授权】卷展栏

这个参数面板主要显示了VRay的注册信息，注册文件一般都放置在"C:\Program Files\Common Files\ChaosGroup\VrlClient.xml"中，如果以前安装了低版本的VRay，在安装V-Ray Adv 2.00.03之前，应该先卸载后再进行安装。参数面板如图3-52所示。

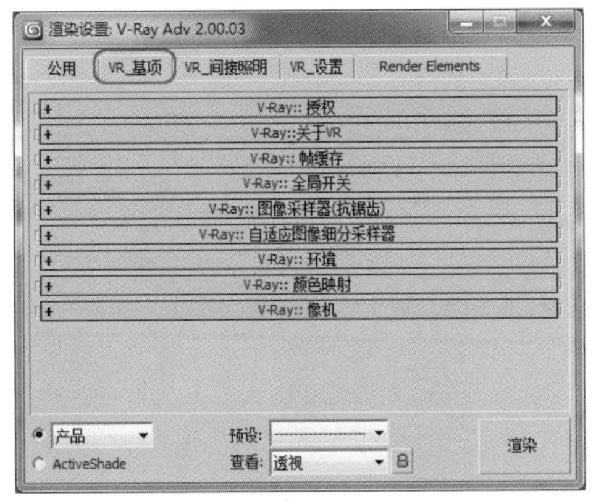

图3-51 【VR_基项】选项卡

图3-52 【V-Ray::授权】参数面板

2.【V-Ray::关于VR】卷展栏

这个参数面板主要是显示VRay的官方网站地址：www.chaogroup.com，以及渲染器的版本号、VRay的LOGO等信息，如图3-53所示。

3.【V-Ray::帧缓存】卷展栏

这个参数面板主要是用来设置VRay自身的图形帧渲染窗口，这里可以设置渲染图的尺寸（大小），以及保存渲染图形，它可以代替3ds Max自身的帧渲染窗口，参数面板如图3-54所示。

图3-53 【V-Ray::关于VRay】面板

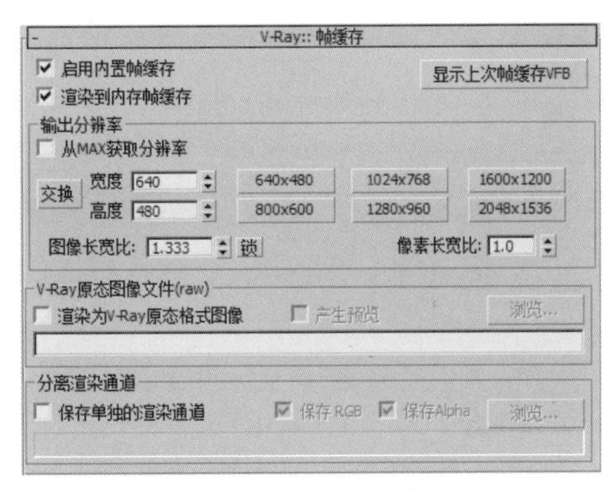

图3-54 【V-Ray::帧缓存】参数面板

参数详解

- 【启用内置帧缓存】：如果选中了这个复选框，就可以使用VRay自身的图形帧渲染窗口，但是必须把3ds Max默认的渲染窗口关闭，这样可以节约内存资源。
- 【渲染到内存帧缓存】：选中此复选框，将创建VRay的帧缓存，并且使用它来存储色彩数据以便在渲染或者渲染后进行观察。如果需要渲染很高分辨率的图像并且是用于输出的时候，不要选中此复选框，否则系统的内存可能会被大量占用。此时的正确选择是使用下面要介绍的【渲染到图像文件】选项。
- 按F10键，选择【公用】选项卡，打开【公用参数】卷展栏，在该卷展栏的下面取消选中【渲染帧窗口】复选框，如图3-55所示。这样就可以取消3ds Max默认的渲染窗口。
- 【显示上次帧缓存VFB】：单击该按钮，可以显示上一次渲染的图像窗口，如图3-56所示。

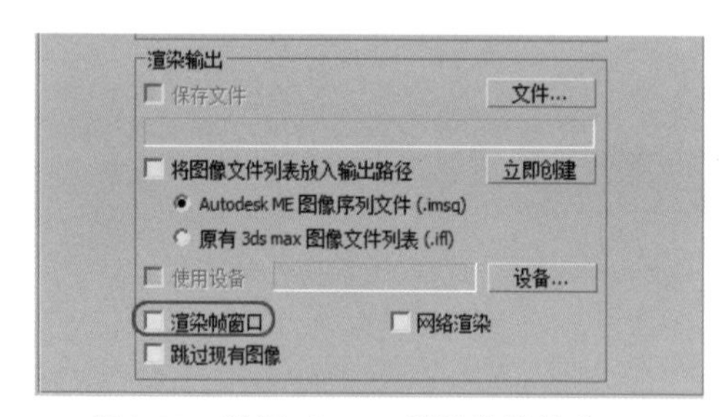

图3-55　关闭3ds Max默认的渲染窗口

图3-56　VRay帧缓冲器窗口

从VRay帧缓冲器窗口中可以看出，VRay自带的帧缓冲器窗口要比3ds Max默认的渲染窗口按钮多一些，这些按钮各自拥有不同的功能，下面介绍这些按钮的作用。

- RGB color：在下拉列表中可以切换查看的单独通道（Alpha）。
- （切换到RGB通道）：如果查看了其他通道，单击此按钮便可以显示正常。
- （查看红色通道）：单击此按钮可以单独查看红色通道。
- （查看绿色通道）：单击此按钮可以单独查看绿色通道。
- （查看蓝色通道）：单击此按钮可以单独查看蓝色通道。
- （切换到Alpha通道）：单击此按钮可以查看Alpha通道，Alpha通道主要用来方便后期的修改。
- （单色模式）：单击此按钮可以将当前的图像以灰度模式显示。
- （保存图像）：将渲染的图像文件保存起来（包括经过VRay帧缓存修改后的图像）。
- （清除图像）：用于清除VRay帧缓存窗口中的内容。
- （重复到Max缓冲区）：将VRay帧缓存中的图像复制到Max默认的帧缓存中（包括经过VRay帧缓存修改后的图像）。

- ◆ （跟踪鼠标渲染）：即在渲染过程中使用鼠标轨迹。就是在渲染过程中，当鼠标在VR的帧缓存窗口拖动时，会强迫VR优先渲染这些区域，而不会理会设置的渲染块顺序。这对于场景局部参数调试非常有用。
- ◆ （显示校正控制器）：用来调整图像的曝光、色阶、色彩曲线等。
- ◆ （强制颜色）：对错误的颜色进行矫正。
- ◆ （查看）：可以查看被修正的颜色区域。
- ◆ i（显示图像信息）：单击该按钮，可以看到每个像素的信息。
- ◆ 激活这些按钮后，可通过最左边的VRay帧缓存调色工具（显示校正控制器）对渲染后图像的颜色及明暗进行调节。

- 【从MAX获取分辨率】：如果选中了这个复选框，可以得到3ds Max渲染面板里【公用】|【公用参数】类下的渲染尺寸，若不选中，将使用VRay渲染器中【输出分辨率】类下的尺寸。
- 【渲染为V-Ray原态格式图像】：这个选项类似于3ds Max的渲染图像输出。不会在内存中保留任何数据。为了观察系统是如何渲染的，可以选中下面的【产生预览】复选框。
- 【产生预览】：当选中这个复选框时，可以得到一个比较小的预览框来预览渲染的过程，预览框中的图像不能缩放，看到的渲染图质量都不高，这是为了节约内存资源。
- 【保存单独的渲染通道】：选中这个选项允许指定特殊的通道作为一个单独的文件保存在指定的目录。
- 【保存RGB】：这个选项必须在选中了【保存单独的渲染通道】复选框后才可以使用，如果选中了这个复选框则可以保存RGB通道。
- 【保存Alpha】：如果选中了这个复选框则可以保存Alpha通道。

4.【V-Ray::全局开关】卷展栏

这个卷展栏是VRay对几何体、灯光、间接照明、材质、置换、光影跟踪的全局设置。例如是否使用默认灯光，是否打开阴影，是否打开模糊等，参数面板如图3-57所示。

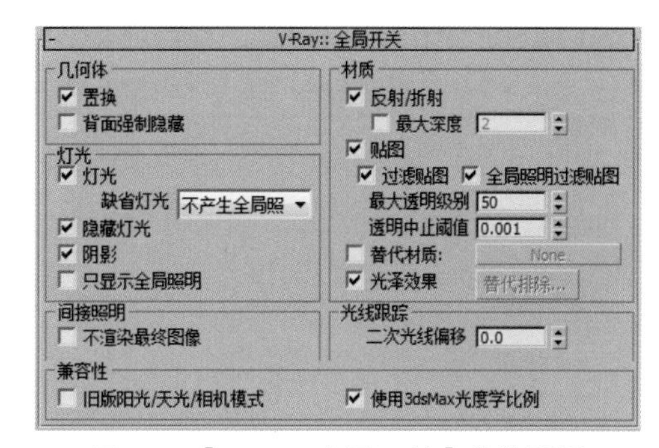

图3-57 【V-Ray::全局开关】参数面板

参数详解

- 【置换】：决定是否使用VR自己的置换贴图。注意这个选项不会影响3ds Max自身的置换贴图。
- 【背面强制隐藏】：决定渲染出来的物体是否背面隐藏。
- 【灯光】：控制场景中是否打开光照效果，当不选中的时候，场景中放置的灯光将不起作用。
- 【缺省灯光】：当场景中不存在灯光物体或禁止全局灯光的时候，该命令可启动或禁止3ds Max默认灯光的使用。

- 【隐藏灯光】：控制场景是否让隐藏的灯产生照明，这个选项对于调节场景中的光照非常方便。
- 【阴影】：此选项用来决定场景中是否产生阴影。
- 【只显示全局照明】：选中此复选框的时候直接光照将不包含在最终渲染的图像中。但是在计算全局光的时候直接光照仍然会被考虑，但是最后只显示间接光照明的效果。
- 【不渲染最终图像】：此选项控制是否渲染最终图像，如果选中此复选框，VRay将在计算完光子以后，不再渲染最终图像。这对跑小光子图非常方便。
- 【反射/折射】：是否考虑计算VR贴图或材质中的反射/折射效果。
- 【最大深度】：用于设置VR贴图或材质中反射/折射的最大反弹次数。在不选中的时候，反射/折射的最大反弹次数使用材质/贴图的局部参数来控制。当选中的时候，所有局部参数的设置将会被它所取代。
- 【贴图】：是否使用纹理贴图。
- 【过滤贴图】：是否使用纹理贴图过滤。
- 【最大透明级别】：控制透明物体被光线追踪的最大深度。
- 【透明中止阈值】：控制对透明物体的追踪何时中止。如果光线透明度的累计低于这个设定的极限值，将会停止追踪。
- 【替代材质】：选中这个复选框的时候，允许通过使用后面的材质槽指定的材质来替代场景中所有物体的材质进行渲染。这个选项在调节复杂场景的时候还是很有用处的。用Max标准材质的默认参数来替代。
- 【光泽效果】：这个选项可以对材质的最终效果进行优化，使渲染效果具有光泽效果，默认为启用。
- 【二次光线偏移】：设置光线发生二次反弹时候的偏置距离。默认为0，这表示不进行二级光线偏移。数值越大，偏移距离越大。
- 【旧版阳光/天光/摄影机模型】：可以使用Max传统的阳光、天光和摄影机模型。
- 【使用3ds Max光度学比例】：可以使用3ds Max光度学。

5.【V-Ray::图像采样器（抗锯齿）】卷展栏

这个卷展栏主要负责图像的精细程度。使用不同的采样器会得到不同的图像质量，对纹理贴图使用系统内定的过滤器，可以进行抗锯齿处理。每种过滤器都有各自的优点和缺点。参数面板如图3-58所示。

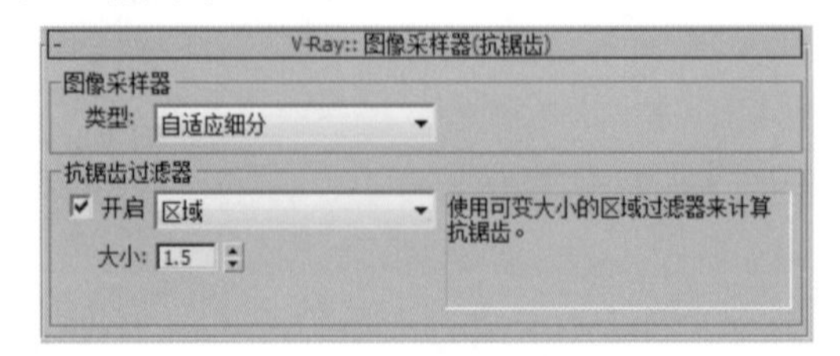

图3-58 【V-Ray::图像采样器（抗锯齿）】参数面板

参数详解

- 【图像采样器】选项区：图像采样器分为3种采样类型，分别是【固定】、【自适应DMC】、【自适应细分】，可以根据场景的不同选择不同的采样类型。

- 【固定】：此选项是VRay中最简单的采样器，对于每一个像素它使用一个固定数量的采样。它只有一个【细分】参数，如图3-59所示。如果调整细分数值越高，采样品质越高，渲染时间越长。
- 【自适应DMC】：此采样方式根据每个像素以及与它相邻像素的明暗差异使用不同的采样数量。在角落部分使用较高的采样数量，该采样方式适合场景中拥有大量模糊效果或者具有高细节的纹理贴图和大量几何体面时，是经常用到的一种方式，参数面板如图3-60所示。

图3-59 【V-Ray::固定图像采样器】参数面板

图3-60 【V-Ray::自适应DMC图像采样器】参数面板

  - 【最小细分】：定义每个像素的最少采样数量，一般使用默认数值。
  - 【最大细分】：定义每个像素的最多采样数量，一般使用默认数值。
  - 【颜色阈值】：色彩的最小判断值，当色彩的判断达到这个值以后，就停止判断。
  - 【使用DMC采样器阈值】：如果选中了这个复选框，【颜色阈值】将不起作用。
  - 【显示采样】：选中了这个复选框以后，可以看到【V-Ray::自适应DMC图像采样器】中的采样分布情况。
- 【自适应细分】：这个选项具有负值采样的高级抗锯齿功能，适用在没有或者有少量模糊效果的场景中。在这种情况下，它的速度最快，如果场景中有大量的细节和模糊效果，它的渲染速度会更慢，渲染品质最低。参数面板如图3-61所示。

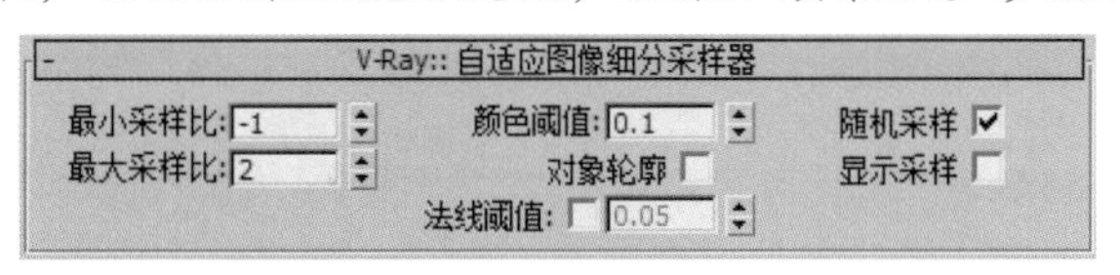

图3-61 【V-Ray::自适应图像细分采样器】参数面板

- 【最小采样比】：定义每个像素使用的最少采样的数量。0表示一个像素使用一个采样；-1表示两个像素使用一个采样。值越小，渲染品质越低，速度越快。
- 【最大采样比】：定义每个像素使用的最多采样数量。0表示一个像素使用一个采样；1表示两个像素使用四个采样。值越高，渲染品质越好，速度越慢。
- 【颜色阈值】：色彩的最小判断值，当色彩的判断达到这个值后，就停止对色彩的判断。
- 【对象轮廓】：如果选中这个复选框，则可对物体轮廓线使用更多的采样，从而让物体轮廓的品质更好，但是速度会慢。
- 【法线阈值】：决定【自适应细分】在物体表面法线的采样程度。
- 【随机采样】：如果选中这个复选框，采样将随机分布。
- 【显示采样】：如果选中这个复选框，可以看到【自适应细分】的分布情况。

通常在草图渲染的时候，采用【固定】模式，渲染成图时采用【自适应细分】模式。

如果选中下面的【开启】复选框，则可以从右面的下拉列表中选择一个抗锯齿方式来对场景进行抗锯齿处理。在最终渲染的时候一般都应该打开，并选择相应的抗据齿过滤器，一般选择【Mitchell–Netravali】、【Catmull–Rom】和【VRayLanczos过滤器】，这三种效果都不错。作图时一般采用以下两组设置方式，如图3–62所示。

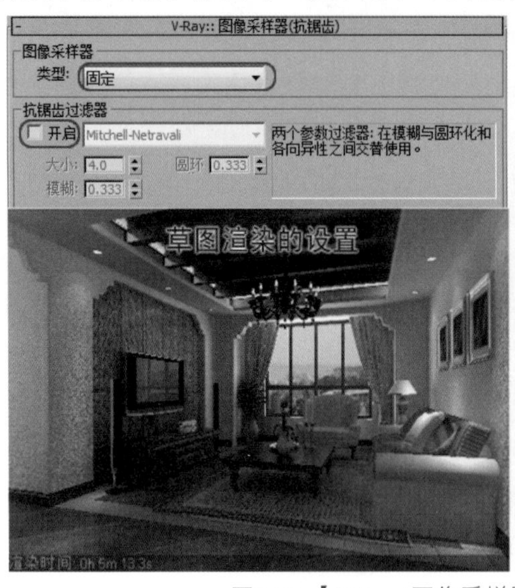

图3-62 【V-Ray::图像采样器（抗据齿）】面板的设置

6.【V–Ray::环境】卷展栏

VRay的环境包括VRay天光、反射环境和折射环境，参数面板如图3–63所示。

参数详解

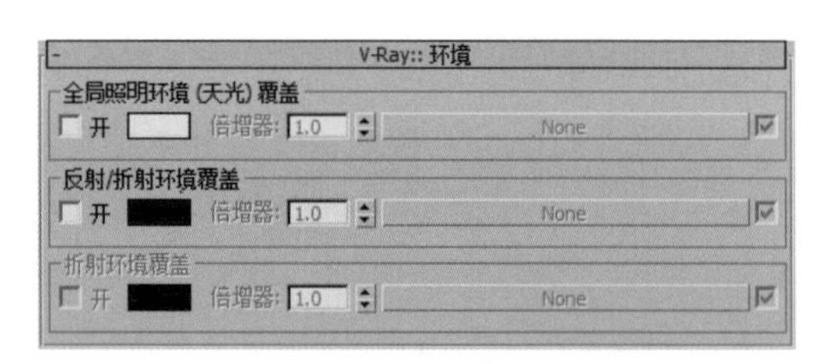

图3-63 【V-Ray::环境】参数面板

- 【开】：选中这个复选框，可以打开VRay的天光。
- 【颜色】：用来设置天光的颜色。
- 【倍增器】：表示天光亮度的倍增。数值越高，天光的亮度越高。
- 【None（贴图通道）】：单击该按钮，可以选择不同的贴图作为天光的光照。
- 【反射/折射环境覆盖】：如果选中了这个选项，则当前场景中的折射环境由它来控制。
- 【开】：选这个复选框，可以打开VRay的折射环境。
- 【颜色】：用来设置折射环境的颜色。
- 【倍增器】：反射环境亮度的倍增，数值越高，折射环境的亮度越高。
- 【None（贴图通道）】：单击该按钮，可以选择不同的贴图来作为折射环境。

7.【V–Ray::颜色映射】卷展栏

【V–Ray::颜色映射】主要控制灯光方面的衰减以及色彩的不同模式，参数面板如图3–64所示。

参数详解

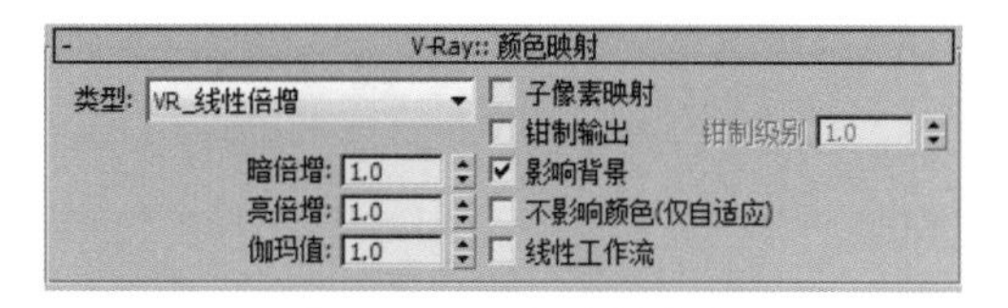

图3-64 【V-Ray::颜色映射】参数面板

- 【类型】：在右面的窗口中提供了7种不同的曝光模式，不同的模式局部参数也不同，分别是：【VR_线性倍增】、【VR_指数】、【VR_HSV指数】、【VR_亮度指数】、【VR_伽玛校正】、【VR_亮度伽玛】、【VR_Reinhard(莱恩哈德)】。
  - 【VR_线性倍增】：这种模式将基于最终图像色彩的亮度来进行简单的倍增，那些太亮的颜色成分（在1.0或255之上）将会被钳制。但是这种模式可能会导致靠近光源的点过于明亮。
  - 【VR_指数】：这个模式可以降低靠近光源处表面的曝光效果，同时场景的颜色饱和度降低。这对预防非常明亮的区域（例如光源的周围区域等）曝光是很有用的。这个模式不钳制颜色范围，而是以让它们更饱和。
  - 【VR_HSV指数】：与上面提到的指数模式非常相似，但是它会保护色彩的色调和饱和度，但是会取消高光的计算。
  - 【VR_亮度指数】：这个模式是对上面两种指数曝光的结合，既抑制了光源附近的曝光效果，又保持了场景物体的颜色饱和度。
  - 【VR_伽玛校正】：采用伽玛来修正场景中的灯光衰减和贴图色彩，效果和【线性倍增】基本类似。
  - 【VR_亮度伽玛】：此曝光不仅拥有【伽玛校正】的优点，同时还可以修正场景中灯光的衰减和场景中灯光的亮度。
  - 【VR_Reinhard(莱恩哈德)】：它可以把【线性倍增】和【指数】曝光混合起来。

通常使用最多的是【VR_指数】，因为【指数】整体比较柔和，利于后期的调整。其次就是【VR_线性倍增】和【VR_Reinhard(莱恩哈德)】。图3-65列出了两种曝光方式。

图3-65 【VR_指数】与【VR_线性倍增】曝光方式

- 【暗倍增】：在线性倍增模式下，对暗部的亮度进行控制，增加这个数值可以提高暗部的亮度效果，如图3-66所示。
- 【亮倍增】：在线性倍增模式下，对亮部的亮度进行控制，增加这个数值可以提高场景的对比度，如图3-67所示。

图3-66　暗部倍增器参数的作用

图3-67　亮部倍增器参数的作用

- 【伽玛值】：伽玛值的控制。
- 【子像素映射】：这个复选框默认不选中，这样能产生精确的渲染品质。
- 【钳制输出】：当选中这个复选框以后，在渲染图中有些无法表现出来的色彩会通过极限来自动纠正。但是当使用【高动态贴图】的时候，如果限制了色彩的输出会出现一些问题。
- 【钳制级别】：控制钳制输出的级别。
- 【影响背景】：曝光模式是否影响背景。当不选中这个复选框时，背景不受曝光模式的影响。
- 【不影响颜色（仅自适应）】：不对像素色彩作映射，只对亮度作映射，即只对颜色的HSV的V成分作映射。

8.【V-Ray::像机】卷展栏

【V-Ray::像机】参数面板是VRay系统里的一个照相机特效功能，主要包括【相机类型】、【景深】、【运动模糊】效果。参数面板如图3-68所示。

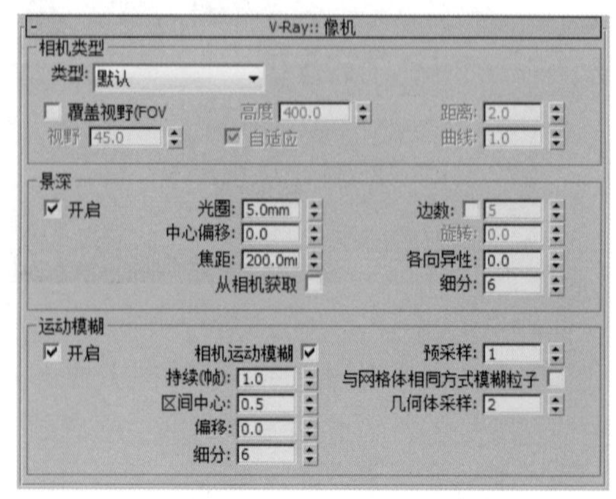

图3-68 【V-Ray::像机】参数面板

参数详解

- 【相机类型】：主要定义三维场景投射到平面的不同方式。
- 【类型】：VRay支持7种摄影机类型，分别为默认、球形、圆柱（中点）、圆柱（中交）、盒、鱼眼、包裹球形（旧式）。

- 【默认】：标准摄影机类型和3ds Max里默认的摄影机效果一样，都是把三维场景投射到一个平面上。
- 【球形】：可以将三维场景投射到一个球面上。
- 【圆柱（中点）】：这是一种由标准和球形摄影机叠加而成的摄影机，在水平方向采用球形摄影机的计算方式，而在垂直方向上采用标准摄影机的计算方式。
- 【圆柱（中交）】：这种方式是个混合模式，在水平方向采用球形摄影机的计算方式，而在垂直方向上采用视线平行排列。
- 【盒】：这种方式是把场景按照长方体的方式展开。
- 【鱼眼】：这种方式就像一台标准摄影机对准一个完全反射的球体，该球体能够将场景完全反射到摄影机的镜头中。
- 【包裹球形（旧式）】：这是一种非完全球面摄影机类型。

- 【覆盖视野】：用来替代3ds Max默认摄影机的视角。3ds Max默认摄影机的最大视角为180°，而这里的视角最大可以设定为360°。
- 【视野】：这个值可以替换3ds Max默认的视角值，最大值为360°。
- 【高度】：用于设定摄影机高度（必须使用【圆柱（正交）】摄影机时这个选项才可以使用）。
- 【自适应】：当使用【鱼眼】和【变形球（旧式）】摄影机时，此选项可用。当选中此复选框时，系统会自动匹配歪曲直径到渲染图的宽度上。
- 【距离】：当使用【鱼眼】摄影机时，此选项可用。在不选中【自适应】复选框的情况下，【距离】控制摄影机到反射球之间的距离，值越大，表示摄影机到反射球之间的距离越大。
- 【曲线】：当使用【鱼眼】摄影机时，此选项可用。用来控制渲染图像的扭曲程度，数值越小扭曲程度越大。
- 【景深】：主要用来模拟摄影里的景深效果，只有选中了【开启】复选框以后，景深效果才可以产生。
- 【开启】：打开或关闭景深。
- 【光圈】：使用世界单位定义虚拟摄影机的光圈尺寸。较小的光圈值将减小景深效果，较大的参数值将产生更多的模糊效果。
- 【中心偏移】：这个参数决定景深效果的一致性，值为0意味着光线均匀地通过光圈；正值意味着光线趋向于向光圈边缘集中；负值意味着光线向光圈中心集中。
- 【焦距】：确定从摄影机到物体被完全聚焦的距离。靠近或远离这个距离的物体都将被模糊。
- 【从相机获取】：当这个选项激活的时候，如果渲染的是摄影机视图，则焦距由摄影机的目标点确定。
- 【边数】：这个选项可以模拟真实世界摄影机的多边形形状的光圈。如果这个选项不激活，那么系统则使用一个完美的圆形来作为光圈形状。
- 【旋转】：指定光圈形状的方位。
- 【各项异性】：这个参数用来控制多边形形状的各项异性，数值越大，形状越扁。

- 【细分】：这个参数前面介绍过，用于控制景深效果的品质。
- 【运动模糊】：主要用来模拟真实摄影机能够拍摄到的物体根据运动方向和速度产生的运动模糊。只有选中了【开启】复选框后，运动模糊效果才可以产生。
- 【开启】：打开或关闭运动模糊特效。
- 【持续（帧）】：在摄影机快门打开的时候指定在帧中持续的时间。
- 【区间中心】：指定关于3ds Max动画帧运动模糊的时间间隔中心。值为0.5意味着运动模糊的时间间隔中心位于动画帧之间的中部；值为0意味着位于精确的动画帧位置。
- 【偏移】：控制运动模糊效果的偏移，值为0意味着灯光均匀通过全部运动模糊间隔；正值意味着光线趋向于间隔末端；负值则意味着趋向于间隔起始端。
- 【细分】：确定运动模糊的品质。
- 【预采样】：控制在不同时间段上的模糊样本数量。
- 【与网格体相同方式模糊粒子】：用于控制粒子系统的模糊效果，当选中的时候，粒子系统会被作为正常的网格物体来产生模糊效果，然而，许多的粒子系统在不同的动画帧中会改变粒子的数量。也可以不选中它，使用粒子的速率来计算运动模糊。
- 【几何体采样】：设置产生近似运动模糊的几何学片断的数量，物体被假设在两个几何学样本之间进行线性移动，对于快速旋转的物体，需要增加这个参数值才能得到正确的运动模糊效果。

3.8.2 【VR_间接照明】选项卡

【VR_间接照明】选项卡主要包括：【V-Ray::间接照明（全局照明）】、【V-Ray::发光贴图】、【V-Ray::穷尽-准蒙特卡罗】、【V-Ray::焦散】卷展栏，如图3-69所示。

1.【V-Ray::间接照明（全局照明）】卷展栏

这个卷展栏主要控制是否使用全局光照，全局光照渲染引擎使用什么样的搭配方式，以及对间接照明强度的全局控制。同样可以对饱和度及对比度进行简单调节。参数面板如图3-70所示。

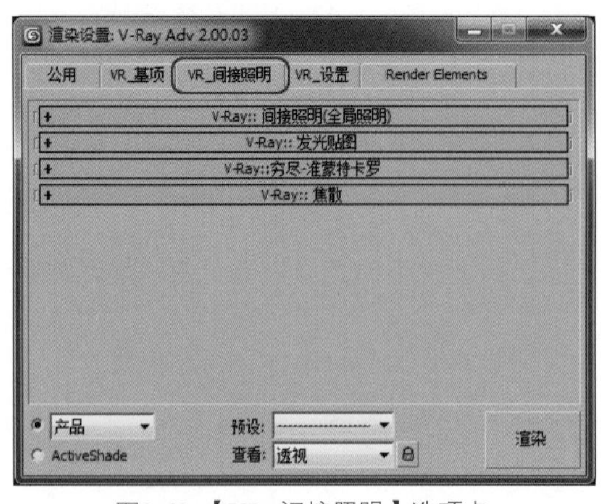

图3-69 【VR_间接照明】选项卡

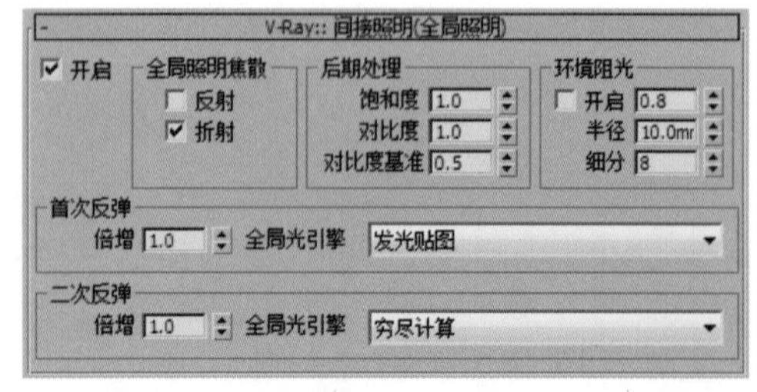

图3-70 【V-Ray::间接照明（全局照明）】参数面板

这里，全局照明的含义就是在渲染过程中考虑了整个环境（三维场景）的总体光照效果和各种景物间光照的相互影响。在VRay渲染器里被理解为间接照明。

参数详解

- 【开启】：打开或关闭全局照明。
- 【全局照明焦散】：这个选项主要控制间接照明产生的焦散效果。但是这里的【全局光照】焦散效果并不是很理想，如果想要得到更好的效果，必须调整【焦散】卷展栏中的参数。
- 【反射】：用来控制是否让间接照明产生反射焦散效果。
- 【折射】：用来控制是否让间接照明产生折射焦散效果。
- 【后期处理】：对渲染的图像进行饱和度与对比度的控制。
- 【饱和度】：用来控制图的饱和度，数值越高，饱和度越强。
- 【对比度】：用来控制图的对比度，数值越高，对比度越强。
- 【对比度基准】：这个参数的作用与【对比度】基本相似，主要控制图的明暗对比度。数值越高，明暗对比度越强烈。
- 【首次反弹】：光线的一次反弹控制。
- 【倍增】：用来控制一次反弹光的倍增器，数值越高，一次反弹的光的能量越强，渲染场景越亮，默认值为1。
- 【全局光引擎】：这里选择一次反弹的全局光引擎，包括【发光贴图】、【光子贴图】、【穷尽计算】和【灯光缓存】。
- 【二次反弹】：光线的二次反弹控制。
- 【倍增】：用来控制二次反弹光的倍增器，数值越高，二次反弹的光的能量越强，渲染场景越亮，默认值为1，最大数值也为1。
- 【全局光引擎】：这里选择二次反弹的全局光引擎，包括【无】、【光子贴图】、【穷尽计算】和【灯光缓存】。

2.【V-Ray::发光贴图】卷展栏

专门对发光贴图渲染引擎进行细致调节，例如，品质的设置、基础参数的调节、普通选项、高级选项、渲染模式等内容的管理，是VRay的默认渲染引擎，也是VRay中最好的间接照明渲染引擎。

发光贴图卷展栏默认为禁用，只有在启用了【V-Ray::间接照明（全局照明）】以后才可以调整发光贴图的参数。参数面板如图3-71所示。

参数详解

- 【当前预置】：即当前预设模式，系统提供了 8 种系统预设的模式，分别为【自定义】、【非常低】、【低】、【中】、【中-动画】、【高】、【高-动画】、【非常高】。如无特殊情况，这几种模式应该可以满足一般需要。可以根据需要，选择不同的选项，这样就能渲染出不同质量的效果。当选择【自定义】选项的时候，就可以手动调节下面的参数。

- 【基本参数】：主要用来控制样本的数量，采样的分布以及物体边缘的查找精度。
- 【最小采样比】：用来控制场景中平坦区域的采样数量。0表示计算区域的每个点都有样本；-1表示计算区域的1/2是样本；-2表示计算区域的1/4是样本。
- 【最大采样比】：用来控制场景中的物体边线、角落、阴影等细节的采样数量。0表示计算区域的每个点都有样本；-1表示计算区域的1/2是样本；-2表示计算区域的1/4是样本。
- 【半球细分】：这个参数决定单独的全局光样本的品质。较小的数值可以获得较快的速度，但是也可能产生黑斑；较大的数值可以得到平滑的图像。它类似于直接计算的细分参数。

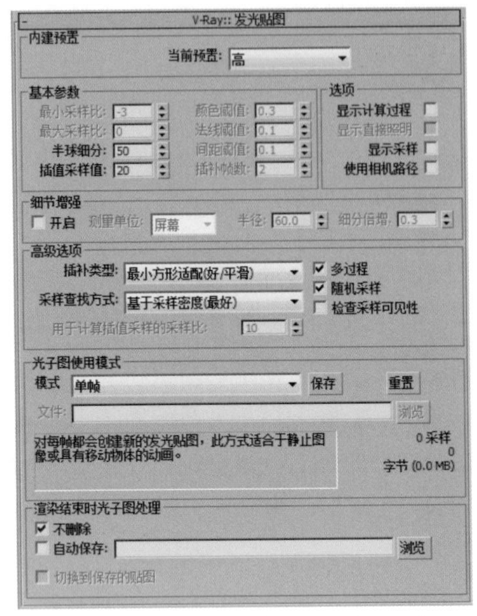

图3-71 【V-Ray::发光贴图】参数面板

它并不代表被追踪光线的实际数量，光线的实际数量接近于这个参数的平方值，并受 QMC 采样器相关参数的控制。

- 【插值采样值】：定义被用于插值计算的 GI 样本的数量。较大的值会趋向于模糊 GI 的细节，虽然最终的效果很光滑；较小的取值会产生更光滑的细节，但是也可能产生黑斑。
- 【颜色阈值】：这个参数确定发光贴图算法对间接照明变化的敏感程度。较大的值意味着较小的敏感性；较小的值将使发光贴图对照明的变化更加敏感。
- 【法线阈值】：这个参数确定发光贴图算法对表面法线变化的敏感程度。
- 【间距阈值】：这个参数确定发光贴图算法对两个表面距离变化的敏感程度。
- 【选项】：控制渲染过程的显示方式和样本是否可见。
- 【显示计算过程】：如果选中这个复选框， VR 在计算发光贴图的时候将显示发光贴图的传递。同时会减慢一点渲染计算，占用一定的内存资源。
- 【显示直接照明】：只有在选中了【显示计算过程】复选框的时候才能被激活。它将促使 VR 在计算发光贴图的时候，显示初级漫反射除了间接照明外的直接照明。
- 【显示采样】：显示样本的分布，以及分布的密度，帮助用户分析GI的精度。
- 【开启】：是否打开细节增加功能。
- 【测量单位】：细分半径的单位，有【屏幕】和【世界】两个选项。【屏幕】是指用渲染图的最后尺寸来作为单位；【世界】是指用3ds Max系统中的单位来定义。

- 【半径】：表示细节部分有多大区域使用细部增强功能，半径越大，使用细部增强功能的区域也就越大，渲染的时间就越慢。
- 【细分倍增】：主要是控制细节部分的细分。数值越低，细部就会产生杂点，渲染速度越快；数值越高，细部就可以避免产生杂点，同时渲染速度越快。
- 【插补类型】：VRay提供了4种样本插补方式，对【发光贴图】的样本的相似点进行插补。
  - 【加权平均值（好/穷尽计算）】：一种简单的插补方法，可以将插补采样以一种平均值的方法进行计算，能得到较好的光滑效果。
  - 【最小方形适配（好/平滑）】：默认的插补类型，可以对样本进行最适合的插补采样，能得到比【加权平均值（好/穷尽计算）】更光滑的效果。
  - 【三角测试法（好/精确）】：最精确的插补算法，可以得到非常精确的效果，但是要有更多的【半球细分】才不会出现斑驳效果，且渲染时间较长。
  - 【最小方形加权测试法（测试）】：结合了【加权平均值（好/穷尽计算）】和【最小方形适配（好/平滑）】两种类型的优点，但渲染时间较长。
- 【采样查找方式】：主要控制哪些位置的采样点适合用来作为基础插补的采样点。VRay内部提供了以下4种样本查找方式。
  - 【四采样点平衡方式（好）】：它将插补点的空间划分为4个区域，然后尽量在其中寻找相等数量的样本，它的渲染效果比【临近采样（草图）】效果好，但是渲染速度比【临近采样（草图）】慢。
  - 【临近采样（草图）】：是一种草图方式，它简单地使用【发光贴图】里最靠近的插补点样本来渲染图形，渲染速度比较快。
  - 【重叠（非常好/快）】：需要对【发光贴图】进行预处理，然后对每个样本半径进行计算。低密度区域样本半径比较大，而高密度区域样本半径比较小。渲染速度比其他3种都快。
  - 【基于采样密度（最好）】：基于总体密度来进行样本查找，不但物体边缘处理得非常好，而且物体表面也处理得十分均匀。它的效果比【重叠（非常好/快）】更好，其速度也是4种查找方式中最慢的一种。
- 【用于计算插值采样的采样比】：用在计算【发光贴图】过程中，主要计算已经被查找后的插补样本的使用数量。较低的数值可以加速计算过程，但是会导致信息不足；较高的值计算速度会减慢，但是所利用的样本数量比较多，所以渲染质量也比较好。官方推荐使用10～25之间的数值。
- 【多过程】：当选中该复选框时，VRay会根据【最大采样比】和【最小采样比】进行多次计算。如果禁用该选项，那么就强制一次性计算完。一般根据多次计算以后的样本分布会均匀合理一些。
- 【随机采样】：控制【发光贴图】的样本是否随机分配。
- 【检查采样可见性】：在灯光通过比较薄的物体时，很有可能会产生漏光现象，选中该复选框可以解决这个问题，但是渲染时间会长一些。通常在比较高的GI情况下，也不会漏光，所以一般情况下不选中该复选框。
- 【模式】：一共有以下8种模式。

- 【单帧】：一般用来渲染静帧图像。
- 【多帧累加】：这个模式用于渲染仅有摄影机移动的动画。当VRay计算完第1帧的光子以后，在后面的帧里根据第1帧里没有的光子信息进行新计算，这样就节约了渲染时间。
- 【从文件】：当渲染完光子以后，可以将其保存起来，这个选项就是调用保存的光子图进行动画计算（静帧同样也可以这样）。
- 【添加到当前贴图】：当渲染完一个角度的时候，可以把摄影机转一个角度再全新计算新角度的光子，最后把这两次的光子叠加起来，这样的光子信息更丰富、更准确，同时也可以进行多次叠加。
- 【增量添加到当前贴图】：这个模式和【添加到当前贴图】相似，只不过它不是全新计算新角度的光子，而是只对没有计算过的区域进行新的计算。
- 【块模式】：把整个图分成块来计算，渲染完一个块再进行下一个块的计算，但是在低GI的情况下，渲染出来的块会出现错位的情况。它主要用于网络渲染，速度比其他方式快。
- 【动画（预处理）】：适合动画预览，使用这种模式要预先保存好光子贴图。
- 【动画（渲染）】：适合最终动画渲染，这种模式要预先保存好光子贴图。

- 保存按钮：将光子图保存到硬盘。
- 重置按钮：将光子图从内存中清除。
- 【文件】：设置光子图所保存的路径。
- 浏览按钮：从硬盘中调用需要的光子图进行渲染。
- 【不删除】：当光子渲染完以后，不把光子从内存中删掉。
- 【自动保存】：当光子渲染完以后，自动保存在硬盘中，单击【浏览】按钮浏览按钮就可以选择保存位置。
- 【切换到保存的贴图】：当选中【自动保存】复选框后，在渲染结束时会自动进入【从文件】模式并调用光子贴图。

3.【V-Ray::灯光缓存】卷展栏

【灯光缓存】与【发光贴图】比较相似，都是将最后的光发散到摄影机后得到最终图像，只是【灯光缓存】与【发光贴图】的光线路径是相反的，【发光贴图】的光线追踪方向是从光源发射到场景的模型中，最后再反弹到摄影机，而【灯光缓存】是从摄影机开始追踪光线到光源，摄影机追踪光线的数量就是【灯光缓存】的最后精度。由于【灯光缓存】是从摄影机方向开始追踪的光线的，所以最后的渲染时间与渲染的图像的像素没有关系，只与其中的参数有关，一般适用于【二次反弹】，其参数设置面板如图3-72所示。

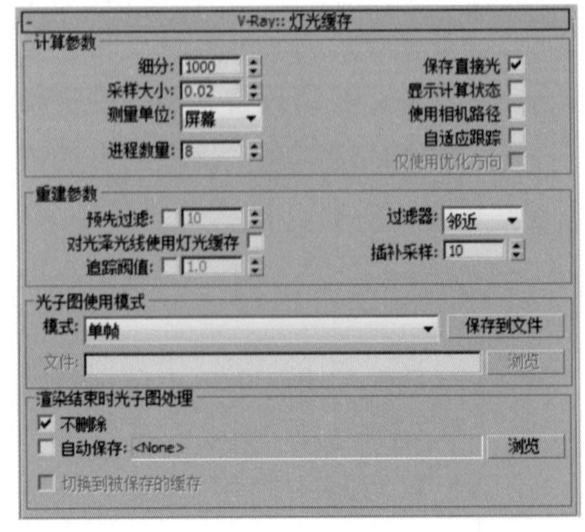

图3-72 【V-Ray::灯光缓存】参数面板

默认的应该是【V-Ray::穷尽-准蒙特卡罗】卷展览，但是在作图过程中一般都是将【二次反弹】选择【灯光缓存】，所以下面对这项参数进行详细介绍。

参数详解

- 【细分】：用来决定【灯光缓存】的样本数量。值越高，样本总量越多，渲染效果越好，渲染时间越长。
- 【采样大小】：用来控制【灯光缓存】的样本大小，比较小的样本可以得到更多的细节，但是同时需要更多的样本。
- 【测量单位】：主要用来确定样本的大小依靠什么单位，这里提供了以下两种。一般在效果图中使用【屏幕】选项，在动画中使用【世界】选项。
- 【进程数量】：这个参数由CPU的个数来确定，如果是单CPU单核单线程，那么就可以设定为1；如果是双核，就可以设定为2。注意，这个值设定得太大会使渲染的图像有点模糊。
- 【保存直接光】：选中该复选框以后，【灯光缓存】将保存直接光照信息。当场景中有很多灯光时，使用这个选项会提高渲染速度。因为它已经把直接光照信息保存到【灯光缓存】里，在渲染出图的时候，不需要对直接光照再进行采样计算。
- 【显示计算状态】：选中该复选框以后，可以显示【灯光缓存】的计算过程，方便观察。
- 【自适应跟踪】：这个选项的作用在于记录场景中的灯光位置，并在光的位置上采用更多的样本，同时模糊特效也会处理得更快，但是会占用更多的内存资源。
- 【仅使用优化方向】：当选中【自适应跟踪】复选框以后，该选项才被激活。它的作用在于只记录直接光照的信息，而不考虑间接照明，可以加快渲染速度。
- 【预先过滤】：当选中该复选框以后，可以对【灯光缓存】样本进行提前过滤。它主要是查找样本边界，然后对其进行模糊处理。
- 【对光泽光线使用灯光缓存】：是否使用平滑的灯光缓存，开启该功能后会使渲染效果更加平滑，但会影响到细节效果。
- 【过滤器】：该选项是在渲染最后成图时，对样本进行过滤，其下拉列表中共有以下3个选项。
    - 【无】：对样本不进行过滤。
    - 【邻近】：当使用这个过滤方式时，过滤器会对样本的边界进行查找，然后对色彩进行均化处理，从而得到一个模糊效果。
    - 【固定】：这个方式和【邻近】方式的不同点在于，它采用距离的判断来对样本进行模糊处理。
- 【模式】：设置光子图的使用模式，共有以下4个选项。
    - 【单帧】：一般用来渲染静帧图像。
    - 【穿行】：这个模式用在动画方面，它把第1帧到最后1帧的所有样本都融合在一起。
    - 【从文件】：使用这种模式，VRay要导入一个预先渲染好的光子贴图，该功

能只渲染光影追踪。

- ◆【渐进路径跟踪】：这个模式就是常说的PPT，它是一种新的计算方式，和【自适应DMC】一样是一个精确的计算方式。不同的是，它不停地去计算样本，不对任何样本进行优化，直到样本计算完毕为止。

- 保存到文件 按钮：将保存在内存中的光子贴图再次进行保存。
- 浏览 按钮：从硬盘中浏览保存好的光子图。
- 【不删除】：当光子渲染完以后，不把光子从内存中删掉。
- 【自动保存】：当光子渲染完以后，自动保存在硬盘中，单击【浏览】按钮 浏览 可以选择保存位置。
- 【切换到被保存的缓存】：当选中【自动保存】复选框以后，这个选项才被激活。当选中该复选框以后，系统会自动使用最新渲染的光子图来进行大图渲染。

4.【V-Ray::焦散】

焦散是光线穿过玻璃透明物体或从金属表面反射后所产生的一种特殊的物理现象，在VRay渲染器里有专门的焦散参数，默认状态下是关闭的。参数面板如图3-73所示。

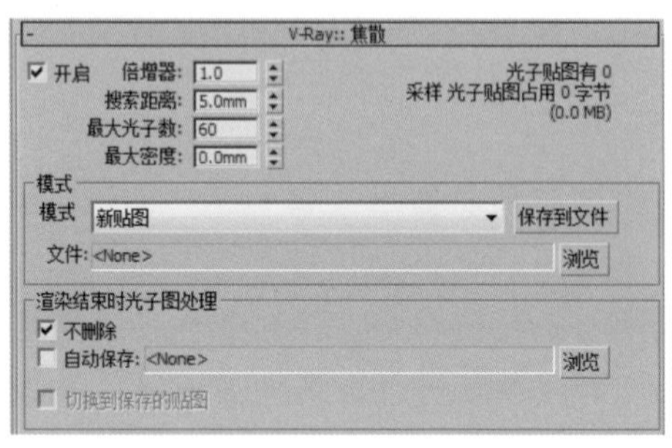

图3-73 【V-Ray::焦散】参数面板

参数详解

- 【开启】：打开或关闭焦散效果。
- 【倍增器】：用来控制焦散的强度。数值越高，焦散效果越亮，如图3-74所示。

图3-74 调整【倍增器】参数的效果

- 【搜索距离】：当光子追踪撞击在物体表面的时候，会自动搜寻位于周围区域同一平面的其他光子，实际上这个搜寻区域是一个以撞击光子为中心的圆形区域，其半径就是由这个搜寻距离确定的，较小的数值会产生斑点，较大的数值会产生模糊的焦散效果，如图3-75所示。

图3-75　调整【搜索距离】参数的效果

- 【最大光子数】：定义单位区域内的最大光子数量，然后根据数量来均匀照明，较小的数值不容易得到焦散效果，较大的数值焦散效果容易模糊。
- 【最大密度】：用来控制光子的最大密度程度，默认数值为0，表示使用VRay内部确定的密度，较小的数值会让焦散效果看起来比较锐利。
- 【模式】：VRay内部提供了两种模式。
    - 【新贴图】：选用这种方式的时候，光子贴图将会重新计算，其结果将会覆盖先前渲染过程中使用的焦散光子贴图。
    - 【从文件】：允许导入先前保存的焦散光子贴图来计算光子图，浏览按钮用于选择文件。
- 保存到文件：可以将当前使用的焦散光子贴图保存在指定文件夹中。
- 【不删除】：当选中该复选框时，VRay在完成场景渲染后将会在内存中保留光子图。否则，该光子图会被删除同时内存被释放。注意：如果打算对某一特定场景的光子图只计算一次，并在今后的渲染再次使用它，那么该选项是特别有用的。
- 【自动保存】：激活并在渲染完成后，VRay自动保存使用的焦散光子贴图到指定的目录。
- 【切换到保存的贴图】：在选中【自动保存】复选框时才被激活，它会自动促使VRay渲染器转换到【从文件】模式，并使用最后保存的光子贴图来计算焦散。

上面就是【VR_间接照明】选项卡类下的渲染参数，下面介绍【设置】选项卡的相关渲染参数。

3.8.3 【VR_设置】选项卡

【V-Ray】选项卡主要包括：【V-Ray::DMC采样器】、【V-Ray::默认置换】、【V-Ray::系统】卷展栏，如图3-76所示。

1.【V-Ray::DMC采样器】卷展栏

【V-Ray::DMC采样器】是【VRay渲染器】的核心部分，这部分参数主要用于控制场景中的反射模糊、折射模糊、面光源、景深、动态模糊等效果，参数面板如图3-77所示。

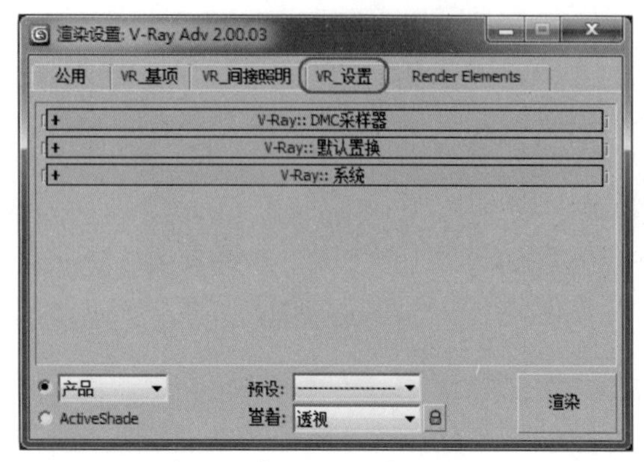

图3-76 【VR_设置】选项卡

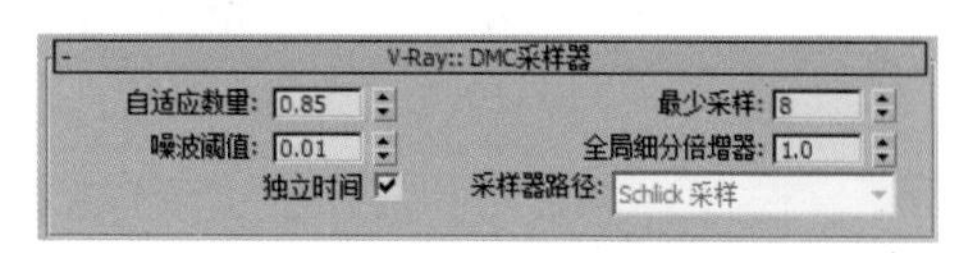

图3-77 【V-Ray::DMC采样器】参数面板

参数详解

- 【自适应数量】：用来控制早期终止应用的范围，数值为1时意味着最大程度的早期性终止；数值为0时意味着早期性终止不会被使用。数值越大渲染速度越快，数值越小渲染速度越慢。
- 【噪波阈值】：用来控制最终图像的品质。数值越小意味着较少的杂点、较慢的渲染速度、使用更多的采样以及更好的图像品质；数值越大意味着渲染速度越快。
- 【最小采样】：用来控制确定在早期终止计算方法被使用之前必须获得的最少采样数量。数值越小渲染速度越快，数值越大渲染速度越慢。
- 【全局细分倍增器】：用来控制VRay中的任何细分值。在对场景进行测试的时候，可以把这个数值减小得到更快的预览效果。
- 【独立时间】：如果选中这个复选框，在渲染动画的时候就会强制每帧都使用一样的DMC采样器。

2.【V-Ray::默认置换】卷展栏

【V-Ray::默认置换】参数面板主要控制3ds Max系统里的置换修改器效果和VRay材质里的置换贴图，参数面板如图3-78所示。

图3-78 默认置换参数面板

参数详解

- 【覆盖Max的设置】：当选中这个复选框以后，Max系统里置换修改器的效果将被这里设定的参数替代，同时VRay材质里的置换贴图效果也才能产生作用。
- 【边长度】：定义三维置换产生的三角面的边线长度。数值越小，产生的三角面越多，置换品质越高。
- 【视口依赖】：选中这个复选框时，边界长度以像素为单位，不选中，则以【世界】单位来定义边界的长度。
- 【最大细分】：用来控制置换产生的一个三角面里最多能包含多少个小三角面。
- 【数量】：用来控制置换效果的强度，数值越高效果越强烈，负值将产生凹陷的效果。

- 【相对于边界框】：置换的数量将以长方体的边界为基础，这样置换出来的效果才非常强烈。
- 【紧密界限】：选中这个复选框时，VRay会对置换贴图进行预先分析。如果置换贴图色阶比较平淡，那么会加快渲染速度；如果置换贴图色阶比较丰富，那么渲染速度会减慢。

3.【V-Ray::系统】卷展栏

系统参数控制VRay的系统设置，主要包括【光线投射参数】、【渲染区域分割】、【帧标签】、【分布式渲染】、【VRay日志】等，参数面板如图3-79所示。

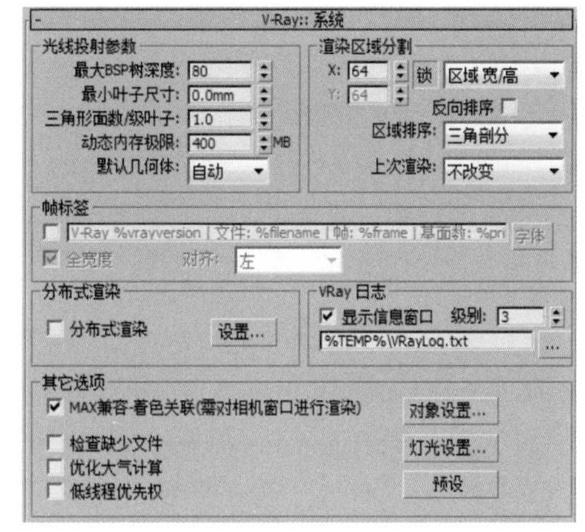

图3-79 【V-Ray::系统】参数面板

参数详解

- 【最大BSP树深度】：控制根节点的最大分支数量，数值高就会加快渲染速度，同时占用内存较多。
- 【最小叶子尺寸】：控制叶节点的最小尺寸，当达到叶节点尺寸后，系统将停止对场景计算。0表示考虑计算所有的叶节点，这个参数对速度的影响不是很大。
- 【三角形面数/级叶子】：控制一个节点中的最大三角面数量，当未超过临近点时计算速度较快；超过临近点以后，渲染速度减慢。所以，这个值要根据不同的场景来设定，进而提高渲染速度。
- 【动态内存限制】：控制动态内存的数量，注意这里的动态内存被分配给每个线程，如果是双线程，那么每个线程各占一半的动态内存。如果这个数值较小，那么系统经常在内存中加载，释放一些信息，这样就减慢了渲染速度。用户应该根据自己计算机的内存情况来调整这个数值。
- 【默认几何体】：用来控制内存的使用方式，VRay提供了3种方式，分别是【静态】、【动态】和【自动】。
    - 【静态】：在渲染过程中采用静态内存会使渲染速度加快，同时在复杂场景中，由于需要的内存资源较多，会经常出现跳出的情况。这是因为系统需要更多的内存资源，这时应该选择动态。
    - 【动态】：它使用内存交换技术，当渲染完一个块时，就会释放占用的内存资源，同时开始下个块的计算。这就有效地扩展了内存的使用。注意，动态的渲染速度比静态的慢。
    - 【自动】：根据计算机的物理内存大小和场景大小来判断使用静态内存方式还是动态内存方式。
- 【渲染区域分割】：这一项参数主要用来控制渲染区域的各项参数。
- 【X】：显示渲染块像素的宽度；如果在右面的窗口中选择【区域计算】时，表示的是水平方向一共有多少个渲染块。

- 【Y】：显示渲染区域像素的高度；如果在右面的窗口中选择【区域计算】时，表示的是垂直方向一共有多少个渲染块。
- 锁按钮：当单击该按钮后，将强制控制X和Y的值一样。
- 【反向排序】：当选中此复选框以后，渲染的顺序和设定的顺序相反。
- 【区域排序】：控制渲染区域的渲染顺序，这里主要提供了6种方式，分别如下所述。
  - 【从上→下】：渲染区域将按照从上到下的渲染顺序进行渲染。
  - 【从左→右】：渲染区域将按照从左到右的渲染顺序进行渲染。
  - 【棋盘格】：渲染区域将按照棋格方式的渲染顺序进行渲染。
  - 【螺旋】：渲染区域将按照从里到外的渲染顺序进行渲染。
  - 【三角剖分】：这是VRay默认的渲染方式，它将图形分为两个三角形依次进行渲染。
  - 【希耳伯特曲线】：渲染区域将按照希尔伯特曲线方式的渲染顺序进行渲染。

操作时最好选用【从上→下】的渲染顺序，这样方便在遇到渲染到一部分的时候，如果需要停止渲染，就可以将现在渲染的保存，下次渲染的时候使用【反向排序】渲染到上次停止的地方即可，然后在Photoshop中合成一幅完整的图，这样就避免了重复操作时的时间浪费。

- 【上次渲染】：这个参数确定在渲染开始的时候，在3ds Max默认的帧缓存框中以什么样的方式进行上次的渲染图像。这些参数的设置都不会影响最终渲染效果，系统提供了以下5种方式。
  - 【不改变】：保持和前一次渲染图像相同。
  - 【交叉】：每隔两格像素图像被设置为黑色。
  - 【区域】：每隔一条线设置为黑色。
  - 【暗色】：图像的颜色设置为黑色。
  - 【蓝色】：图像的颜色设置为蓝色。
- 【帧标签】：按照一定规则显示关于渲染的相关信息。
- me | 帧: %frame | 基面数: %primitives | 渲染时间: %rendertime 字体：当选中该复选框以后，就可以显示标记。
- 【字体】：可以修改标记里面的字体属性。
- 【全宽度】：标记的最大宽度，当选中此复选框以后，它的宽度和渲染图形的宽度一致。
- 【对齐】：控制标记里字体的排列位置，比如选择左，标记的位置居左。
- 【分布式渲染】：当选中此复选框后，就可以打开分布式渲染功能。
- 【设置…】：这里用来控制网络计算机的添加和删除等。
- 【VRay日志】：用于控制VRay的信息窗口。
- 【显示信息窗口】：选中此复选框，可以显示VRay日志的窗口。
- 【级别】：控制VRay日志的显示内容，一共分为4格层级。1表示仅显示错误信息；2表示显示错误和警告信息；3表示显示错误、警告和情报信息；4表示显示错误、警告、情报和调试信息。

- C:\VRayLog.txt ：可以选择VRay日志文件的位置。
- 【其他选项】：这里主要控制场景中物体、灯光的一些设置，以及系统线程的控制等。
- 【MAX兼容-着色关联(需对摄影机窗口进行渲染)】：有些3ds Max插件（例如大气等）是采用摄影机空间来进行计算的，因为它们都是针对默认的扫描线渲染器而开发的。为了保持与这些插件的兼容性，VRay通过转换来自这些插件的点或向量的数据，模拟在摄影机空间计算。
- 【检查缺少文件】：当选中此复选框时，VRay会自己寻找场景中丢失的文件，并将它们进行列表，最后保存到C:\VRayLog.txt中。
- 【优化大气计算】：当场景中拥有大气效果，并且大气比较稀薄的时候，选中这个复选框会得到比较优秀的大气效果。
- 【低线程优先权】：当选中此复选框时，VRay将使用低线程进行渲染。
- 对象设置... ：单击该按钮会弹出【对象属性】面板，从中可以设置场景物体的局部参数。
- 灯光设置... ：单击该按钮会弹出【灯光属性】面板，从中可以设置场景灯光的一些参数。
- 预设 ：单击该按钮会弹出【预置】面板，它的作用可以保持当前VRay渲染参数的各种属性，方便以后调用。

上述内容已将Vray的渲染参数介绍完成，希望读者能将这些参数研究一下，便于以后工作的需要。

3.9 合理设置VRay渲染参数

无论从事什么工作，都应该有个很好的思路，渲染效果图也是如此，Vray渲染可以分为两部分进行，分别是“草图渲染”和“成图渲染”两部分。

3.9.1 草图渲染参数设置

草图渲染最主要的就是要求渲染速度非常快，因此在保证渲染质量基本可以的情况下，加快渲染速度是需要重点研究的。

这里调制的草图渲染参数设置，只能作为一个参考，并不是所有场景都适合这套参数，重点还要根据自己的经验灵活调整，参数设置如下所述。

Max VRay/现场实战——草图渲染参数设置

01 按F10键，打开【渲染设置】窗口，设置草图渲染的【宽度】和【高度】尽量小一些，如图3-80所示。

02 设置【VR_基项】下的类型为【固定】，取消选中【开启】复选框，设置【颜色映射】的类型为【VR_指数】，选中【子像素映射】和【钳制输出】复选框，如图3-81所示。

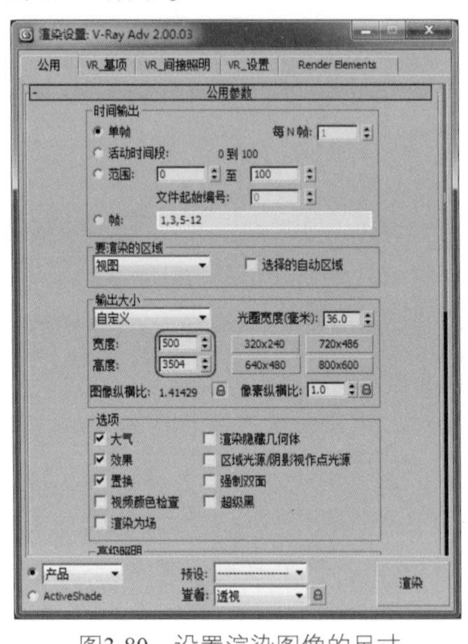

图3-80 设置渲染图像的尺寸

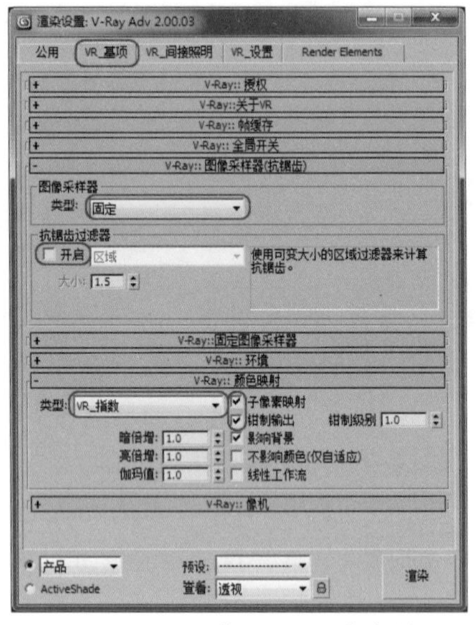

图3-81 设置【VR_基项】参数

03 设置【VR_间接照明】下的【首次反弹】为【发光贴图】，【二次反弹】为【灯光缓存】，设置【当前预置】为【非常低】，最后选中【显示计算过程】和【显示直接照明】复选框，如图3-82所示。

04 设置【VR_间接照明】下的【细分】为200，选中【保存直接光】和【显示计算状态】复选框，如图3-83所示。

图3-82 设置间接照明参数

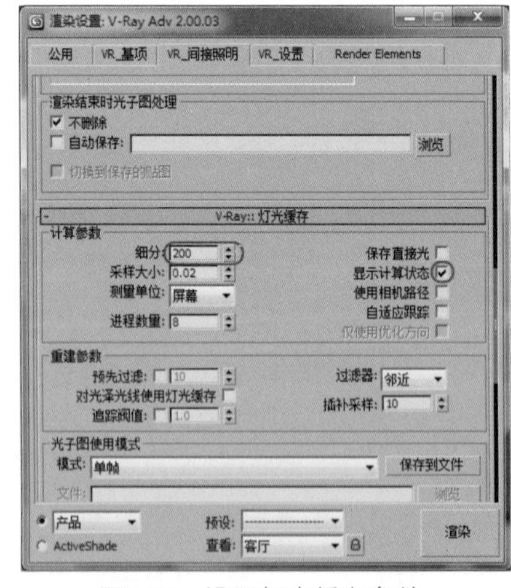

图3-83 设置灯光缓存参数

05 单击【VR_设置】选项卡，选中【帧标签】选项组下的复选框，目的就是看下渲染后的时间，再设置其他的参数，如图3-84所示。

草图渲染的参数大体就是这样来设置的，经过反复渲染后，如果要对不理想的地方进行修改，最好设置“成图渲染”参数。

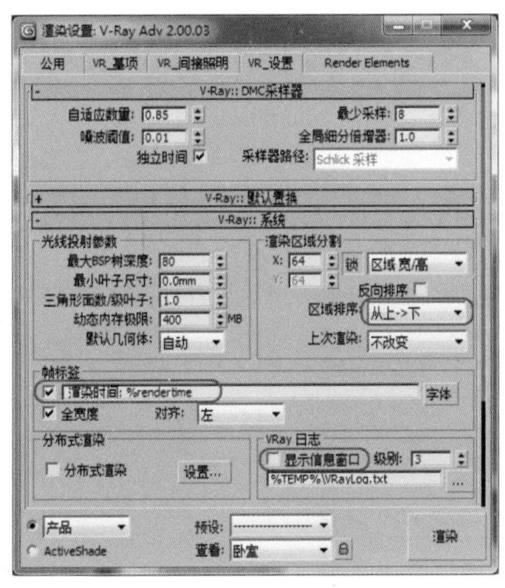
图3-84　设置【VR_设置】选项卡

3.9.2　成图渲染参数设置

最终渲染最主要的就是要求渲染质量非常高，因此如何既能保证渲染质量非常高，又能保证渲染速度比较快，是需要重点研究的。

同样调制的成图渲染参数设置，只能作为一个参考，并不是所有场景都适合这套参数，重点还要根据自己的经验灵活调整，参数设置如下所述。

/现场实战——成图渲染参数设置

01 按F10键，打开【渲染设置】窗口，设置成图渲染的【宽度】和【高度】尽量大一些。如图3-85所示。

02 设置【VR_基项】下的类型为【自适应DMC】，选中【开启】复选框，并设置类型为【Catmull-Rom】，设置【颜色映射】类下的【亮倍增】为1.2～1.5，如图3-86所示。

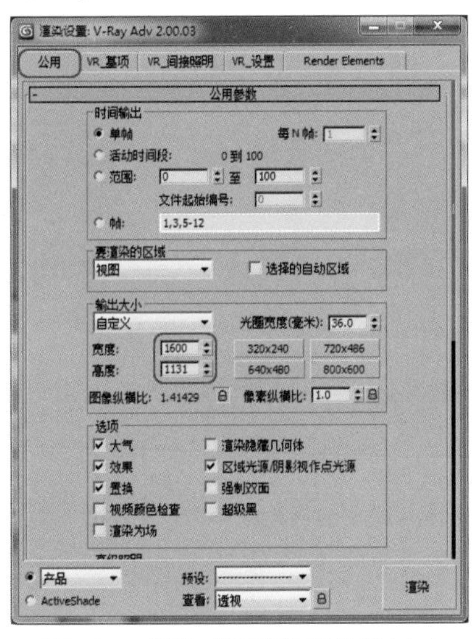
图3-85　设置成图渲染图像的尺寸

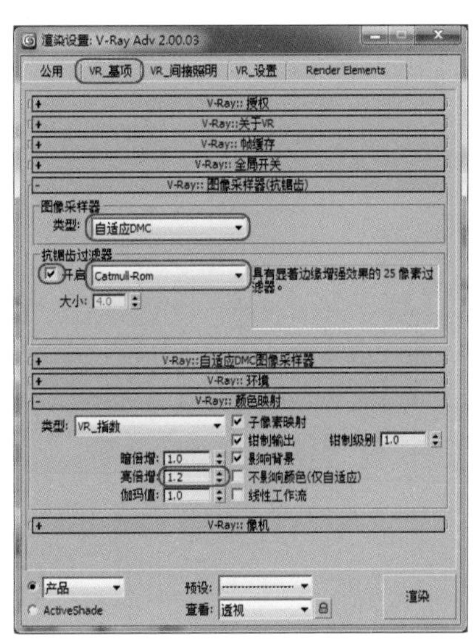
图3-86　设置【VR_基项】参数

03 设置【VR_间接照明】下的【二次反弹】为【灯光缓存】，设置【当前预置】为【中】或者【低】，最后选中【显示计算过程】和【显示直接照明】复选框，如图3-87所示。

04 设置【VR_间接照明】下的【细分】为1200，选中【保存直接光】和【显示计算状态】复选框，如图3-88所示。

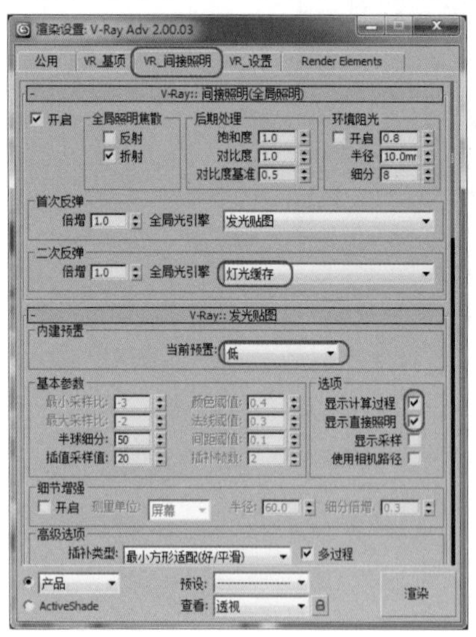

图3-87 设置间接照明参数

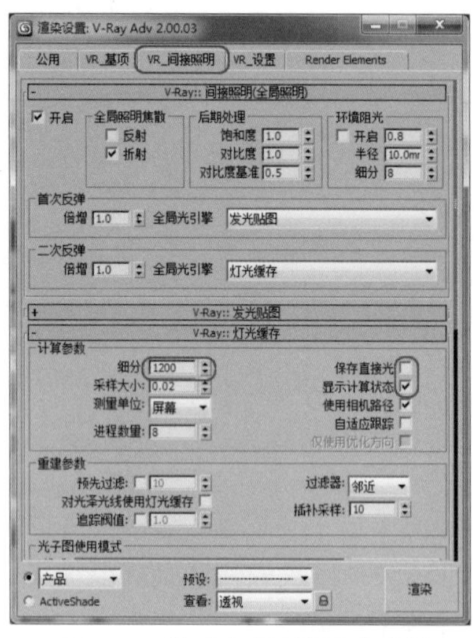

图3-88 设置【灯光缓存】参数

05 单击【VR_设置】选项卡，设置【V-Ray::DMC采样器】及【V-Ray::系统】的参数，如图3-89所示。

经过这些参数的设置，成图渲染的参数设置就完成了，剩下的工作就是渲染图像，渲染方法将在后面的章节中详细介绍。

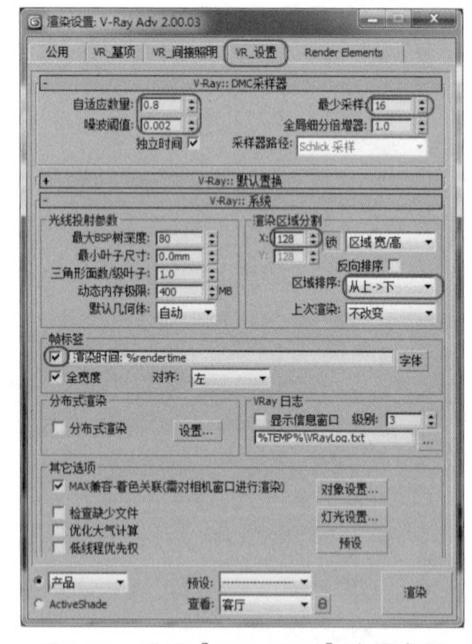

图3-89 设置【VR_设置】选项参数

3.10 小结

本章重点介绍VRay的基本知识，希望读者能结合这些参数多做测试，把理论和实际联系起来，真正掌握参数的作用。只有彻底理解这些基本的、重要的参数之后，才能制作出更好的作品。

第4章

精致小户型套一——现代简约风格

本章内容

- 方案介绍
- 模型的建立
- 材质的设置
- 设置摄影机并检查模型
- 灯光的设置
- 渲染参数的设置
- Photoshop后期处理

本章以一套简单的套一小户型为例，介绍如何使用效果图将设计方案表现出来。从户型分析、设计说明、再到整体效果的表现，重点介绍客厅、餐厅及厨房空间的设计与制作方法。卫生间就不以实例的方式介绍了，给出一些参考资料，让读者自己制作。如今家居的硬装、陈设注重的是客户对人文环境的理解，作为其修养、素质的体现，在设计的过程中将客户的要求与设计风格融合为一体。

4.1 方案介绍

这个方案是酒店式公寓中的套一小户型，在设计及表现上比较简单，作为一名设计师在拿到方案时，需要对整体户型、结构有一个大体的了解，从而慢慢对其进行细化、分解，并听取客户的喜好、设想，在此基础上结合相关的设计风格，以求达到一个“以人为本”的设计理念，让设计为客户的生活更好的服务。

4.1.1 户型分析

这是一套位于高层酒店式公寓的套一厅户型，内部呈现宽敞、通透、实用的矩形空间。入门处便是门厅，右手边是鞋柜和挂衣板，左手边是卫生间；再往里是客厅，简单的双人沙发，椭圆的茶几，直线条的电视柜即隔板，为小空间让出尽可能大的活动区域；卧室和客厅通过一道窗帘进行分割，既满足了的白天的采光，又可以在晚上增加足够的私密性；为了增加客户所需要的读书空间，在阳台的一侧制作书柜，并摆放书桌椅子，窗帘一拉，便形成了一个安静的小书房，累了的时候抬头便可看到外面风景秀丽的无敌海景。本方案整体采用直线条的简约风格，视觉上减少了空间的烦琐与沉重。

为了让读者对这套户型有一个更清晰的认识，已将室内的平面效果图制作出来，整体建筑面积为51.96m^2，室内层高为2.8m，整体布局效果如图4-1所示。

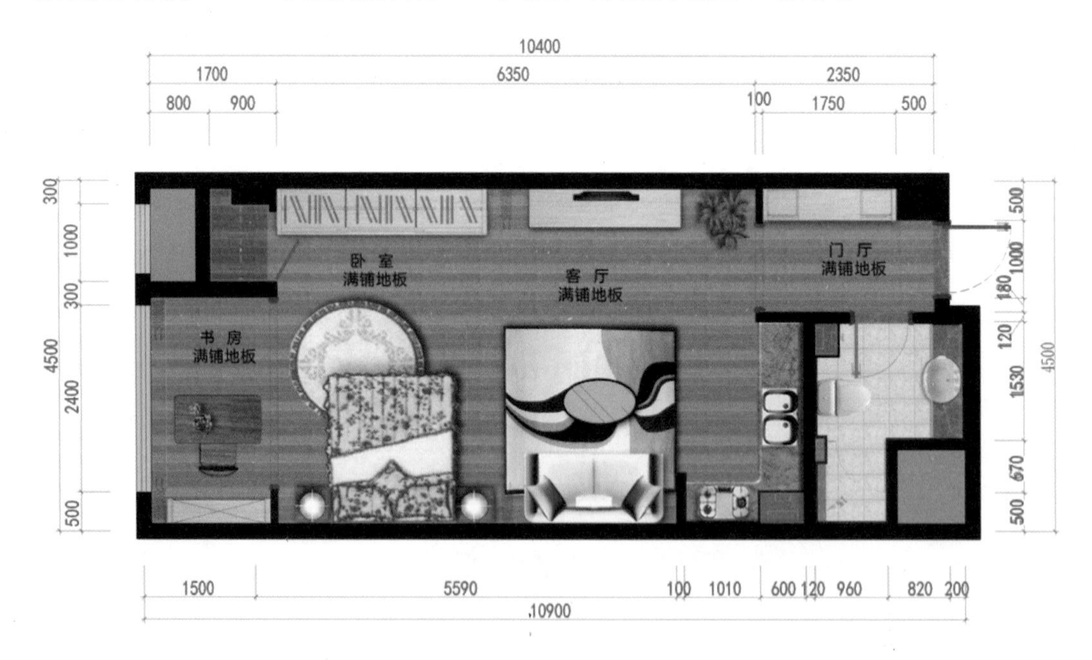

图4-1　套一户型的彩平图

因为是酒店式公寓中的套一户型，要让空间尽可能地显大，又不失家的温馨，所以整体家具颜色选择以浅枫木色为主色调，整体色调以中暖色为主，既要考虑到家庭居住新时尚的特点，又要顾及到庄重素雅的风格。在考虑实用、保温的前提下，客户要求在临海阳台安装塑钢双层中空玻璃窗，厨房的整体橱柜台面铺设色丽石。

4.1.2 设计说明

本方案的设计构思，在综合了上面基本的建筑结构与客户对家的设计构想外，还结合相关的设计风格和设计经验，确定采用简单的现代风格设计该方案。

1．**客厅设计思路**

客厅采用简洁现代风格来进行设计，整体色调安排以中暖色为主调，客厅电视墙采用了两块6cm厚的木板装饰，既起到了装饰作用，又起到了实用的功能，在大面积暖黄色壁纸的映衬下格外温馨，沙发背景采用浅色装饰板，麂皮绒布的质感，让整个空间立即暖意融融，再配以两幅精致的挂画，为整体增加一个透气、留白的位置。如图4–2所示。

图4-2 客厅的设计效果图

2．**卧室设计思路**

卧室和客厅是相通的，通过一道厚实的布帘加以分隔，白天可以收起，以增加客厅的采光，晚上将窗帘展开，形成一个私密空间，所以这种半封闭的形式，在设计风格上采用了与客厅相同的简约现代风格，使整个卧室充分体现出明快、轻松和通透的效果。床头背景采用褐色软包，软包材质采用麂皮绒，床头的对面设置一整面墙体的衣橱，为后面适用的时候增加足够的储物空间。整个天花采用了大型灯池，通过暖暖的灯带和局部的点光照明，制造出富有层次的空间光影效果。效果如图4–3所示。

图4-3 卧室的设计效果图

在对一个空间进行设计的时候，要进行全面、充分的考虑，要针对不同的人，不同的使用对象，相应地应该考虑不同的要求，在确定了这些方面之后，就需要将设计方案以效果图的方式逐一表现出来，使客户预先看到装修后的情况，对于不妥的地方也可以有针对性地提前进行更改，使设计更臻完善，更好地为用户服务。但是真正需要的也就是制作门厅、厨房、客厅、卧室等重要的空间，至于卫生间等空间基本不需要制作。下面列出了卫生间的参考设计图片，希望读者在自己制作的时候能起到一个参考的作用，效果如图4-4所示。

图4-4　卫生间的参考设计

4.2 模型的建立

客厅及卧室在造型的创建上是比较复杂的，里面的门套窗套比较多。在建模上，采用了简洁的单面建模方法。首先将CAD平面图导入到3ds Max中，以输入的图纸做参照来建立墙体、门窗、装饰墙等造型，然后将家具合并到场景中。

4.2.1　导入图纸

/现场实战——导入CAD平面图

01 启动3ds Max 2012软件，执行菜单栏中的【自定义】|【单位设置】命令，此时将弹出【单位设置】对话框。将【显示单位比例】和【系统单位比例】设置为【毫米】，如图4-5所示。

02 按S键将捕捉打开，捕捉模式采用2.5维捕捉，将鼠标放在按钮上方，右击鼠标，在弹出的【栅格和捕捉设置】对话框中设置【捕捉】及【选项】，如图4-6所示。

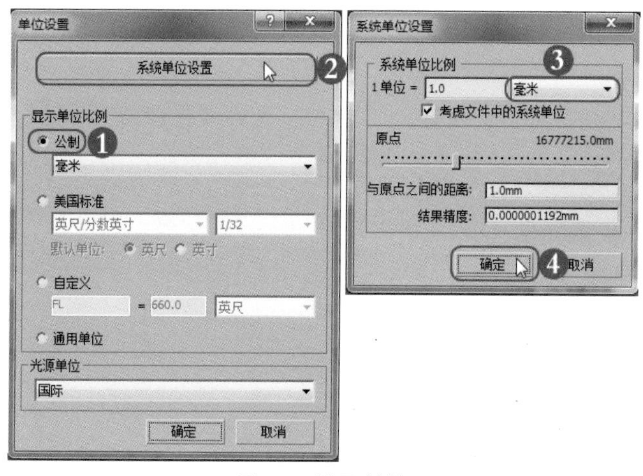

图4-5 设置单位

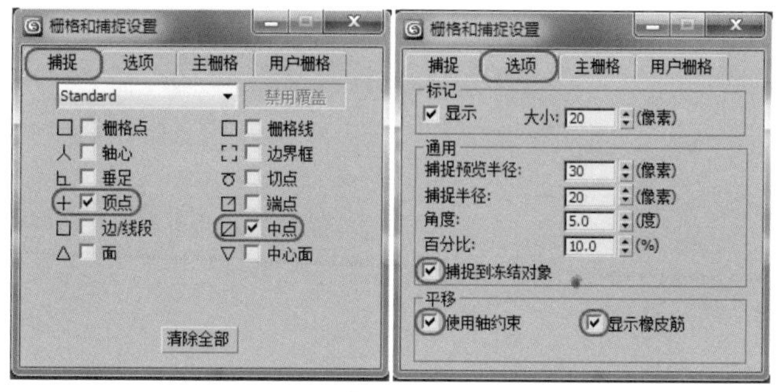

图4-6 设置【捕捉】和【选项】

03 执行菜单栏中按钮类下的【导入】命令，在弹出的【选择要导入的文件】对话框中，选择本书配套光盘“场景”\“第4章”文件，在窗口中选择“精致小户型——现代简约套一（导入）.dwg”文件，然后单击 打开(O) 按钮，如图4-7所示。

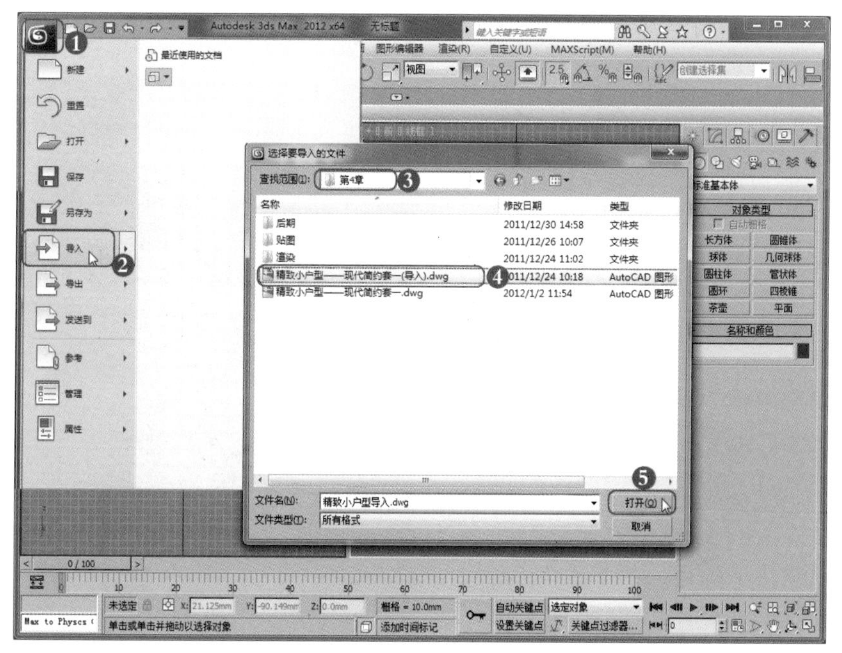

图4-7 导入平面图

04 此时，在弹出的【AutoCAD DWG/DXF导入选项】对话框中单击 确定 按钮，如图4-8所示。

05 精致小户型——现代简约套一（导入）.dwg文件就导入到3ds Max场景中，效果如图4-9所示。

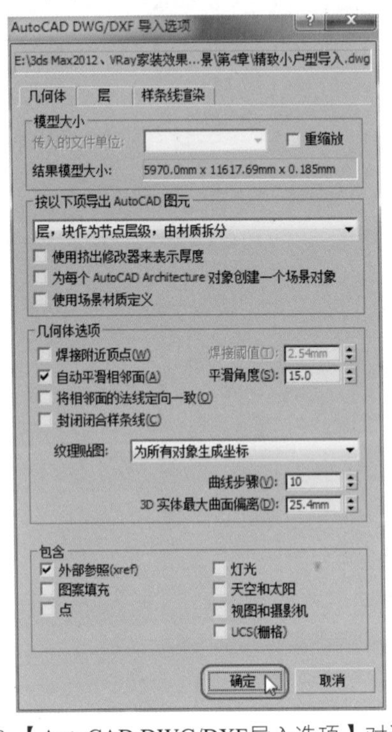

图4-8 【AutoCAD DWG/DXF导入选项】对话框

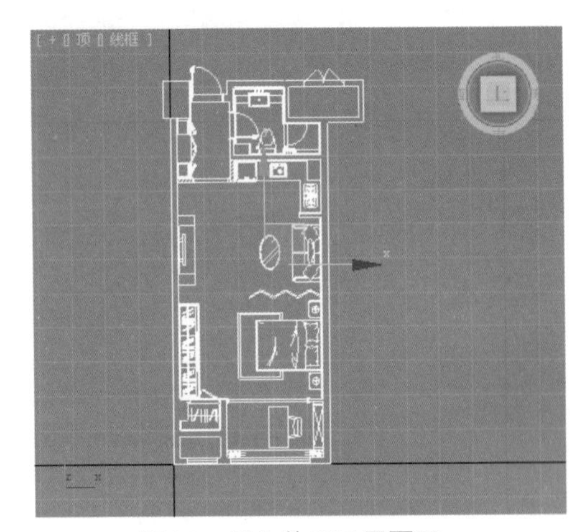

图4-9 导入的CAD平面图

在CAD中已经将平面图移动到原点（0，0）的位置，这样做的目的就是加快计算机的运行速度，方便管理。

导入的平面图已经提前在AutoCAD中将尺寸删除了，所以导入图纸时只保留墙体、门窗、部分家具。然后将所有图形放在一个图层里面，导入平面图的目的就是在建立模型的时候更能清楚的理解这个房间的结构。

06 选择图纸，右击鼠标，在弹出的快捷菜单中执行【冻结当前选择】命令，将图纸进行冻结，这样在后面的操作中就不会选择和移动图纸，如图4-10所示。

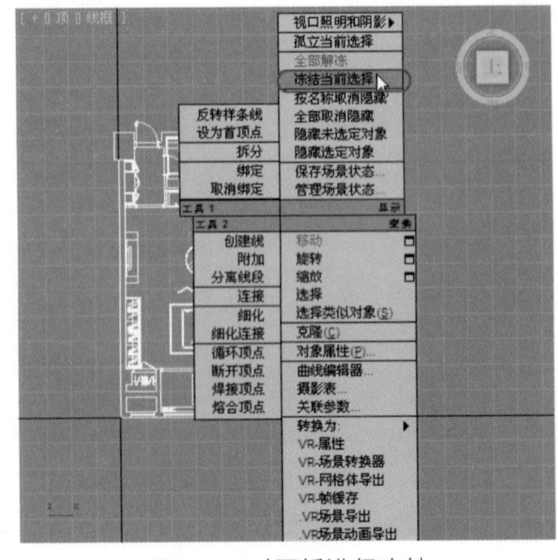

图4-10 对图纸进行冻结

默认状态下，冻结之后的图纸是灰色，看不太清楚，为了方便观察，可以将冻结物体的颜色改变一下。

07 执行菜单栏【自定义】|【自定义用户界面】命令，在弹

出的【自定义用户界面】对话框中,选择【颜色】选项卡，在【元素】右侧的窗口中选择【几何体】，在下面的窗口中选择【冻结】，单击颜色右面的色块，在弹出的【颜色选择器】中调整一种便于观察的颜色，单击 立即应用颜色 按钮，如图4-11所示。

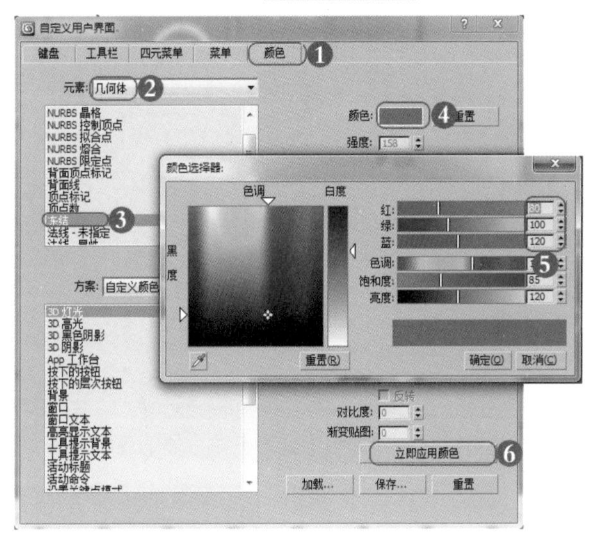

图4-11　改变冻结物体的颜色

此时，冻结图纸的颜色就变成所调整的颜色了。

08 激活【顶】视图，按Alt＋W组合键，将【顶】视图最大化显示，再按G键，隐藏栅格。

09 单击【创建】 |【线形】 | 线 按钮，在【顶】视图将整个户型的墙体绘制出来，卫生间就不用绘制了，如图4-12所示。

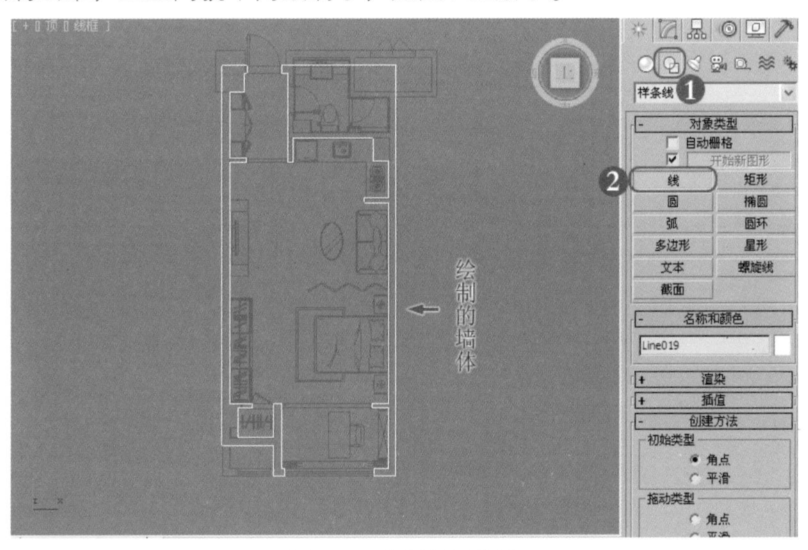

图4-12　绘制封闭线形

这里重点是表现客厅、卧室、厨房的空间，所以其他房间的墙体这里就不需要绘制了。

10 为绘制的线形执行【挤出】命令，【数量】设置为3000mm（即房高为3m）。按F4键，显示物体的结构线，效果如图4-13所示。

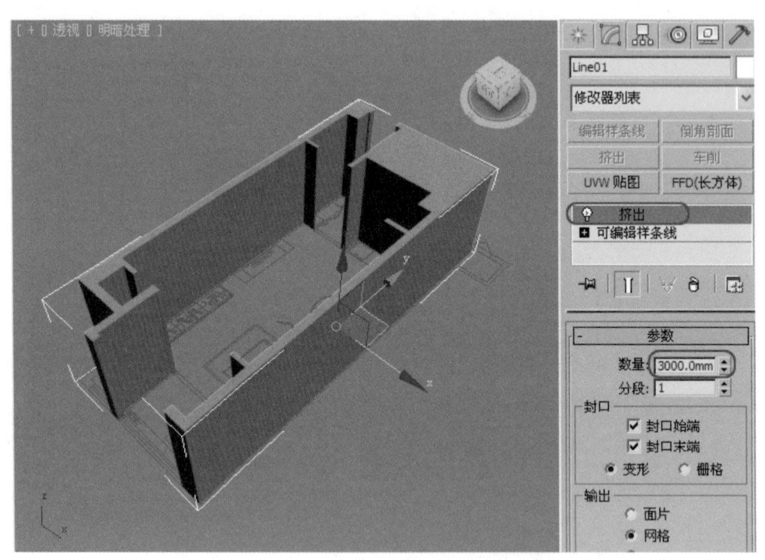

图4-13　线形执行【挤出】命令后的效果

11 选择挤出的线型，右击鼠标，在弹出的快捷菜单中执行【转换为】|【转换为可编辑多边形】命令，将长方体转换为可编辑多边形，如图4-14所示。

12 按Ctrl+S组合键，将文件保存为“精致小户型——现代简约套一.max”。

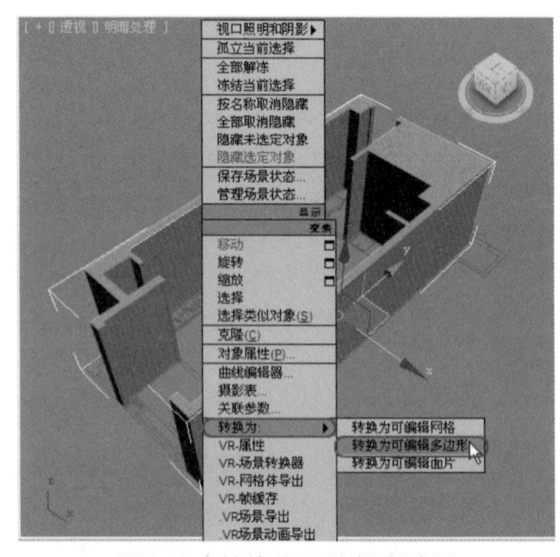

图4-14　转换为可编辑多边形

为了便于观察，在【透】视图中可以按F4键，此时物体将会显示它的边面，这样可以清楚地观看物体的结构形态。在【透】视图物体的边缘会有白色支架显示，这样会影响观察物体的形态，可以按J键进行取消。

4.2.2　制作门、窗

现场实战——制作门、窗

01 继续4.2.1节的操作。

02 按2键，进入【边】子对象层级，在【透】视图选择入户门两边垂直的四条边，如图4-15所示。

03 单击【编辑边】类下 连接 右面的小按钮，在弹出的对话框中将【分段】置为1，单击【确定】按钮，为门洞增加一条段数，如图4-16所示。

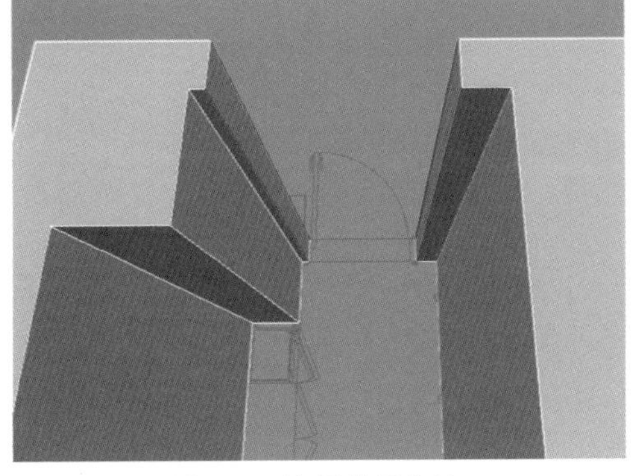

图4-15 选择的四条边

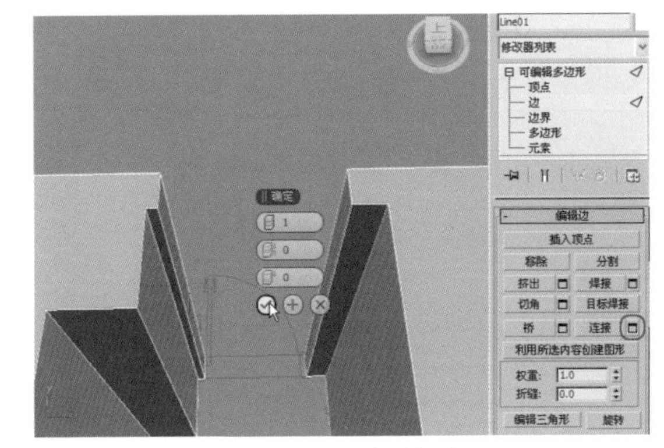

图4-16 用连接增加边

04 按4键，进入【多边形】子对象层级，在【透】视图中选择门两侧上面的面，如图4-17所示。

05 单击【编辑多边形】下的 桥 按钮，此时门洞生成，效果如图4-18所示。

图4-17 选择的四条边

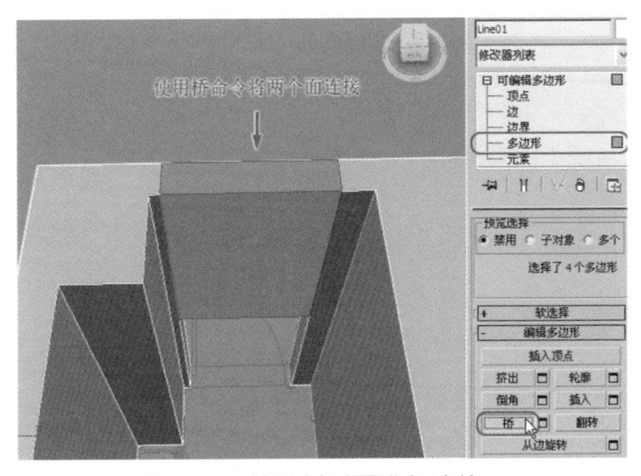

图4-18 使用桥对面进行连接

06 在【左】视图使用【移动变换输入】窗口将门洞移动到2200mm的高度，入户门洞就制作完成了，效果如图4-19所示。

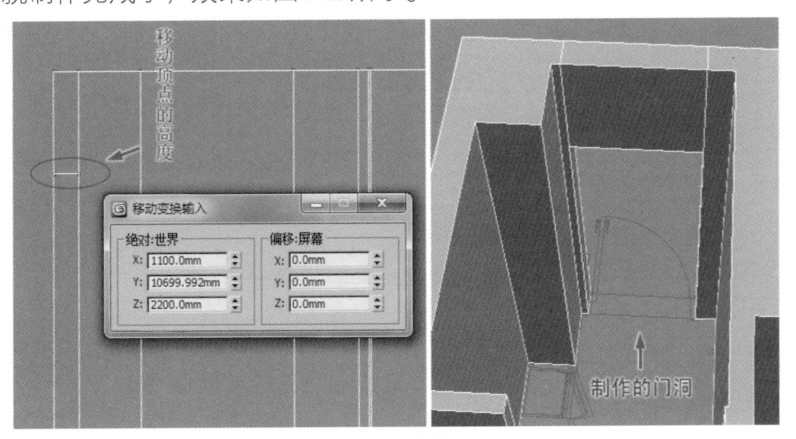

图4-19 制作的门洞

07 用同样的方法制作出其他门洞，其他门洞的高度为2500mm，同样制作出门洞，效果如图4-20所示。

08 在制作窗户的时候增减的是两条段数，因为有窗台和窗户上面的过梁，如图4-21所示。

图4-20　制作的所有门洞

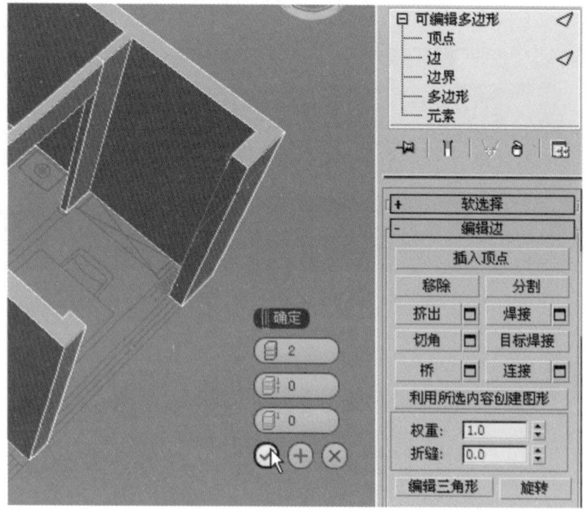

图4-21　制作的门洞

09 窗户的高度同样是2500mm，窗台的高度为200mm，也就是落地窗，制作的窗洞如图4-22所示。

10 用线形执行【挤出】命令制作一个窗框，效果如图4-23所示。

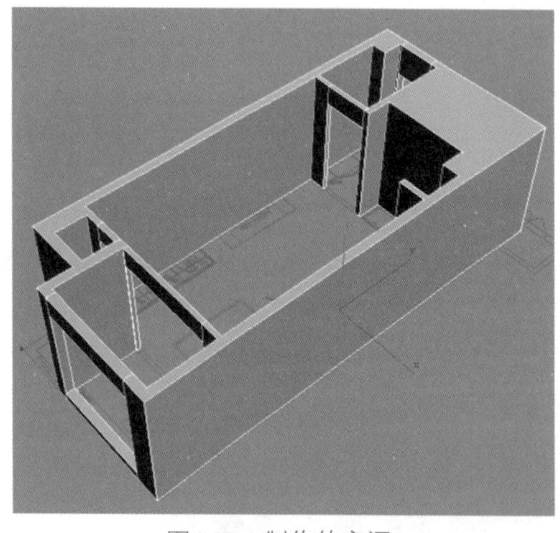
图4-22　制作的窗洞

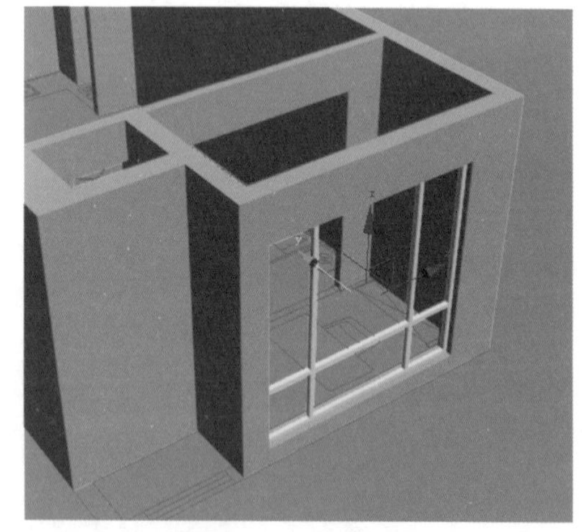
图4-23　制作的窗框

下面为门洞制作出门套。

11 在【顶】视图执行【线】命令绘制一个剖面（作为剖面线），形态按照CAD平面图即可，如图4-24所示。

12 在【左】视图执行【线】命令绘制一条U形线型（放样作为路径），与门洞相匹配，其形态如图4-25所示。

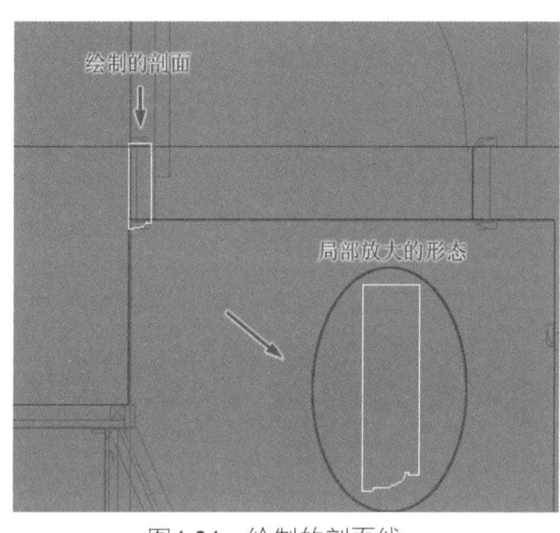

图4-24　绘制的剖面线

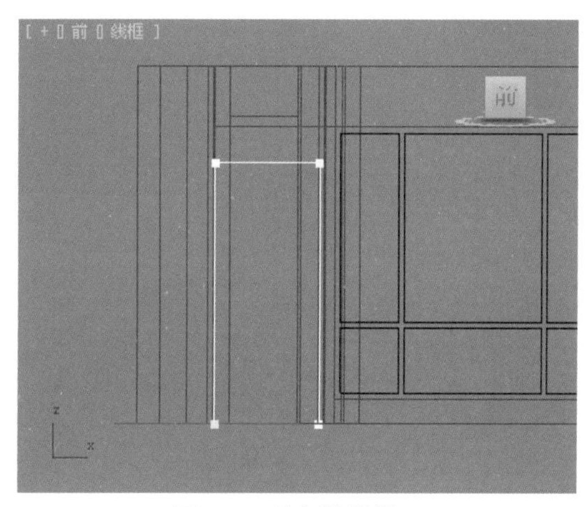
图4-25　绘制的路径

为了优化模型，可以将【剖面线】类下的【差值】修改为3，这样可以得到一个很优化的门套。

13 选择绘制的路径，在【修改器列表】中执行【倒角剖面】命令，在参数面板中单击 拾取剖面 按钮，在【左】视图拾取绘制的剖面线，此时生成门套，效果如图4-26所示。

需要注意的一个问题是：如果发现门套的门边线不对，也就是凹槽没有朝外，可以选择【剖面线】，进入【样条线】级别，单击【几何体】类下的 镜像 按钮进行镜像，或者用工具栏中的【旋转】工具进行调整，得到正确的形态。但是必须在转换为可编辑多边形之前，否则就无效了。

14 在【顶】视图用线绘制出门套线底座的截面，然后执行【挤出】命令，【数量】设为180mm，再镜像一个，效果如图4-27所示。

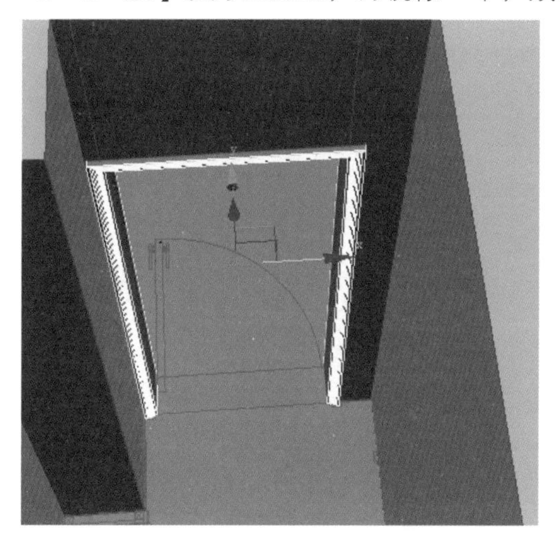
图4-26　执行【倒角剖面】命令制作的门套

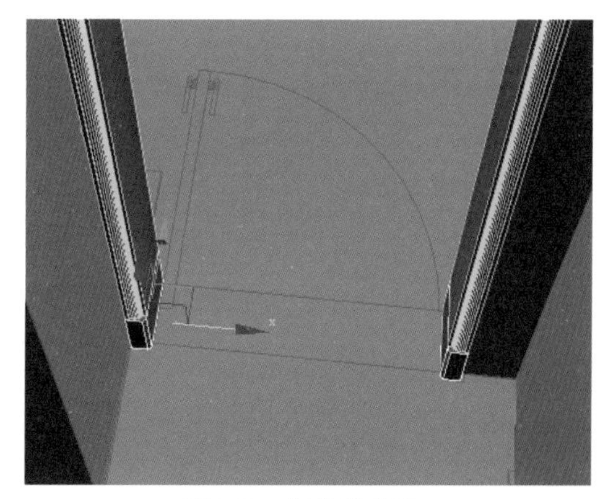
图4-27　制作的底座

15 将门套转换为可编辑多边形，与下面的底座附加为一体，复制一个放在入户门的位置，进入【顶点】层级子物体调整一下大小即可，效果如图4-28所示。

16 按Ctrl+S组合键，将文件进行快速保存。

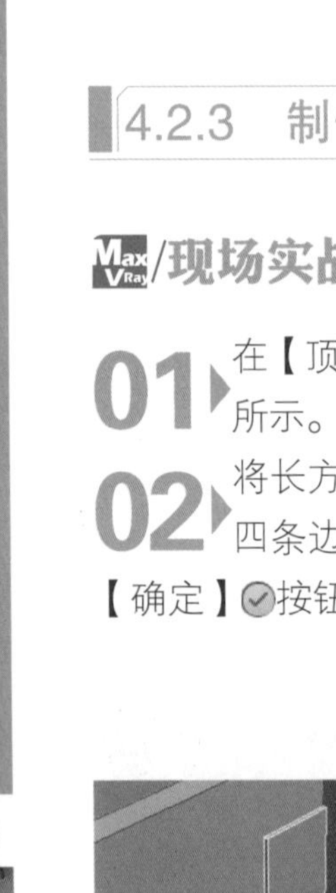

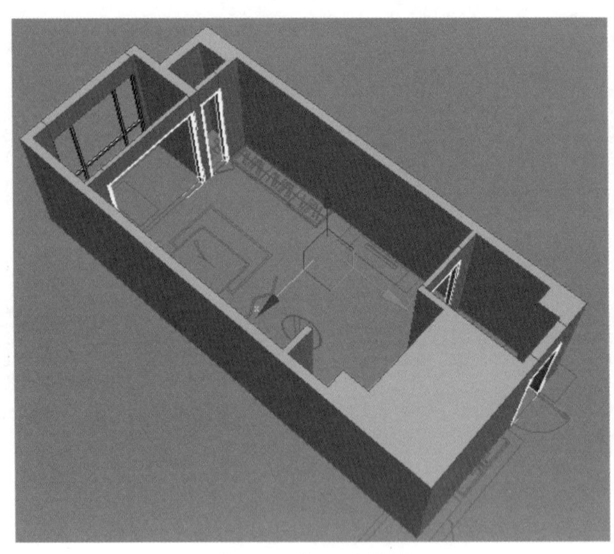

图4-28　制作的门套

4.2.3　制作背景墙

/现场实战——制作背景墙

01 在【顶】视图创建一个570mm×30mm×2600mm的长方体，位置及参数如图4-29所示。

02 将长方体转换为可编辑多边形，按2键，进入【边】层级子物体，选择外面的四条边，单击 切角 右面的小按钮，设置【切角量】为20，【分段】为5，单击【确定】按钮，如图4-30所示。

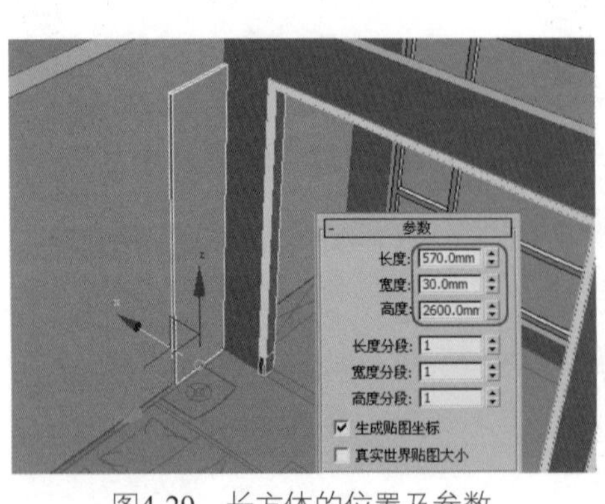

图4-29　长方体的位置及参数

图4-30　对边进行切角

03 在【顶】视图复制4个，中间用长方体制作出20mm的金属框，如图4-31所示。

04 沙发背景墙制作两块木板，造型比较简单，中间留出缝隙即可，形态及位置如图4-32所示。

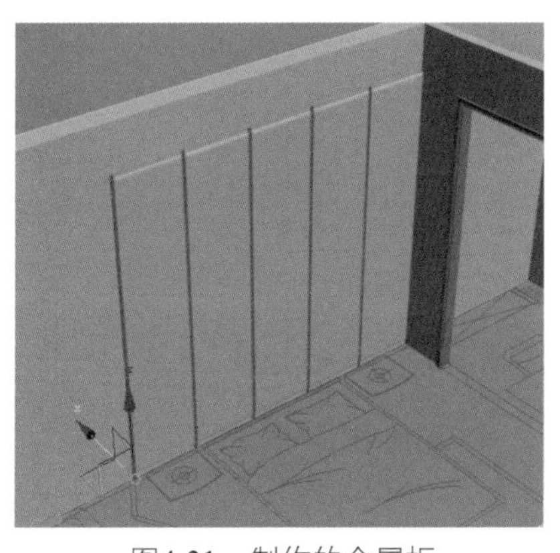
图4-31 制作的金属柜

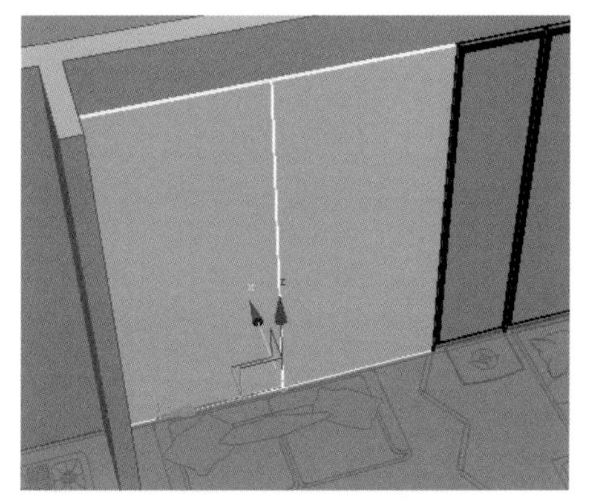
图4-32 制作的沙发背景墙

05 电视背景墙可用两块6cm厚的U型木板制作即可，板的厚度26cm即可，形态及位置如图4-33所示。

06 按Ctrl+S组合键，将文件进行快速保存。

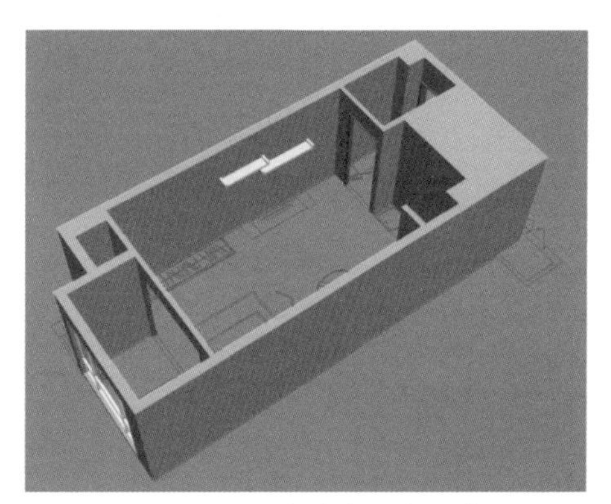
图4-33 制作的电视背景墙

4.2.4 制作天花

现场实战——制作天花

01 在【顶】视图创建一个8700mm×4300mm，段数为5×3的平面，对其执行【转换为可编辑多边形】命令，翻转一下法线，按1键，进入【顶点】层级子物体，在【顶】视图移动一下顶点的位置，如图4-34所示。

02 按2键，进入【边】层级子物体，在床头的位置垂直增加一条段数，选择里面的边，单击【编辑边】卷展栏中的 移除 按钮，将边移除掉，形态如图4-35所示。

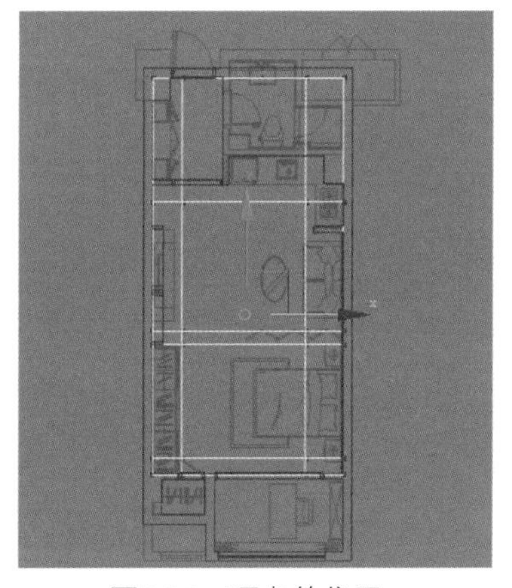
图4-34 顶点的位置

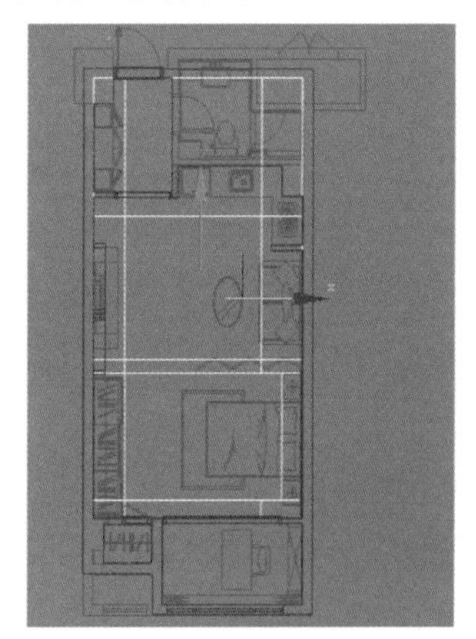
图4-35 编辑后的效果

03 按4键，进入【多边形】层级子物体，选择中间的两个大面，单击 倒角 右面的小按钮，设置【高度】为-50mm，单击【应用并继续】按钮，如图4-36所示。

04 再设置【轮廓】为-200mm，单击【应用并继续】按钮，制作出叠级天花的宽度，如图4-37所示。

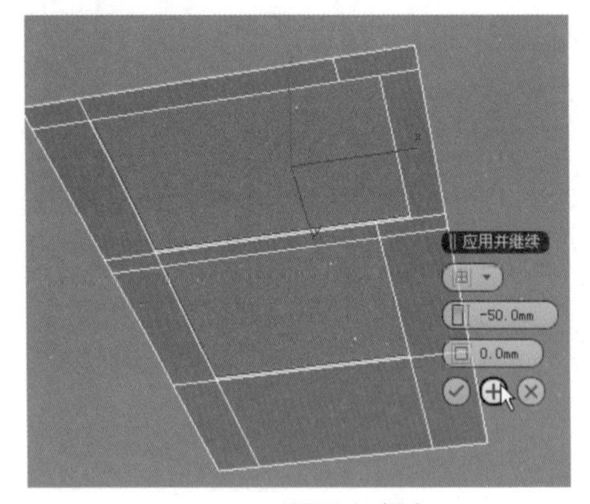

图4-36　对面进行倒角

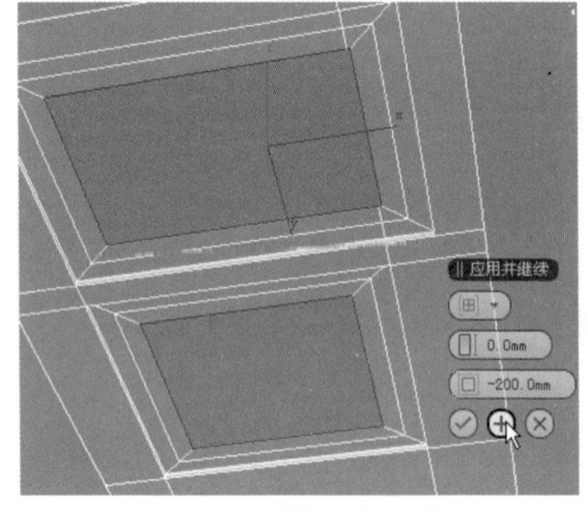

图4-37　制作叠级天花

05 再设置【高度】为-50mm，单击【应用并继续】按钮，如图4-38所示。

06 设置【轮廓】为200mm，单击【应用并继续】按钮，再设置【高度】为-60mm，制作出灯槽，最后制作出三级天花，再设置【轮廓】为200mm，设置【高度】为-60mm，单击【确定】按钮，如图4-39所示。

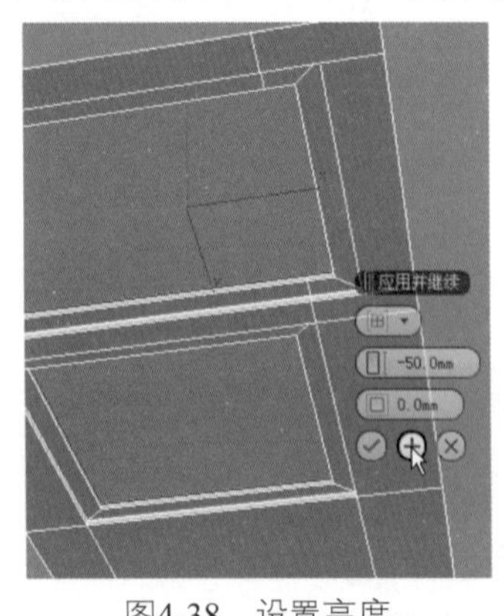

图4-38　设置高度

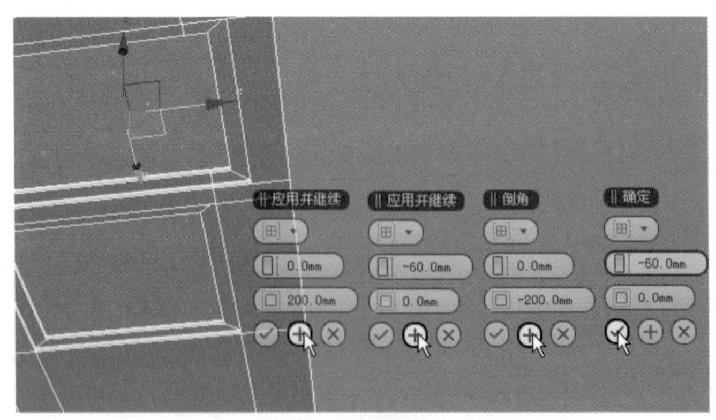

图4-39　设置轮廓

07 天花制作完成后，放在【前】视图2.6m高的位置，如图4-40所示。

08 在天花的中间制作一个凹槽，作为窗帘的滑道，如图4-41所示。

09 地面的制作就比较简单了，在【顶】视图沿着墙体绘制线形即可，执行【挤出】命令，数量设为-10mm。

这个场景的大多数物体已基本制作完成，现在剩下的是家具、装饰物等物体，

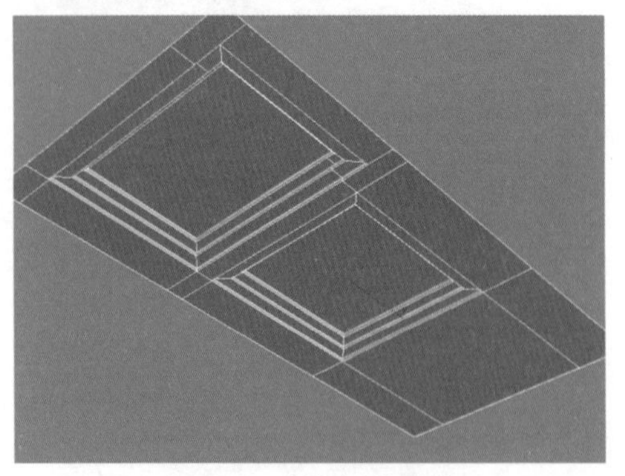
图4-40　制作好的天花

直接采用合并的方法即可。

10 执行菜单栏中按钮类下的【导入】|【合并】命令，在弹出的【合并文件】对话框中选择本书配套光盘"场景"\"第4章"\"精致小户型家具.max"文件，然后单击 打开(O) 按钮，在弹出的【合并-精致小户型家具.max】对话框中单击 全部(A) 按钮，再单击 确定 按钮，如图4-42所示。

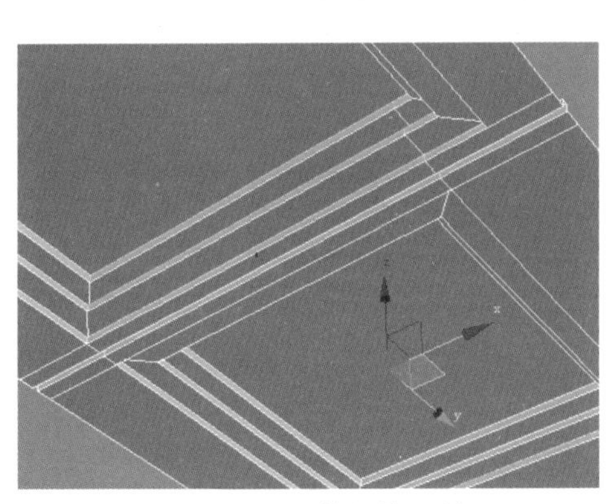

图4-41　为天花制作滑道

图4-42　合并文件

在弹出的【重复材质名称】窗口中，单击 使用合并材质 按钮即可。此时，"精致小户型家具.max"文件就合并到场景中，将其移动到合适的位置，效果如图4-43所示。

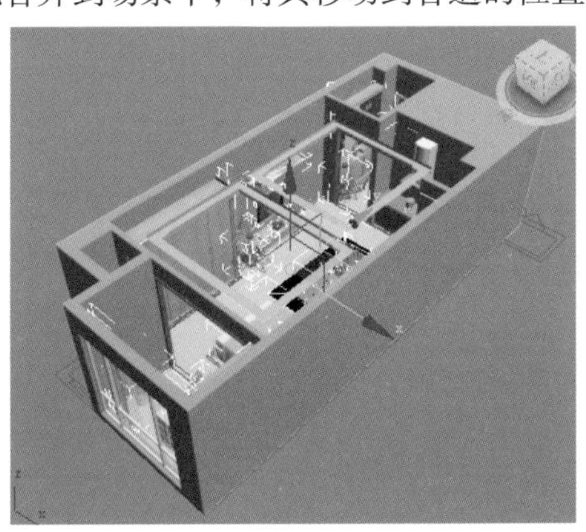

图4-43　合并家具后的效果

11 右击鼠标，在弹出的快捷菜单中执行【全部解冻】命令，将平面图删除。

12 按Ctrl+S组合键，将文件进行快速保存。

4.3 材质的设置

套一户型的模型已经制作完成，合并的家具材质已经赋好，下面介绍场景中主要材质的调制，主要包括白乳胶漆、壁纸、软包、木纹、地板材质等，效果如图4-44所示。

图4-44　场景中的主要材质

调材质时，应该先将VRay指定为当前渲染器，不然将不能在正常情况下设置使用VRay的专用材质。

按F10键，打开【渲染设置】窗口，选择【公用】选项卡，在【指定渲染器】卷展栏下单击【选择渲染器】...按钮，在弹出的【选择渲染器】窗口中选择【V-Ray Adv 2.00 .03】选项，如图4-45所示。

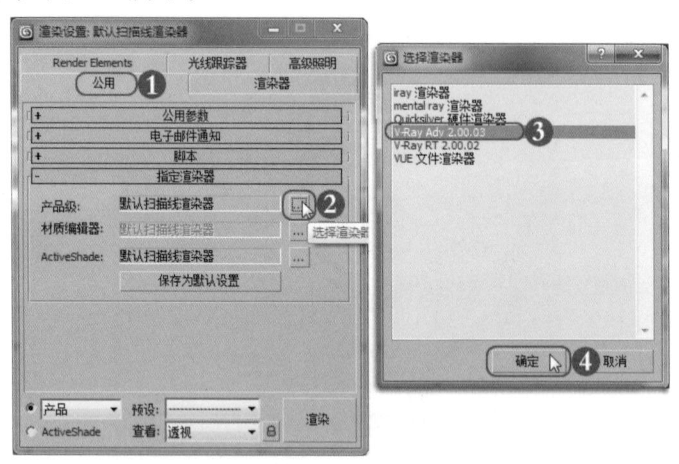

图4-45　将VRay指定为当前渲染器

此时，当前的渲染器已经指定为VRay渲染器，下面就可以调制材质了。

4.3.1　白乳胶漆

/现场实战——调制乳胶漆材质

01 按M键，打开【材质编辑器】窗口，选择第一个材质球，单击【标准】Standard按钮，在弹出的【材质/贴图浏览器】窗口中选择【VRayMtl】材质，如图4-46所示。

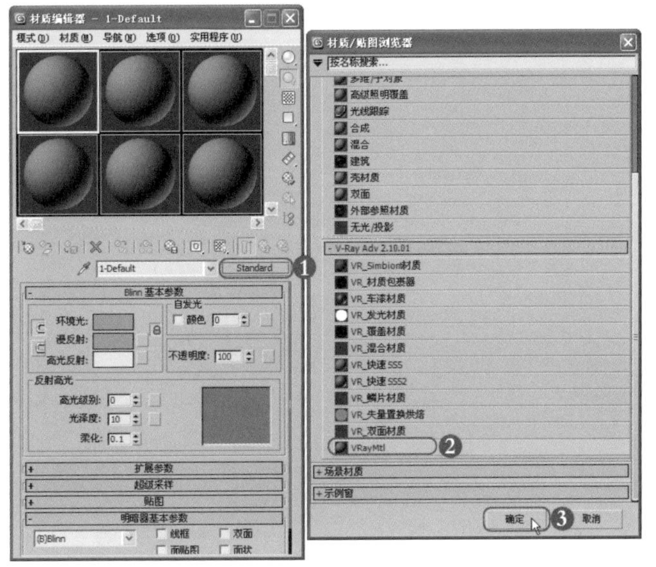

图4-46 选择【VRayMtl】材质

在调制材质之前，应该先来分析一下真实世界里的墙面究竟是什么样的，在离墙面比较远的距离去观察墙面的时候，墙面是比较平整的、颜色比较白的；当靠近墙面仔细观察，可以发现上面有很多不规则的小凹凸和细的痕迹，这是由于刷乳胶漆的时候，使用的刷子涂抹留下的痕迹，这个痕迹是不可避免的，在调制白乳胶漆材质的时候，不需要考虑痕迹。

02 将材质命名为“白乳胶漆”，设置【漫反射】颜色值为（红：245，绿：245，蓝：245）而不是纯白色的值255，这是因为墙面不可能全部反光；【反射】颜色值为（红：23，绿：23，蓝：23），取消选中【选项】卷展栏下的【跟踪反射】复选框，参数设置如图4-47所示。

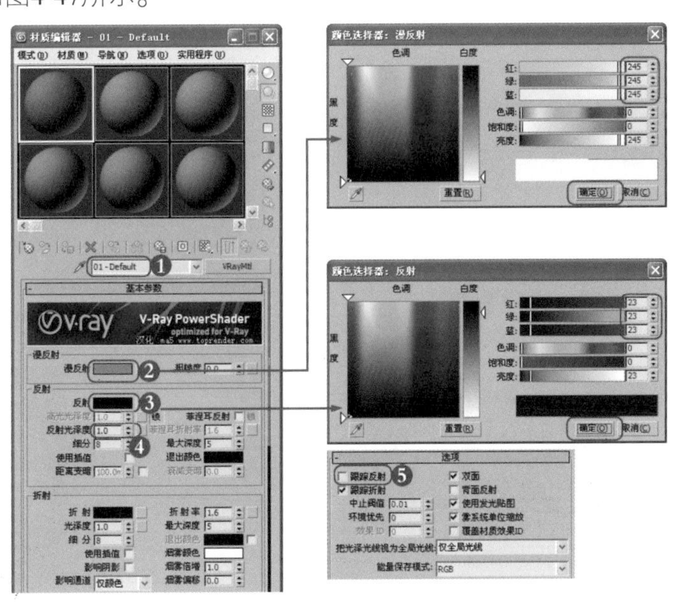

图4-47 调制白乳胶漆材质

03 将调制好的材质赋给天花造型。

模型是一体的，在赋材质的时候可以将每一部分不同材质的物体分离出来，也可以进入【多边形】■层级子物体直接赋给，无论采用哪种方法，都是可行的。

4.3.2 壁纸材质

/现场实战——调制壁纸材质

01 选择第二个材质球，将其指定为【VrayMtl】材质，材质命名为“壁纸”，单击【漫反射】右面的小按钮，选择【位图】选项，在弹出的【选择位图图像文件】窗口中选择本书配套光盘“场景”\“第4章”\“贴图”\“现代bizhi.jpg”文件，如图4-48所示。

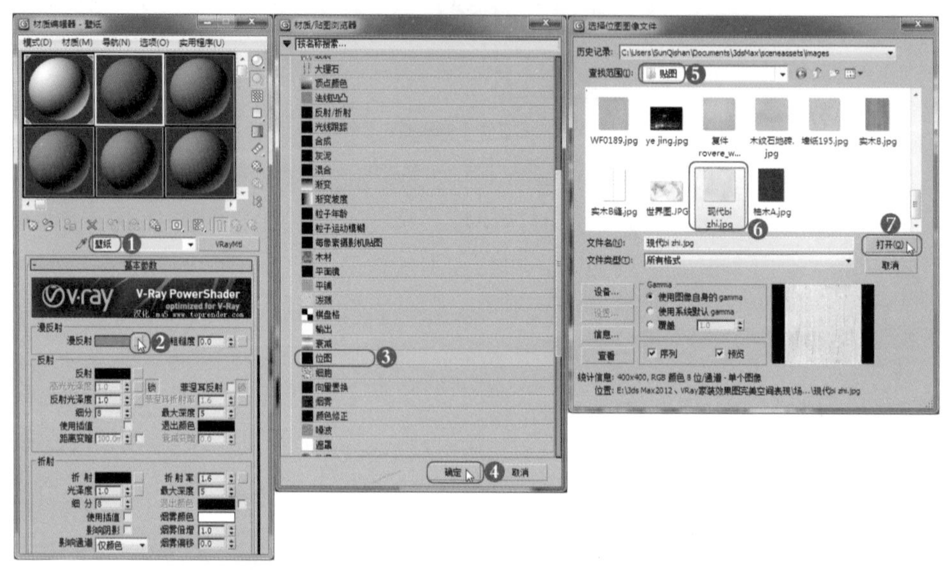

图4-48　调整壁纸材质

为了让壁纸更加真实、清晰，表面有一定的粗糙及凹凸效果，设置以下各项参数。

02 首先设置【坐标】卷展栏下的【模糊】为0.1，这样可以使贴图更加清晰，如图4-49所示。

03 在【贴图】卷展栏下，将【漫反射】中的位图复制给【凹凸】通道中，将数量设置为20，如图4-50所示。

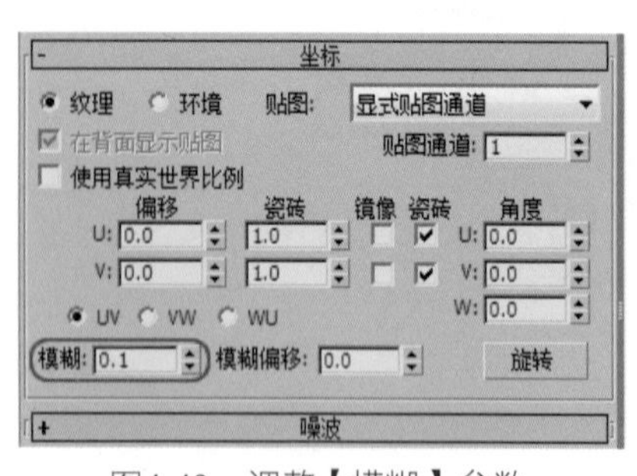

图4-49　调整【模糊】参数

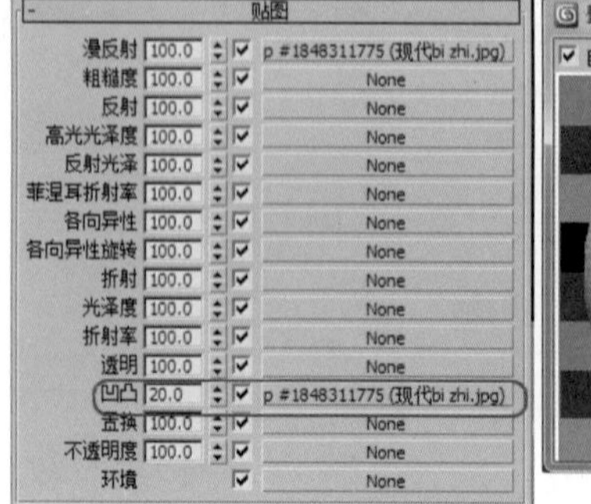

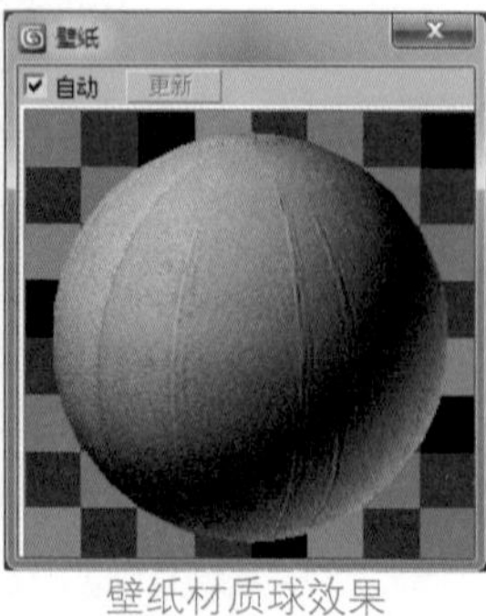

壁纸材质球效果

图4-50　设置壁纸的【凹凸】效果

04 在视图中选择墙体，将调制好的“壁纸”材质赋给它，对其执行【UVW贴图】命令，在【贴图】方式选项组下选中【长方体】单选按钮，【长】、【宽】均设为1000mm，高度默认即可，效果如图4-51所示。

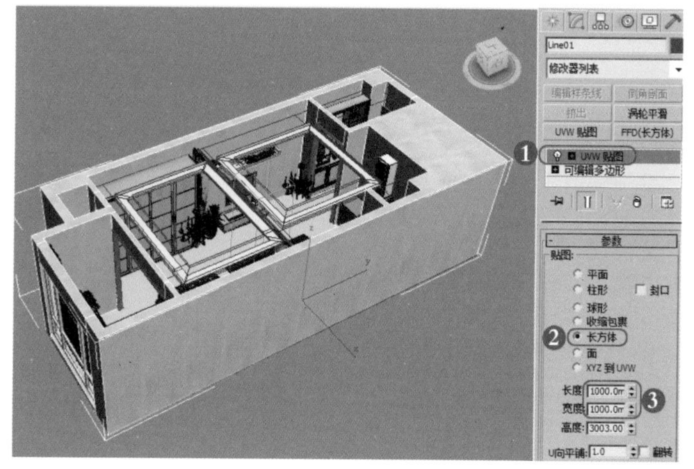

图4-51　为墙体赋予壁纸材质

4.3.3　软包材质

/现场实战——调制软包材质

01 选择第三个材质球，材质命名为“软包”，使用默认的【Standard】（标准）材质即可。

02 在【明暗器基本参数】卷展栏下选择【（O）Oren-Nayar-Blinn】选项，调整【漫反射】的颜色为浅枣红色；选中【自发光】选项组下的【颜色】复选框，在右面的小按钮中添加一幅【遮罩】贴图；在【遮罩参数】卷展栏下方添加两幅【衰减】贴图，参数设置如图4-52所示。

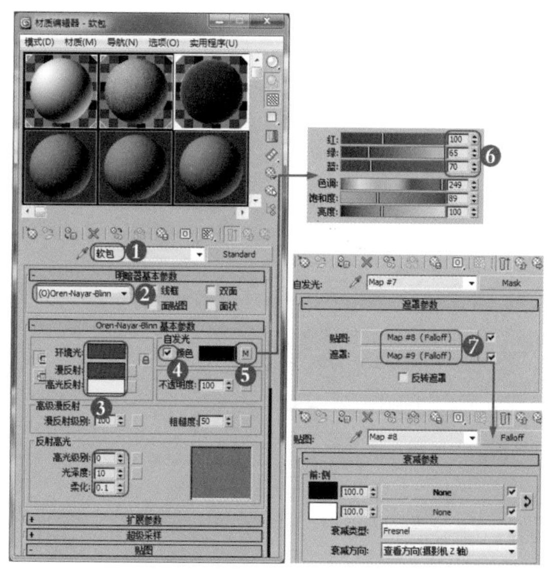

图4-52　调制软包材质

03 将调制好的软包材质赋给床头软包造型，中间的装饰条赋予一种金属材质即可。

4.3.4 地板材质

/现场实战——调制地板材质

01 选择一个未用的材质球，将其指定为【VRayMtl】材质，调制一种“地板”材质，在【漫反射】中添加一幅名为“实木B.jpg”的位图；在【凹凸】中添加一幅名为“实木B缝.jpg”的贴图，使地板材质出现拼接缝，将调制好的“地板”材质赋给地面，具体参数如图4-53所示。

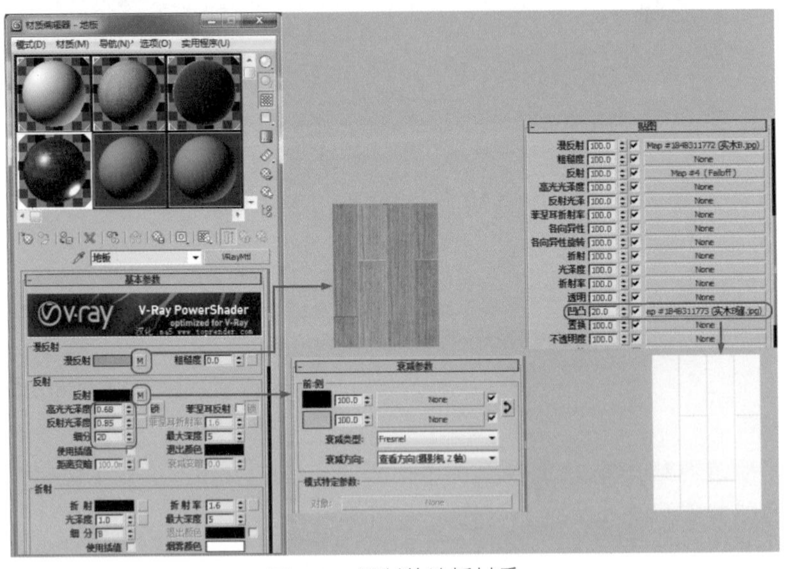

图4-53 调制的地板材质

02 为地面添加【UVW贴图】修改器，设置参数，调整地板的纹理，如图4-54所示。

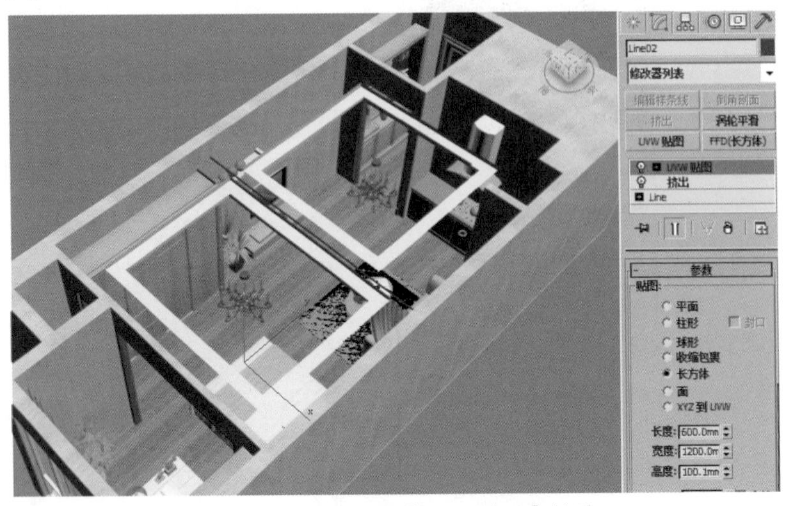

图4-54 为地面添加【UVW贴图】材质

03▶复制一个调制好的"白乳胶漆"材质球，命名为"淡黄乳胶漆"，赋给最上面的屋顶。

现在还有黑胡桃材质。选择一个未使用的材质球，使用【吸管】工具在书橱上单击，就可以将上面的木纹材质吸到材质球上面，再将木纹材质赋给所有的门头及沙发背景墙的装饰板上。

至此，框架的材质已经调制完成了，至于合并的物体，之前就已经调好赋给它们了，这里不再赘述。

4.4 设置摄影机并检查模型

整个场景的建模、材质都已经完成，下面创建两架摄影机，分别用来观看客厅及卧室的空间，以便将这个场景完全观看清楚。

4.4.1 设置摄影机

现场实战——为场景设置摄影机

01▶继续上面的操作步骤。

02▶在【顶】视图创建两架摄影机，一架用来观看客厅，另一架用来观看卧室，位置如图4-55所示。

03▶两架摄影机的高度在【前】视图移动到1100mm（1.1m）左右的位置，用一种平视的角度来观看，效果如图4-56所示。

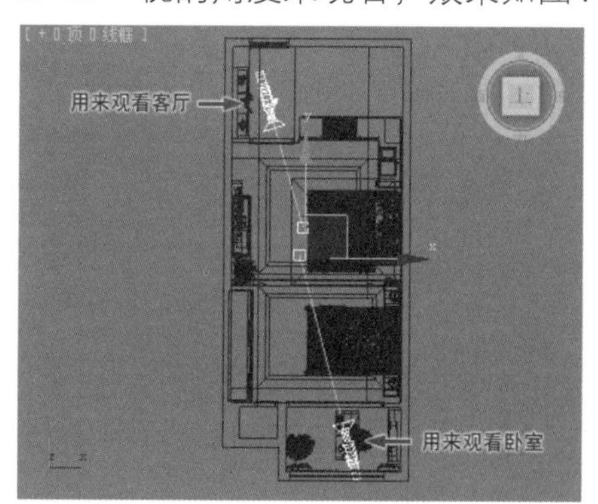

图4-55 创建的两架摄影机

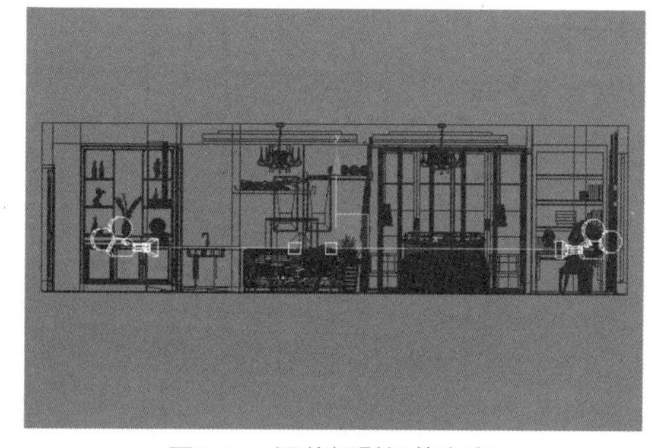

图4-56 调整摄影机的高度

04▶调整两架摄影机的【镜头】为22，用来观看客厅的摄影机必须选中【剪切平面】复选框，否则会被前面的物体挡住一部分，具体参数这里不再介绍，只要调整【近距剪切】的数值超过遮挡的物体，调整【远距剪切】的数值超过房间即可。

05▶两架摄影机视图设置完成，效果如图4-57所示。

06▶按Ctrl+S组合键，将文件进行快速保存。

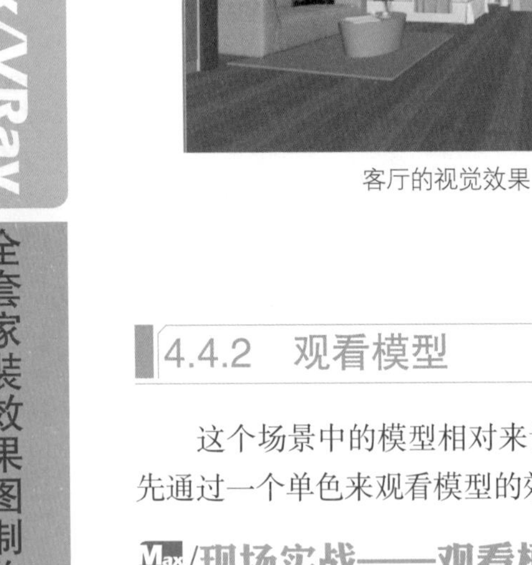

客厅的视觉效果　　　　卧室的视觉效果

图4-57 【摄影机】视图

4.4.2 观看模型

这个场景中的模型相对来说不是很复杂，空间也比较小，结构也相对较简单，可以先通过一个单色来观看模型的效果。

/现场实战——观看模型

01 按M键，打开【材质编辑器】窗口，选择一个未使用的材质球，将其指定为【VRayMtl】材质，设置【漫反射】的颜色（红：220，绿：220，蓝：220），其他参数默认即可。按F10键，在打开的【渲染设置】窗口中选择【VR_基项】选项卡，在【V-Ray::全局开关】卷展栏下选中【替代材质】复选框，将调制好的材质拖曳到【替代材质】右面的按钮上，进行实例复制，这样就可以对场景进行简单的单色渲染测试了，如图4-58所示。

图4-58 设置测试材质

02 因为是测试，为了得到一个比较快的速度，所以将渲染的图像尺寸设置得小一点即可，如图4-59所示。

03 同样也是为了提高速度，设置一个质量比较差，速度比较快的VR渲染参数，首先使用低参数的【固定】方式，取消选中【抗锯齿过滤器】选项组中【开启】复选框，如图4-60所示。

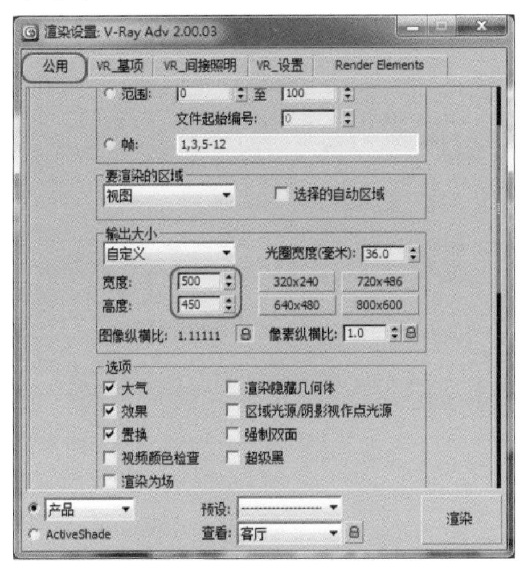

图4-59 设置渲染图像的尺寸

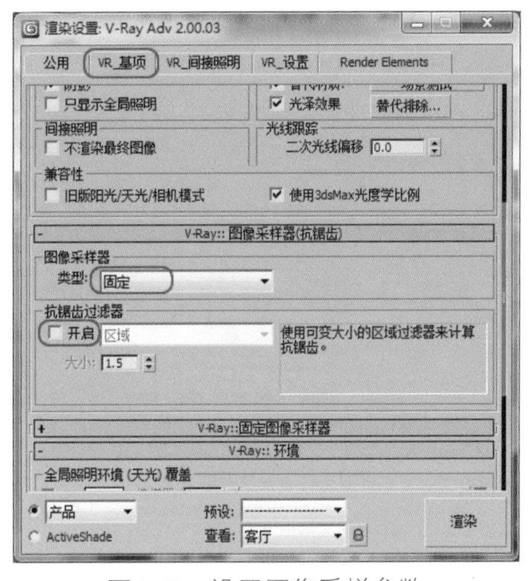

图4-60 设置图像采样参数

04 单击【VR_间接照明】选项卡，在【二次反弹】选项组中选择【灯光缓存】选项；在【V-Ray::发光贴图】卷展栏下选择【非常低】选项，如图4-61所示。

05 再调整一下【V-Ray::灯光缓存】卷展栏下的【细分】为200，目的是加快渲染速度，取消选中【保存直接光】复选框，选中【显示计算状态】复选框，如图4-62所示。

图4-61 设置【VR_间接照明】参数

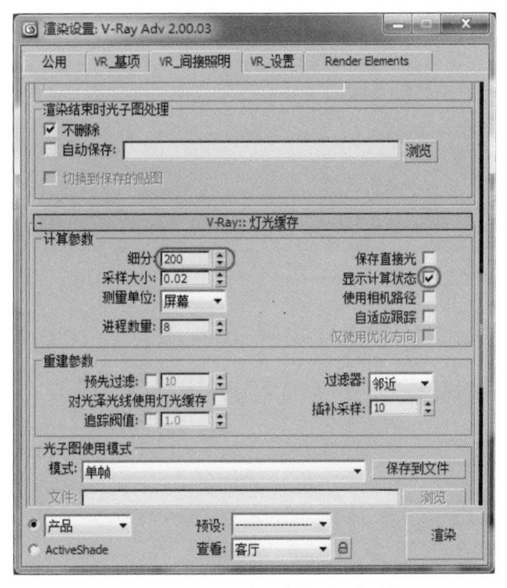

图4-62 设置灯光缓存参数

06 为了方便，直接使用VR的天光，这样的话，测试场景就不需要设置灯光了，选中【V-Ray::环境】卷展栏下【全局照明环境（天光）覆盖】选项组下的【开】复选框，设置【倍增器】的数值为3，如图4-63所示。

07 单击【VR_设置】选项卡，选中【帧标签】选项组下的选项，目的就是看下渲染后的时间，再设置其他参数，如图4-64所示。

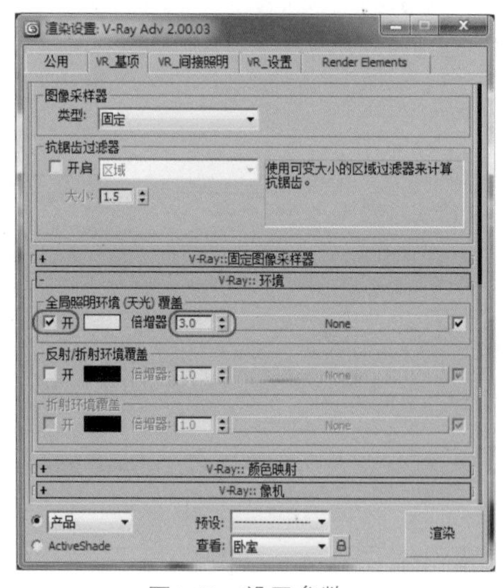

图4-63　设置参数

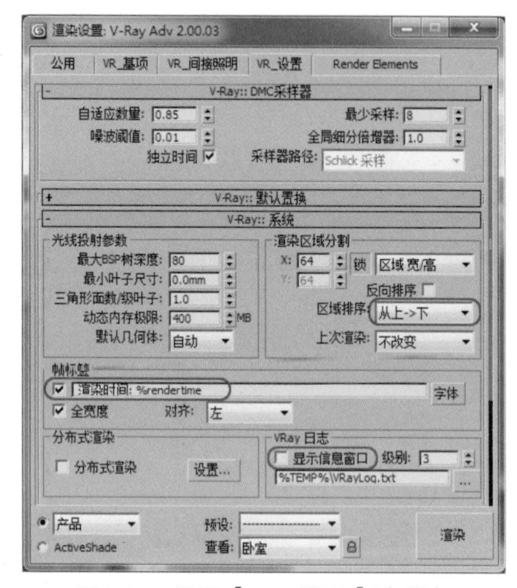

图4-64　设置【VR_设置】选项卡

08 在渲染之前将纱帘隐藏起来，场景的基本设置就完成了，单击 渲染 按钮，进行快速渲染，两个视角测试渲染的效果如图4-65所示。

图4-65　场景测试渲染效果

通过上面的渲染可以看出，整体效果还比较理想，也没有发现模型有问题，如果模型有问题，可以及时对模型进行修改，下面就可以进行下一步的工作了——灯光的设置。

4.5 灯光的设置

这个场景主要是为表现出室内灯光的效果，因空间比较小，所以想得到好的效果，必须室内灯光照明，产生比较强烈的视觉效果，配合窗外的的一些照明，最后设置辅助光源即可。

4.5.1　设置窗外夜晚环境光

Max VRay/现场实战——设置阳光

01 单击【灯光】 | VRay | VR_光源 按钮，在【前】视图窗户的位置创建一盏【VR_光源】用于模拟夜晚的环境光，将【颜色】设置为灰紫色（天空的颜色），设置【倍增器】的值为8，取消选中【不可见】复选框，位置如图4-66所示。

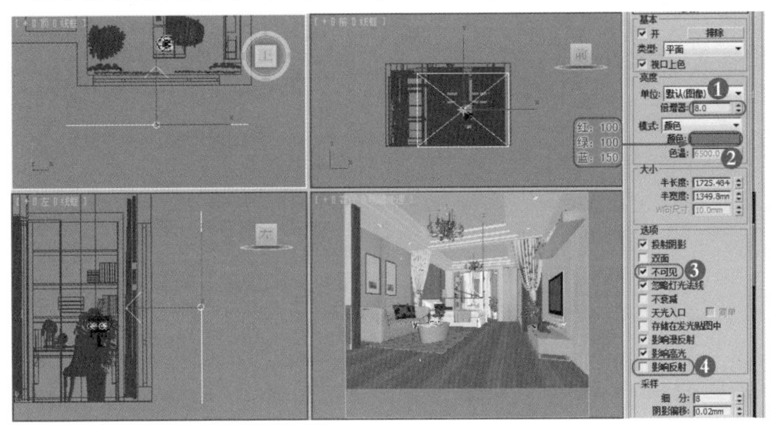

图4-66　VR平面光的位置

02 设置完这盏环境光后，就可以设置简单的渲染参数。首先取消选中【替代材质】复选框，如图4-67所示。

03 取消选中【V-Ray::环境】卷展栏下【全局照明环境（天光）覆盖】选项组中的【开】复选框，如图4-68所示。

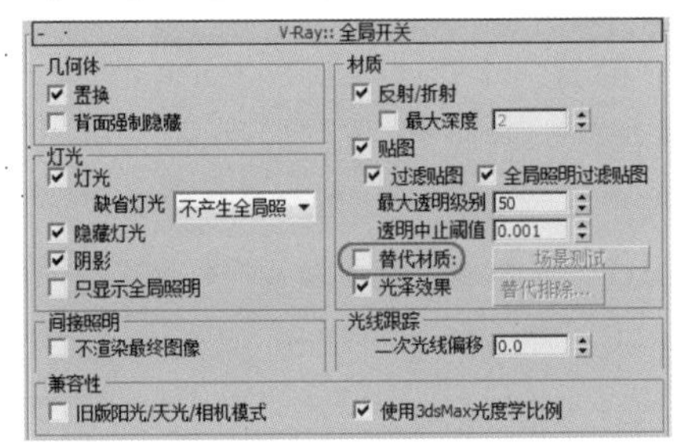

图4-67　设置间接照明参数

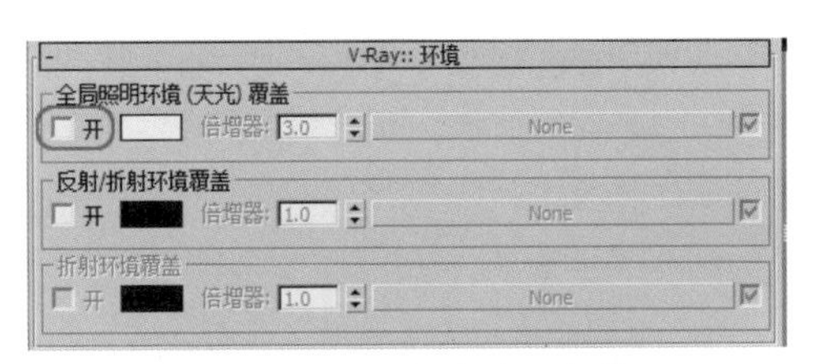

图4-68　设置发光贴图参数

04 按Shift+Q组合键，快速渲染【摄影机】视图，其渲染的效果如图4-69所示。

通过上面的渲染效果来看，整体感觉基本满意，下面创建室内灯光。

图4-69　渲染的效果

4.5.2　设置室内灯光

现场实战——设置室内灯光

01 为了方便观看，在场景中只显示天花，将其他造型进行隐藏，在【前】视图创建一盏VR光源，大小与灯槽差不多，将它移动到灯槽的位置，颜色为淡黄色，【倍增器】的值设置为3，取消选中【不可见】复选框，位置及形态如图4-70所示。

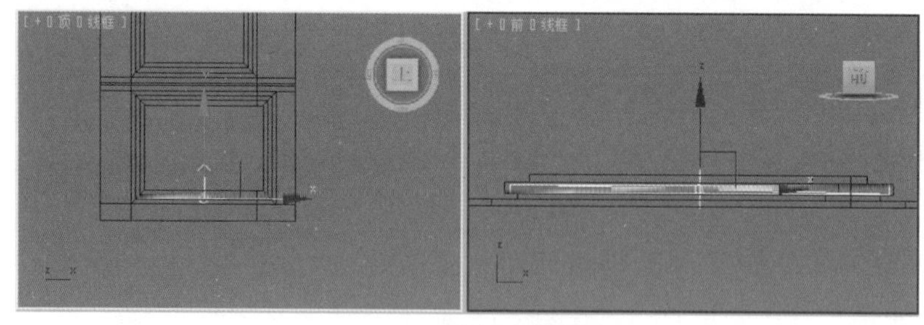

图4-70　VR光源的位置

02 在【顶】视图将灯光镜像一盏，放在合适的位置，如图4-71所示。

03 同时选择两盏VR光源，用旋转复制的方式进行实例复制，不需要修改长度或宽度，直接单击工具栏中的【缩放】按钮进行修改即可，最终效果如图4-72所示。

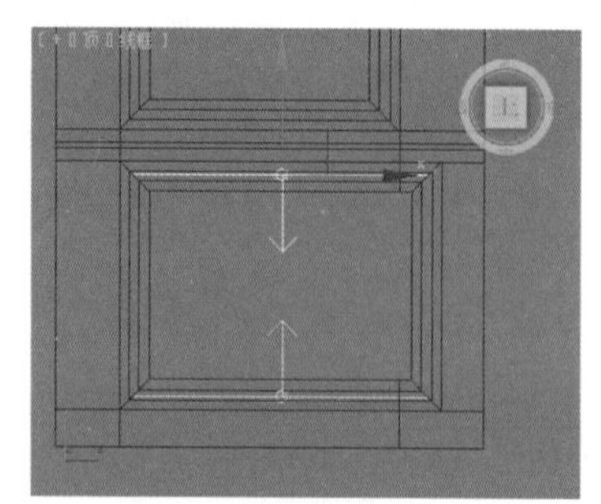

图4-71　镜像后的位置

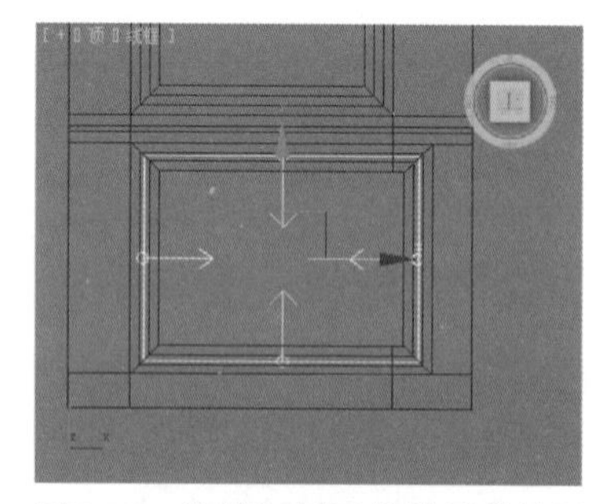

图4-72　旋转复制及缩放后的效果

04 同样将上面的灯槽复制出来，灯光的位置及大小调整好即可，如图4-73所示。

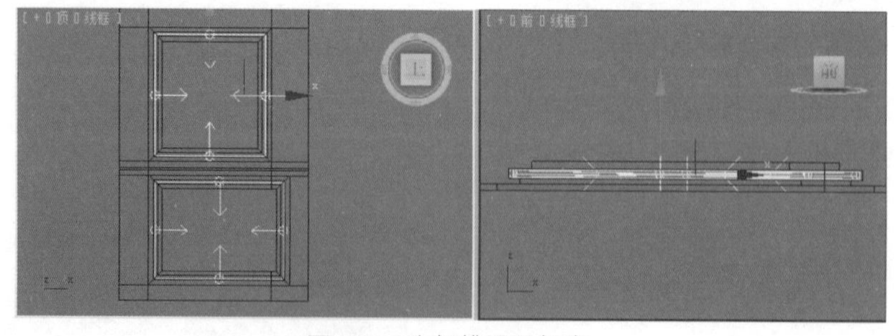

图4-73　为灯槽设置灯光

05 在【顶】视图客厅的位置创建一盏VR平面光源，模拟吊灯的发光效果，将它移动到天花的下面，颜色为淡黄色，【倍增器】的值设置为3。取消选中【不可见】、【影响镜面】复选框，在卧室、走廊、厨房、阳台的位置进行复制，灯光的尺寸调整一下即可，位置及形态如图4-74所示。

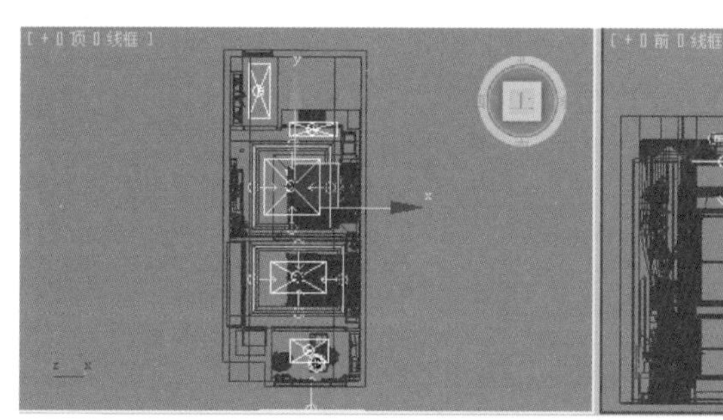
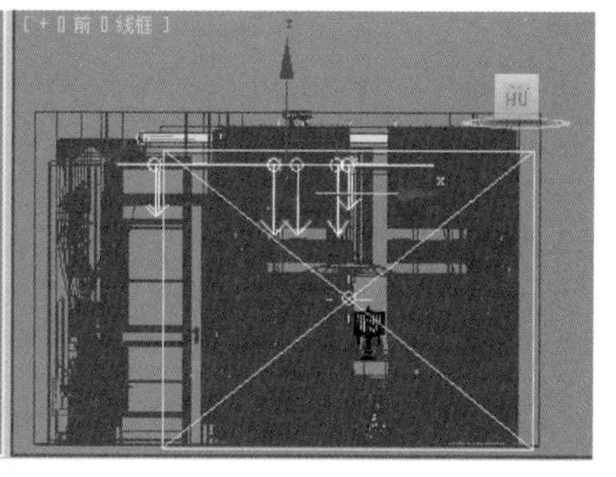

图4-74 设置吊灯

06 在【顶】视图书房的书橱里面创建一盏VR平面光源，颜色为淡黄色，【倍增器】数值设置为5。取消选中【不可见】、【影响境面】复选框，再实例复制三盏，如图4-75所示。

图4-75 为书橱设置灯光

07 在卧室床头灯的里面创建一盏VR球型灯，【倍增器】数值设置为20，【半径】设置为50mm，放在灯罩的里面，如图4-76所示。

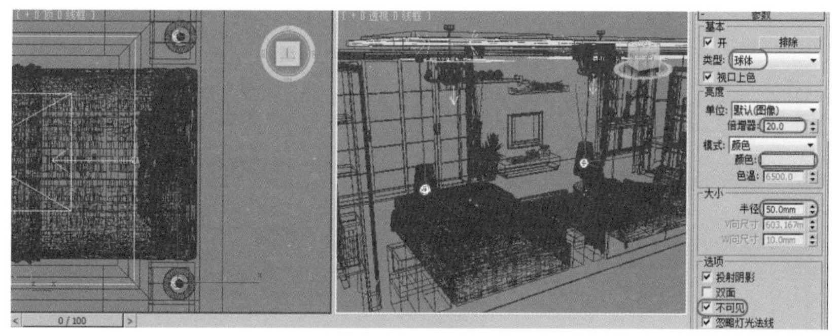

图4-76 设置床头灯

08 为了方便操作，在视图中只显示筒灯和天花，其他物体可以先临时隐藏起来，单击【灯光】| 目标灯光 按钮。在【前】视图中拖动鼠标，创建一盏【目标点光源】，移动到筒灯的位置，如图4-77所示。

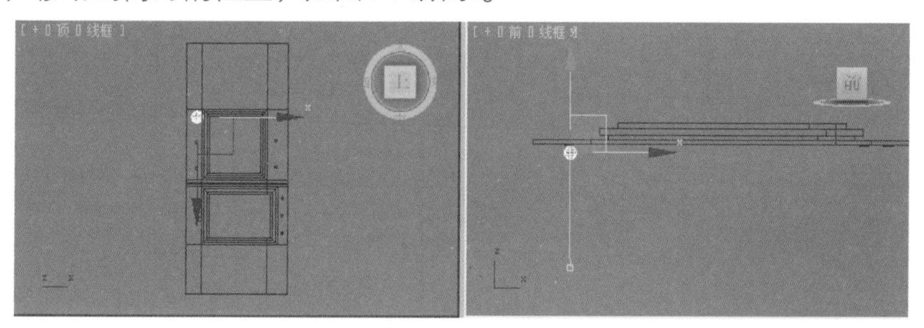

图4-77 【目标点光源】的位置

09 选择灯头，进入【修改】命令面板，选中【阴影】选项组中的【启用】复选框，选择【VRayShadow】（【VRay阴影】），为【目标点光源】选择【光度学Web】选项，选择随书光盘“场景”\“第4章”\“贴图”文件夹下的“标准(cooper).ies”文件，如图4-78所示。

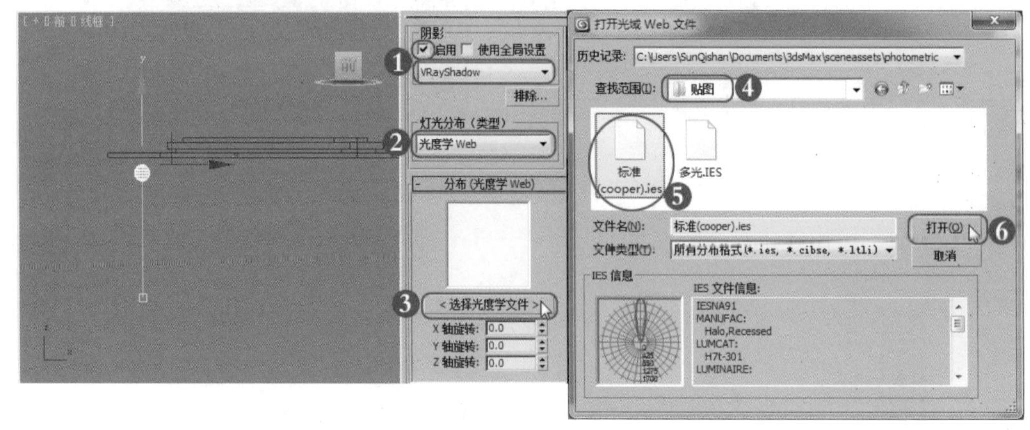

图4-78　选择文件

10 调整【光度学Web】的【强度】为2500，在【顶】视图中使用实例方式复制多盏，如图4-79所示。

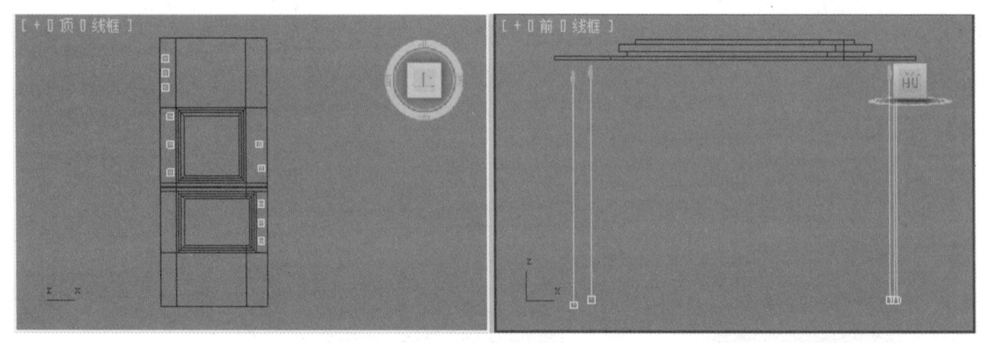

图4-79　对灯光进行复制

11 按Shift+Q组合键，快速渲染【摄影机】视图，其渲染的效果如图4-80所示。

图4-80　渲染效果

通过上面的渲染效果可以看出，整体的光感还是很灰暗，如果想得到好的效果，在渲染参数里面就可以解决。整个场景中的灯光就设置完成了，下面需要做的就是精细调整一下灯光细分参数及渲染参数，进行渲染。

4.6 渲染参数的设置

前面已经将大量烦琐的工作完成，下面需要做的就是把渲染的参数设置高一些，渲染一张小的光子图，然后进行渲染输出，利用Photoshop进行后期处理。

/现场实战——设置最终渲染参数

首先为背景添加一幅风景来模拟窗外的风景。

01 在视图中创建一个圆弧，执行【挤出】命令，设置【数量】为3000mm，然后执行【法线】修改命令，位置如图4-81所示。

02 按M键，打开【材质编辑器】窗口，选择一个未用的材质球，将材质类型指定为【VR灯光材质】，设置【颜色】亮度为2，然后添加一幅ye jing.jpg的位图，将调制好的风景赋给圆弧，如图4-82所示。

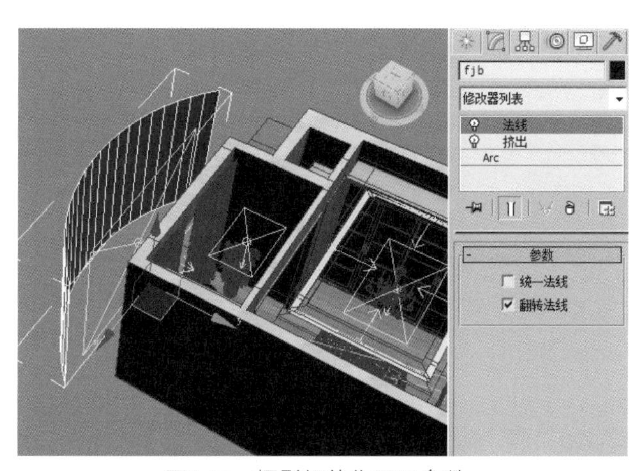

图4-81　摄影机的位置及参数

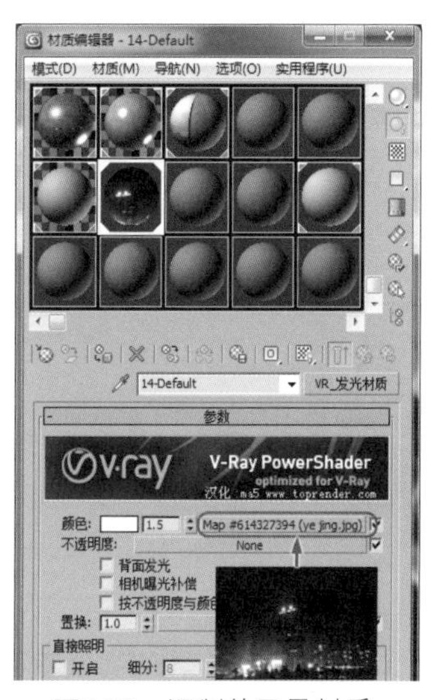

图4-82　调制的风景材质

3ds Max 2012有个缺点，就是用【VR发光材质】贴图显示不出来，但是在【显示模式】下选择【一致的色彩】就能看到贴图纹理。

03 修改模拟环境光的VR平面光源及客厅、餐厅的VR平面光的【细分】为20，灯槽的VR平面光源及床头灯的VR球形灯的【细分】为15，如图4-83所示。

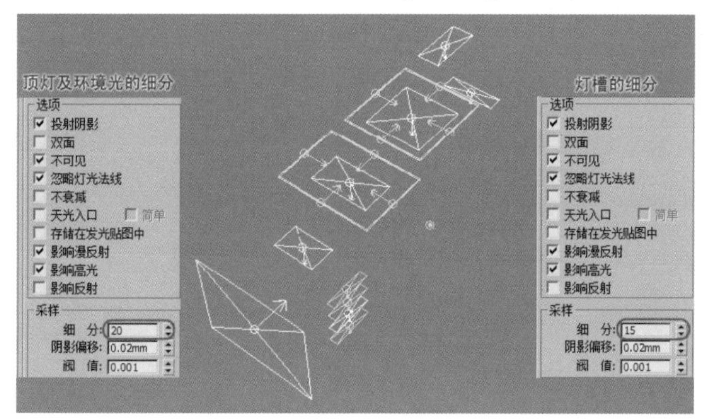

图4-83　修改灯光的【细分】参数

灯槽里面的灯光细分太高速度会比较慢，所以就没有必要浪费时间了。

04 重新设置一下渲染参数，按F10键，在打开的【渲染设置】窗口中，选择【VR_基项】选项卡，设置【图像采样】、【颜色映射】的参数，如图4-84所示。

图4-84 设置最终的渲染参数

05 单击【VR_间接照明】选项卡，设置【V-Ray::发光贴图】及【V-Ray::灯光缓存】的参数，如图4-85所示。

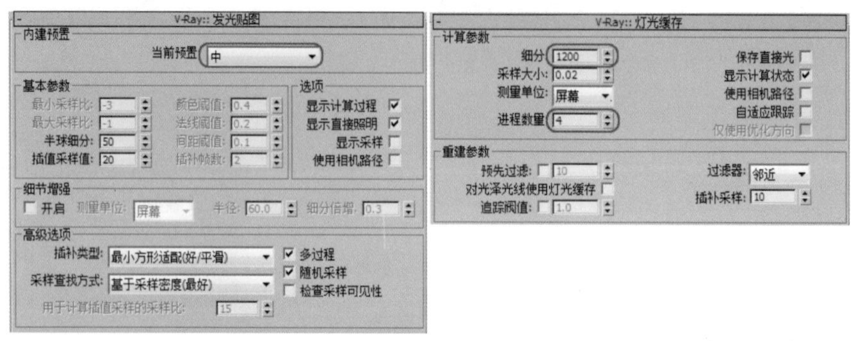

图4-85 设置参数

06 单击【VR_设置】选项卡，设置【V-Ray::DMC采样器】及【V-Ray::系统】卷展栏的参数，如图4-86所示。

07 当各项参数都调整完成后，最后将渲染尺寸设置为1600mm×1387mm，如图4-87所示。

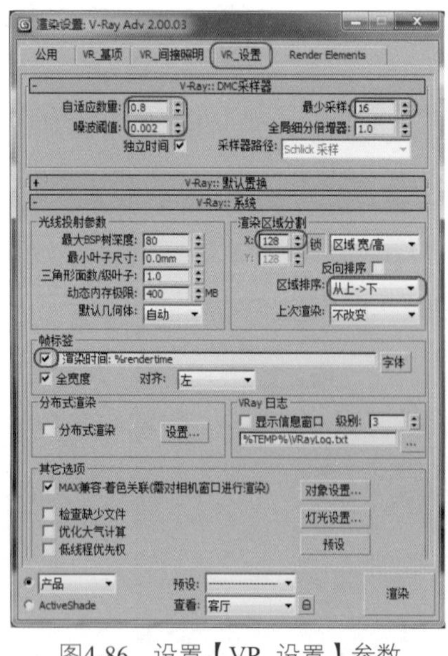

图4-86 设置【VR_设置】参数

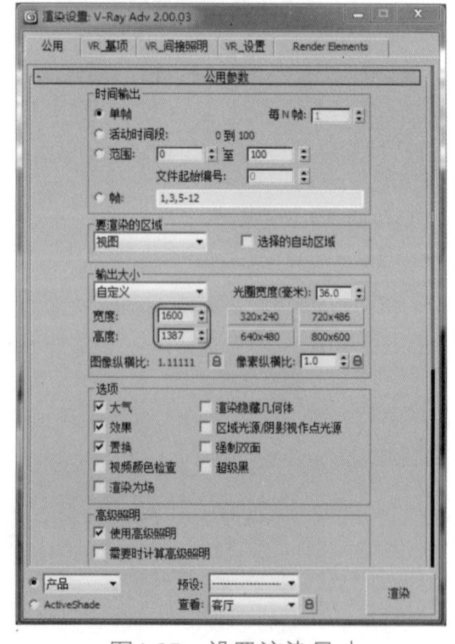

图4-87 设置渲染尺寸

08 单击 渲染 按钮，经过3个小时左右的时间渲染完成，效果如图4-88所示。

09 在渲染窗口中单击【保存图像】按钮，在弹出的【保存图像】窗口中将文件命名为“精致小户型-客厅.tif”，【保存类型】选择*.tif格式，单击 保存(S) 按钮，就可以将渲染的图像保存，如图4-89所示。

图4-88　客厅的渲染效果

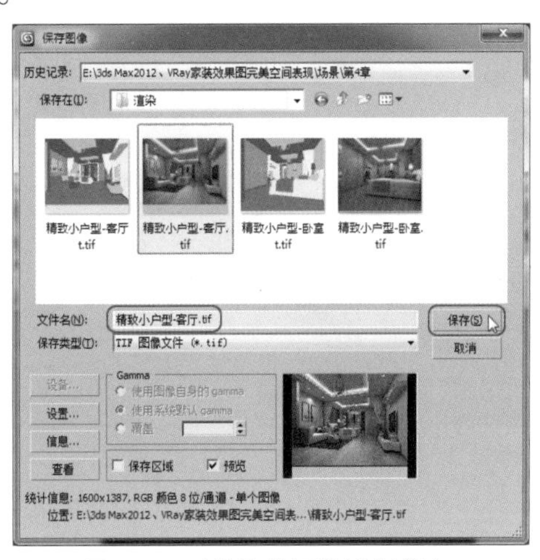

图4-89　对渲染的图像进行保存

10 同样再渲染一下卧室的镜头，渲染效果如图4-90所示。

图4-90　卧室的渲染效果

4.7 Photoshop后期处理

后期处理作为效果图制作的最后一步，也是决定表现效果好坏至关重要的一步，它能弥补在3ds Max中表现的不足之处，可以说起到了扬长避短作用。

Photoshop最终目的是处理图像的色彩，对图像的色相、饱和度以及明度进行恰如其分的调整。在对效果图后期的背景及配景融合时，由于都是从不同的资料上截取的图像，各配景的色调、对比度都不相同，如果同时出现在一个画面中，会使整个场景的氛围不统一，此时可以用Photoshop强大的色彩调节工具对配景进行处理。下面是处理前和处理后的效果。如图4–91所示。

处理前的效果

处理后的效果

图4-91　用Photoshop处理的前后效果

当渲染完成以后，就需要对图像进行后期处理，及进行最后的调整。

/现场实战——对客厅进行后期处理

01 启动Photoshop CS5中文版。

02 打开上面渲染输出的“精致小户型——客厅.tif”文件，这张渲染图是按照1600mm×1387mm的尺寸来渲染的，效果如图4-92所示。

图4-92　打开渲染的图像

现在观察和分析渲染的图片，可以看出图稍微有些暗，并且带点灰，这就需要使用Photoshop来调节该图的【亮度】和【对比度】。

03 在【图层】面板中按住背景层，拖动到下面的【创建新图层】按钮上，将背景图层复制一个，按Ctrl+L组合键，打开【色阶】窗口，调整参数，如图4-93所示。

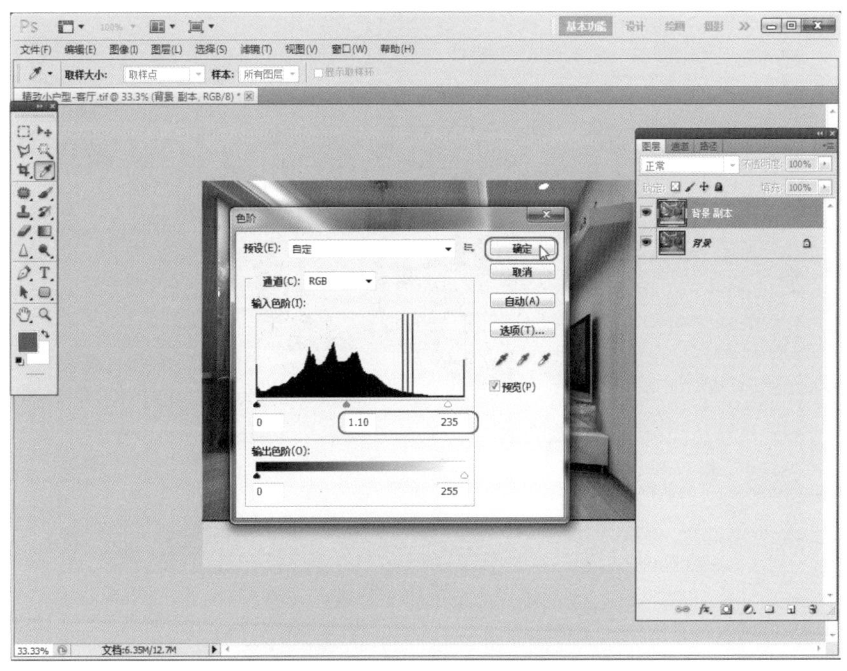

图4-93　使用【色阶】调整图像的亮度

04 接着再依次按Alt+I+A+C组合键，打开【亮度/对比度】对话框，调整图片的亮度与对比度，如图4-94所示。

> **提示** 在执行【曲线】和【亮度/对比度】等命令的时候，可以通过选中弹出的对话框中的【预览】复选框来观看调整前与调整后的效果，并根据实际情况来调整参数。

05 经过这两步调节后的效果如图4-95所示。

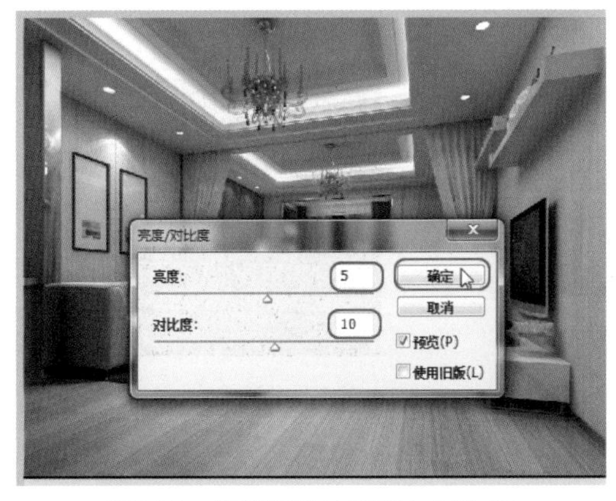

图4-94　调整图像的亮度与对比度

图4-95　初步调节后的效果

从现在的整体效果来看还是不够明快，有点灰，下面再进行调整。

06 复制一个调整后的图层，在图层下面的下拉窗口中选择【柔光】选项，调整【不透明度】为60%，如图4-96所示。

图4-96　对复制的图层进行调整

因为制作的这个空间很小，所以要整体给人温馨的感觉，应通过【色彩平衡】来调整整体的色调。

07 按Ctrl+E组合键，将上面调整的两个图层进行合并。按Ctrl+B组合键，打开【色彩平衡】对话框，调整【色彩平衡】选项组下的三种颜色，如图4-97所示。

08 执行菜单栏中的【文件】|【打开】命令，打开随书配套光盘“场景”文件夹下的“光晕.psd”文件，如图4-98所示。

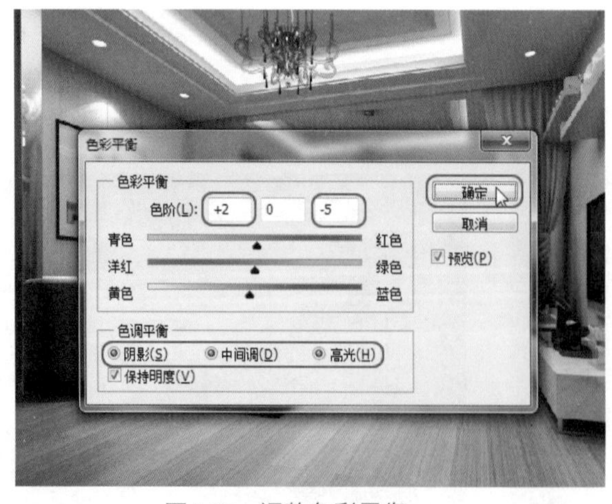

图4-97　调整色彩平衡

图4-98　打开的光晕文件

09 使用工具箱中的【移动】工具将光晕拖入到图像中，调整大小后将其移动到任意筒灯的位置，再复制多个，吊灯上也加入一些，效果如图4-99所示。

10 到这里，整体的效果就已经差不多了，如果有些小的局部或者不太理想的地方，希望读者根据自己的感受再进行调整，最终效果如图4-100所示。

图4-99　调入光晕效果

图4-100　客厅的最终效果

11 执行菜单栏中的【文件】|【存储为】命令，将处理后的文件另存为“精致小户型——客厅（后期）.psd”文件。可以在本书配套光盘“场景”\“第4章”\“后期”目录中找到。

用同样的处理手法对卧室进行后期处理，最终效果如图4-101所示。

图4-101　卧室的最终效果

4.8 小结

本章介绍了精致小户型套一——现代简约风格户型的设计与效果图的制作，将其中的过程、内容逐一进行展示，从方案介绍开始讲解，用专业的思路带领读者将CAD平面图引入到3ds Max中来建立模型，然后进行合并家具、赋材质、设置灯光、VRay渲染、后期处理等以详细的操作步骤把设计的方案表现出来，从而得到真实的效果。

第5章

精研好户型套二厅——西班牙风格

本章内容

- 方案介绍
- 模型的建立
- 材质的设置
- 灯光的设置
- 渲染参数的设置
- Photoshop后期处理

第4章以一套简单的套一户型为例，重点介绍了客厅及卧室空间的设计与效果图表现，下面将继续第4章的学习，将套二厅户型的设计方案及效果图的方式表现出来。鉴于本章的户型相对复杂，在制作客厅、餐厅时还采取了两个不同的摄影机角度，来表现这两个在使用功能上相对独立，在整体设计上又息息相关的空间，从而使客户更直观、明了的观看设计效果。有兴趣的话，可以在现有的基础上进行丰富，多设置几架摄影机，便于更为全面地表现设计方案。

5.1 方案介绍

本方案是一个西班牙主体风格的，业主正是因为这里的楼体外观及园林前期宣传，才定下来在这里安居的想法，因为这对夫妻是在西班牙留学时认识的，从而对这样的情景格外衷情，于是在设计初期进行交流时，便达成了共识，也自然引用了西班牙分格，这样的风格更加容易接近业主的感觉。这也使设计师更加确信，作为一个优秀的室内设计师，要想将设计做到客户心里，充分的交流是必不可少的，还要懂得居家设计并非纯艺术的展示，而是在细微处为主人着想，在这里设计是服务于生活的。

5.1.1 户型分析

本套方案位于某高档小区内多层住宅的套二双厅户型，且全明双厅双卫户型，外带露天阳台，为居住添加惬意舒适感。由入户门进入便是两侧都带有衣帽间的走廊，极大地方便了出入时需要更换衣服的需求，走廊右侧是餐厅和厨房的位置，绕过玄关是客厅，基本与走廊在一条中心轴上的，在走廊左侧是卫生间和两个卧室。本案例的整体建筑面积为107.38m^2，室内层高为2.68m，整体设计方案家具布局及房间位置可用一张平面效果图来表现，如图5-1所示。

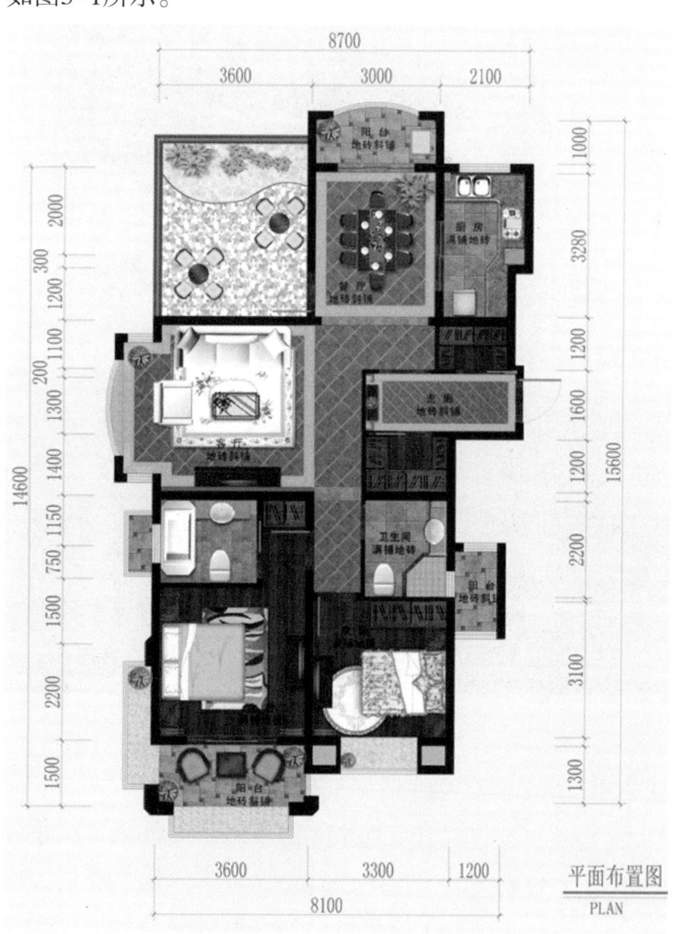

图5-1 套二双厅的平面效果图

5.1.2 设计说明

西班牙风格具有强烈的地中海风格特点，较之更加神秘、内敛、沉稳、厚重、热情洋溢、色彩绚丽。在设计时将色彩延续建筑颜色，以色彩绚丽著称的西班牙风格，室内也以红色、米色、黄色等暖色调为主。在材料上，厚重的木门、深色的木质品、细致的马赛克和铁艺被大量使用。曲线和拱型的造型、卷草图案和源于伊斯兰教的一些古老纹样都是西班牙风格的代表图案。在综合了本案所在小区的外观及客户要求等因素，采取了下面的设计方案。

1．客厅设计思路

客厅整体墙面采用带有肌理的拉毛墙面，将每个门洞以拱形造型进行演变，同时电视墙也采用相同的造型，内部贴以褐色系的马赛克，让它不仅拥有典雅、端庄的气质，还具有明显的风格特征，这样使电视墙造型不突兀，也使整个空间浑然一体。客厅上空高悬的铸铁吊灯、深色的木质以及原木梁的运用，都散发一种古朴、典雅、乡土的气息。质朴的拱形结构，古典的氛围将空间点缀得十分雅致大气，整个空间中一种浓浓的异域风情色彩跃然眼前。效果如图5-2所示。

图5-2　客厅的设计效果图

2．餐厅设计思路

餐厅作为就餐的空间，需要营造一种格外温馨融洽的气氛，暖色调的处理当然是必不可少的，造型上多以木制作为主，包括深色木梁造型、极具西班牙风格的门板造型和墙面上带有曲线造型的隔板，无一不渗透着西班牙的神秘与热情洋溢，再搭配整体的深色地转斜拼，暗示着自然的田园生活，给整个空间带来了强烈的视觉冲击效果，更使整

个房间洋溢着暖暖的调子，散发一种古朴、典雅的气息，如图5-3所示。

图5-3　餐厅的设计效果图

对于整个空间的设计，既要把握整体设计风格、色调，又要考虑在使用过程中能否为使用提供便利，当所有细节都考虑到，方案确定之后，就应该将设计的方案逐一表现出来，以效果图来说话，使客户预先了解设计师所能做到的设计、装修，在完工后是一种什么样的表现效果。至于主卧、次卧、厨房、卫生间空间基本不需要制作，下面列出了几幅参考设计效果图，希望它们在读者制作这些空间的时候能起到一些参考作用，卧室的参考设计效果如图5-4所示。

图5-4　卧室的参考设计效果图

厨房及卫生间的参考设计效果如图5-5所示。

图5-5　厨房及卫生间的参考设计效果图

5.2 模型的建立

下面准备介绍套二双厅客厅及餐厅的表现，它们在造型的创建上比较复杂，里面的门套窗套比较多。在建模上，采用了简洁的单面建模方法。首先将CAD平面图导入到3ds Max中，以输入的图纸做参照来建立墙体、门窗、装饰墙等造型，然后将家具合并到场景中。

5.2.1 建立墙体

墙体的建立还是以导入AutoCAD平面图纸做参照，然后再使用3ds Max进行专业建模。

现场实战——建立墙体

01 启动3ds Max 2012中文版，执行菜单栏中的【自定义】|【单位设置】命令，此时将弹出【单位设置】对话框。将【显示单位比例】和【系统单位比例】设置为【毫米】，如图5-6所示。

图5-6 设置单位

02 用前面介绍的方法将本书配套光盘“场景”\“第5章”\“精研好户型——西班牙套二厅（导入）”文件导入到场景中，如图5-7所示。

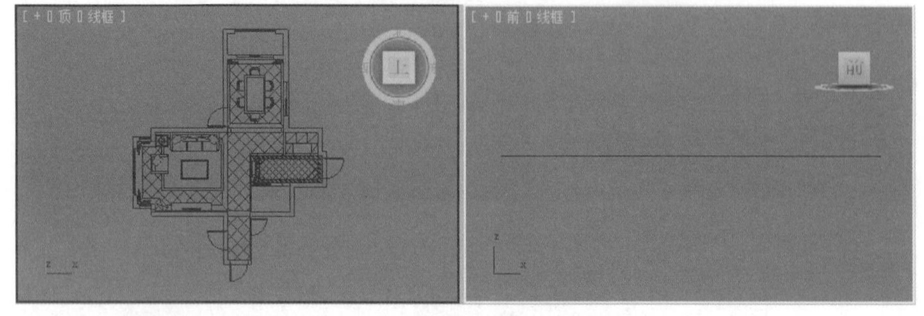

图5-7 导入套二双厅平面图

导入的平面图已经在AutoCAD中修改好了，其目的就是起到一个参照的作用，将不

必要的线形全部删除，只保留制作的墙体、家具、地面即可。保留地面的目的就是要看地面地砖的尺寸及地花的形态。

03 按Ctrl+A组合键，选择所有线形，然后成为一组，指定一种颜色。

04 激活【顶】视图，按Alt+W组合键，将视图最大化显示，按S键将捕捉打开。再按G键将网格隐藏。

05 选择图纸，右击鼠标，在弹出的快捷菜单中执行【冻结当前选择】命令，将图纸进行冻结，这样在后面的操作中就不会选择和移动图纸。

如果发现冻结之后的图纸是灰颜色，看不太清楚，为了方便观察，可以将冻结物体的颜色改变一下，具体操作第4章已经详细介绍。

06 按S键，打开捕捉，单击按钮，将鼠标放在上面右击，在弹出的【栅格和捕捉设置】对话框中进行【捕捉】及【选项】的设置，如图5-8所示。

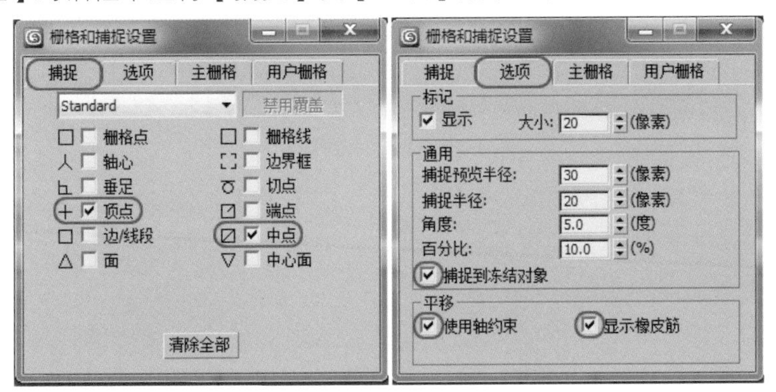

图5-8 【栅格和捕捉设置】对话框

07 单击【创建】|（线形）| 线 按钮，在【顶】视图客厅、餐厅的位置绘制墙体的内部封闭线形，如图5-9所示。

08 其他部位的墙体就不需要制作了，这里重点是表现客厅、餐厅的空间，所以卧室、厨房及卫生间的墙体这里就不需要绘制了。

09 为绘制的线形执行一个【挤出】命令，【数量】设置为2680mm（即房高为2.68m）。按F4键，显示物体的结构线。如图5-10所示。

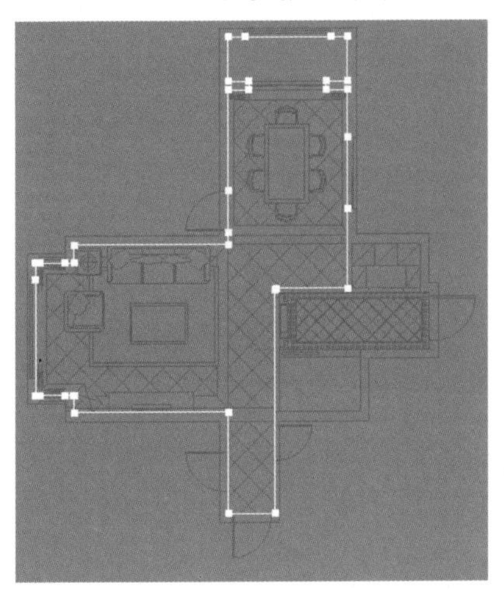

图5-9 绘制封闭线形

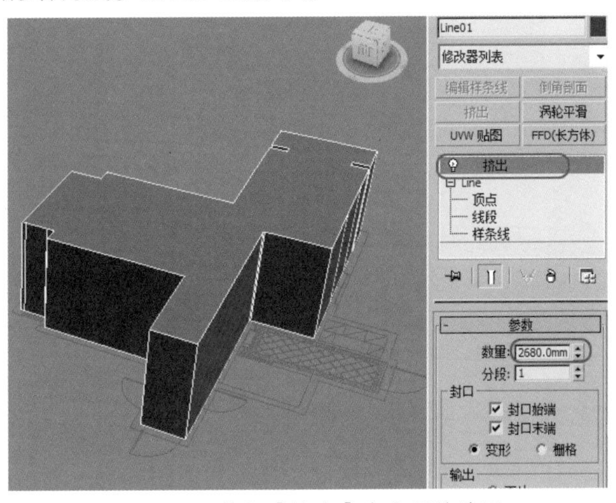

图5-10 执行【挤出】命令后的效果

10 右击鼠标，在弹出的快捷菜单中执行【转换为】|【转换为可编辑多边形】命令，将墙体转化为可编辑多边形。然后进行翻转法线，墙体生成。如图5-11所示。

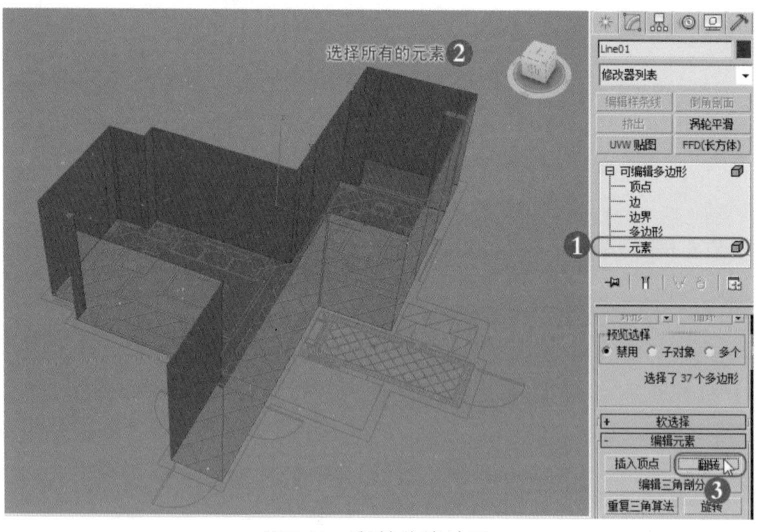

图5-11　翻转法线效果

11 为了方便观察，可以对墙体进行消隐，在【透】视图选择挤出的线型，右击鼠标，在弹出的快捷菜单中执行【对象属性】命令，在弹出的【对象属性】对话框中取消选中【背面消隐】复选框，如图5-12所示。

12 此时整个客厅、餐厅的墙体就生成了，从里面看是有墙体的，但是从外面看就是空的，效果如图5-13所示。

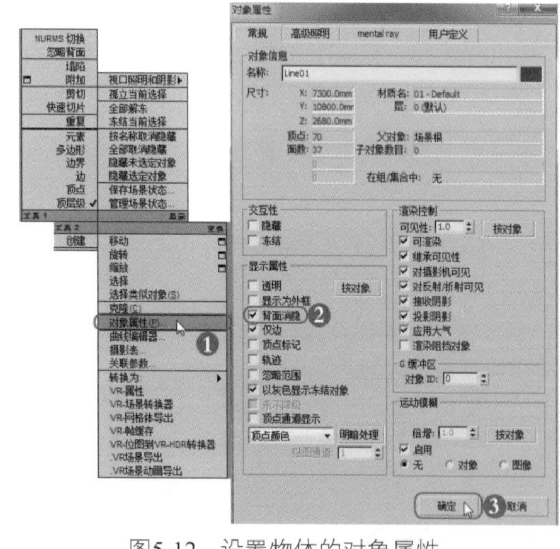

图5-12　设置物体的对象属性

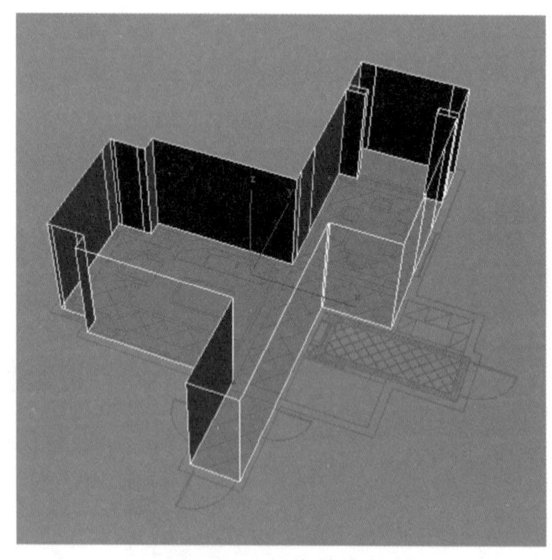
图5-13　制作的墙体

5.2.2　制作门、窗及立面墙

Max/VRay/现场实战——制作门、窗及立面墙

01 继续上一节的操作。

02 按2键，进入【边】子对象层级，在【透】视图中选择阳台位置，如图5-14所示的两条垂直的边。

03 单击【编辑边】下 连接 右面的小按钮，设置【分段】为2，单击【确定】按钮，如图5-15所示。

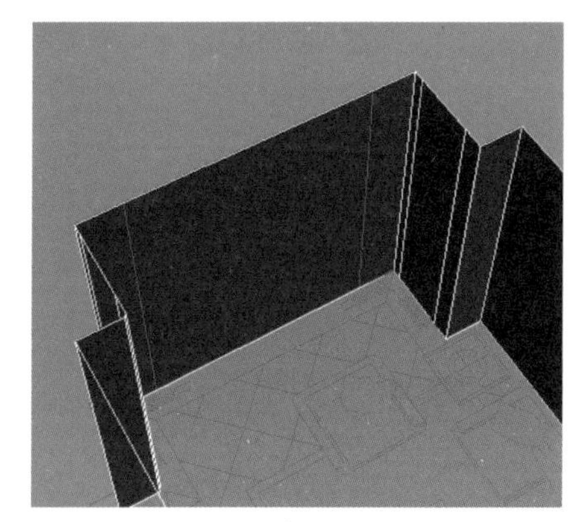

图5-14　选择的两条边

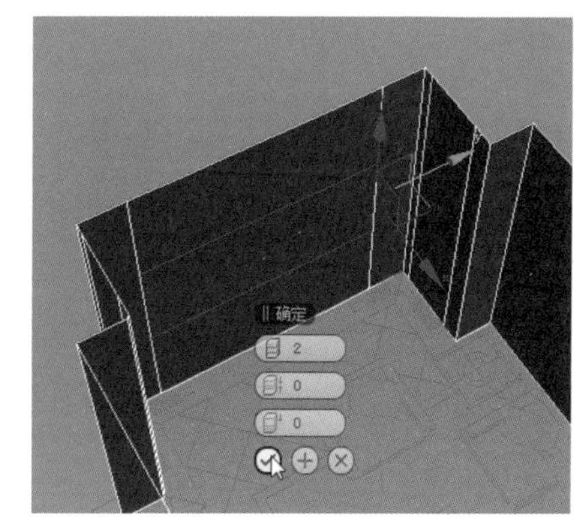

图5-15　设置【分段】

04 按4键，进入【多边形】子对象层级，在【透】视图中选择阳台墙体中间下面的面，执行【挤出】命令制作窗洞，然后将面删除，效果如图5-16所示。

在选择边时最好使用工具栏中的【选择对象】工具进行选择，如果使用【选择并移动】工具移动，经常会将选择的边移动位置。

05 按1键，进入【顶点】子对象层级，确认【移动】工具处于激活状态。在【前】视图中选择上面的一排顶点，按F12键，在弹出的【移动变换输入】窗口中设置【Z】的数值为2400mm，按Enter键，将下面的顶点移动到500的位置，如图5-17所示。

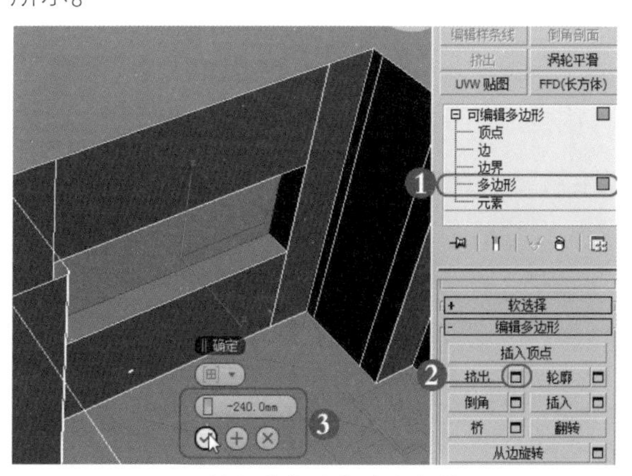

图5-16　执行【挤出】命令制作门洞

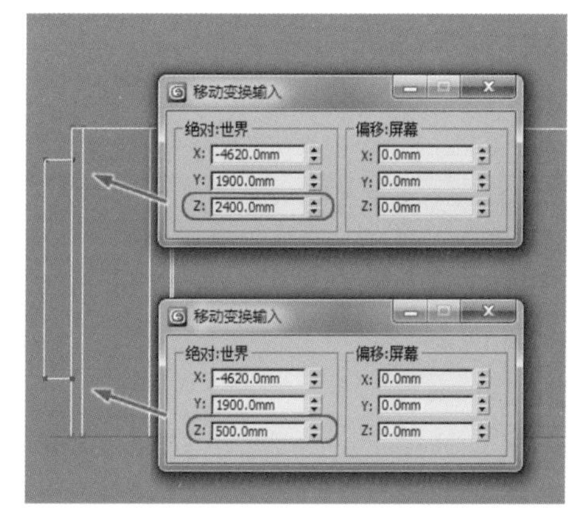

图5-17　移动顶点的位置

06 此时就将门洞制作出来了，效果如图5-18所示。

07 在【左】视图中执行【捕捉】命令在客厅窗户的位置绘制一个1900mm×2200mm的矩形，里面再绘制8个小矩形，作为窗框，参数及位置如图5-19所示。

08 为大矩形执行【编辑样条线】修改命令，然后将所有小矩形全部附加为一体，执行【挤出】修改命令，设置【数量】值为60mm，移动到墙体中间，窗框就制作完成了，效果如图5-20所示。

09 用同样的方法将餐厅的窗户及窗框制作出来，效果如图5-21所示。

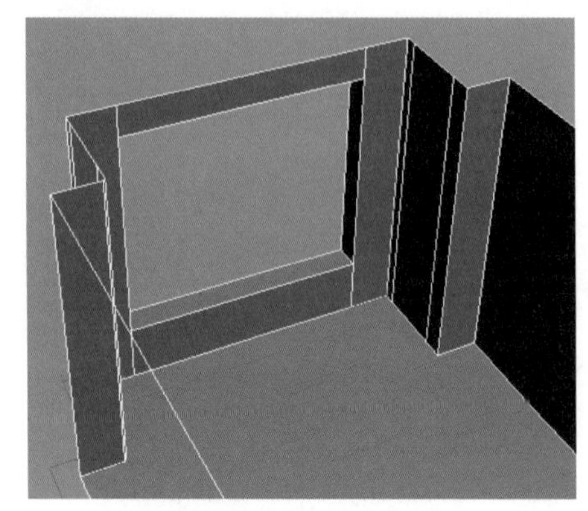

图5-18　制作的窗洞

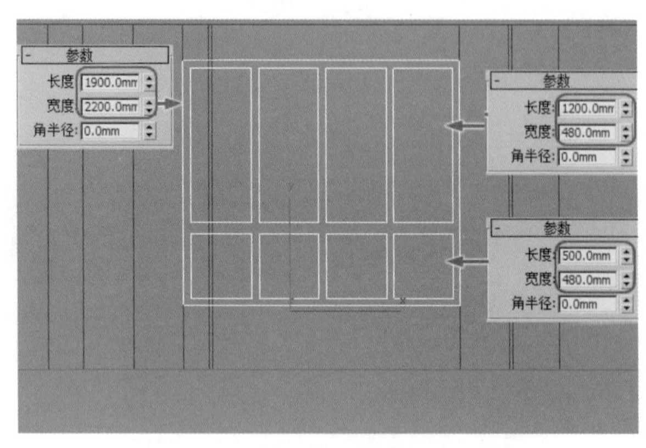

图5-19　绘制的矩形

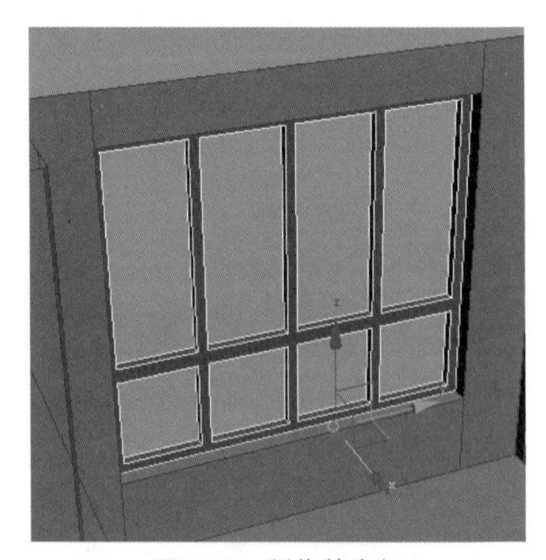

图5-20　制作的窗框

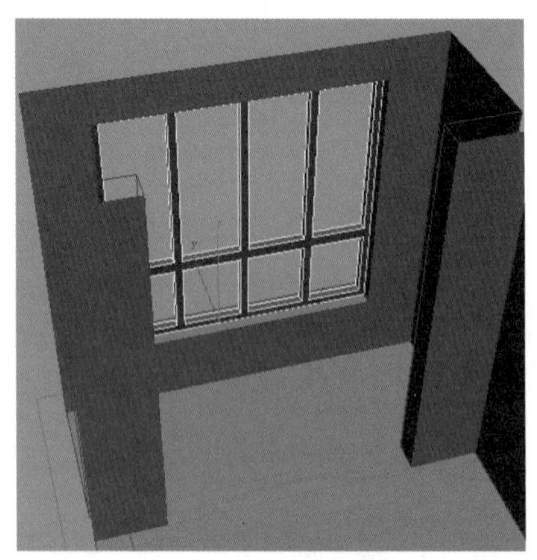

图5-21　制作的餐厅窗户

10 将餐厅阳台的大门套及两侧的门洞制作出来，效果如图5-22所示。

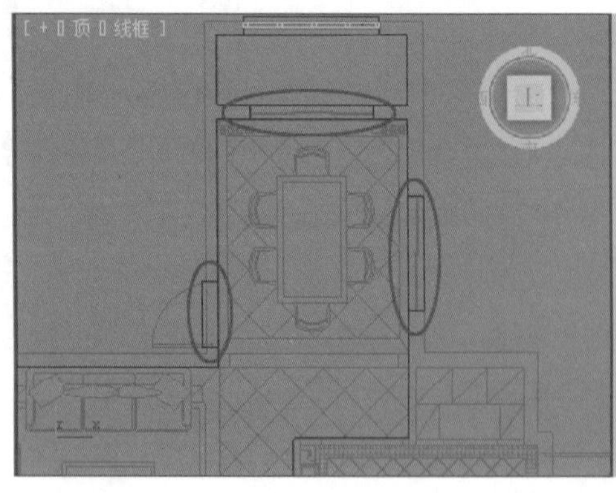

图5-22　制作的门洞

11 在客厅阳台的立面制作一个门洞，因为是西班牙风格，上面的造型比较复杂。首先在【左】视图绘制线形，然后执行【挤出】命令，设置【数量】值为200mm，位置及形态如图5-23所示。

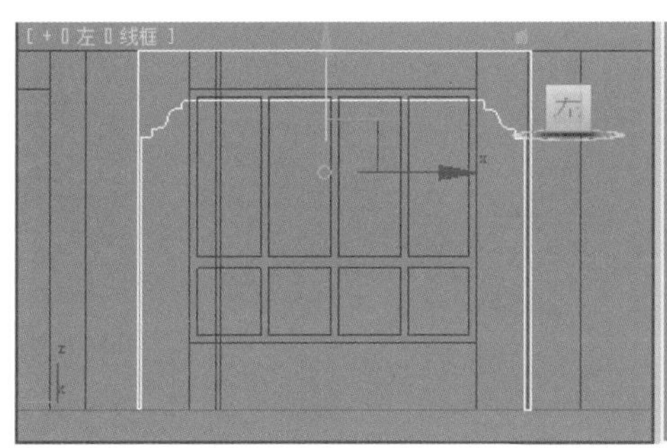
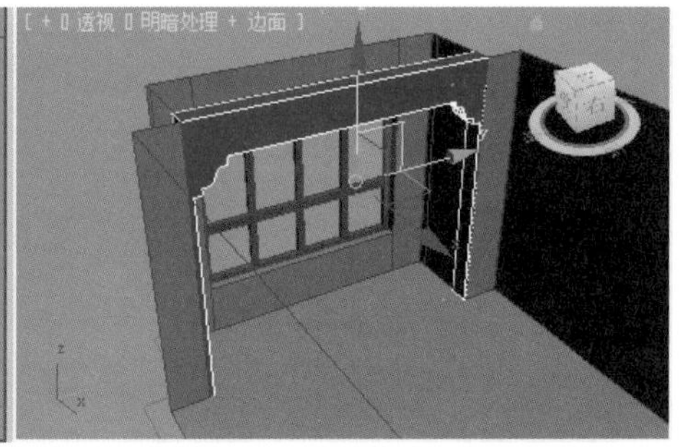

图5-23　制作的门洞

因为制作的门套是圆角的，所以必须重新执行【倒角剖面】命令制作。

12 在【顶】视图执行【线】命令绘制一个剖面（作为剖面线），尺寸为200mm×40mm，形态如图5-24所示。

13 将客厅里面的大门套复制一个，取消【挤出】命令，周围的线段删除，作为门套的（路径），其形态如图5-25所示。

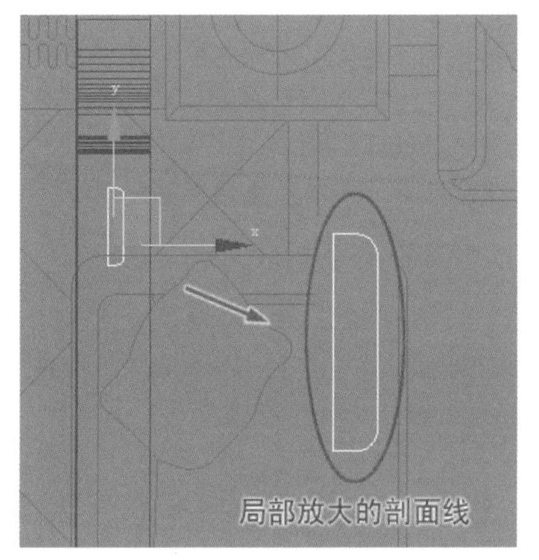

图5-24　绘制的剖面线

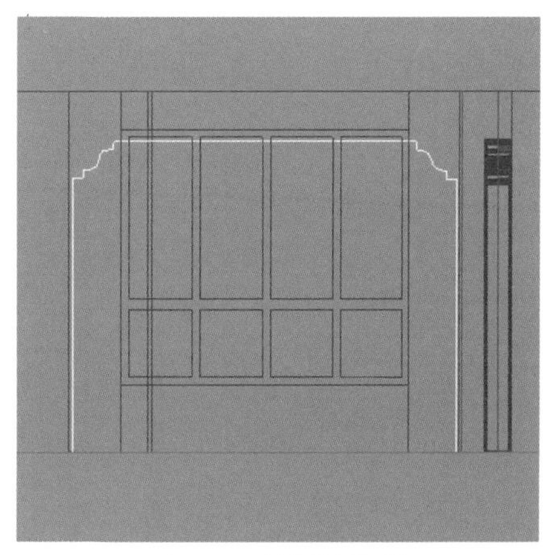

图5-25　绘制的路径

14 在视图选择路径，并在【修改】命令面板中执行【倒角剖面】命令，然后单击 拾取剖面 按钮，在【顶】视图单击剖面线，生成门边线，如图5-26所示。

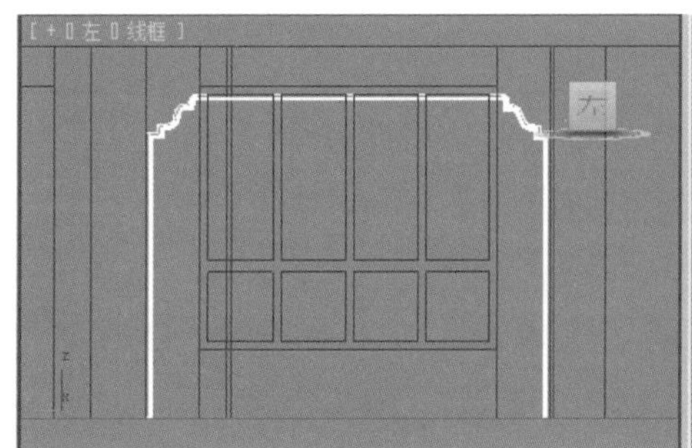
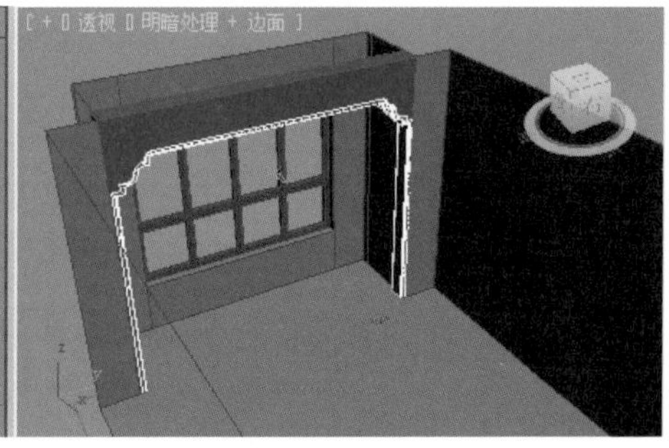

图5-26　执行【倒角剖面】命令制作的门套

15 其他门套这里就不再重复介绍，客厅及餐厅的位置同样制作门洞，所有门洞都为其制作门套，制作完成的效果如图5-27所示。

16 用同样的方法制作电视墙，电视墙的厚度为100mm，效果如图5-28所示。

图5-27　制作的门套

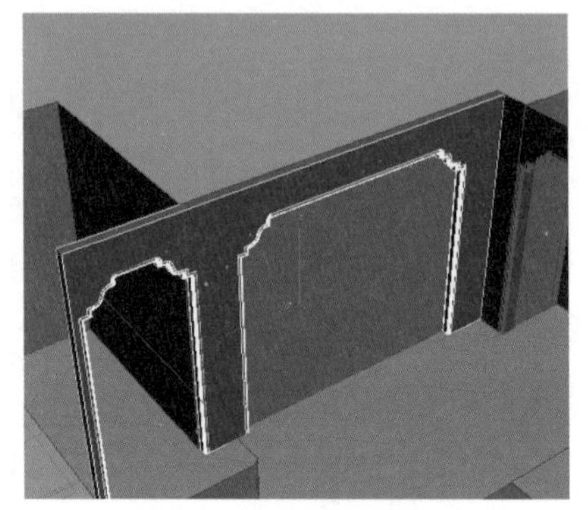
图5-28　制作的电视墙

17 按Ctrl+S组合键，将文件保存为“精研好户型——客厅餐厅.max文件”。

5.2.3　制作天花

/现场实战——制作天花

01 在【前】视图执行【线】命令绘制一个剖面（作为剖面线），尺寸为280mm×280mm，形态如图5-29所示。

02 在【顶】视图客厅的里面绘制一个2800mm×3500mm矩形（作为路径），其形态如图5-30所示。

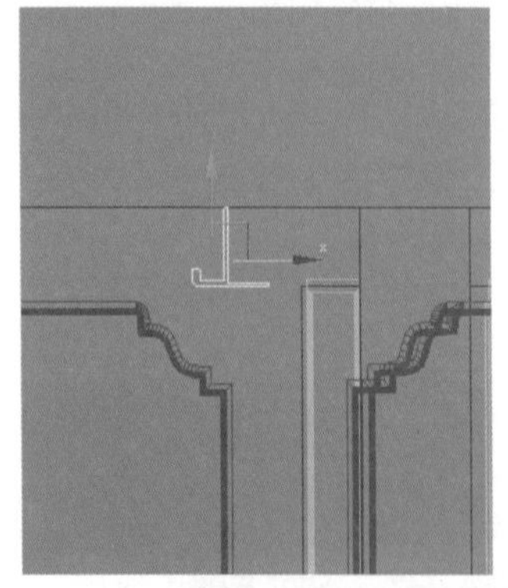
图5-29　绘制的剖面线

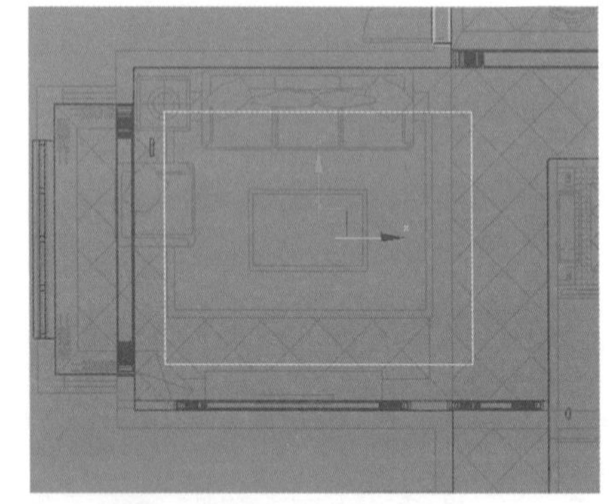
图5-30　绘制的矩形

03 在视图选择路径，并在【修改】命令面板中执行【倒角剖面】命令，然后单击 拾取剖面 按钮，在【顶】视图单击剖面线，生成门边线，如图5-31所示。

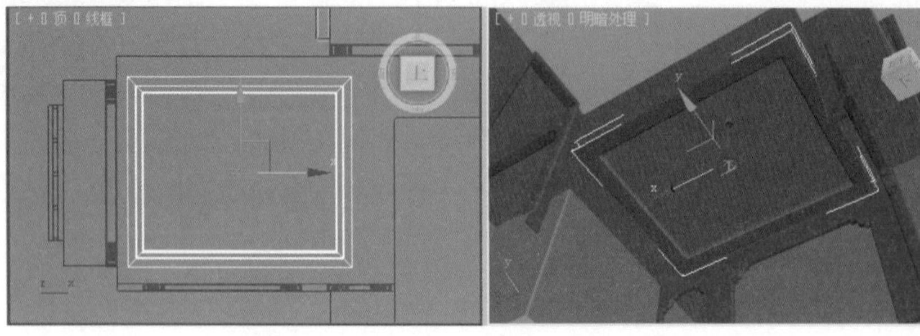
图5-31　执行【倒角剖面】命令制作的天花

04 将天花执行【转换为】|【转换为可编辑多边形】命令，进入【顶点】⁘子对象层级，调整一下天花的大小，如图5-32所示。

05 在天花的中间用长方体制作一个木制吊顶，上面的有很小的凹槽，下面是4根120mm×100mm的横梁，如图5-33所示。

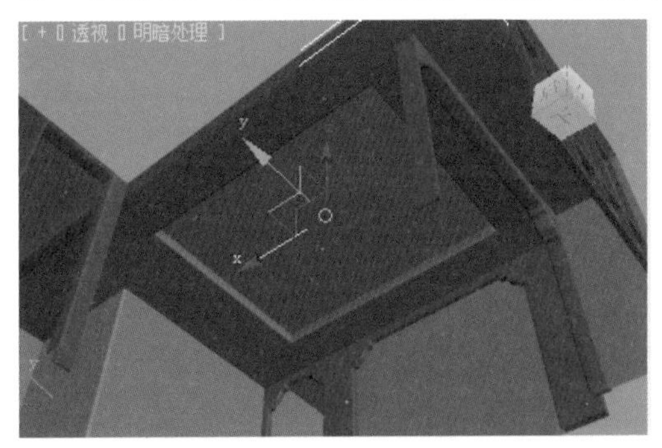

图5-32　制作的客厅天花

图5-33　制作的木制吊顶

06 最后再为餐厅制作木制天花造型，效果如图5-34所示。

图5-34　制作的餐厅天花

07 踢脚板执行【倒角剖面】命令来制作完成即可，截面的尺寸是120mm×20mm，路径是沿着墙体绘制线形就可以了，制作完成的踢脚板效果如图5-35所示。

08 仿古砖的地花按照导入的CAD平面图用线形进行描绘执行【挤出】命令即可，如图5-36所示。

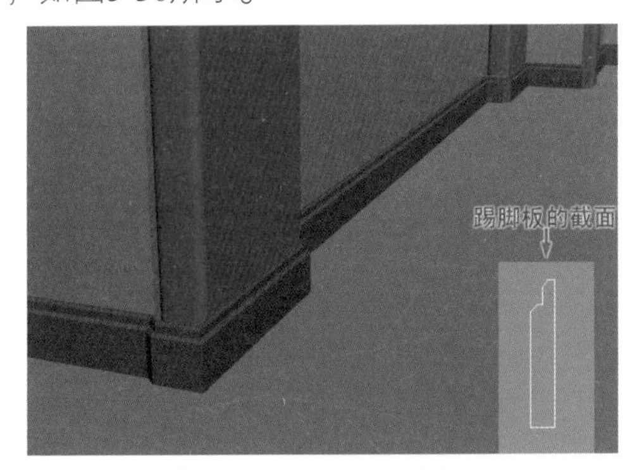

图5-35　制作的踢脚板

图5-36　制作的地花

09 按Ctrl+S组合键，将文件进行快速保存。

5.2.4　设置摄影机

Max/VRay/现场实战——设置摄影机

01 在【顶】视图合适的位置创建一架目标摄影机，然后将摄影机移动到高度为1000mm，效果如图5-37所示。

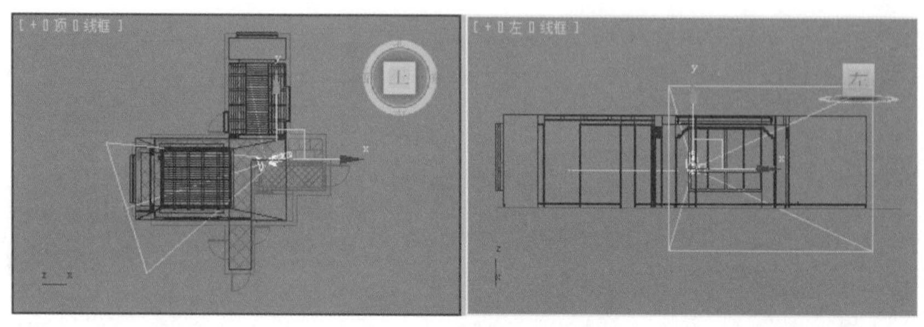

图5-37　创建的目标摄影机

02 激活【透】视图，按C键，【透】视图即可变成【摄影机】视图，修改摄影机的名称为“客厅”，首先将【镜头】修改为24，摄影机被餐厅的窗户遮挡了一部分，这时选中【手动剪切】复选框，调整下面的数值即可，如图5-38所示。

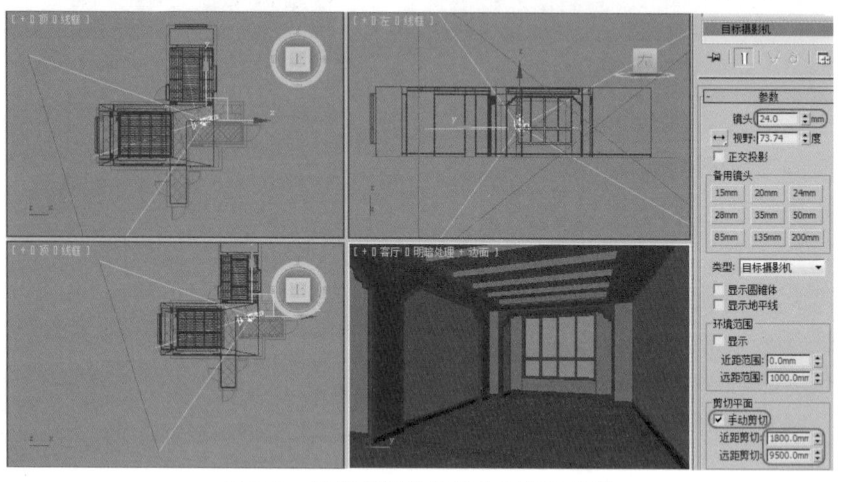

图5-38　设置摄影机的镜头及剪切参数

03 为了看清餐厅的设计结构，在餐厅的位置设置一架摄影机，用来观看餐厅的效果，如图5-39所示。

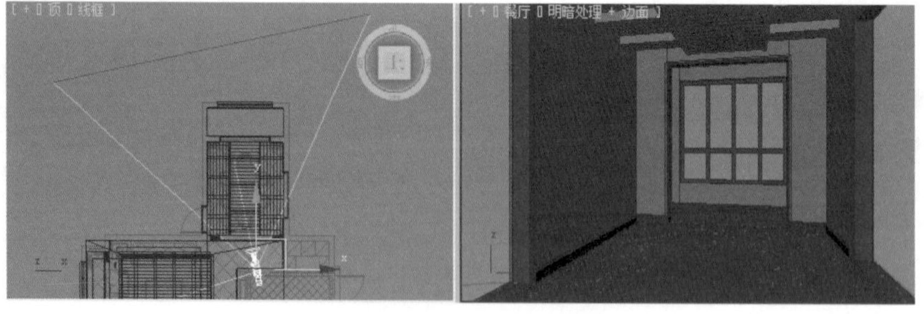

图5-39　创建的第二架摄影机

04 调整好之后，按Shift+C组合键，快速隐藏摄影机。

5.3 材质的设置

模型已经制作完成，合并的家具材质已经赋好，下面就介绍场景中主要材质的调制，主要包括白乳胶漆、黄乳胶漆、壁纸、地砖、电视墙布纹、白油、镜子材质等。效果如图5-40所示。

图5-40　场景中的主要材质

在调材质时，应该先将VRay指定为当前渲染器，不然将不能在正常情况下设置使用VRay的专用材质。

按F10键，打开【渲染设置:默认扫描线渲染器】窗口，选择【公用】选项卡，在【指定渲染器】卷展栏下单击【选择渲染器】...按钮，在弹出的【选择渲染器】窗口中选择【V-Ray Adv 2.00 .03】，如图5-41所示。

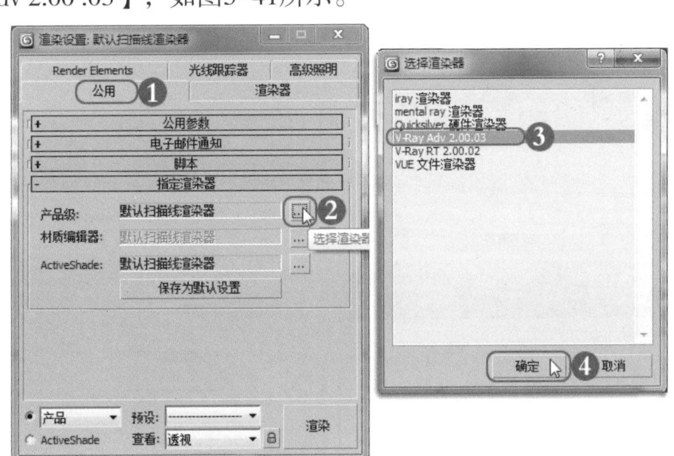

图5-41　将VRay指定为当前渲染器

此时当前的渲染器已经指定为VRay渲染器了，下面就可以进行调制材质。

5.3.1　乳胶漆

/现场实战——调制乳胶漆材质

01 按M键，打开【材质编辑器】窗口，选择第一个材质球，调制一种白乳胶漆材质，具体步骤这里不再介绍，将调制好的材质赋给顶、天花造型。

02 将调制好的白乳胶漆材质球复制一个（直接单击按住要复制的材质球，拖到另外一个材质球上就可完成复制操作），材质重新命名为“颗粒乳胶漆”，所有的参数不需要调整，只在贴图通道类下的【凹凸】中添加一幅“SH028.jpg”位图，数量为20。

03 将调制好的“颗粒乳胶漆”材质赋给墙体造型。

模型是一体的，在赋材质的时候可以将每一部分不同的材质物体分离出来，也可以进入【多边形】■层级子物体直接赋予，无论采用哪种方法，都是可以的。

5.3.2　马赛克材质

现场实战——调制马赛克材质

01 选择第三个材质球，将其指定为【VRayMtl】材质，材质命名为“马赛克”，调整一下各项参数，在【漫反射】中添加一幅“黄色马赛克.jpg”文件；调整一下【反射】选项组下的参数，设置【坐标】卷展栏下的【模糊】为0.1；将【漫反射】中的位图复制给【凹凸】通道中，数量设置为20，如图5-42所示。

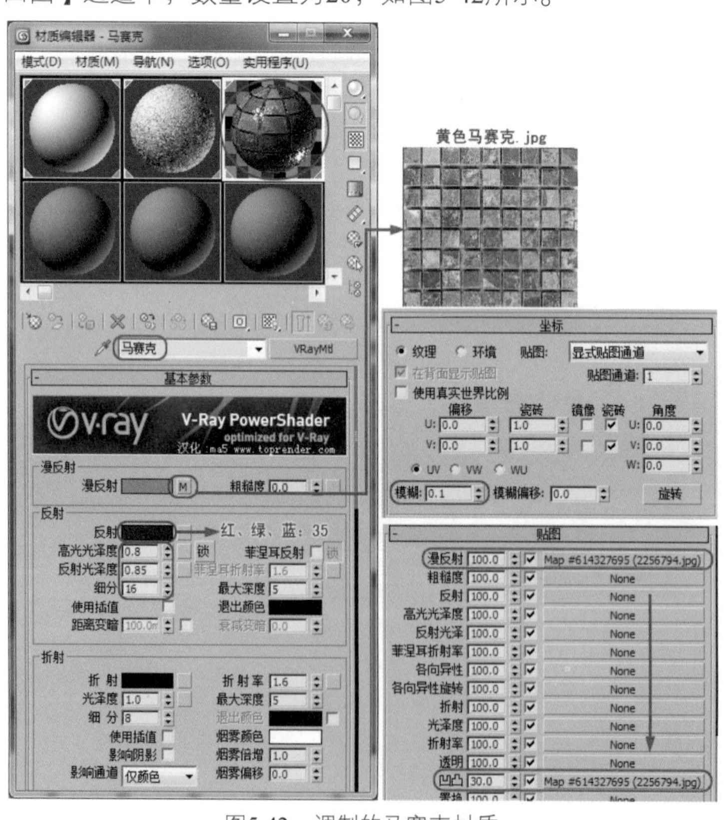

图5-42　调制的马赛克材质

02 在视图中选择电视墙的墙体，将调制好的“马赛克”材质赋给它，对其执行【UVW 贴图】命令，在【贴图】选项组下选中【长方体】单选按钮，【长】、【宽】、【高】均设为200mm，效果如图5-43所示。

图5-43 为电视墙赋予马赛克材质

5.3.3 仿古砖

现场实战——调制仿古砖材质

01 选择一个未用的材质球，调制一种“仿古砖”材质，在【漫反射】通道中添加一幅名为“appia 30r.jpg”的位图；在【反射】通道中添加一幅【衰减】贴图，最后调整【反射】下的参数，如图5-44所示。

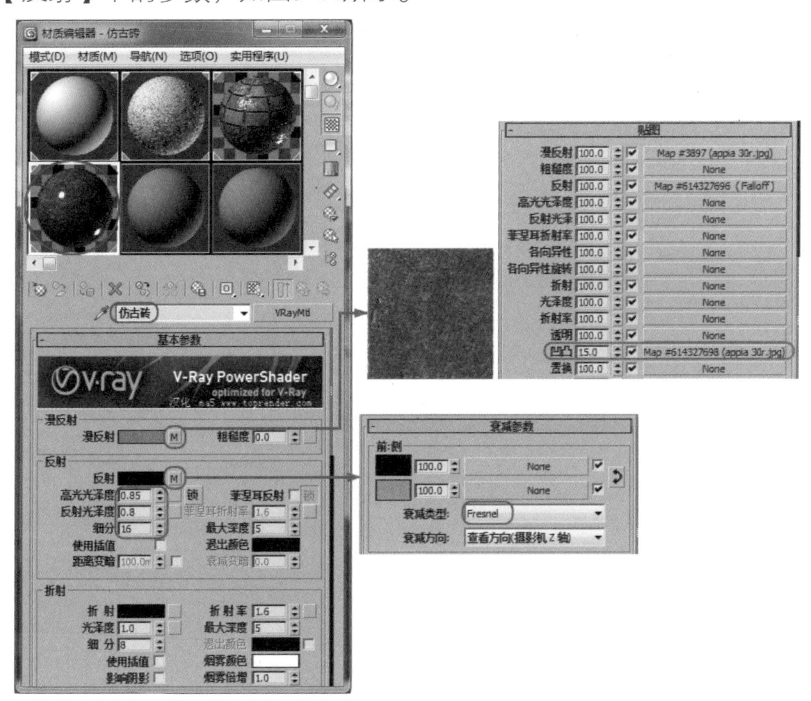
图5-44 调制仿古砖材质

02 选择墙体，进入【多边形】层级，选择地面的多边形，将调制好的“仿古砖”材质赋给地面造型，对其执行【UVW 贴图】命令；在【贴图】选项组下选中【长方体】单选按钮，【长】、【宽】均设为450mm，然后用【移动】工具调整纹理的位置，效果如图5-45所示。

图5-45　将仿古砖赋给地面

03 将调制好的“仿古砖”材质球复制一个，命名为“仿古砖01”，将【漫反射】中的位图替换为“砖1.jpg”，其他参数不需要调整；将“仿古砖01”材质赋给周围的地花，再调制一种黑色大理石赋给过门石。

框架的材质已经调制完成了。这个场景中的大多数物体已基本制作完成，现在剩下的是家具、装饰物等物体，直接采用合并的方法即可。

04 执行菜单栏中按钮类下的【导入】|【合并】命令，在弹出的【合并文件】对话框中选择本书配套光盘“场景”\“第5章”\“精研好户型家具.max”文件，然后单击 打开(O) 按钮，在弹出的【合并-精研好户型家具.max】对话框中单击 全部(A) 按钮，再单击 确定 按钮，如图5-46所示。

在弹出的【重复材质名称】窗口中，单击 使用合并材质 按钮即可。此时，“精研好户型家具.max”文件就合并到场景中，移动到合适的位置即可，如图5–47所示。

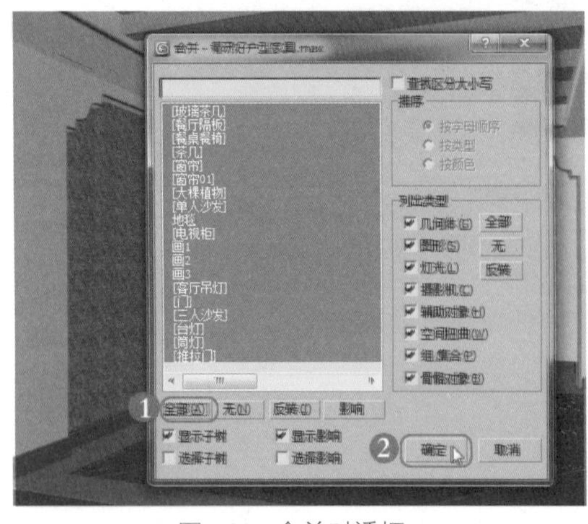

图5-46　合并对话框

图5-47　合并家具后的效果

05 现在还有木纹材质。选择一个未使用的材质球，使用【吸管】工具在茶几上单击，此时就可以将上面的木纹材质吸到材质球上面。然后将木纹材质赋给木制吊顶及踢脚板。

06▶右击，在弹出的快捷菜单中执行【全部解冻】命令，将平面图删除。

07▶按Ctrl+S组合键，将文件进行快速保存。

在合并的造型中包括沙发、电视、餐桌、灯具、装饰画、装饰物。位置已经调制好，读者只要按照书上的步骤制作，合并的家具位置就不需要调整了。

5.4 灯光的设置

这个场景还是使用两部分照明来表现，一部分使用自然光效果，另一部分使用室内灯光的照明。所以想得到好的效果，必须配合室内的一些照明，最后设置一下辅助光源即可。

5.4.1 设置阳光及天光

Max/VRay/现场实战——设置阳光及天光

01▶单击【灯光】| VRay | VR_太阳 按钮，在【顶】视图单击，创建一盏【VR_太阳】，在各个视图调整一下它的位置，将灯光的【强度倍增】的数值设置为0.02，【尺寸倍增】的数值设置为3，目的是让阴影的边缘比较虚，参数及位置如图5-48所示。

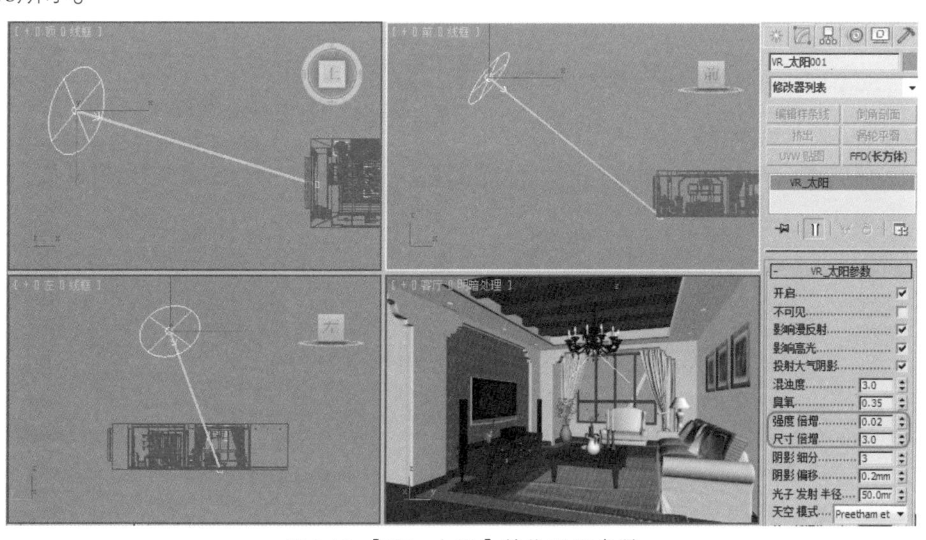

图5-48 【VR_太阳】的位置及参数

下面用【VR_光源】来创建天光效果。

02▶单击（灯光）| VRay | VR_光源 按钮，在【前】视图客厅和餐厅窗户的位置创建两盏VR灯光，来模拟天空光，【倍增器】的值设置为10（因为选择的曝光方式不同，所以灯光的亮度要大），【颜色】设置为淡蓝色（天空的颜

色），位置如图5-49所示。

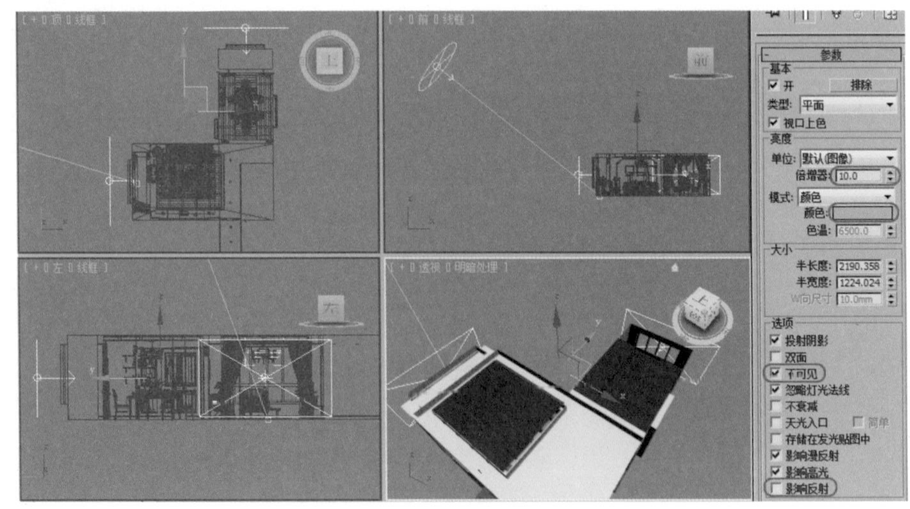
图5-49 【VR_光源】的位置及参数

设置完太阳光及天空光后就可以设置一下简单的渲染参数，进行渲染观看效果。

03 因为是测试，为了得到一个比较快的速度，所以将渲染的图像尺寸设置得小一些即可，如图5-50所示。

04 同样是为了提高速度，设置一个质量比较差，速度比较快的VR渲染参数，首先使用低参数的【固定】方式，取消选中【抗锯齿过滤器】选项组下的【开启】复选框，如图5-51所示。

图5-50 设置渲染图像的尺寸

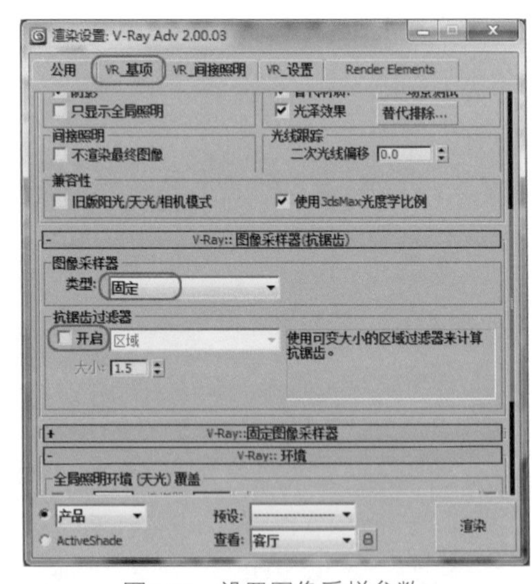
图5-51 设置图像采样参数

05 单击【V-Ray::间接照明（全局照明）】卷展栏，在【二次反弹】选项组中选择【灯光缓存】选项；在【V-Ray::发光贴图】卷展栏下选择【非常低】选项，如图5-52所示。

06 再调整一下【V-Ray::灯光缓存】卷展栏下的【细分】为200，目的是加快渲染速度；取消选中【保存直接光】复选框，选中【显示计算状态】复选框，如图5-53所示。

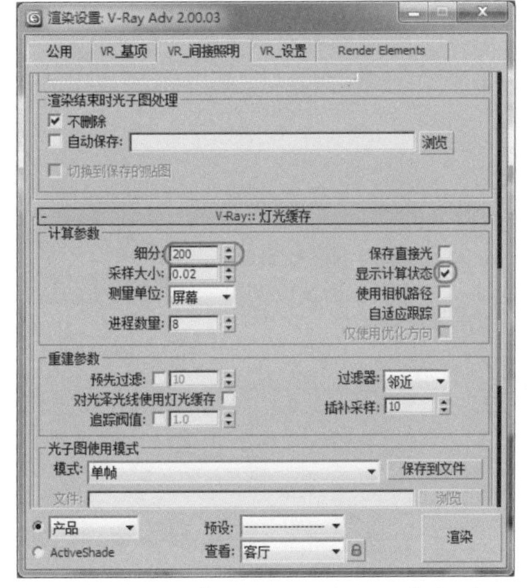

图5-52 设置【V-Ray::间接照明（全局照明）】参数　　图5-53 设置【V-Ray::灯光缓存】参数

07 将两个摄影机视图进行渲染，其效果如图5-54所示。

图5-54 渲染的效果

通过上面的渲染效果可以看出，整体的光感还是不够理想，出现这样的效果就需要设置室内的灯光，然后再设置一些辅助光源来照亮整体的空间即可。

5.4.2 设置室内及辅助光

Max VRay/现场实战——设置室内及辅助光

01 为了方便观看，在场景中只显示天花，将其他造型进行隐藏，在【前】视图创建一盏VR光源，大小与灯槽差不多，将它移动到灯槽的位置，颜色为淡黄色，【倍增器】的值设置为5，取消选中【不可见】复选框，位置及形态如图5-55所示。

02 在【前】视图走廊的位置创建两盏VR光源，作为照亮走廊的辅助光源，【倍增器】的数值设置为1.5，取消选中【不可见】复选框，位置及形态如图5-56所示。

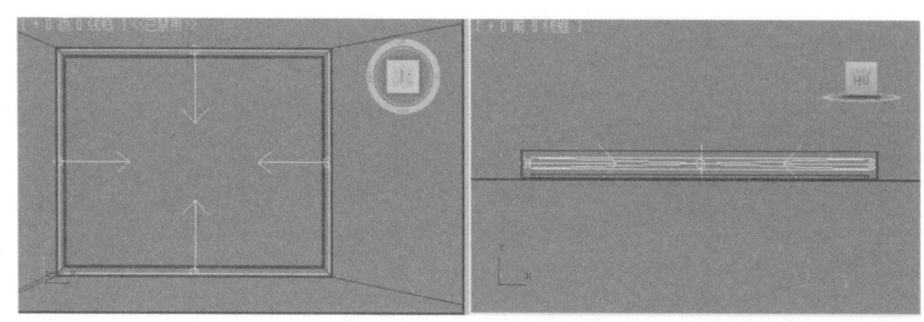

图5-55　VR光源的位置

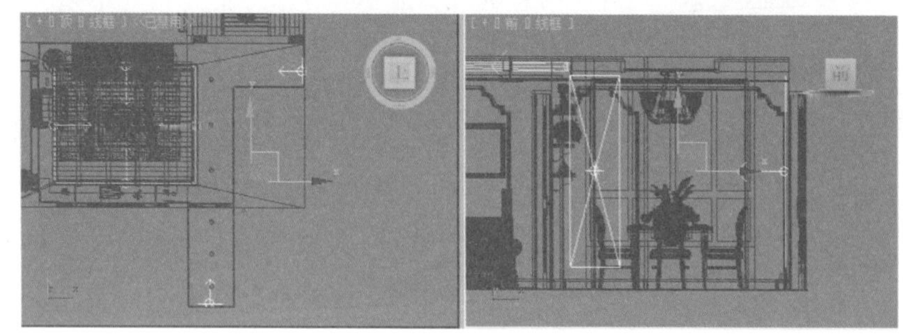

图5-56　创建辅助光源

03 在【顶】视图餐厅的位置创建一盏VR光源，用来照亮餐厅空间，【倍增器】的数值设置为3，取消选中【不可见】复选框，位置及形态如图5-57所示。

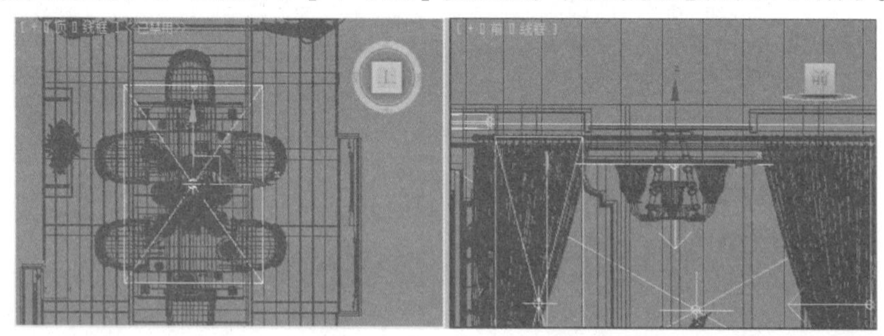

图5-57　为餐厅创建光源

04 在餐厅吊灯的里面创建一盏VR球型灯，【倍增器】的数值设置为20，【半径】设置为35mm，放在灯罩的里面，再实例复制7盏，位置如图5-58所示。

图5-58　为餐厅吊灯创建光源

05 在【前】视图创建一盏【目标灯光】，在有筒灯的位置全部实例复制，选中【阴影】选项组中的【开启】复选框，选择【VRayshadow】（VRay阴影）选项；在【灯光分别】选项组中选择【光度学Web】选项，选择一个“7.IESs”文件，强度默认即可，位置如图5-59所示。

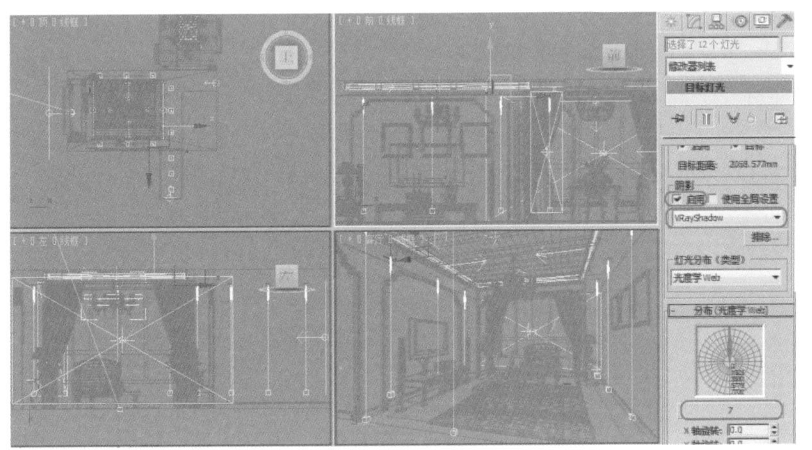

图5-59　为筒灯设置光域网

06 在视图中创建一个圆弧，执行【挤出】命令，设置【数量】为3500mm，然后执行【法线】修改命令。

07 按M键，打开【材质编辑器】窗口，选择一个未用的材质球，将材质类型指定为【VR灯光材质】，设置【颜色】亮度为1.2，然后添加一幅“03.jpg”的位图，将调制好的风景赋给圆弧，再复制一个，如图5-60所示。

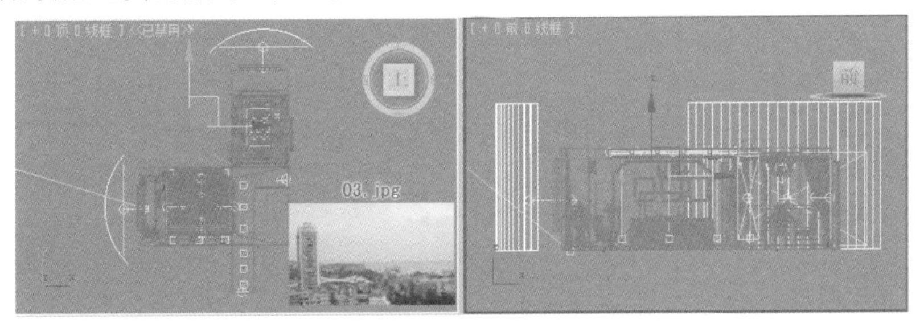

图5-60　为窗外添加风景

08 按Shift+Q组合键，快速渲染【摄影机】视图，其渲染的效果如图5-61所示。

图5-61　渲染效果

从现在这个效果来看，整体还是不错的，但就是有点曝光，对比比较强烈，不是很柔和，这个问题在渲染参数里面就可以解决。整个场景中的灯光就设置完成了，下面需要做的就是精细调整一下灯光细分参数及渲染参数，进行渲染。

5.5 渲染参数的设置

前面已经将大量烦琐的工作做完了，下面需要做的就是把渲染的参数设置得高一些，然后进行渲染输出。

/现场实战——设置最终渲染参数

01 将模拟天光的VR平面光源、客厅及餐厅的VR平面光的【细分】数值设为20，灯槽的VR平面光源及床头灯的VR球形灯的【细分】数值设为15。

02 重新设置一下渲染参数，按F10键，选择【VR基项】选项卡，设置【V-Ray::图像采样器（抗锯齿）】、【V-Ray::颜色映射】卷展栏的参数，如图5-62所示。

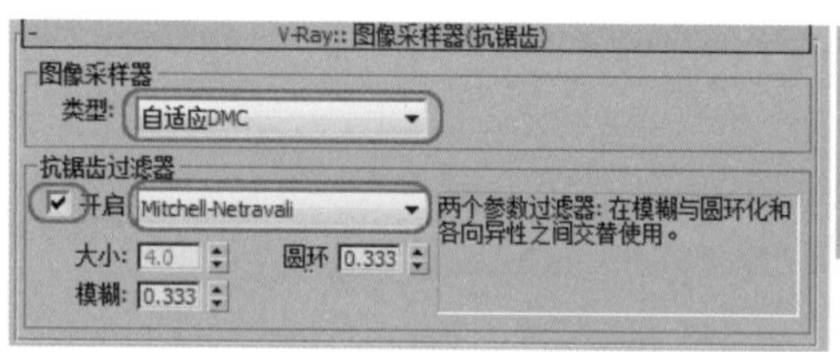

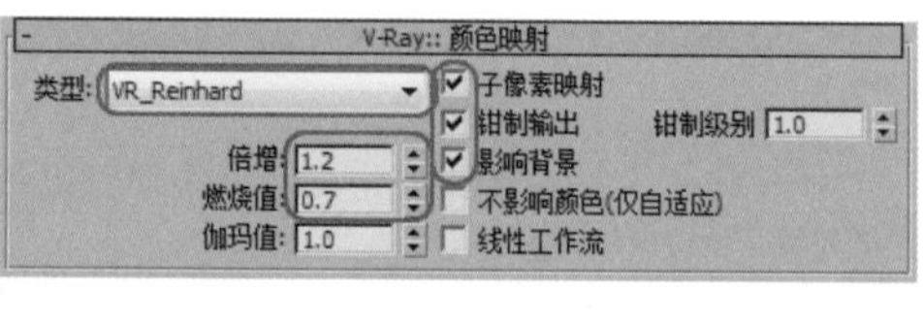

图5-62　设置最终的渲染参数

03 单击【VR_间接照明】选项卡，设置【V-Ray::发光贴图】及【V-Ray::灯光缓存】卷展栏的参数，如图5-63所示。

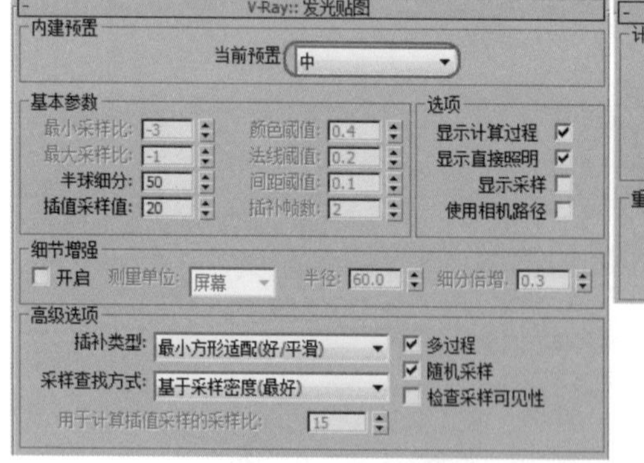

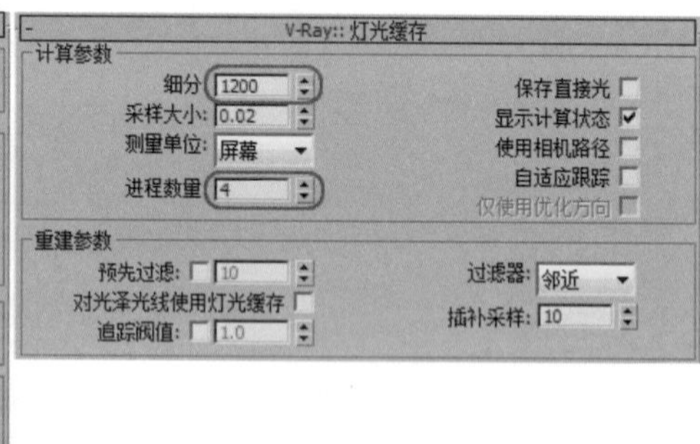

图5-63　设置【V-Ray::发光贴图】及【V-Ray::灯光缓存】卷展栏参数

04 单击【VR_设置】选项卡，设置【V-Ray::DMC采样器】及【V-Ray::系统】卷展栏的参数，如图5-64所示。

05 当各项参数都调整完成后，最后将渲染尺寸设置为1600mm×1600mm，如图5-65所示。

场景中设置了两个视角，采用【批处理渲染】，可以将两个视角进行一起渲染出图，等渲染完成后那张图就会自动保存起来。

06 执行菜单栏中的【渲染】|【批处理渲染】命令，此时将弹出【批处理渲染】对话框，单击添加(A)...按钮，在下方的窗口中就出现了一个“View01”，在摄影机右面的窗口中选择“餐厅”，单击输出路径右面的...按钮，在弹出的【渲染输出文件】窗口中找一个保存路径，文件保存为.tif格式，同样再单击添加(A)...按钮，为客厅进行保存，最后单击渲染(R)按钮进行渲染。如图5-66所示。

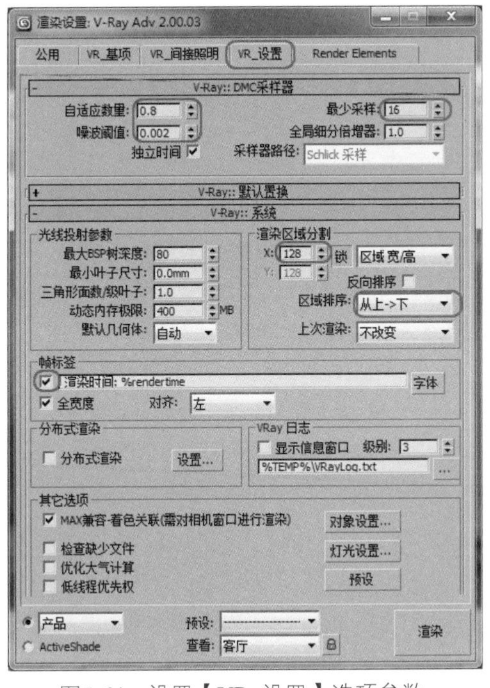

图5-64 设置【VR_设置】选项参数

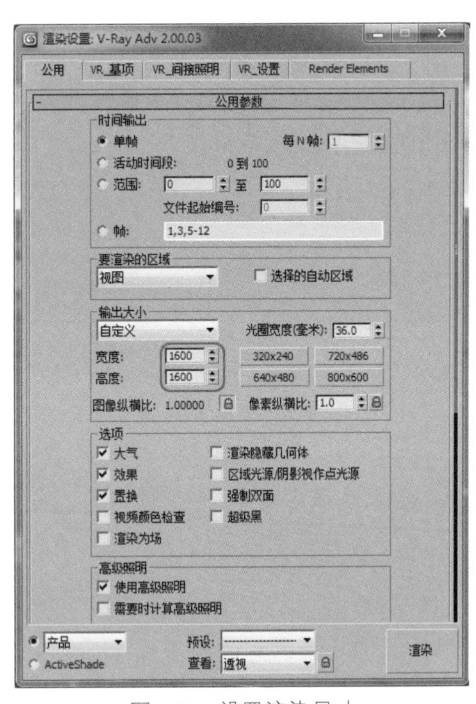

图5-65 设置渲染尺寸

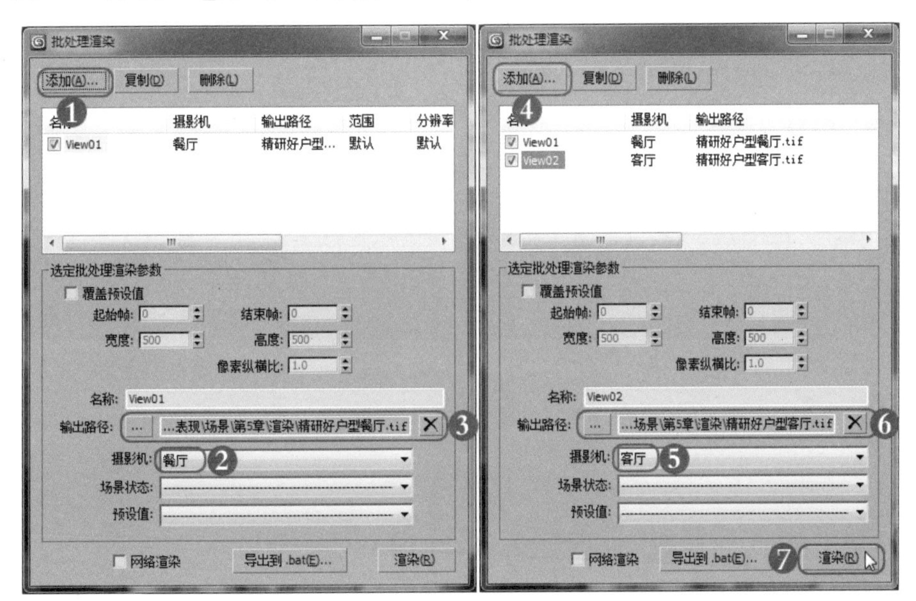

图5-66 对图像进行批处理渲染

最终两张图像渲染完成，所需要的时间为10个小时左右，主要还是由计算机的配置来决定速度。效果如图5–67所示。

图5-67 渲染的效果

5.6 Photoshop后期处理

当效果图渲染输出以后，还需要用Photoshop来修改渲染输出的图片，修饰、美化图片的细节及瑕疵，还有对效果图的光照、明暗、颜色处理等。下面是处理前和处理后的效果，如图5-68所示。

处理前的效果

处理后的效果

图5-68 用Photoshop处理的前后效果

当渲染完成以后，就需要对图像进行后期处理，进行最后的调整。

现场实战——对餐厅进行后期处理

01 启动Photoshop CS5中文版。

02 打开上面渲染输出的“精研好户型客厅.tif”文件，这张渲染图是按照1600mm×1600mm的尺寸来渲染的，效果如图5-69所示。

图5-69　打开渲染的图像

现在观察和分析渲染图片，同样可发现图像存在偏暗、发灰等问题，需要使用Photoshop来调节该图的【亮度】和【对比度】，还有个问题就是画面的构图不是很理想，应该采用水平构图（现在是竖构图），因为在渲染的时候考虑到餐厅的构图效果，所以采用的是【批处理渲染】，对于构图问题可以用【裁剪】工具调整。

03 单击工具箱中的【裁切】按钮（或按C键），在图像中拖出一个变形框，调整好它的大小，双击即可，效果如图5-70所示。

图5-70　调整画面构图

04 在【图层】面板中按住背景层，拖动到下面的【创建新图层】按钮上，将背景图层复制一个，按Ctrl+L组合键，打开【色阶】窗口，调整参数，如图5-71所示。

图5-71　使用【色阶】调整图像的亮度

从现在的整体效果来看画面有点平淡，没有分量感，也就是从素描效果来看黑、白、灰没有拉开，所以画面不够明快，下面再进行调整。

05 复制一个调整后的图层，在图层下面的下拉窗口中选择【柔光】选项，调整【不透明度】为80%，如图5-72所示。

图5-72　对复制的图层进行调整

经过在图层中的【柔和】后，图像的暗部有点太暗了，下面就进行调整。

06 将上面的两个图层进行合并，单击工具箱中的【减淡】按钮（或按O键），激活【减淡】工具，在【属性栏】中【范围】右面的窗口选择【阴影】，【曝光度】设置为30~50，然后在图像暗部的地方进行提亮，如图5-73所示。

图5-73　对图像的暗部进行提亮

07 按Ctrl+B组合键，打开【色彩平衡】对话框，调整一下【色调平衡】选项组下的【阴影】、【中间调】、【高光】三种颜色，如图5-74所示。

因为制作的是一个下午的客厅效果图，整体应给人不要太暖的色调，现在场景的色调太暖了，下面就对其执行【照片滤镜】命令，以改变整体色调。

08 确认位于【图层】面板最上方的图层是当前图层，在【图层】面板的下方单击按钮，在弹出的菜单中选择【照片滤镜】选项，如图5-75所示。

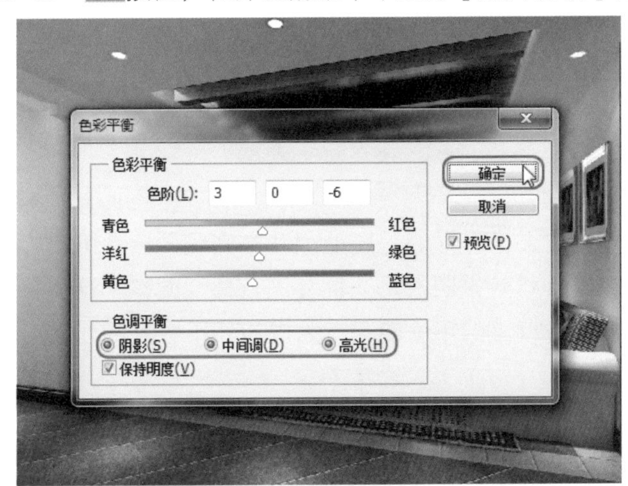

图5-74　调整色调

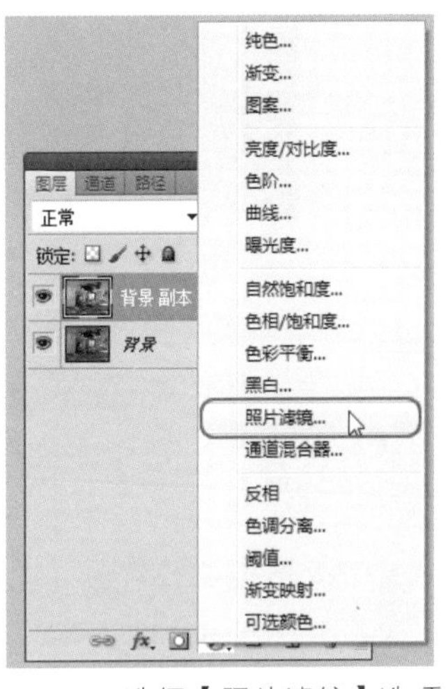

图5-75　选择【照片滤镜】选项

09 在弹出的【照片滤镜】对话框中设置一下参数即可，如图5-76所示。

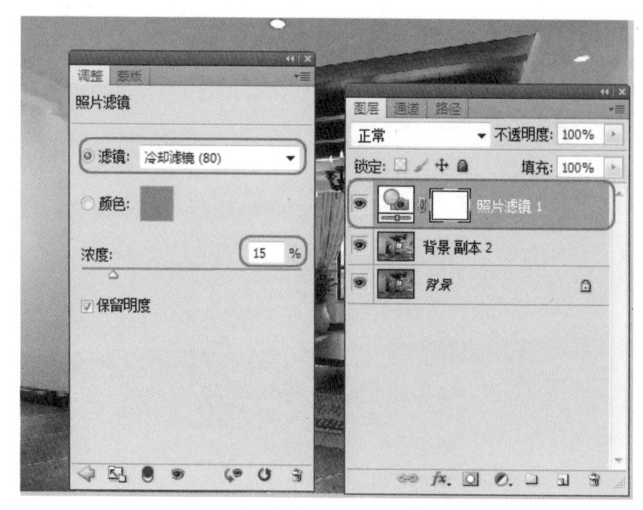

图5-76　调整【照片滤镜】的参数

10 单击工具箱中的【橡皮擦】按钮（或按O键），激活【橡皮擦】工具，在【属性栏】中【模式】右面的窗口选择【画笔】，【不透明度】设置为30%，然后在图像近处进行擦除，使近处图像的冷色调被擦除掉，如图5-77所示。

图5-77　擦除近处的冷色调

最后再为客厅筒灯及吊灯添加光晕效果，客厅的后期处理基本完成，读者可以根据自己的感受，使用Photoshop中的一些工具对效果图的每一部分进行精细调整。这项工作是很感性的，所以希望多加练习，以提高自己的审美能力，为以后作出更好的作品打下坚实的基础。最终的效果如图5–78所示。

11 执行菜单栏中的【文件】|【存储为】命令，将处理后的文件另存为“精研好户型客厅.psd”文件。读者可以在本书配套光盘“场景”\“第5章”\“后期”目录中找到。

图5-78　客厅效果图处理的最终效果

另外，餐厅的角度就不做重复的介绍了，读者可以按照介绍的方法进行调整。调整后的效果如图5–79所示。

图5-79　餐厅效果图处理的最终效果

5.7 小结

在本章的学习中，重点介绍了精研好户型套二厅——西班牙风格户型客厅及餐厅的设计与制作。其中主要介绍了针对不同的空间可以采取不同的表现方法，全方位的展现所设计的室内空间。例如：对于相对复杂的空间，可以设置两架或多架摄影机，以多侧面的表现手法，全面、整体地表现设计效果。虽然这样会增加工作量，但是在逼真的设计效果面前，无论是客户还是自己都可以找到满意的答案，这也正是效果图的魅力所在。

第6章

精品大户型套三双厅——中式风格

本章内容

- 方案介绍
- 模型的建立
- 材质的设置
- 设置摄影机
- 灯光的设置
- 渲染参数的设置
- Photoshop后期处理

这一章将会增加学习的难度，介绍套三厅错层户型的设计与表现，用实例的方式来介绍客厅、餐厅及门厅的制作全过程。本方案采用的是古朴的中式风格，该方案表现起来稍微显得烦琐，相对于以前工艺复杂的纯中式又是属于较为简洁的简中，这种搭配将减轻厚重的木作质感，更适合家中有老人喜欢中式，而年轻人又喜好比较简单的直线条的效果，综合业主的实际情况所确定的方案，最终的竣工效果可以说得到了客户的一致认可。

6.1 方案介绍

本方案是一套套三厅错层的户型，因客户是一对年逾花甲的归国华侨，对祖国的牵挂使得他们在晚年又回到了令他们魂牵梦绕的生身之地。有着很高的艺术修养和丰厚文化底蕴的老人在装修上唯一的要求就是要有中国风的元素，以弥补这些年来心中的种种缺憾。但是家里的孩子也都以成人，虽不回来常住，但是老人也考虑了他们喜欢简单现代风格的感受，所以在设计的时候考虑了老人家的要求，以简约、古朴的中式风格为主，添加部分较为现代的家具、造型、灯具等进行点缀，让中西方文化进行有机的结合，形成一种端庄典雅、古色古香的家居风格。

6.1.1 户型分析

本方案是某小区的一套套三厅户型，全明的人性化户型设计，错层的布局使居住更加舒适、宜人。由入户门进入，直接映入眼帘的是有玄关功能的门厅，左侧是卫生间，右侧就是宽敞明亮的客厅，带有180° 的观海阳台，与客厅相邻的是一间融学习、游戏、休息一体的儿童卧室，满足老人三代同乐的需求。从客厅左侧的两阶踏步向上，右侧是敞开式的餐厅，左侧是烹调一日三餐的厨房；由走廊向内逐步进入，依次是充满书香味的“三味书屋”和老人就寝的卧室，配以专用的卫生间更显生活的私密性。

该结构为框架结构，整体建筑面积为204.41m^2，室内层高为2.8m，错层高于地面0.36m，形成两级踏步。整体的布局效果如图6–1所示。

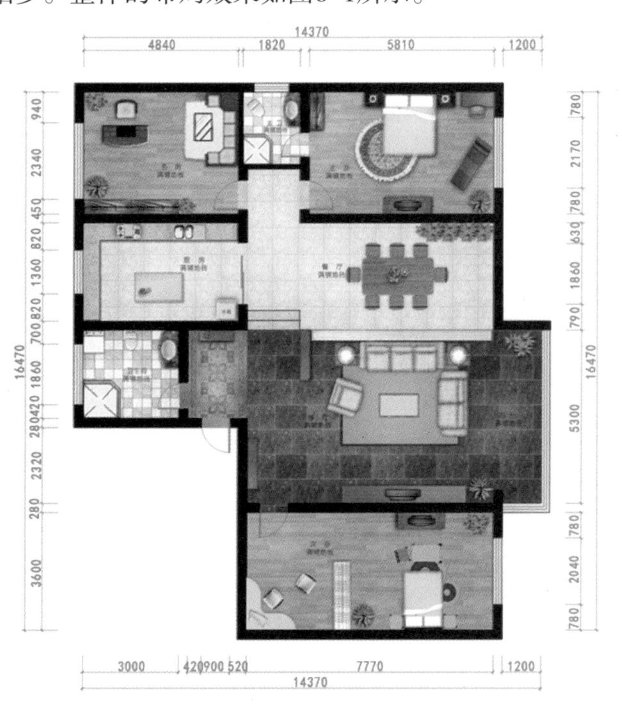

图6-1 套三厅错层的平面效果图

中式风格的室内设计古朴典雅，能反映出强烈的民族文化特征，让人一看就容易理解其文化内涵，特别是对中国人，更有一种亲和力。

6.1.2 设计说明

当生活水平提高以后，对物质的追求，将不再停留于表面，而是对物质的深层次的内涵提出了更高的要求，注重的是物质和精神上的一种统一。在当今社会，一些受过高等教育，接受过中国传统文化熏陶，或是一部分对中国文化以及传统有着爱好或研究的人士，在对住家的格调上有着这样的要求。于是，在这个案例的设计中采取不同于以往中国传统的明、清风格，现代生活的融入和年龄层次上的需要，使这样的格调得以变异及升华，便形成了独特的风格。在这里看不到雕龙画凤，但从简化的窗花屏风，带木格的拉门，以及电视背景墙面旖旎的卷草纹，依旧能让人感受到千年文明古国的神韵。在这样的整体氛围下，大红的玄关、现代的中式吊顶，是古典与现代的融合。

1．门厅设计思路

门厅也称为玄关，它的概念源于中国，过去中式民宅推门而见的“影壁”（或称照壁），就是现代家居中玄关的前身。中国传统文化重视礼仪，讲究含蓄内敛，有一种“藏”的精神，体现在住宅文化上，“影壁”就是一个生动写照，不但使外人不能直接看到宅内人的活动，而且通过门厅形成了一个过渡性的空间，为来客指引了方向，也给主人一种领域感。

本案例中的门厅，以暖色仿古地砖进行地面铺设，让踏进家门的第一步就暖洋洋的，不同的地砖质感将门厅的特殊地位突出表现出来。门厅天花吊顶以椭圆造型为主，凸现天圆地方的思想。墙面将中式水墨画的低柜搭配深木纹理的条几，为客户提供了充足的储物空间和摆放装饰摆件的地方。交错编制状的大红色装饰墙的灵感来自于吉祥的中国结，有吉祥、平安之意。中间的磨砂玻璃的现代质感，增加了整个门厅的通透感。效果如图6–2所示。

图6-2　门厅的设计效果图

2．客厅设计思路

客厅采用典雅的中式风格，整体色调安排以“重色”为主调，墙面大面积的深色木纹，极具自然纹理的青石板地面斜铺，其温润的质感，凸现了老人平和与世无争的安逸心境。电视背景墙运用了中国传统的卷草花纹造型，衬底采用重色玻璃，家中的所有陈设隐约现身其中，朦胧的影像增加了空间感，也不至于让过多的木色显得沉重，留出空间的“透气喘息”之处。客厅隔断也与电视背景墙的卷草图案达成一致，不仅在形式上互为呼应的联系，也缓冲了门厅和客厅空间的过渡。更使整个室内从门厅开始就让人感觉到古香古色。客厅中规中矩的方形吊顶，在整个空间中有个留白的作用，得到的效果却是意外的大气而不显零碎。阳台吊顶因为原有建筑的过梁，所以将吊顶标高下移，形成二级吊顶，并以木方格和中式宫灯进行装饰，得到又一别致的小憩之处。效果如图6–3所示。

图6-3　客厅的设计效果图

3．餐厅设计思路

餐厅的设计要考虑功能和氛围，有个好心情最能增加食欲，也利于细细品味美味佳肴。餐厅的使用频率相当高，还有款待客人的几率，因此，餐厅既是私密空间，也是公共空间。鉴于本案例中餐厅的特殊位置，直接以敞开式进行设置，就着客厅吊顶的位置，放置一串串咖啡色水晶珠帘，摇摇曳曳之间将餐厅与客厅进行软分割，既相互通透，又自成一体。吊顶以9个方块进行阵列，意喻我国古语中的“九九归真”，这让现代简洁的造型与古典有机的结合。又因为餐厅作为就餐空间，暖意洋洋、气氛祥和的气氛是至关重要的，于是墙面则用暖色的壁纸，搭配带有中国风格的木格、纸扇、青花瓷，还有象征高风亮节的竹子，为这个中式的餐厅更添神韵。效果如图6–4所示。

图6-4　餐厅的设计效果图

对于整个空间的设计，既要把握整体的设计风格和色调，又要考虑在使用过程中能否提供便利，当所有细节都考虑到且方案确定之后，就应该将设计的方案逐一表现出来，用效果图来说话，使客户预先了解设计师所能做到的设计、装修，在完工后是一种什么样的表现效果。

至于主卧、次卧、书房、厨房等空间就不再制作了，下面列举了几幅参考设计效果图，希望读者在制作这些空间的时候能起到一些参考作用。主卧及儿童房的参考设计效果如图6-5所示。

主卧室参考设计效果图

儿童房参考设计效果图

图6-5　主卧室及儿童房的参考设计效果图

书房及厨房的参考设计效果如图6-6所示。

书房参考设计效果图

厨房参考设计效果图

图6-6　书房及厨房的参考设计效果图

6.2　模型的建立

下面主要介绍套三厅错层户型中的中式客厅的表现，这一个空间相对于前面的来说稍微难一些，尤其是天花部分，但是还是将复杂的造型导入CAD图纸进行建立，这样就比较轻松一些。

6.2.1 建立墙体

/现场实战——建立墙体

01 首先启动3ds Max 2012，将单位设置为【毫米】。

02 用前面介绍的方法将本书配套光盘“场景”\“第6章”\“精品大户型——中式套三双厅(导入).dwg”文件导入到场景中，如图6-7所示。

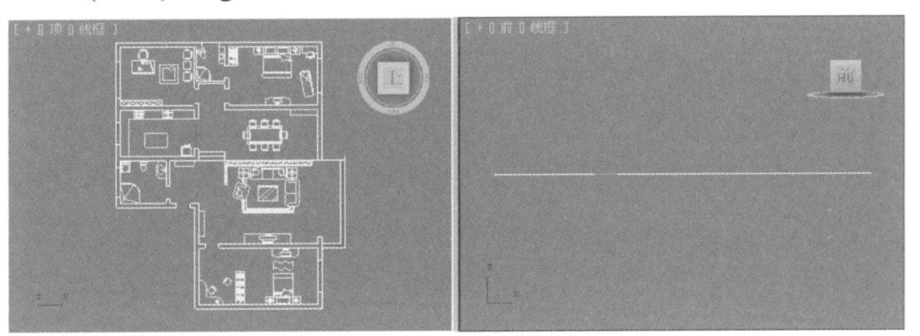

图6-7 导入套三错层平面图

03 按Ctrl+A组合键，选择所有线形，然后成为一组，指定一种颜色。

04 激活【顶】视图，按Alt+W组合键，将视图最大化显示，按G键将网格隐藏。

05 选择图纸，右击鼠标，在弹出的快捷菜单中执行【冻结当前选择】命令，将图纸进行冻结，这样在后面的操作中就不会选择和移动图纸，如图6-8所示。

之后发现冻结作的图纸是灰色的，看不太清楚，为了方便观察，可以将冻结物体的颜色改变一下。

06 执行菜单栏【自定义】|【自定义用户界面】命令，在弹出的【自定义用户界面】对话框中，单击【颜色】选项卡，在【元素】右侧的下拉列表中选择【几何体】选项，在下面的列表框中选择【冻结】选项，单击颜色右面的色块，在弹出的【颜色选择器】中调整一种便于观察的颜色，单击 立即应用颜色 按钮，如图6-9所示。

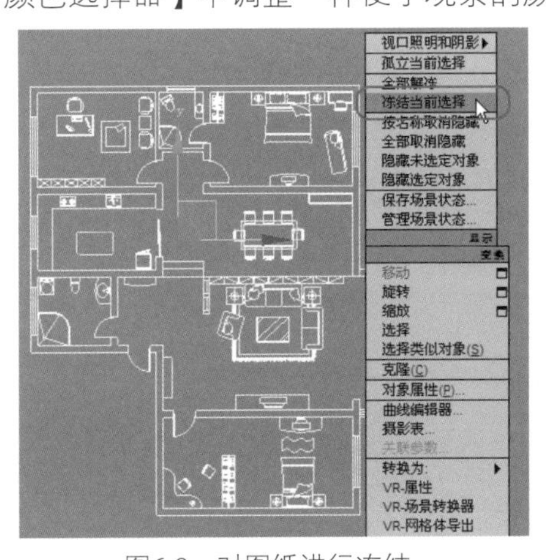

图6-8 对图纸进行冻结

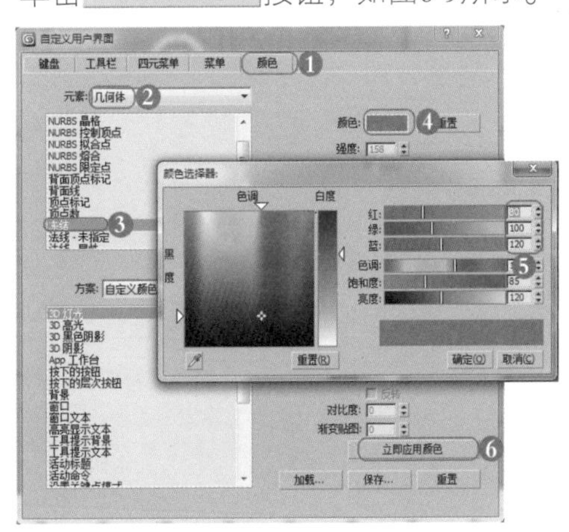

图6-9 改变冻结物体的颜色

此时，冻结图纸的颜色就变成所调整的颜色了。

07 单击按钮，将鼠标放在上面右击，在弹出的【栅格和捕捉设置】对话框中设置【捕捉】及【选项】，如图6-10所示。

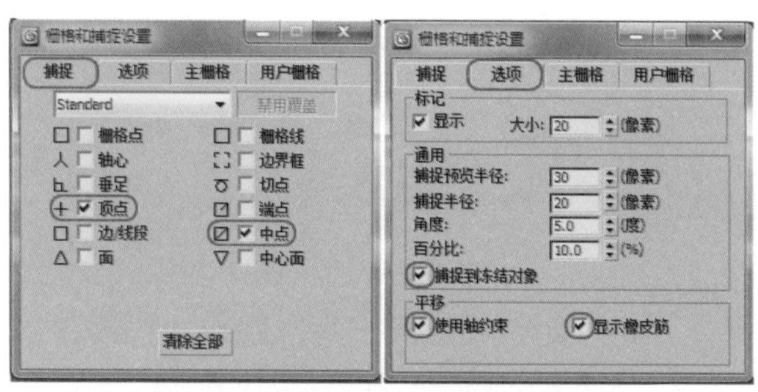

图6-10 【栅格和捕捉设置】对话框

08 单击【创建】|【线形】|线按钮，在【顶】视图客厅、餐厅及走廊的位置绘制墙体的内部封闭线形，在门洞及窗洞之间增加顶点，如图6-11所示。

其他部位的墙体就不需要制作了，这里重点是表现玄关、走廊、客厅、餐厅，所以卧室、厨房及卫生间的墙体这里就不需要绘制了。

09 为绘制的线形执行【挤出】命令，【数量】设置为3210mm（即房高为3.21m），按F4键，显示物体的结构线。如图6-12所示。

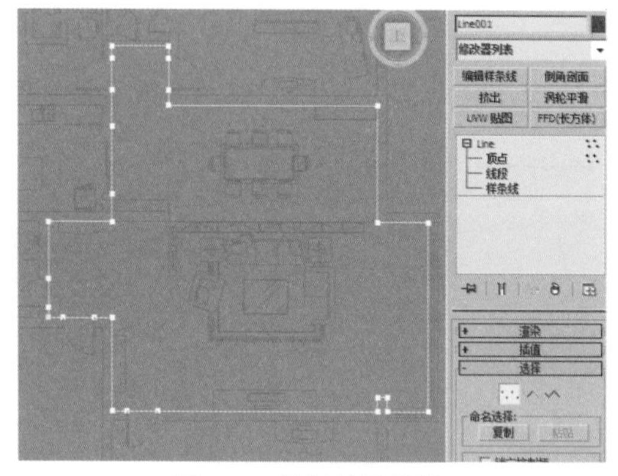

图6-11 绘制封闭线形

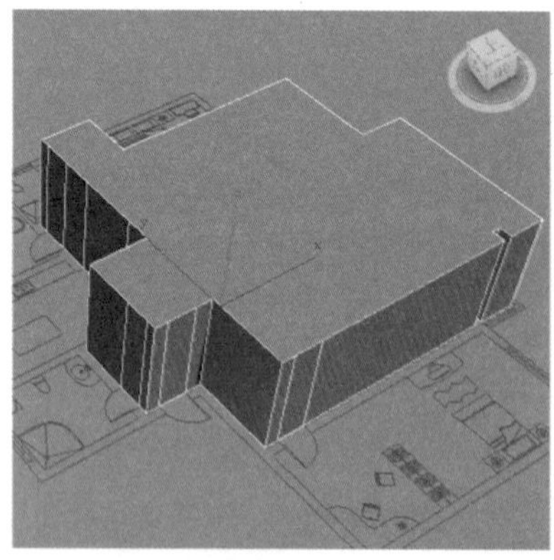

图6-12 线形执行【挤出】命令后的效果

10 右击鼠标，在弹出的快捷菜单中执行【转换为】|【转换为可编辑多边形】命令，将墙体转化为可编辑多边形，然后进行翻转法线，生成墙体。如图6-13所示。

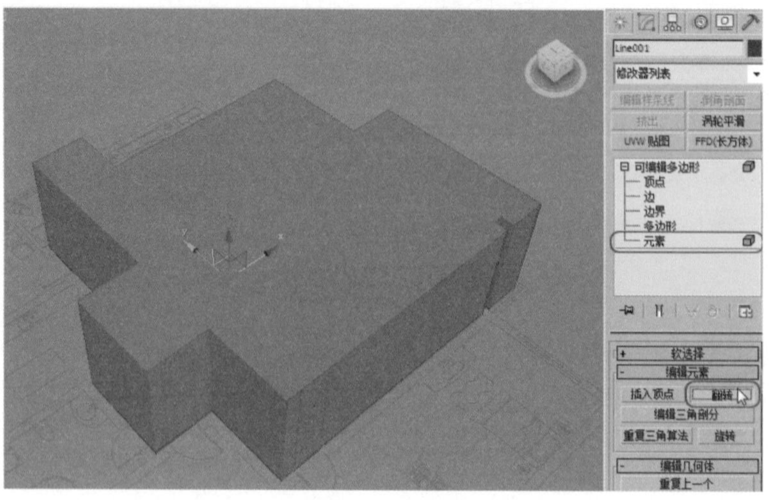

图6-13 翻转法线

11 为了方便观察，可以对墙体进行消隐，在【透】视图选择挤出的线型，右击鼠标，在弹出的快捷菜单中执行【对象属性】命令，在弹出的【对象属性】对话框中取消选中【背面消隐】复选框，如图6-14所示。

12 此时整个客厅、餐厅的墙体就生成了，从里面看是有墙体的，但是从外面看就是空的，效果如图6-15所示。

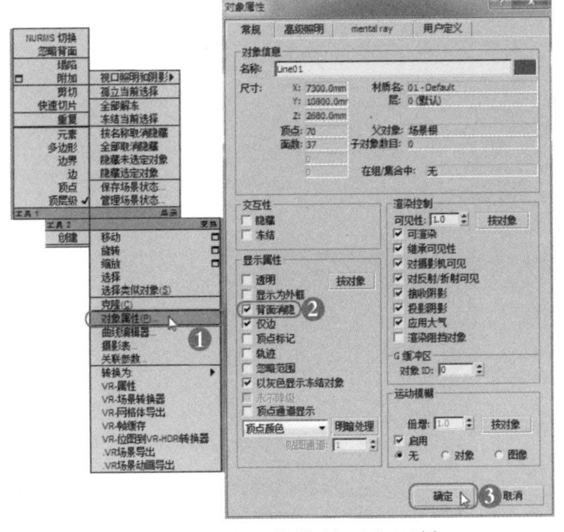

图6-14 设置物体的对象属性

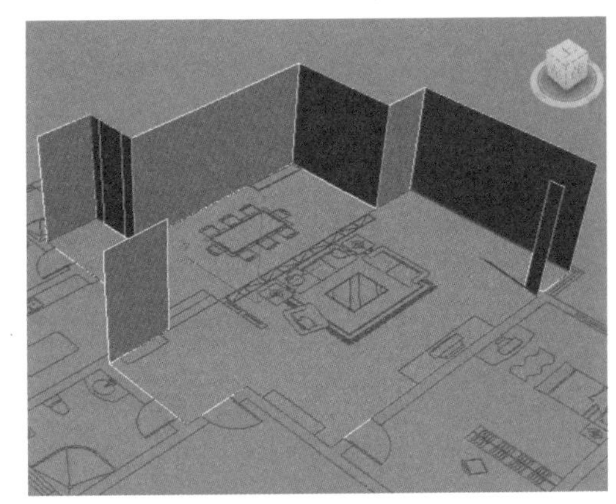

图6-15 制作的墙体

6.2.2 制作错层

现场实战——制作错层

01 在【顶】视图中执行【线】命令配合【捕捉】绘制出错层，然后执行【挤出】命令，【数量】设置为360mm（两个台阶的高度），显示物体的结构线。如图6-16所示。

02 将挤出的线型转换为可编辑多边形，在台阶的位置增加一条段数，选择下面的面，执行【挤出】命令，【数量】设为300mm，踏步生成，如图6-17所示。

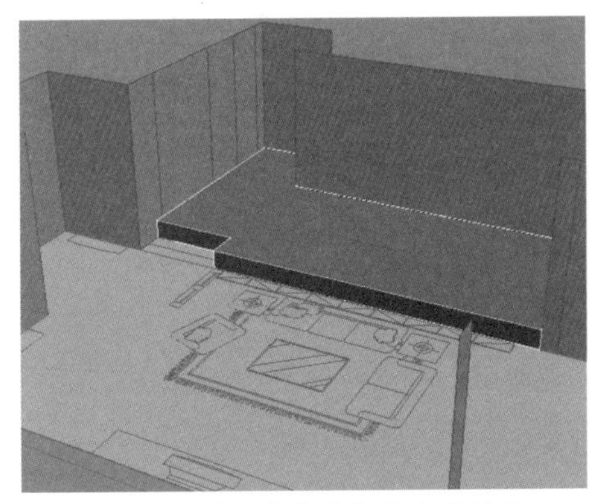

图6-16 执行【挤出】命令的效果

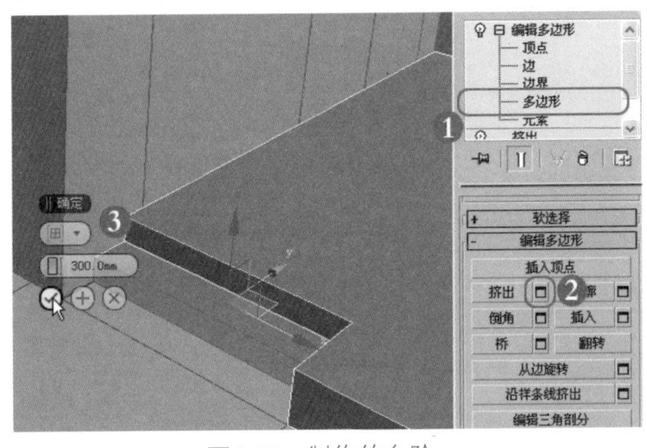

图6-17 制作的台阶

03 为了优化模型，将看不见的面删除。

6.2.3 制作门、窗

从平面图可以很清楚的看到的门要制作出来，因为这个场景观看的比较全面，所以很多结构必须表现出来。

/现场实战——制作门洞、窗

01 选择制作的墙体，按2键，进入【边】层级子物体，选择儿童房、卫生间两侧的边，执行 连接 命令增加一条段数，如图6-18所示。

这里入户门就不用制作了，如果制作，在后面设置摄影机时就会挡住视角。

02 将上面的顶点移动到2000mm的位置，如图6-19所示。

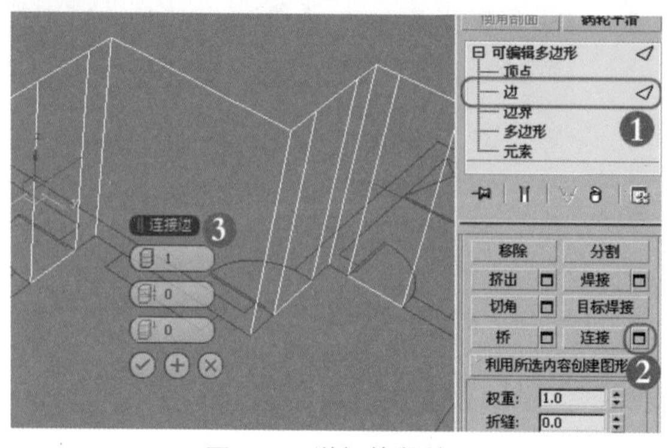

图6-18 增加的段数

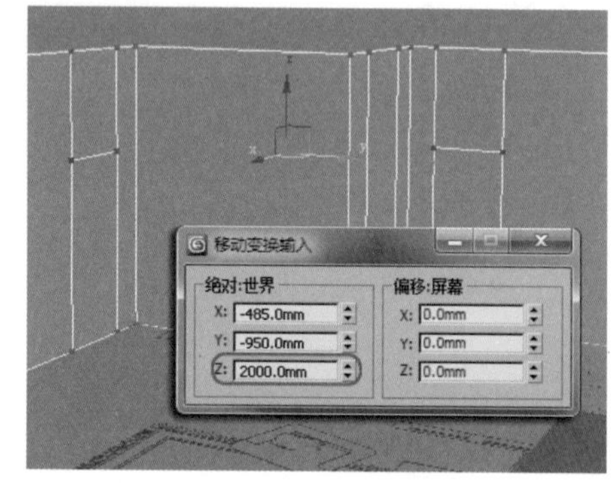

图6-19 顶点的位置

03 按4键，进入【多边形】层级子物体，选择中间的面，执行【挤出】命令，【数量】设为-280mm，制作出门洞，如图6-20所示。

04 将挤出的面删除，效果如图6-21所示。

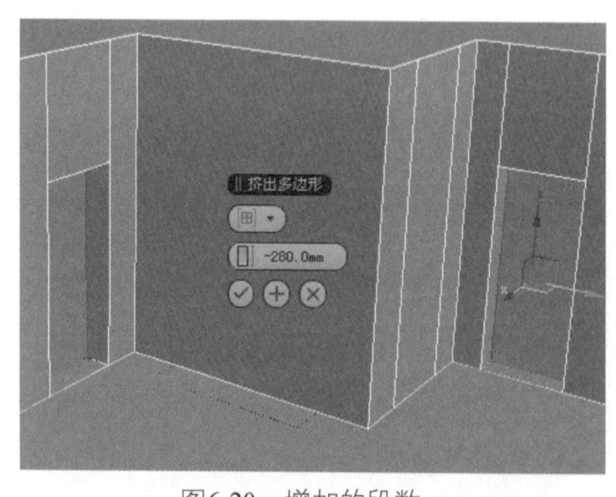

图6-20 增加的段数

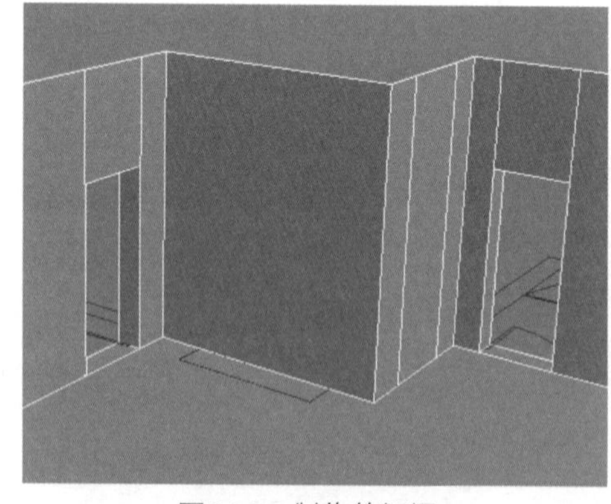
图6-21 制作的门洞

下面制作错层上面的门洞。

05 按2键，进入【边】层级子物体，选择厨房、书房、主卧门洞两侧的边，执行 连接 命令增加两条段数，如图6-22 所示。

06 上面的顶点移动到2360mm的位置，下面的移动到360mm的位置，如图6-23所示。

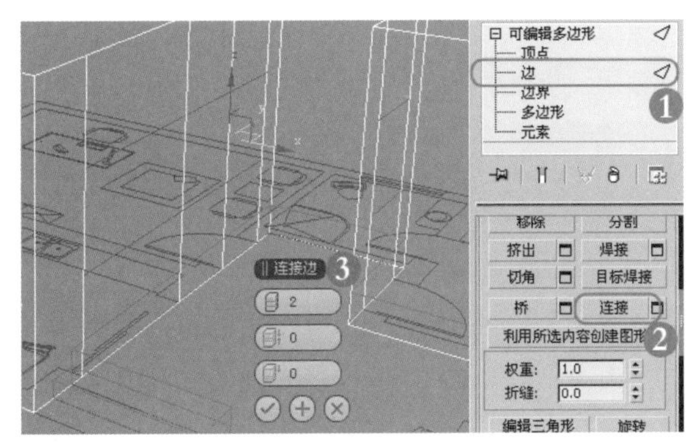

图6-22　增加的段数

图6-23　移动顶点后的效果

07 同样执行【挤出】命令生成门洞，效果如图6-24 所示。

08 用前面介绍的方法执行【倒角剖面】命令制作门套，效果如图6-25 所示。

图6-24　制作的门洞

图6-25　制作的门套

09 在中间制作一个装饰门，造型比较简单，中间有三个金属条，再制作一把简单的门锁，效果如图6-26示。

10 其他房间采用相同的方法制作出来，直接进行复制修改即可，厨房里面制作的是推拉门，效果如图6-27示。

图6-26　制作的装饰门

图6-27　制作的厨房推拉门

下面制作阳台的窗户及门套。

11 为阳台的面水平增加两个段数，效果如图6-28示。

12 按1键，进入【顶点】层级子物体，在【前】视图移动下面的顶点的高度为600mm，上面顶点的高度为2400mm，以确定阳台窗户的位置，如图6-29示。

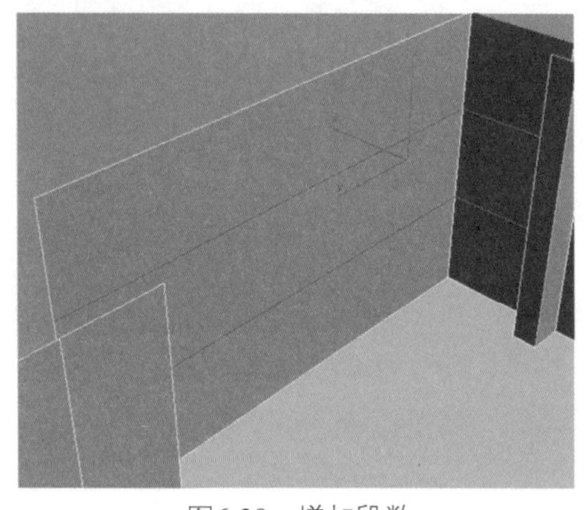

图6-28　增加段数

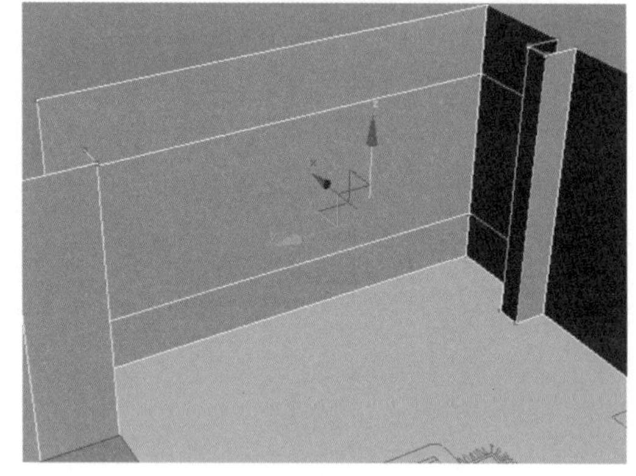

图6-29　移动顶点的位置

13 按4键，进入【多边形】层级子物体，执行【挤出】命令，【数量】被设为-280mm，删除面，效果如图6-30示。

14 为阳台的窗户制作窗框，效果如图6-31示。

图6-30　制作的窗洞

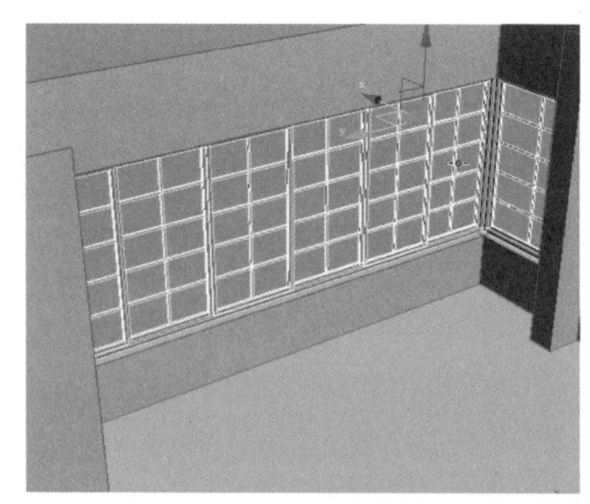

图6-31　制作的窗框

6.2.4　制作天花

Max/VRay/现场实战——制作天花

因为这个空间的天花造型比较复杂，为了对设计好的天花应有一个清楚的理解，所以将天花图导入到场景中，再进行建立模型，就方便多了。

01 执行【导入】命令将本书配套光盘“场景”\“第6章”\“精品大户型——中式套三双厅(天花).dwg”文件导入到场景中，需要注意的是在弹出的【AutoCAD DWG/DXF导入选项】对话框中选中【焊接附近顶点】复选框，因为导入的一些CAD绘制的线型直接使用后，就不用在3ds Max中绘制了，如图6-32所示。

02 天花图导入后的效果如图6-33所示。

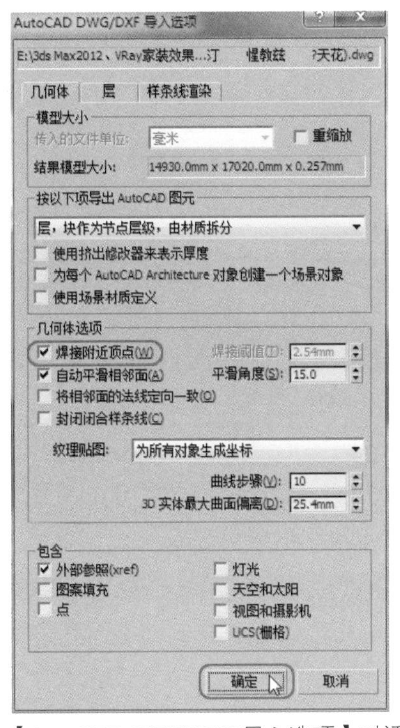

图6-32 【AutoCAD DWG/DXF导入选项】对话框

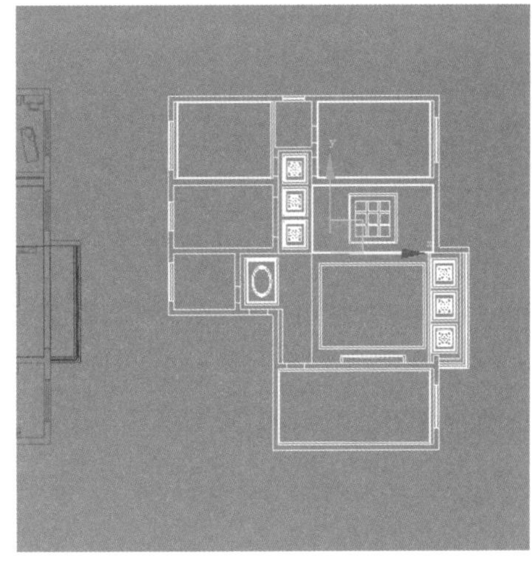

图6-33 导入的天花图

从导入的天花图中可以很清楚的看到结构，对于复杂的方格木制造型，直接选择导入的图纸，执行【挤出】命令即可。

03 首先制作客厅及阳台的天花，在【顶】视图按照图纸执行【线】命令绘制出客厅天花的形状，然后执行【挤出】命令，【数量】设为60mm，效果如图6-34所示。

04 转换为编辑多边形，将上面的面删除，进入【边】层级子物体，选择带有灯槽的边，执行【挤出】命令，设置挤出【高度】为-120mm，单击【应用并继续】按钮，如图6-35所示。

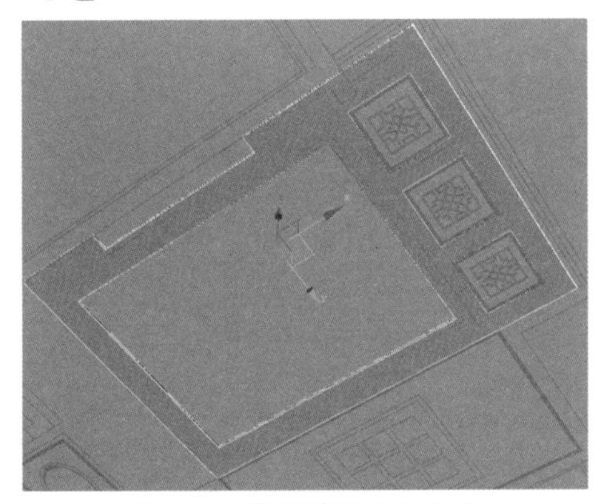

图6-34 执行【挤出】命令

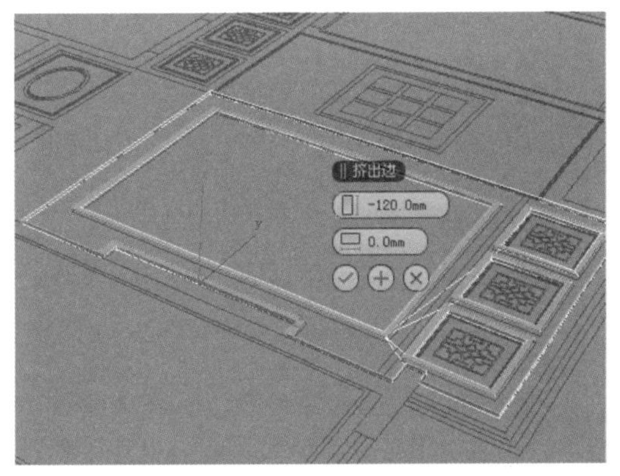

图6-35 制作灯槽

05 再设置挤出【高度】为60mm，单击 确定 按钮，此时生成灯槽。上面的面可以进入【边界】层级子物体，对其执行【封口】命令即可。效果如图6-36所示。

06 选择“木花格”线型，执行【挤出】命令，【数量】设置为20mm，效果如图6-37所示。

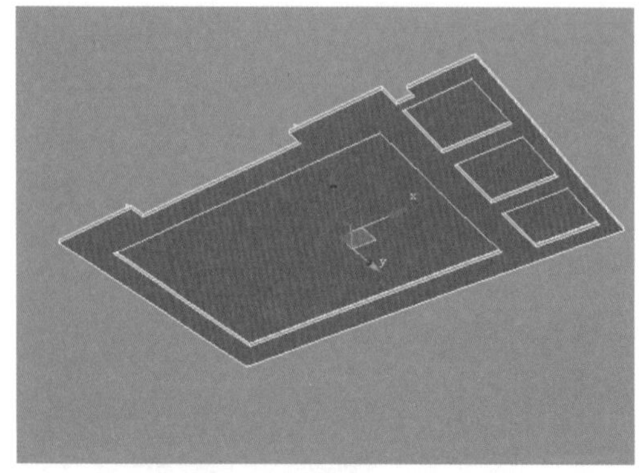
图6-36　执行【封口】命令的效果

图6-37　为木花格执行【挤出】命令

07 在【顶】视图可以很清楚的看到木花格周围有一个木制角线，执行【倒角剖面】命令来制作。首先在【顶】视图执行【捕捉】命令绘制一个矩形，在【前】视图绘制一个60mm×60mm的剖面线，形态如图6-38所示。

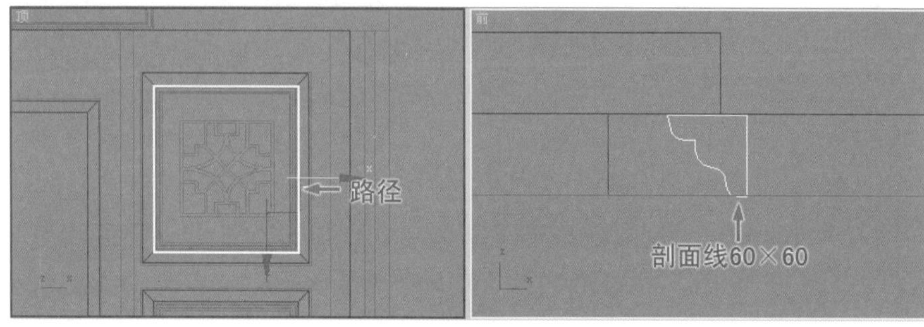

图6-38　绘制的路径及剖面

08 在视图选择路径，并在【修改】命令面板中执行【倒角剖面】命令，然后单击 拾取剖面 按钮，在【前】视图单击截面线，生成木制角线，并移动到合适的位置，如图6-39所示。

09 用实例方式复制两个，位置如图6-40所示。

图6-39　制作木制角线

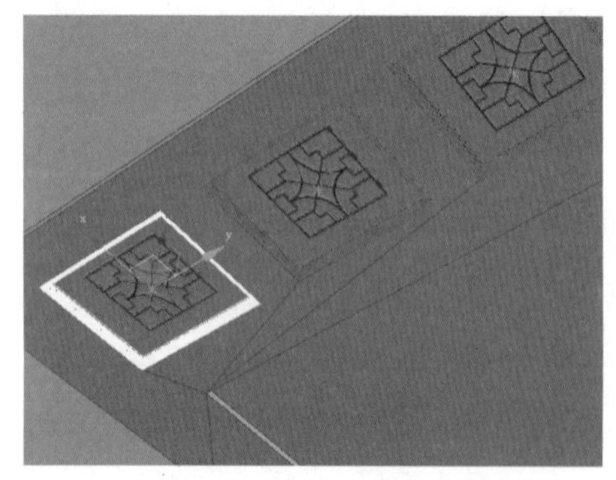
图6-40　复制木制角线

这样客厅及阳台的天花就制作完成了，用同样的方法制作走廊及餐厅的天花，制作完成的效果如图6–41所示。

一定要注意天花的位置，走廊和餐厅的天花应该在上面，客厅及门厅的天花应该放置在下面，因为走廊和餐厅的位置有一个地台，所以高度是不一样的。在错开的位置要

进行封堵，效果如图6–42所示。

图6-41 制作的天花造型

图6-42 天花的位置

至于其他的一些墙面，这里就不再介绍，希望在制作的过程中一定要精细，因为关系到后面的最终效果，好的模型才能有好的结构。

10 最后为场景制作踢脚板，制作的时候要分为两部分，因为不是在一个地平面上，效果如图6-43所示。

11 执行菜单栏中按钮类下的【导入】|【合并】命令，在弹出的【合并】对话框中选择本书配套光盘“场景”\“第6章”\“精品大户型家具.max”文件，然后单击 打开(O) 按钮，在弹出的【合并-精品大户型家具.max】对话框中单击 全部(A) 按钮，再单击 确定 按钮，如图6-44所示。

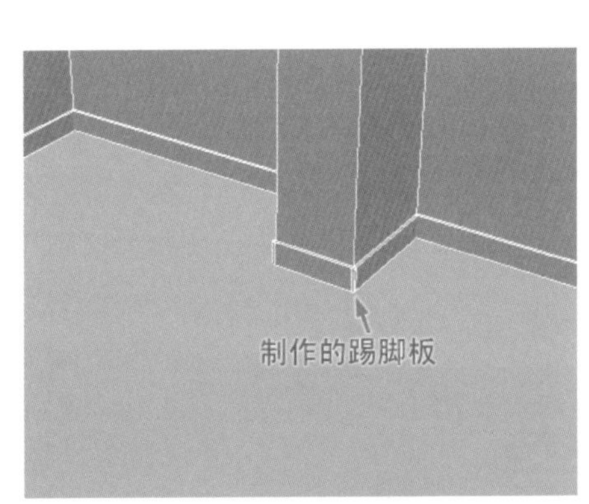

图6-43 制作的踢脚板

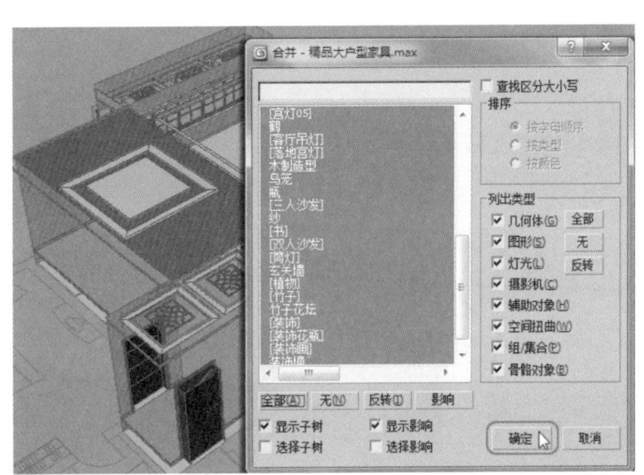

图6-44 【合并】对话框

在弹出的【重复材质名称】窗口中，单击 使用合并材质 按钮即可。此时，“精品大户型家具.max”文件就合并到场景中，位置就不用调整了，因为位置也是按照平面图来摆放的，所以读者只要是按照平面图来制作框架，位置就是正好吻合的，灯具如果不合适可以移动一下高度，效果如图6–45所示。

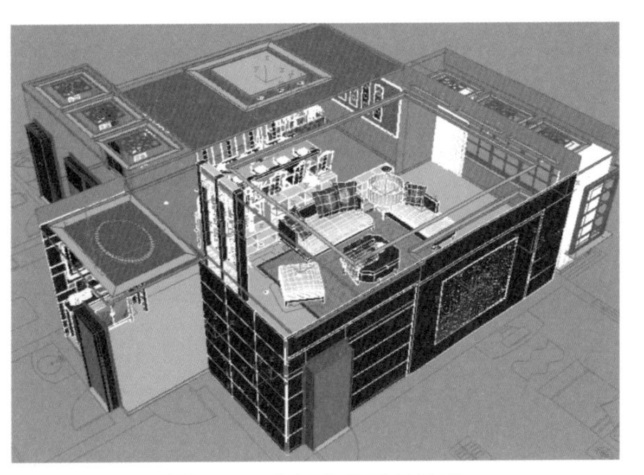

图6-45 合并家具后的效果

12 右击鼠标，在弹出的快捷菜单中执行【全部解冻】命令，将平面图删除。

13 按Ctrl+S组合键，将文件快速保存。

6.3 材质的设置

框架模型已经制作完成，合并的家具材质已经赋好，下面介绍场景中主要材质的调制，主要包括白乳胶漆、壁纸、青石板、地砖材质等，效果如图6-46所示。

图6-46　场景中的主要材质

在调材质时，应该先将VRay指定为当前渲染器，不然将不能在正常情况下设置使用VRay的专用材质。

按F10键，打开【渲染设置:默认扫描线渲染器】窗口，选择【公用】选项卡，在【指定渲染器】卷展栏下单击【选择渲染器】...按钮，在弹出的【选择渲染器】窗口中选择【V-Ray Adv 2.00 .03】，如图6-47所示。

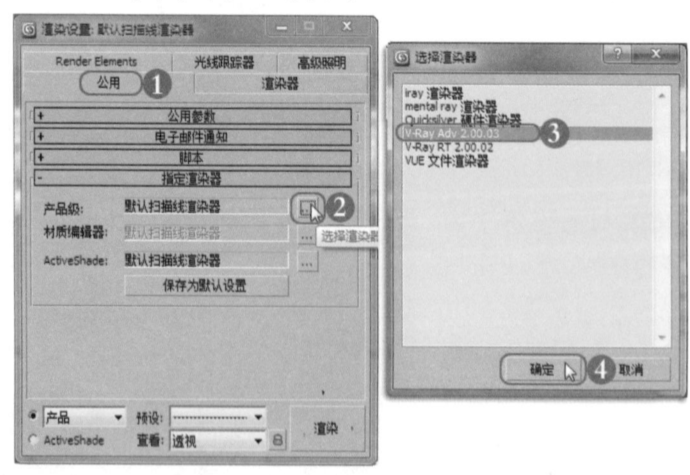

图6-47　将V-Ray指定为当前渲染器

此时当前的渲染器已经指定为VRay渲染器了，下面就可以进行调制材质了。

首先调制一种白乳胶漆材质（具体步骤这里不再介绍），将调制好的白乳胶漆材质赋给顶、天花造型。效果如图6-48所示。

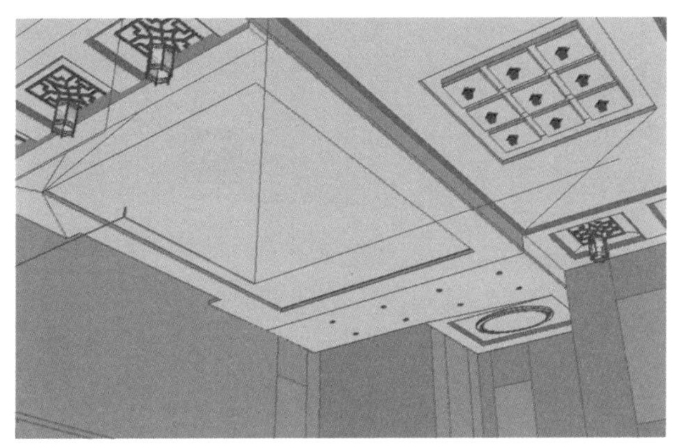

图6-48 为顶、天花赋予白乳胶漆材质

6.3.1 灯带材质

/现场实战——调制灯带材质

其实天花上面的灯槽效果也可以打灯光来表现，还可以用材质来表现，用材质相对来说比较简单，下面就详细的介绍它的调制过程。

选择一个未用的材质球，将其指定为VRay灯光材质，材质命名为“自发光”，【颜色】设置为淡黄色，亮度设置为3，将调制好的材质赋给天花上面的面，如图6–49所示。

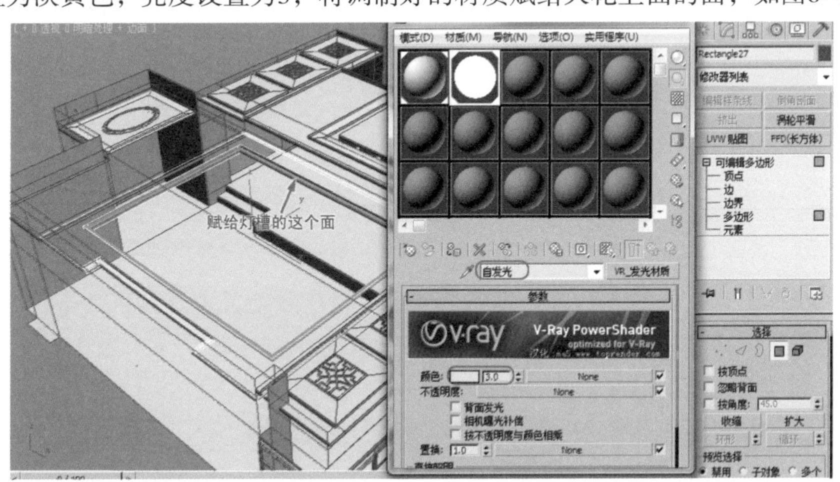

图6-49 为灯槽赋自发光材质

6.3.2 壁纸材质

/现场实战——调制壁纸材质

01 选择第三个材质球，将其指定为【VRayMtl】材质，材质命名为“壁纸”，单击【漫反射】右面的小按钮，选择【位图】，在弹出的【选择位图图像文件】对话框中选择本书配套光盘“场景”\“第6章”\“贴图”\“壁纸01.jpg”文件，如图6-50所示。

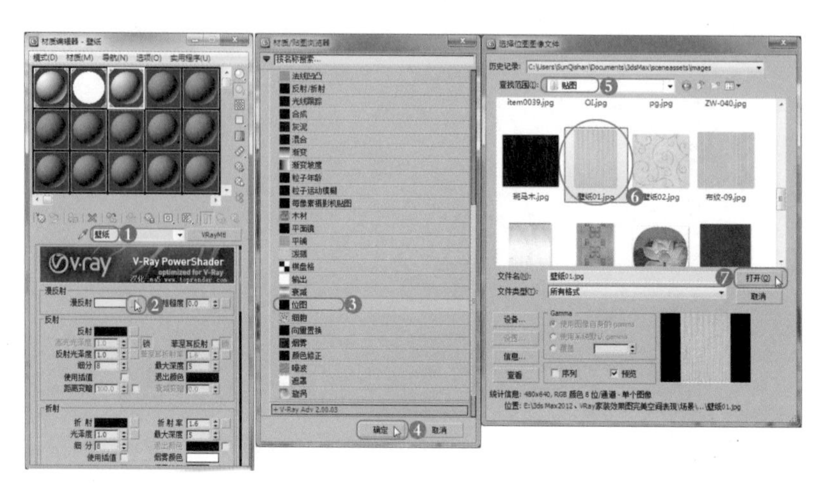

图6-50 调整壁纸材质

为了让壁纸更加真实，清晰，表面应有一定的粗造、有凹凸效果，根据这些特性来设置以下各项参数。

02 首先设置【坐标】卷展栏下的【模糊】为0.1，这样可以使贴图更加清晰，如图6-51所示。

03 在【贴图】卷展栏下，将【漫反射】中的位图复制给【凹凸】通道中，将数量设置为30，如图6-52所示。

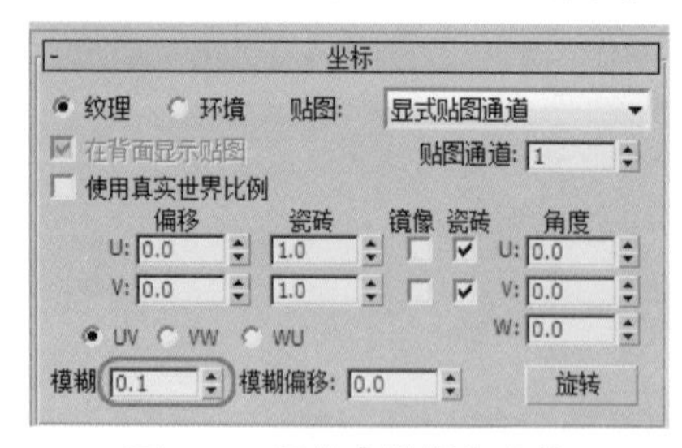

图6-51 调整【模糊】参数

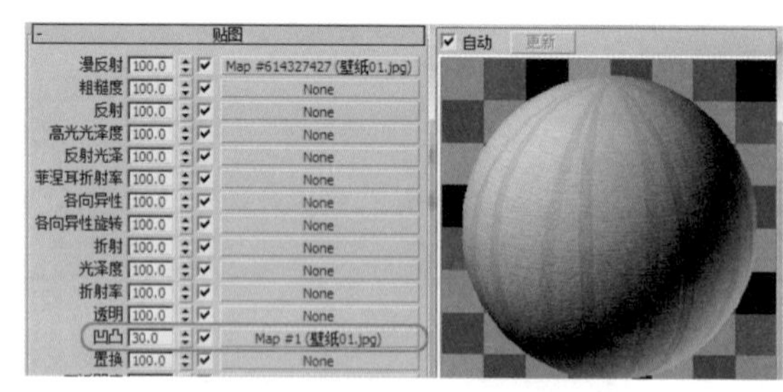

图6-52 设置壁纸的凹凸效果

04 在视图中选择墙体，将调制好的“壁纸”材质赋给它，对其执行【UVW 贴图】命令，在【贴图】选项组中选中【长方体】单选按钮，【长度】、【宽度】设置为1000，效果如图6-53所示。

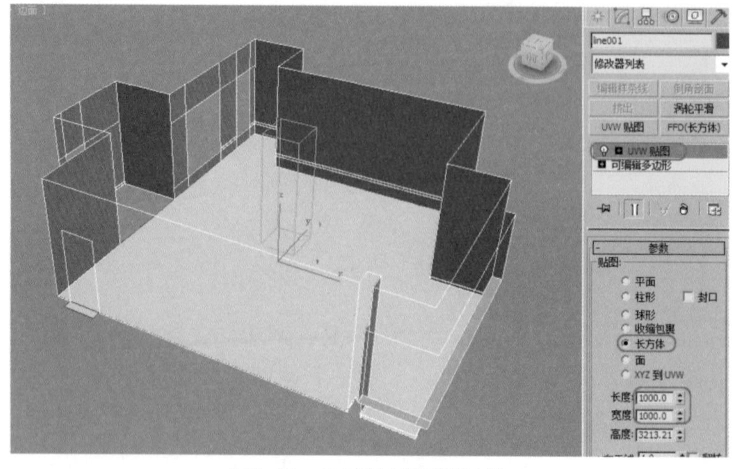

图6-53 为墙体赋壁纸材质

模型是一体的，在赋材质的时候可以将每一部分不同材质的物体分离出来，也可以进入【多边形】■层级子物体直接赋予，无论采用哪种方法都是可行的。

6.3.3 青石板材质

/现场实战——调制青石板材质

01 选择一个未用的材质球，将其指定为【VRayMtl】材质，材质命名为“青石板”，调整一下【反射】参数，在【漫反射】中添加一幅“青石01.jpg”的图片，设置【坐标】卷展栏下的【模糊】为0.1；在【反射】通道中添加【衰减】，参数设置如图6-54所示。

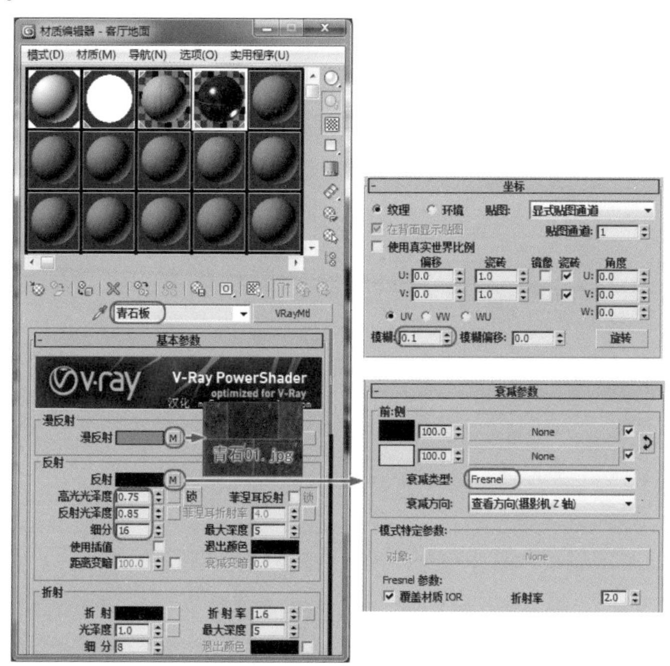

图6-54 调整青石板材质

02 在【贴图】卷展栏下，将【漫反射】中的位图复制给【凹凸】通道中，将数量设置为20，如图6-55所示。

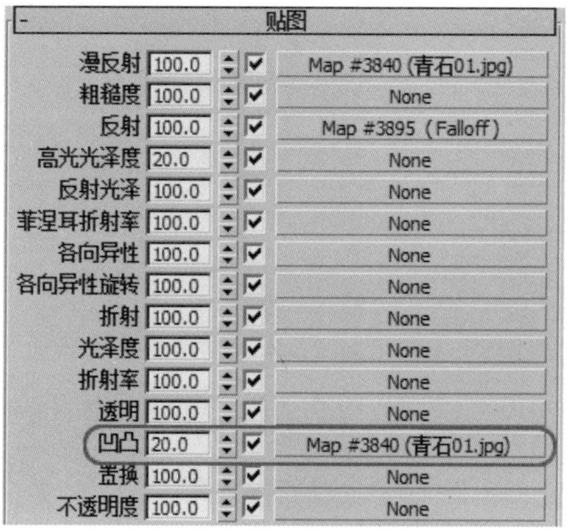

贴图			
漫反射	100.0	✔	Map #3840 (青石01.jpg)
粗糙度	100.0	✔	None
反射	100.0	✔	Map #3895 (Falloff)
高光光泽度	20.0	✔	None
反射光泽	100.0	✔	None
菲涅耳折射率	100.0	✔	None
各向异性	100.0	✔	None
各向异性旋转	100.0	✔	None
折射	100.0	✔	None
光泽度	100.0	✔	None
折射率	100.0	✔	None
透明	100.0	✔	None
凹凸	20.0	✔	Map #3840 (青石01.jpg)
置换	100.0	✔	None
不透明度	100.0	✔	None

图6-55 将位图复制给凹凸

03 为了方便赋予材质，可以将地板分离出来，将调制好的地板材质赋给地面，对其执行【UVW 贴图】命令，在【贴图】选项组选中【长方体】单选按钮，【长度】设置为1000、【宽度】设置为1800，效果如图6-56所示。

现在的纹理是按照常规的方法铺设的，为了得到更好的效果，将纹理旋转45°。首先在【修改器列表】中将【UVW贴图】下面的【Gizmo】打开，在【顶】视图沿Z轴旋转

45°，效果如图6–57所示。

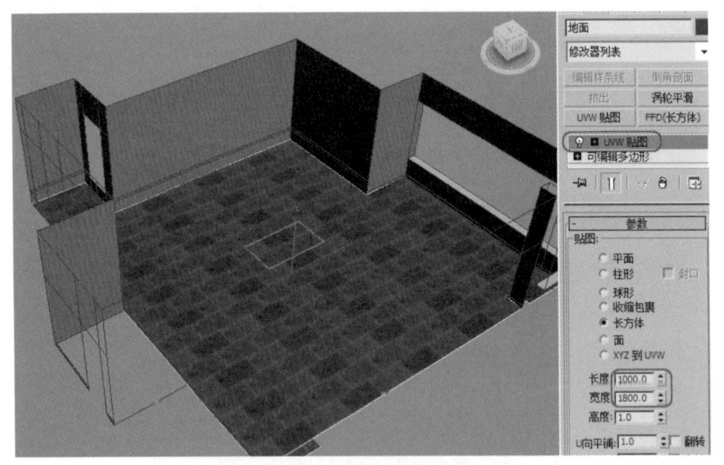

图6-56 为地面赋青石板材质

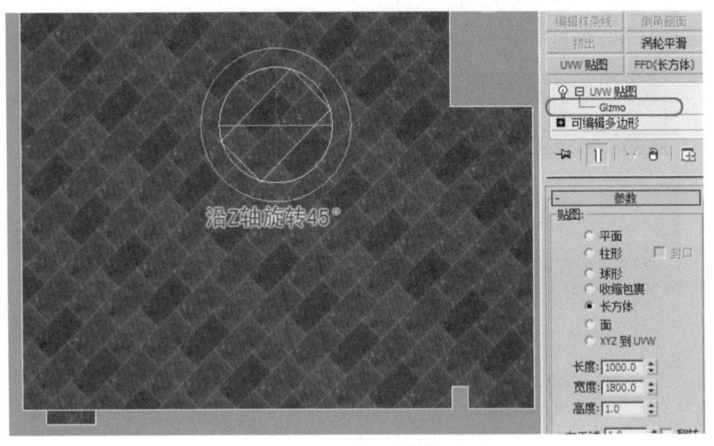

图6-57 调整纹理

将调制好的“青石板”材质球复制一个，材质重新命名为“餐厅地砖”，更换【漫反射】中的位图为“黄大理石.jpg”，其他参数默认即可，将餐厅地砖材质赋给地台，对其执行【UVW 贴图】命令，在【贴图】选项组中选中【长方体】单选按钮，【长】、【宽】、【高】均设置为800mm，效果如图6–58所示。

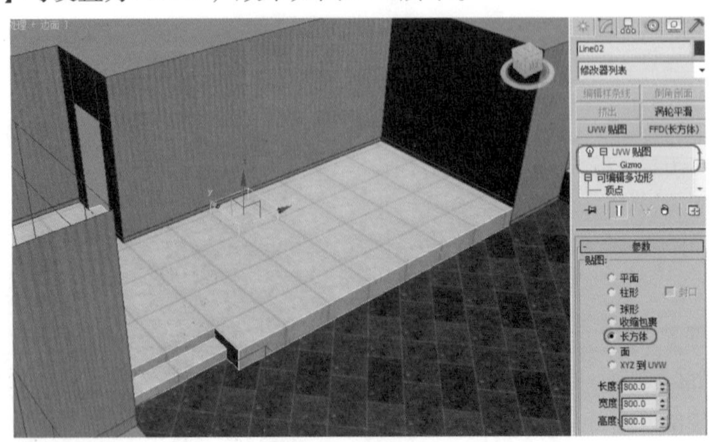

图6-58 调整纹理

将调制好的“餐厅地砖”材质球复制一个，材质重新命名为“地花”，更换【漫反射】中的位图为“地面拼花.jpg”，其他参数默认即可，将地花材质赋给门厅的地面，在赋材质之前可以将地面转换为编辑多边形，然后增加一条段数，不然无法赋予材质。为其施加一个【UVW 贴图】命令，选中【平面】单选按钮，参数默认即可，效果如图6-59所示。

图6-59　为门厅赋地花材质

现在有木纹材质了，直接将合并物体上面的木纹材质吸到材质球上即可。

04 选择一个未用的材质球，用【吸管】工具在茶几上面单击，此时就可以将上面的“木纹”材质吸到材质球上面，将“木纹”材质赋给门、门套、踢脚板、天花的装饰线，效果如图6-60所示。

图6-60　为造型赋予木纹材质

至此，框架的材质已经调制完成，至于合并的物体，前面就已经调好赋给他们，这里就不再赘述。

6.4 设置摄影机

整个场景的建模、材质都已经完成了，下面就来为场景创建几架摄影机，以便得到几个非常理想的观察视角。这个场景使用了四架摄影机，分别用来观看门厅、客厅、客厅01及餐厅，这样就可以将这个场景完全观看清楚。

Max VRay/现场实战——为场景设置摄影机

01 继续上面的操作步骤。

02 在顶视图创建四架摄影机，第一架用来观看门厅，第二、三架用来观看客厅，第四架用来观看餐厅，位置如图6-61所示。

03 这四架摄影机的高度调整范围在1000～1500的位置，用一种平视的角度来观看，效果如图6-62所示。

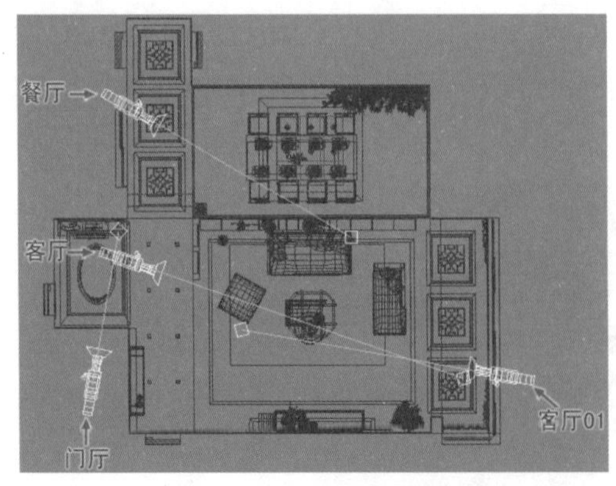

图6-61 创建的四架摄影机

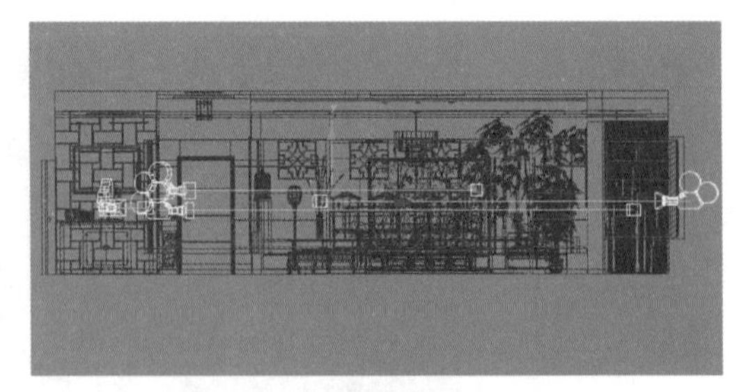
图6-62 调整摄影机的高度

04 调整两架摄影机的【镜头】为24，用来观看客厅的摄影机必须选中【剪切平面】复选框，否则将被前面的物体挡住一部分，具体参数这里不再介绍，只要调整【近距剪切】的数值超过遮挡的物体，调整【远距剪切】的数值超过房间即可。

05 四架摄影机视图就设置完成了，效果如图6-63所示。

图6-63 设置的四架摄影机视图

06 按Ctrl+S组合键，将文件快速保存。

6.5 灯光的设置

这个场景主要表现室内灯光的效果，因为客厅有一个很宽敞的阳台，所以为了得到更好的效果，还要配合阳光进行表现。

6.5.1 设置天空光

/现场实战——设置天空光

01 单击【灯光】| VRay | VR_光源 按钮，在【前】视图窗户的位置创建一盏【VR_光源】用于模拟夜晚的环境光，将【颜色】设置为灰紫色（天空的颜色），设置【倍增器】的数值为10，取消选中【不可见】复选框，位置如图6-64所示。

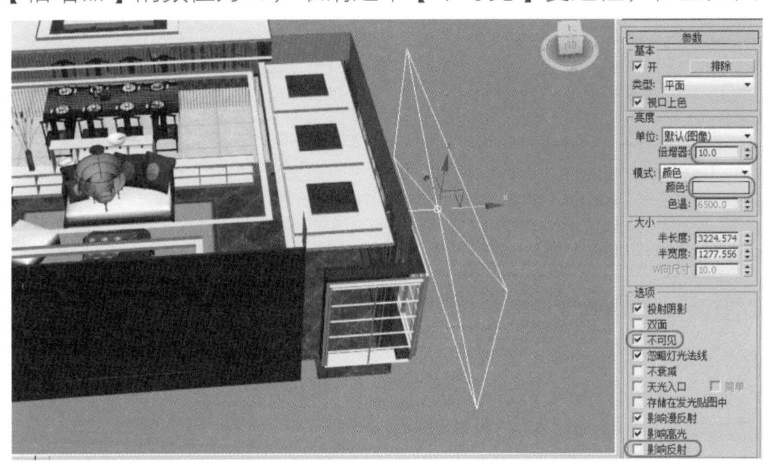

图6-64 VR平面光的位置

设置完这盏天光后就可以设置一下简单的渲染参数，以便进行渲染观看效果。

02 因为是测试，所以参数设置得比较低即可，目的是为了得到一个比较快的渲染速度，渲染的图像尺寸设置得也小一点即可，如图6-65所示。

03 同样是为了提高速度，设置一个质量比较差，速度比较快的VR渲染参数，首先使用低参数的【固定】方式，取消选中【抗锯齿过滤器】选项组中的【开启】复选框，再设置【V-Ray::颜色映射】卷展栏下的参数，如图6-66所示。

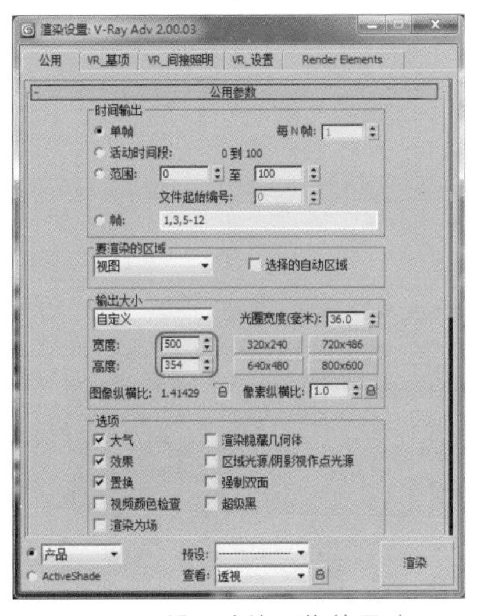

图6-65 设置渲染图像的尺寸

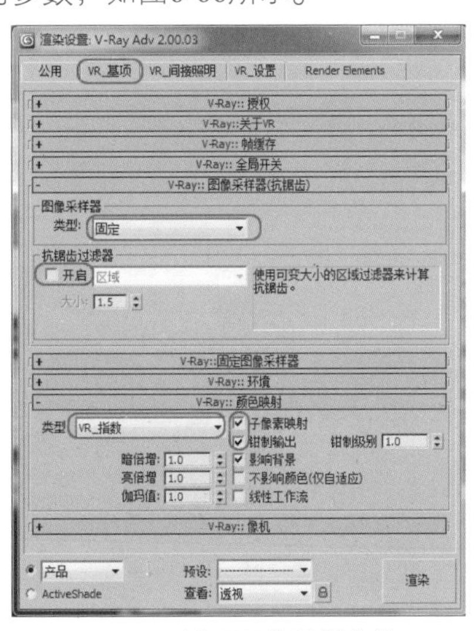

图6-66 设置图像采样参数

04 打开【VR_间接照明】选项卡，在【二次反弹】选项组中选择【灯光缓存】选项；在【V-Ray::发光贴图】卷展栏下选择【非常低】选项，如图6-67所示。

05 再调整【V-Ray::灯光缓存】卷展栏下的【细分】为200，目的是加快渲染速度，取消选中【保存直接光】复选框，选中【显示计算状态】复选框，如图6-68所示。

图6-67 设置【VR_间接照明】参数

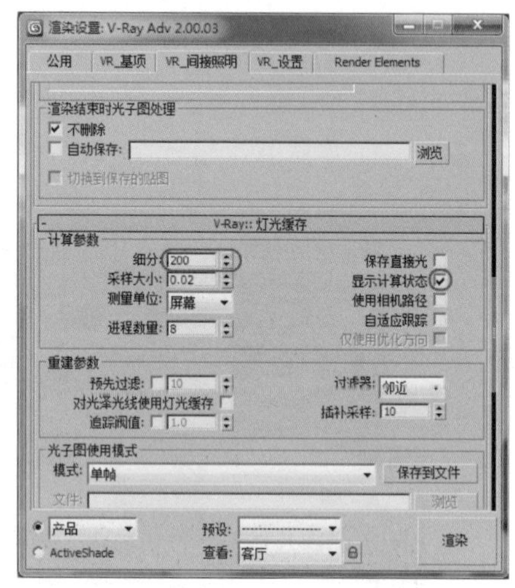

图6-68 设置【V-Ray::灯光缓存】参数

06 用前两章介绍的方法在客厅窗户的外面制作一个圆弧，作为窗外的天空，赋予一种自发光材质，添加一幅“窗景1.jpg”的位图，将调制好的风景赋给圆弧，如图6-69所示。

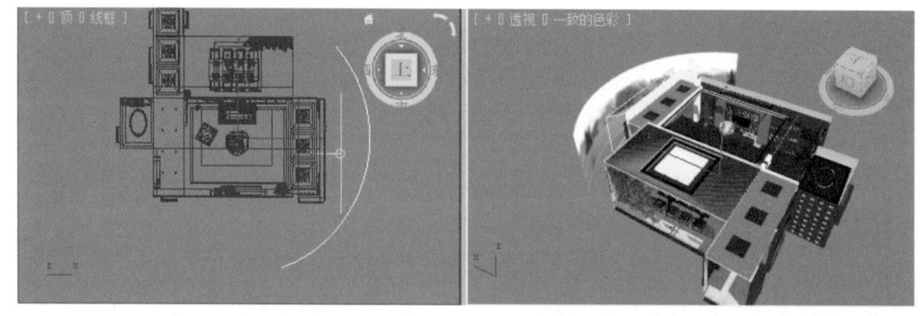

图6-69 为窗外添加风景

07 将两个客厅的角度进行渲染，其渲染的效果如图6-70所示。

图6-70 渲染的效果

通过上面的渲染效果可以看出，整体的光感还是不够理想，出现这样的效果就需要设置室内的灯光，然后再设置一些辅助光源来照亮整体的空间即可。

6.5.2 设置室内及辅助光

/现场实战——设置室内及辅助光

01 为了方便观察，可以在视图中只显示餐厅水晶灯和筒灯，将其他的物体隐藏起来。

02 在【前】视图创建一盏【自由灯光】，在有筒灯的位置全部实例复制，选中【阴影】复选框，选择【VRayshadow】（【VRay阴影】）选项，再选择【光度学Web】选项，然后选择一个“筒灯0.ies”文件，位置如图6-71所示。

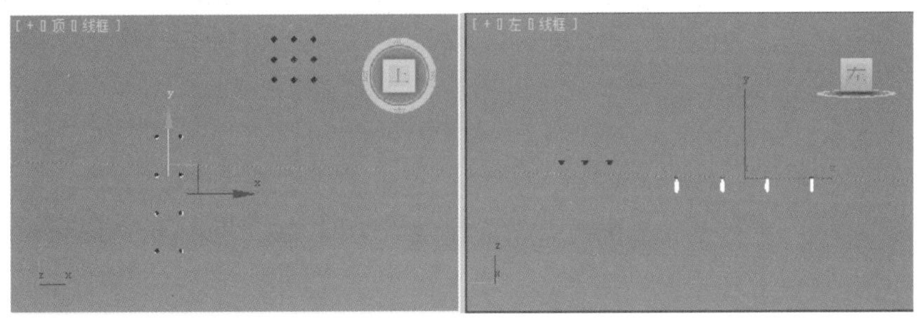

图6-71 为筒灯设置光域网

03 同样为餐厅的水晶灯设置灯光，直接将筒灯的灯光复制一盏即可，采用复制的方式，修改光域网文件为“筒灯.ies”文件，位置如图6-72所示。

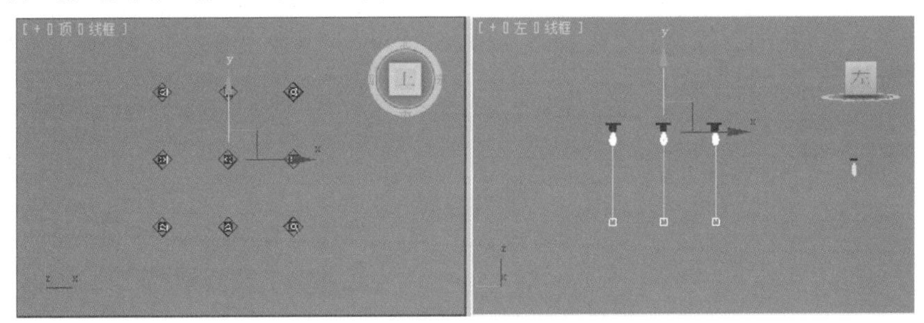

图6-72 为餐厅水晶灯设置灯光

右击鼠标，在弹出的快捷菜单中执行【全部取消隐藏】命令，将其他物体全部显示出来。

04 在客厅、餐厅、门厅、走廊的位置创建VR平面光，来模拟上面的吊灯，客厅、餐厅、门厅灯光的【倍增器】数值设置为5，走廊灯光的【倍增器】数值设置为2，【颜色】为淡黄色，取消选中【不可见】复选框，大小合适即可，位置及形态如图6-73所示。

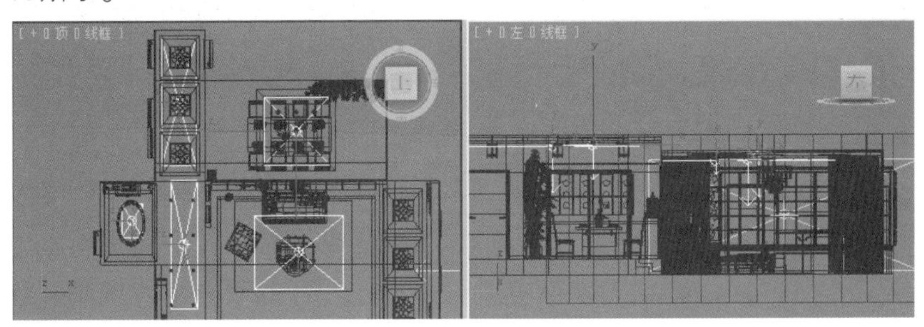

图6-73 创建的VR平面光

灯槽已经赋予材质了，但是如果想得到更好的效果，最好再设置一下灯光，用VR平面光即可；【倍增器】数值设置为3，【颜色】设为淡黄色，具体不再赘述，设置完成的效果如图6–74所示。

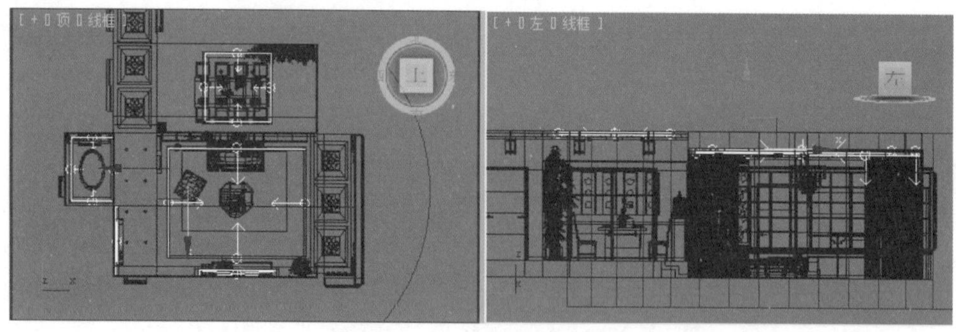

图6-74　为灯槽设置的灯光

为了让走廊有一个很好的照明，所以在立面墙上创建两盏用VR平面光，【倍增器】数值设置为2，【颜色】为淡黄色，取消选中【不可见】复选框，设置完成的效果如图6–75所示。

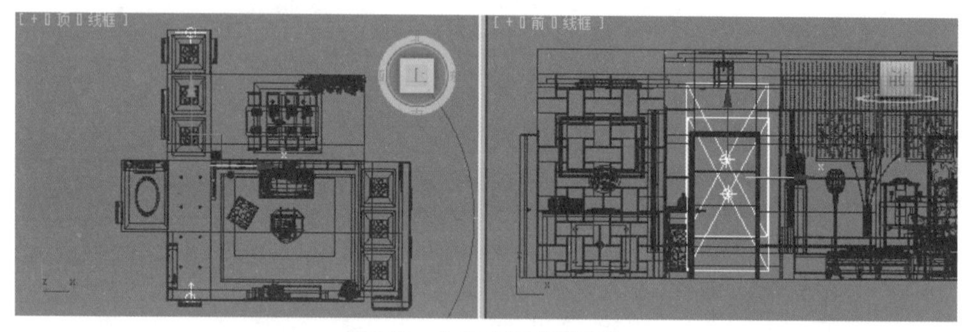

图6-75　为走廊设置辅助光

05 为客厅的落地灯创建一盏VR球型灯，【倍增器】数值设置为50，【半径】设置为60mm，放在灯罩的里面，同样为走廊和阳台的宫灯设置VR球型灯，如图6-76所示。

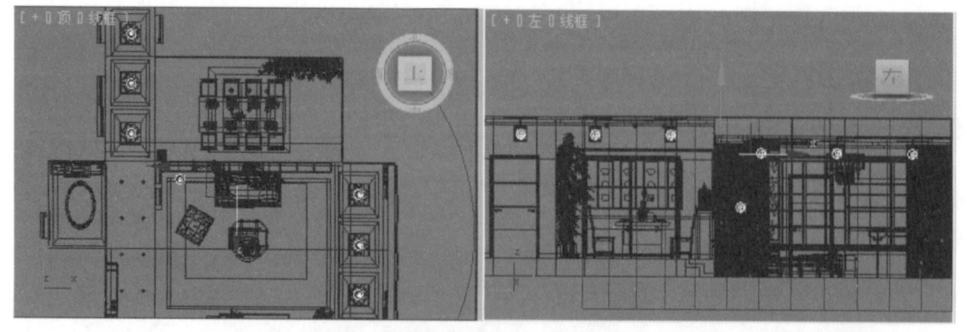

图6-76　为落地灯及宫灯设置灯光

06 按Shift+Q组合键，快速渲染【摄影机】视图，其渲染的效果如图6-77所示。

从现在的这个效果来看，整体还是不错的，整个场景中的灯光就设置完成了，下面需要做的就是精细调整一下灯光细分及提高渲染参数，以便进行最终的渲染出图。

图6-77　渲染效果

6.6 渲染参数的设置

前面已经将大量烦琐的工作完成，下面需要做的工作就是把渲染的参数设置得高一些，渲染一张小的光子图，然后进行渲染输出。

/现场实战——设置最终渲染参数

01 修改所有的VR光源的【细分】为20，如图6-78所示。

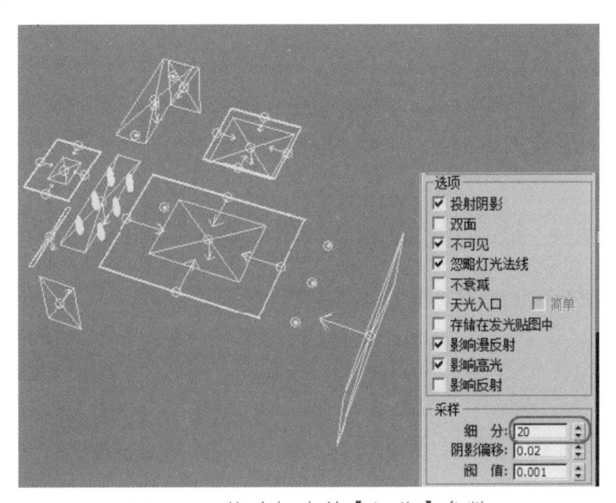

图6-78　修改灯光的【细分】参数

灯槽里面的灯光的【细分】也可以设置为15，太高速度会比较慢，模拟天光的VR光源的【细分】设置为30也可以，主要还是根据自己的经验进行设置。

02 重新设置渲染参数，按F10键，在打开的【渲染设置】窗口中，选择【VR_基项】选项卡，设置【V-Ray::图像采样器】、【V-Ray::颜色映射】卷展栏的参数，如图6-79所示。

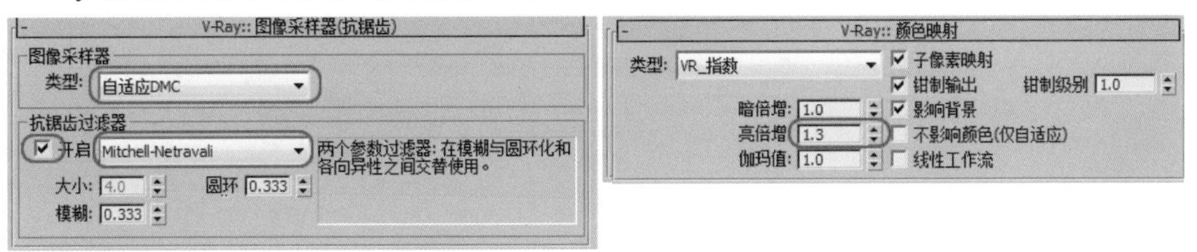

图6-79　设置最终的渲染参数

03 单击【VR_间接照明】选项卡，设置【V-Ray::发光贴图】及【V-Ray::灯光缓存】卷展栏的参数，如图6-80所示。

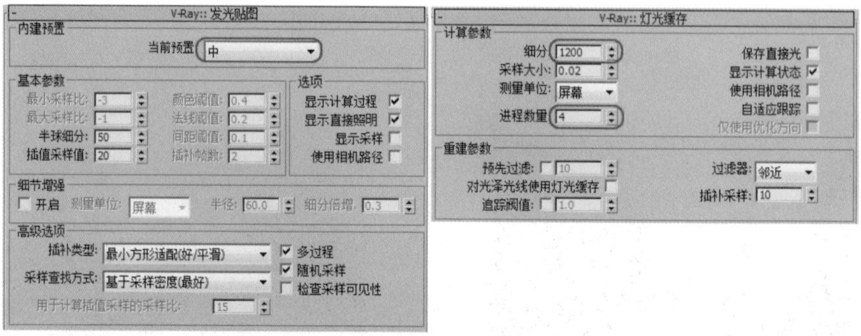

图6-80　设置发光贴图及灯光缓存参数

04 单击【VR_设置】选项卡，设置【V-Ray::DMC采样器】及【V-Ray::系统】卷展栏的参数，如图6-81所示。

05 当各项参数都调整完成后，最后将渲染尺寸设置为1600mm×1133mm，如图6-82所示。

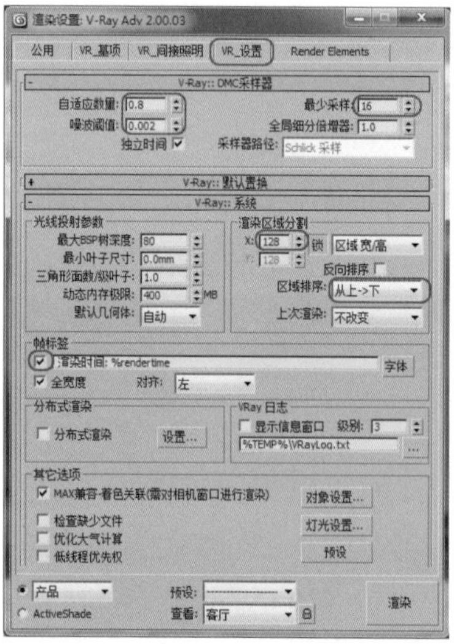

图6-81　设置【VR_设置】选项参数

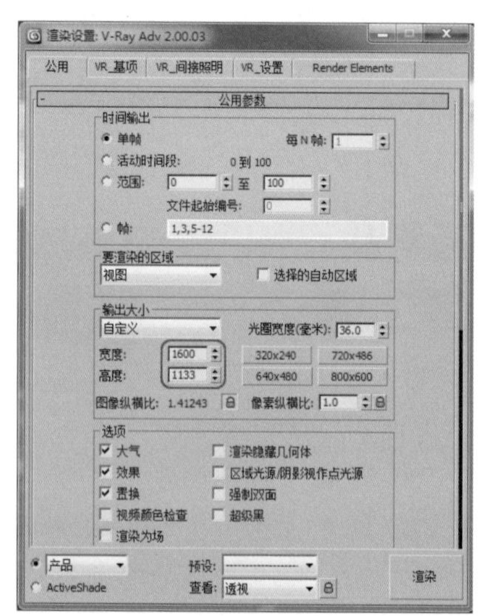

图6-82　设置渲染尺寸

场景中设置了4个视角，同样采用【批处理渲染】进行渲染，可以将4个视角进行一起渲染出图。

06 执行菜单栏中的【渲染】|【批处理渲染】命令，此时将弹出【批处理渲染】对话框，单击添加(A)...按钮，在下方的窗口中就出现了一个“View01”，在摄影机右面的窗口中选择“餐厅”，单击输出路径右面的...按钮，在弹出的【渲染输出文件】窗口中找一个保存路径，文件保存为.tif格式，同样再单击添加(A)...按钮，将客厅、客厅01、门厅进行保存，最后单击渲染(R)按钮进行

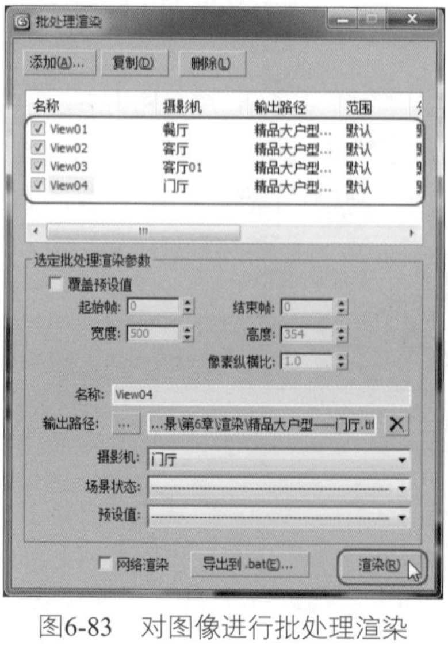

图6-83　对图像进行批处理渲染

渲染。如图6-83所示。

经过漫长的渲染，最终两张图像渲染完成了，所需要的时间为16个小时左右，主要还是由计算机的配置决定速度。效果如图6-84所示。

图6-84　渲染的效果

6.7 Photoshop后期处理

在渲染的时候，可以用3ds Max进行控制整体的亮度，但是如果想要得到细部的处理和更优秀的效果，就需要用Photoshop对渲染图片中的明暗、色彩上的欠缺来进行提亮、修饰、美化。渲染处理前和处理后的效果，如图6-85所示。

处理前的效果

处理后的效果

图6-85　用Photoshop处理的前后效果

/现场实战——对客厅进行后期处理

01 启动Photoshop CS5中文版。

02 打开上面渲染输出的“精品大户型——客厅.tif”文件，这张渲染图是按照1600mm×1133mm的尺寸来渲染的，效果如图6-86所示。

图6-86　打开的渲染图像

现在观察和分析渲染的图片，同样可发现图像存在偏暗、发灰等问题，需要使用Photoshop来调节该图的【亮度】和【对比度】。

03 按F7键，快速打开【图层】面板，在【图层】面板中按住背景层，拖动到下面的【创建新图层】按钮上，将背景图层复制一个，按Ctrl+L组合键，打开【色阶】窗口，调整参数，如图6-87所示。

图6-87　使用【色阶】调整图像的亮度

从现在的整体效果来看画面有点平淡，没有分量感，也就是从素描效果来看黑、白、灰没有拉开，所以画面不够明快，下面再进行调整。

04 复制一个调整后的图层，在图层下面的下拉窗口中选择【柔光】选项，调整【不透明度】为60%，如图6-88所示。

图6-88　对复制的图层进行调整

经过在图层中的【柔和】处理后，图像的暗部有点太暗了，下面就来进行调整。

05 将上面的两个图层进行合并，单击工具箱中的【减淡】按钮（或按O键），激活【减淡】工具，在【属性栏】的【范围】右面的窗口中选择【阴影】选项，【曝光度】设置为30~50，然后在图像暗部的地方进行提亮，如图6-89所示。

图6-89　对图像的暗部进行提亮

06 按Ctrl+B组合键，打开【色彩平衡】对话框，调整【色调平衡】选项组下的【阴影】、【中间调】、【高光】三种颜色，如图6-90所示。

因为制作的是一个下午的客厅效果图，整体应给人不要太暖的色调，现在场景的色调太暖了，下面就对其执行【照片滤镜】命令，以改变整体的色调。

07 确认位于【图层】面板最上方的图层是当前图层，在【图层】面板的下方单击 按钮，在弹出的菜单中选择【照片滤镜】选项，如图6-91所示。

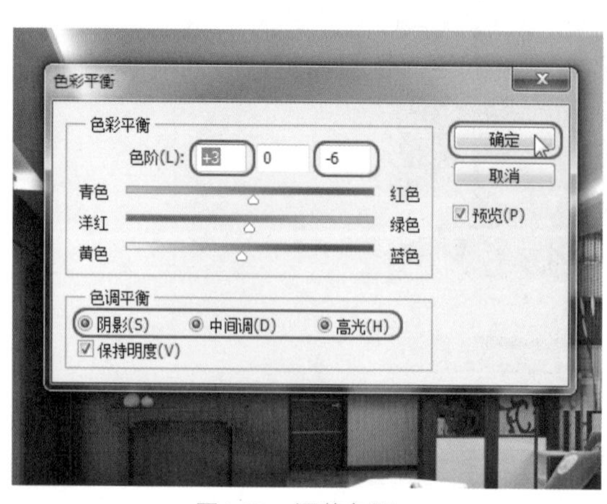

图6-90 调整色调

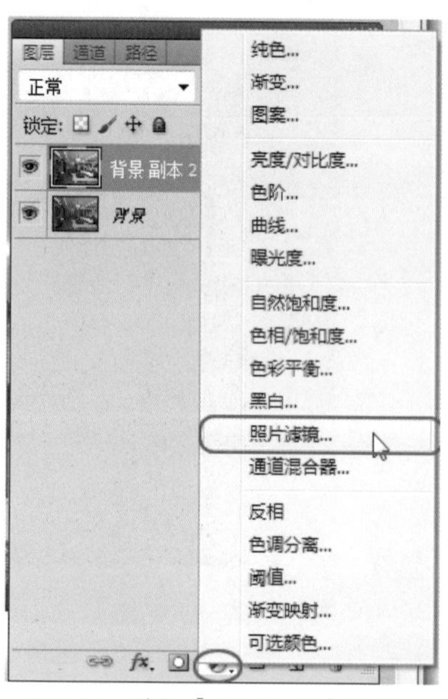

图6-91 选择【照片滤镜】选项

08 在弹出的【照片滤镜】对话框中设置一下参数即可，如图6-92所示。

09 单击工具箱中的【橡皮擦】按钮（或按O键），激活【橡皮擦】工具，在【属性栏】的【模式】右面的窗口中选择【画笔】工具，【不透明度】设置为30%，然后在图像近处进行擦除，使近处图像的冷色调被擦除掉，如图6-93所示。

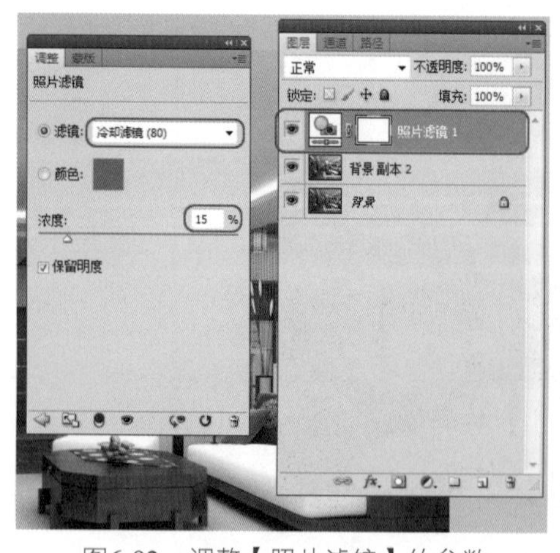

图6-92 调整【照片滤镜】的参数

图6-93 擦除近处的冷色调

最后再为客厅的筒灯及吊灯添加上光晕效果，客厅的后期处理就基本完成，读者可以根据自己的感受，使用Photoshop的一些工具对效果图的每一部分进行精细调整。这一项工作是很感性的，所以希望多加练习，以提高自己的审美能力，为以后作出更好的作品打下坚实的基础。最终的效果如图6–94所示。

图6-94 客厅效果图处理的最终效果

10 执行菜单栏中的【文件】|【存储为】命令，将处理后的文件另存为“精研好户型客厅.psd”文件。读者可以在本书配套光盘“场景”\“第6章”\“后期”目录中找到。

另外，客厅01的角度就不再赘述了，读者可以按照前面介绍的方法来进行调整，在阳台的窗户外面添加一幅风景，调整后的效果如图6–95所示。

图6-95 客厅01效果图处理的最终效果

门厅和餐厅效果图的调整与客厅的调整就要有所区别了，整体采用的是暖色，也就是在使用【照片滤镜】的时候使用的是【加温滤镜】，处理后的最终效果如图6–96所示。

图6-96　门厅和餐厅效果图处理的最终效果

6.8　小结

本章重点介绍了套三厅错层户型的设计与制作，主要介绍了中式客厅、餐厅效果图的表现，从中不但在表现上学习到很多东西，在设计上也同样是受益匪浅。对于软件的操作应该熟练掌握如何用3ds Max建立模型，如何用VR更快、更逼真地渲染，如何用Photoshop进行后期处理。制作完以后，渲染输出的图像一定要看大体的渲染效果，对于复杂的场景，不要总是在3ds Max中进行反复调整，因为在3ds Max中调整的时间会比较长，所以只要整体的光感、效果比较理想即可，然后利用Photoshop这一强大的图像处理软件来进行调整。当然这还要根据渲染出图的效果来调整。

第7章

精美复式户型——地中海风格

本章内容

- 方案介绍
- 模型的建立
- 设置摄影机
- 材质的设置
- 灯光的设置
- 渲染参数的设置
- Photoshop后期处理

上一章制作了一个套三厅错层户型，本章制作的是一套复式户型，无论在设计上，还是在效果图制作上，要比前面的户型复杂得多。如果设计方案定好了，在制作效果图时，就应该制作得细致一些，因为它要靠多个视角来表现。所以，这一章应该是一个新的挑战。

7.1 方案介绍

本方案是某小区的一套复式户型，与前面接触过的几套户型相比，这套复式户型就麻烦多了，它由两层组成，这个房主是一位品味很高的公司经理，对整体设计要求也比较高，所以，在设计过程中，在听取房主的意见后，整体采用了地中海风格。

7.1.1 户型分析

从整体的户型来看，一层的设计主要以客厅为主，$30m^2$的大中庭为朋友聚会提供了足够的空间，从一层到二层一气呵成，非常大气、壮观。超大的落地飘窗增加了视野的感官冲击力；敞开式的餐厅，在空间上很流畅。二楼的设计以卧室为主，更好的做到了动静分离，功能分区更加明确。

该结构为框架结构，两层的建筑面积共为$210m^2$，两层的高度为5.8m。整体的家具布局及房间位置用两张平面效果图来表现，一层的平面效果如图7-1所示。

图7-1　复式一层平面效果图

下面是二层的平面效果图，其中包括卫生间、次卧、书房。效果如图7-2所示。

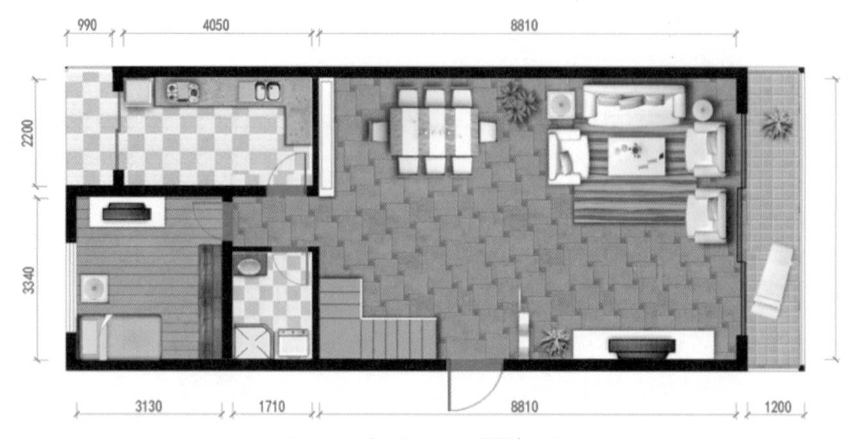

图7-2　复式二层平面效果图

对于室内的装修倾向以简约手法表达个人对艺术和生命的追求，又希望能引入不同文化背景和特色作崭新演绎，为每一个室内空间带来深度和更丰富的视觉效果，但更重要的是能够在设计上反映屋主个性，为他开创更大的生活空间，所以在设计的过程中每一个细节都要思考，为客户服务周到。

客户提出装修要简洁而不失庄重，家具颜色选择以白色和蓝色为主色调，整体色调以冷色为主。

7.1.2 设计说明

该风格对于现代家居设计的最大魅力，首先来自其纯美的色彩组合。地中海地区的色彩确实太丰富了，并且由于阳光充足，所有颜色的饱和度也很高，将色彩最绚烂的一面表现得淋漓尽致。其次，地中海风格的设计思想精髓在于设计中体现了“自由、悠闲”的生活方式，这些对于生活在钢筋水泥丛林中的现代人来说绝对是一种享受。

1．中庭设计思路

中庭的设计整体采用了以白色、蓝色为主色调的手法，这是比较典型的地中海颜色搭配。该风格对于现代家居设计的最大魅力，首先来自其纯美的色彩组合。地中海地区的色彩确实太丰富了，并且由于阳光充足，所有颜色的饱和度也很高，并将色彩最绚烂的一面表现得淋漓尽致。其次，地中海风格的设计思想精髓在于设计中体现了“自由、悠闲”的生活方式，这些对于生活在钢筋水泥丛林中的现代人来说绝对是一种享受。

这里采用了纹理明显的疤节木材料，与白色的乳胶漆形成明显对比，沙发墙面采用了蓝色的条纹壁纸，显得生机勃勃，地面采用了仿古砖，电视墙及楼板侧面的凹槽使用了华丽的的马赛克镶嵌、拼贴。效果如图7–3所示。

图7-3　中庭的设计效果图

2．餐厅设计思路

餐厅的设计风格也采用了与中庭一样的地中海风格，因为这个复式户型的中庭厅和餐厅是相通的，目前国内多数建筑的设计都是这样的，在原来的结构的餐厅位置设计了两个很通透的隔断，使客厅、餐厅在无形中进行了合理的分割，在视觉上很通透，但是在功能的分区上很明显。

餐厅的前面采用了暖色的黄色壁纸，正好与中庭的沙发墙形成强烈对比；餐桌与餐椅采用了蓝色的纹理漆，正好与吊灯相呼应；餐橱使用了与走廊一样的拱门，为了增加气氛，还加入了灯槽。效果如图7–4所示。

图7-4　餐厅的设计效果图

对于整个空间的设计，既要把握整体的设计风格与色调，又要考虑在使用过程中能否为使用提供便利。当所有细节都考虑到，且方案确定之后，就应该将设计的方案逐一表现出来，以效果图来说话，使客户预先了解设计师所能做到的设计、装修，在完工后是一种什么样的表现效果。

至于主卧、次卧、书房、厨房卫生间等空间就不再进行制作。下面列出了几幅参考设计效果图，希望读者在制作这些空间的时候能对其起到一些参考作用。主卧及儿童房的参考设计效果图如图7–5所示。

主卧的参考设计效果图

儿童房的参考设计效果图

图7-5　主卧及儿童房的参考设计效果图

厨房、卫生间及书房的参考设计效果如图7-6所示。

厨房的参考设计效果图

卫生间的参考设计效果图

书房的参考设计效果图

图7-6 厨房、卫生间及书房的参考设计效果图

这套复式户型的房间比较多，但还是主要用来制作中庭，因为餐厅是敞开式的，所以整个空间就一起制作出来。

7.2 模型的建立

中庭及餐厅在造型的创建上比较复杂，中间有一个楼板及扶手，中庭是中空的，在建模方法上，还是采取与前几章大体相似的制作方法。首先将CAD平面图导入到3ds Max中，以导入的图纸做参照来建立墙体、门窗、装饰墙等造型，在制作立面墙的时候同样使用CAD图纸。

7.2.1 建立墙体

Max VRay/现场实战——建立墙体

01 启动3ds Max 2012中文版，将单位设置为【毫米】。

02 用前面介绍的方法将本书配套光盘“场景”\“第7章”\“精美复式户型——地中海复式(导入).dwg”文件导入到场景中，效果如图7-7所示。

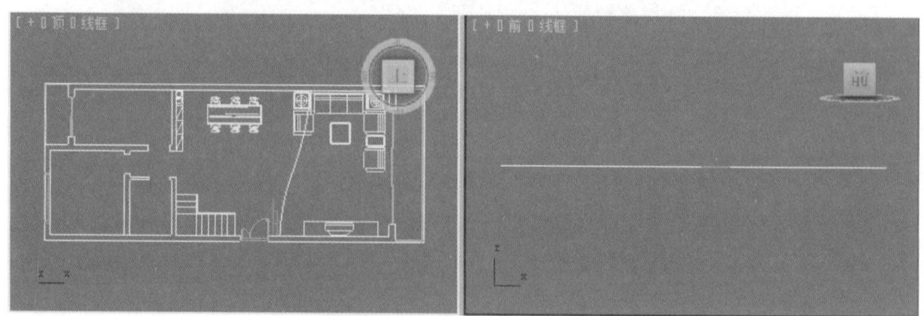

图7-7 导入的CAD平面图

在CAD中已经将平面图移动到原点（0，0）的位置，这样做的目的就是加快计算机的运行速度，以方便管理。

03 按Ctrl+A组合键，选择所有线形，然后成为一组，指定为一种便于观察的颜色，然后将CAD平面图冻结，最后设置【捕捉】参数即可。

04 激活【顶】视图，按Alt+W组合键，将视图最大化显示，按G键将网格隐藏。

05 单击【创建】 |【线形】 | 线 按钮，在【顶】视图客厅、餐厅的位置绘制墙体的内部封闭线形，在门洞及窗洞之间增加顶点，效果如图7-8所示。

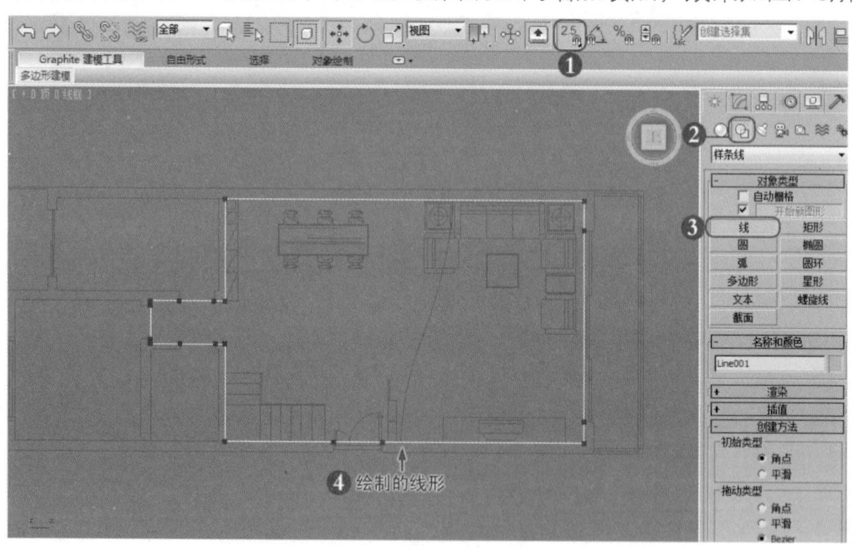

图7-8 绘制封闭线形

其他部位的墙体就不需要制作了，这里重点是表现中庭、餐厅的空间。

06 对绘制的线形执行【挤出】命令，【数量】设置为5800mm（即房高为5.8m）。按F4键，显示物体的结构线。效果如图7-9所示。

07 右击鼠标，在弹出的快捷菜单中执行【转换为可编辑多边形】命令，将墙体转化为可编辑多边形。然后进行翻转法线，生成墙体。效果如图7-10所示。

08 为了方便观察，可以对墙体进行消隐，在【透】视图选择挤出的线型，右击鼠标，在弹出的快捷菜单中执行【对象属性】命令，在弹出的【对象属性】对话框中选中【背面消隐】复选框，此时墙体的效果如图7-11所示。

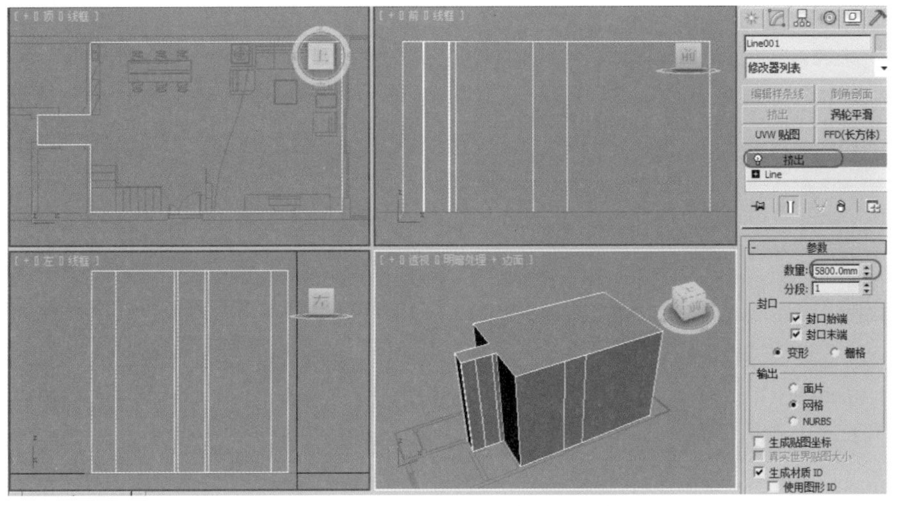
图7-9　执行【挤出】命令后的效果

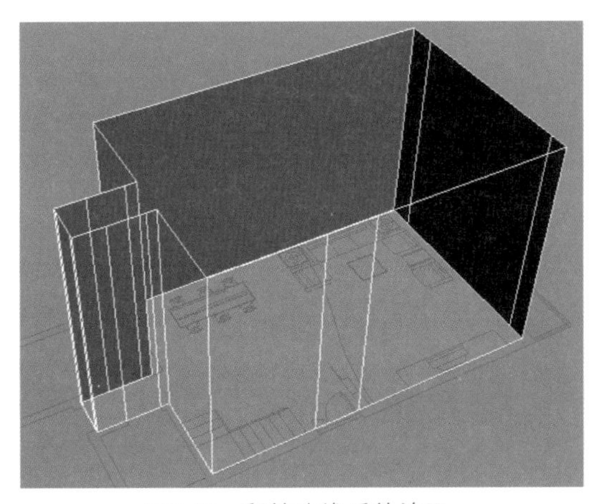
图7-10　翻转法线后的效果

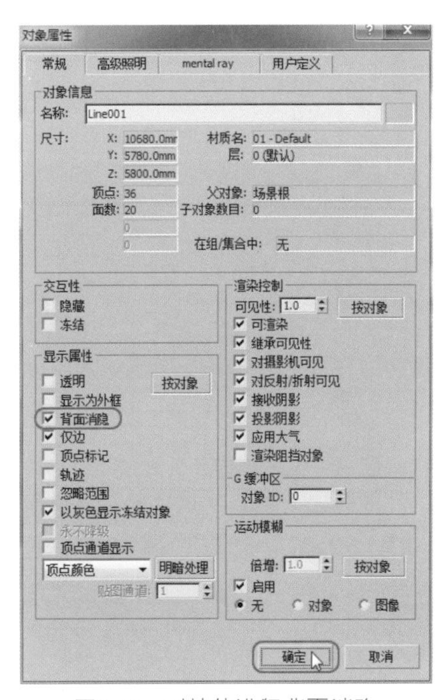
图7-11　对墙体进行背面消隐

09 按Ctrl+S组合键，将文件保存为“精美复式户型——地中海复式.max文件”。

7.2.2　制作窗及门

/现场实战——制作窗及门

01 选择墙体，按2键，进入【边】层级子物体，选择阳台窗户两侧的边，单击 连接 按钮水平增加三条段数，效果如图7-12所示。

02 按4键，进入【多边形】层级子物体，选择上下的两个面执行【挤出】命令，【数量】设为-240mm，制作出门洞及窗洞，效果如图7-13所示。

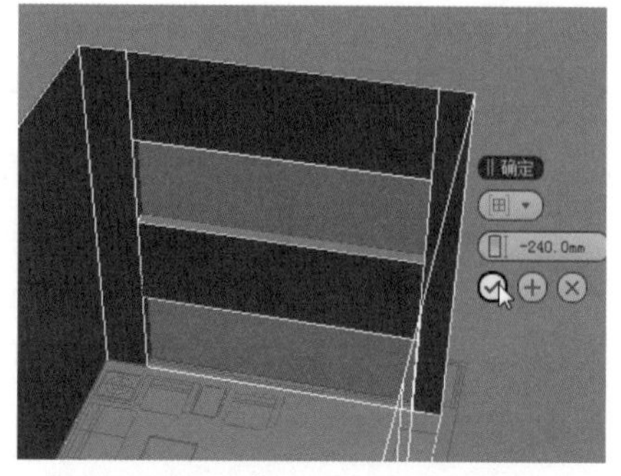

图7-12　增加的段数　　图7-13　执行【挤出】命令后的效果

03 按1键，进入【顶点】层级子物体，确认【移动】工具处于激活状态，激活【前】视图，选择下面第二排顶点，按F12键，在弹出的对话框中设置【移动变换输入】Z的数值为2400，第三排顶点的高度为3000，第四排顶点的高度为5400，数值如图7-14所示。

04 按4键，进入【多边形】层级子物体，默认状态下挤出的面是处于被选择状态，单击 切角 右面的小按钮，在弹出的对话框中设置【轮廓量】为-60mm，单击【确定】按钮，如图7-15所示。

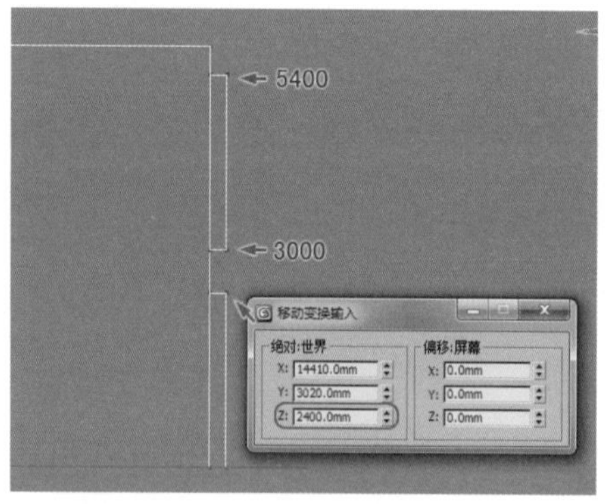

图7-14　在【前】视图调整顶点的位置

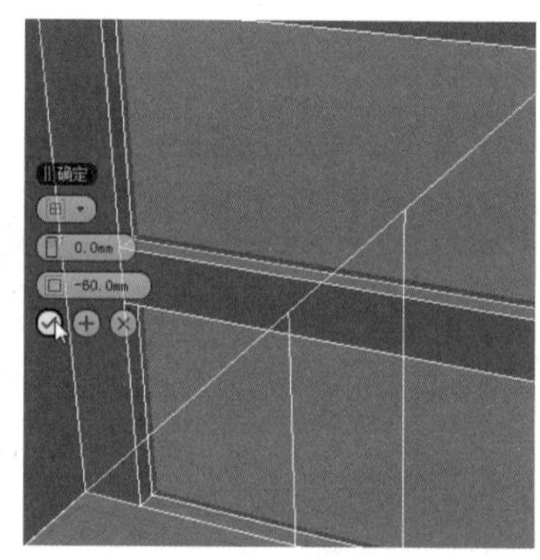

图7-15　对面进行切角

05 按2键，进入【边】层级子物体，在【透】视图选择水平里面的边，如图7-16所示的四条水平边。

06 单击【编辑边】类下 连接 右侧的小按钮，在弹出的对话框中将【分段】设置为2，单击【确定】按钮，如图7-17所示。

图7-16　选择的四条水平边

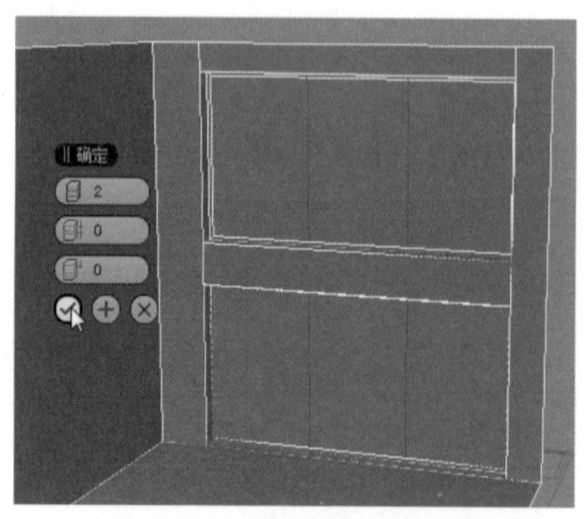

图7-17　垂直增加一条段数

07 确认中间增加的四条段数处于被选择状态，单击 切角 右面的小按钮，在弹出的对话框中导入30mm，单击【确定】按钮，如图7-18所示。

08 按4键，进入【多边形】层级子物体，对中间的6个面执行【挤出】命令，【数量】设为-60mm，如图7-19所示。

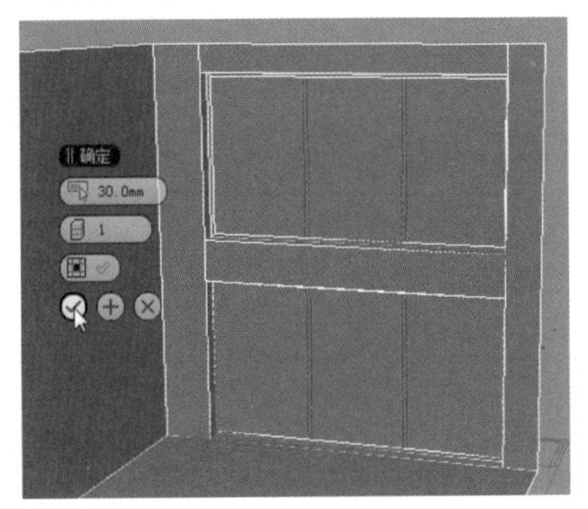

图7-18 对边进行切角

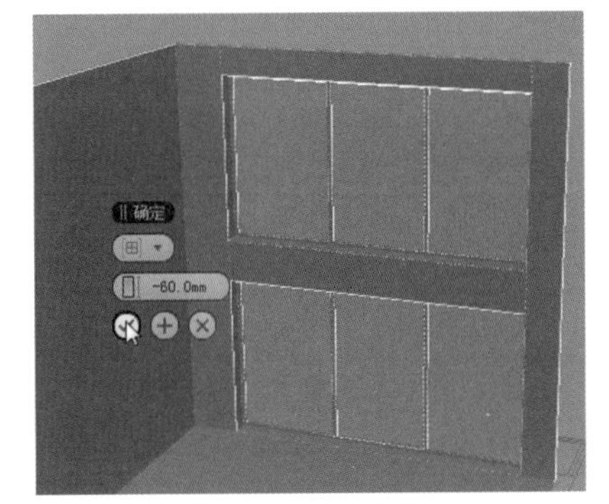

图7-19 执行【挤出】命令制作窗框

09 最后将挤出的面删除即可。

10 用同样的方法将入户门、厨房、卫生间、佣人房的门洞制作出来，门洞的高度都为2000mm，效果如图7-20所示。

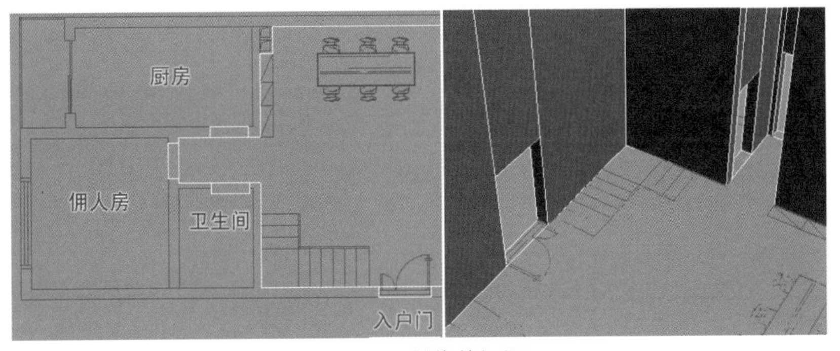

图7-20 制作的门洞

7.2.3 制作楼板及扶手

/现场实战——制作楼板及扶手

01 在【顶】视图用【捕捉】模式在走廊的位置创建一个1020mm×1620mm×150mm的长方体，在【前】视图将其移动到2700mm的高度，如图7-21所示。

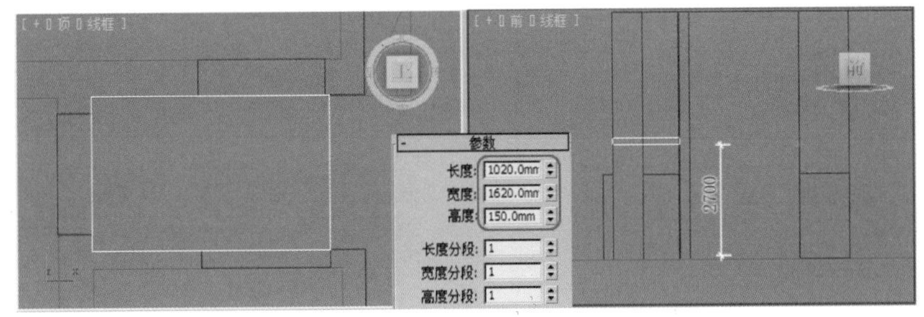

图7-21 长方体的参数位置

02 右击鼠标，在弹出的快捷菜单中执行【转换为】|【转换为可编辑多边形】命令，将长方体转换为可编辑多边形。在【透】视图选择朝向中庭的面执行【挤出】命令，【数量】设为240mm，如图7-22所示。

03 选择下面的面执行【挤出】命令，设【数量】为200mm，作为过梁造型，如图7-23所示。

图7-22　对面执行【挤出】命令

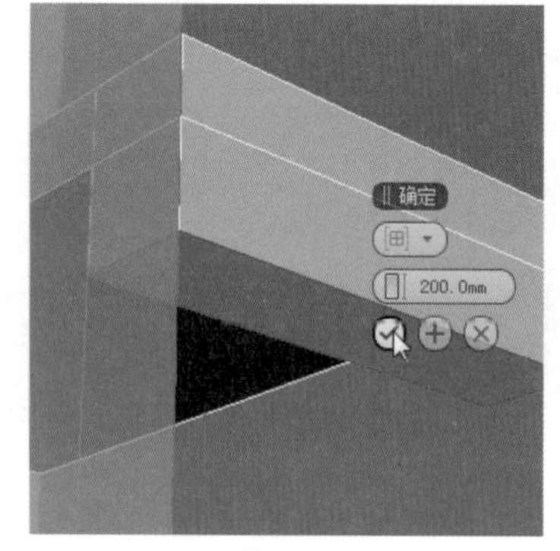

图7-23　执行【挤出】命令制作梁

04 选择图7-24所示的面执行【挤出】命令，设【数量】为900mm，制作一楼的楼板。

05 选择不同的面执行【挤出】命令，将楼梯口的位置留出来。效果如图7-25所示。

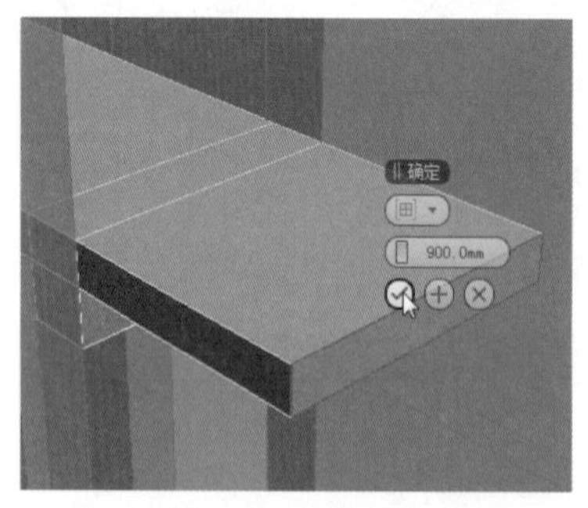

图7-24　对面执行【挤出】命令

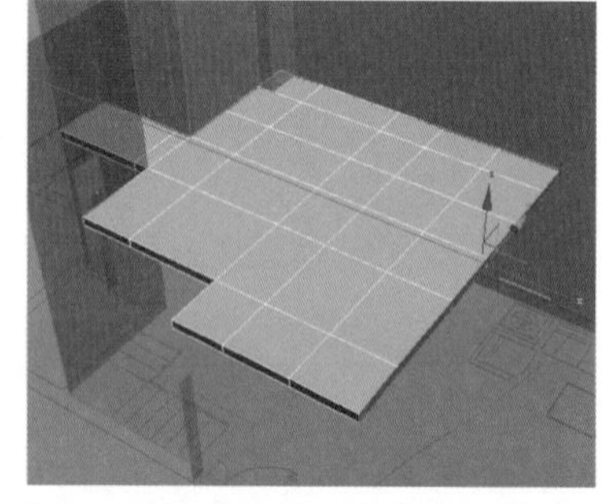

图7-25　执行【挤出】命令制作的面

06 可以合理增加一些断数，按1键，将【顶点】激活，在【顶】视图用【移动】工具调整顶点的位置。效果如图7-26所示。

07 在【透】视图选择弧线造型的所有面，执行【挤出】命令，【数量】设为200mm。效果如图7-27所示。

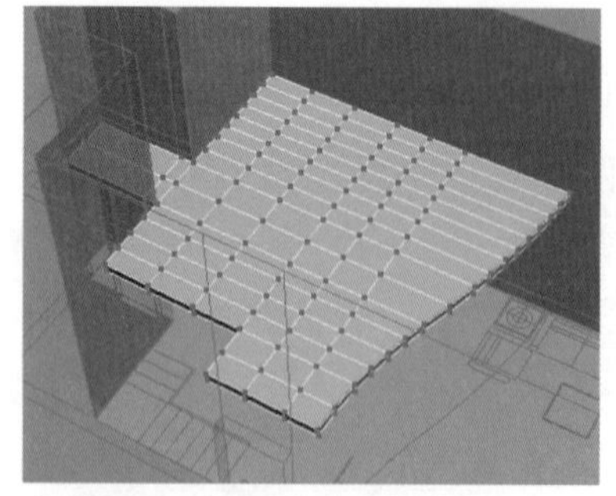

图7-26　增加断数调整顶点

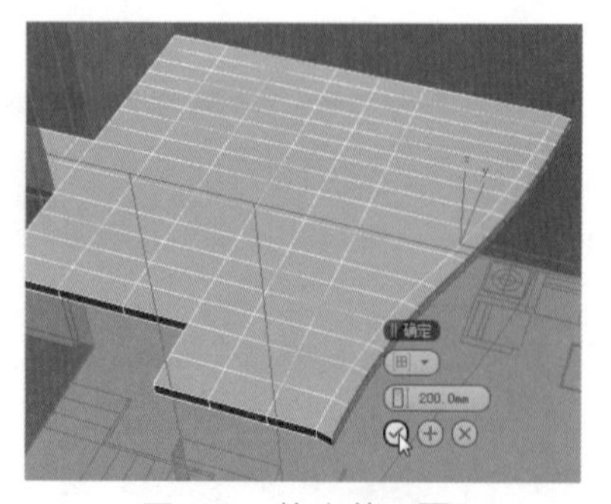

图7-27　挤出的“面”

08 按1键，将【顶点】激活，在【顶】视图用【移动】工具调整一下顶点的位置。形态如图7-28所示。

09 再选择刚创建出来下方的面执行【挤出】命令6次，【高度】分别设为30mm、100mm、30mm、100mm、30mm、100mm，完成后的效果如图7-29所示。

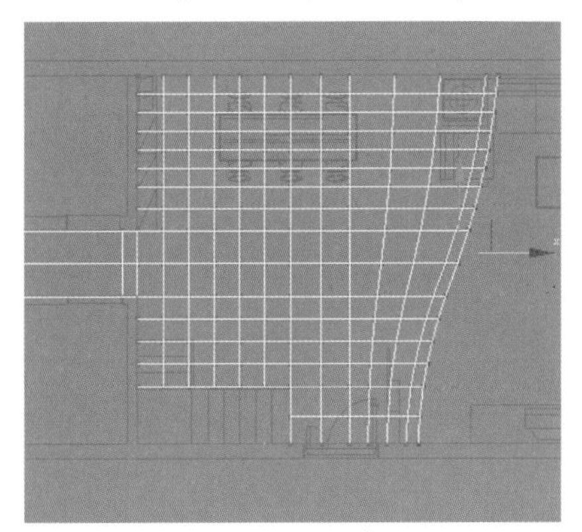
图7-28 调整顶点

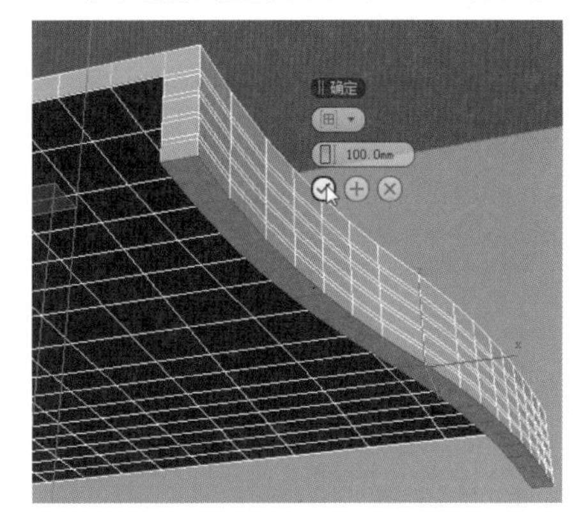

图7-29 执行【挤出】命令后的效果

10 在【透】视图选择刚才执行【挤出】命令的【高度】为30mm的面，再次执行【挤出】命令，【数量】设为-30mm，制作出楼板的凹槽，效果如图7-30所示。

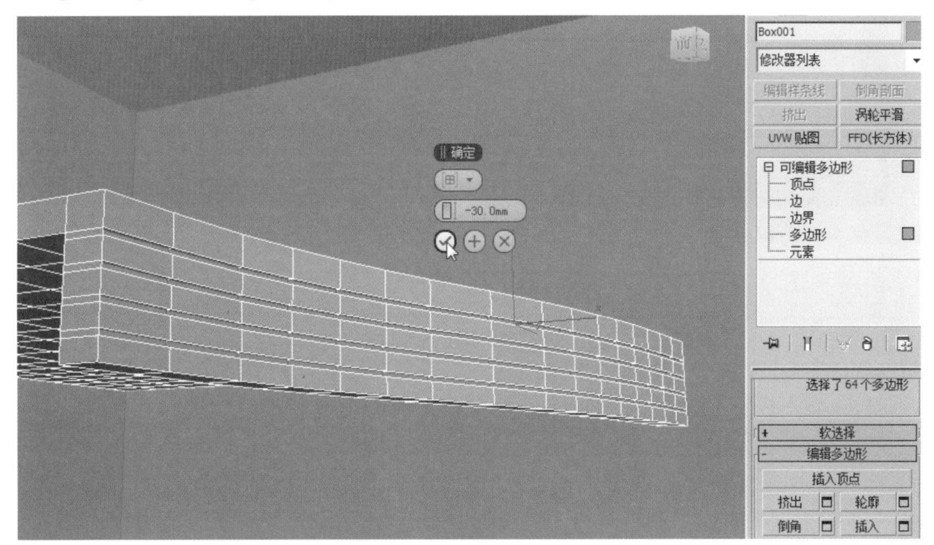

图7-30 制作楼板的凹槽

将多于的面删除，楼板制作完成，下面制作扶栏。

11 执行【线】命令，在【顶】视图绘制一条曲线，形态参照平面图。进入【修改】命令面板，选中【在渲染中启用】和【在视口中启用】复选框，设置【厚度】为60mm，调整高度使其离楼板大约950mm，作为栏杆扶手。效果如图7-31所示。

12 在【顶】视图合适的位置创建一个圆柱体，中间创建一个球体，下面是一个半球，中间的花饰绘制线型执行【挤出】命令即可，效果如图7-32所示。

13 在【顶】视图创建一个30mm×30mm×950mm，【高度】段数为100的长方体，效果如图7-33所示。

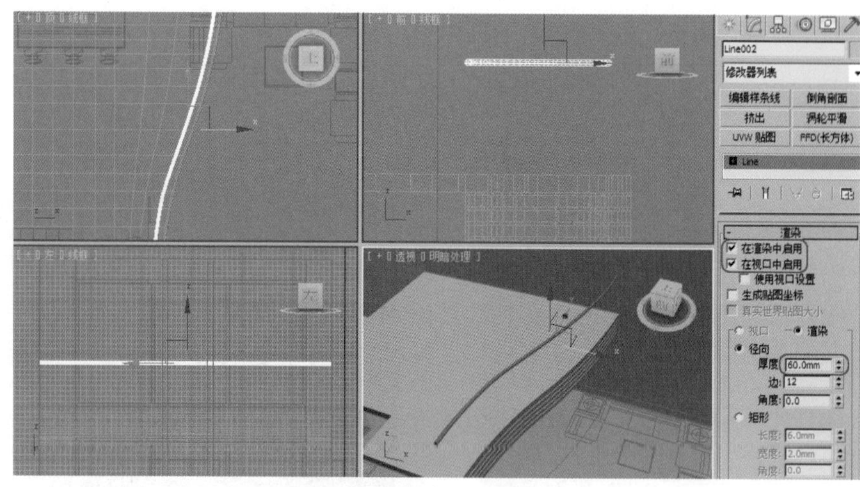

图7-31 用线形绘制扶手

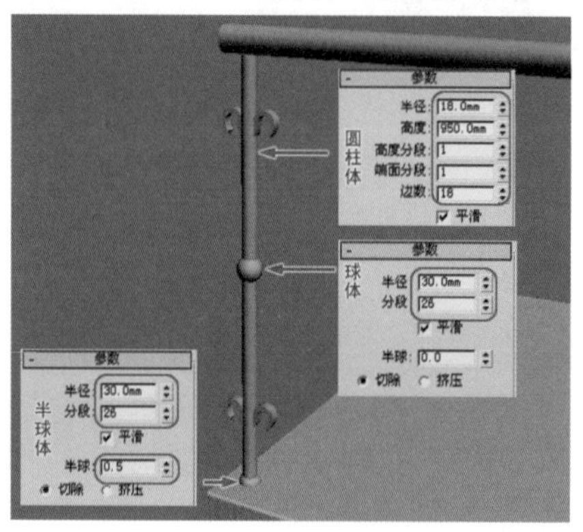

图7-32 执行【挤出】命令

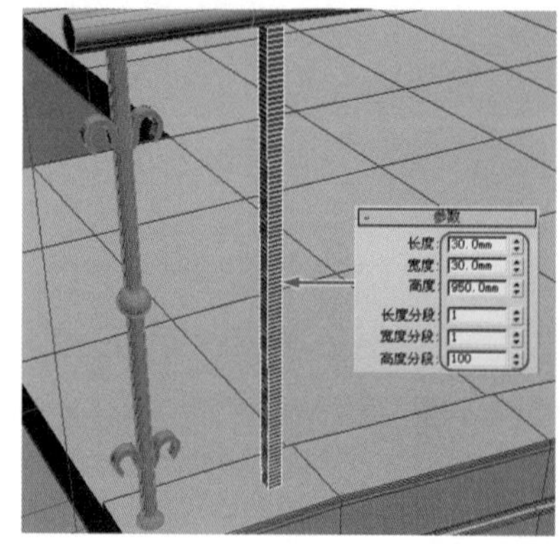

图7-33 创建的长方体

14 对长方体执行【扭曲】命令，调整【角度】为2000，效果如图7-34所示。

15 下面复制一个半球体，将这些铁艺附加为一体，然后复制多组，效果如图7-35所示。

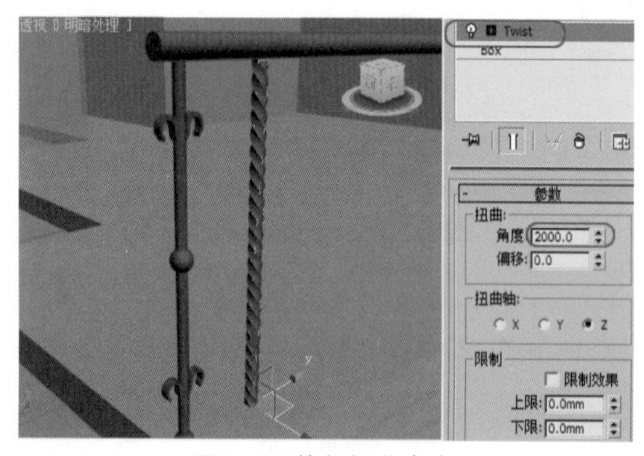

图7-34 执行扭曲命令

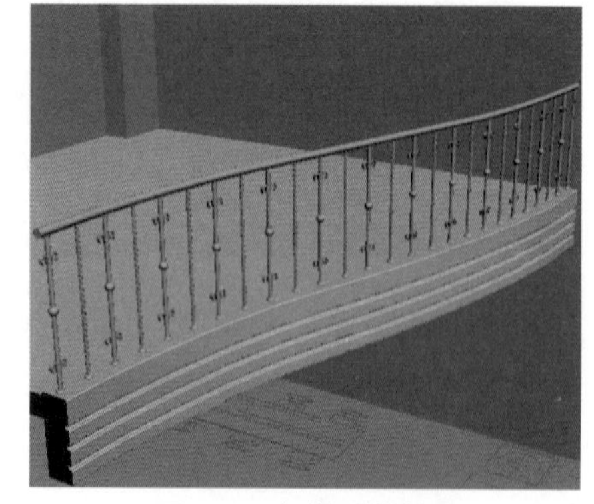

图7-35 复制后的效果

16 在【左】视图绘制一个圆弧线型，执行【挤出】命令，【数量】与制作的梁的一样宽，作为户型的门洞造型，效果如图7-36所示。

17 执行【倒角剖面】命令制作一个大门套，效果如图7-37所示。

图7-36　执行【挤出】命令后的效果

图7-37　制作的门套

18 按Ctrl+S组合键，将文件进行快速保存。

7.2.4　制作装饰墙

通过上面的内容，已经将这个空间的墙体、地面及楼板创建出来，下面制作场景中的装饰墙造型。由于这个场景中牵扯到的造型相对比较复杂，所以在AutoCAD中绘制图纸的时候，格外注意图层上的分类，每一个不同的造型单独放置在一个图层上，从而极大减少了在3ds Max中的工作量。

Max VRay/现场实战——建立沙发墙

01 用【导入】命令将本书配套光盘“场景”\“第7章”\“沙发墙.dwg”文件导入到场景中，在【顶】视图确认【选择并旋转】工具处于被激活状态，在该按钮上右击鼠标，在弹出的窗口中设置【X】轴为90，按Enter键，此时可以对图沿【X】轴转90°，效果如图7-38所示。

02 在【顶】视图及【前】视图将“沙发墙.dwg”移动到合适的位置，如图7-39所示。

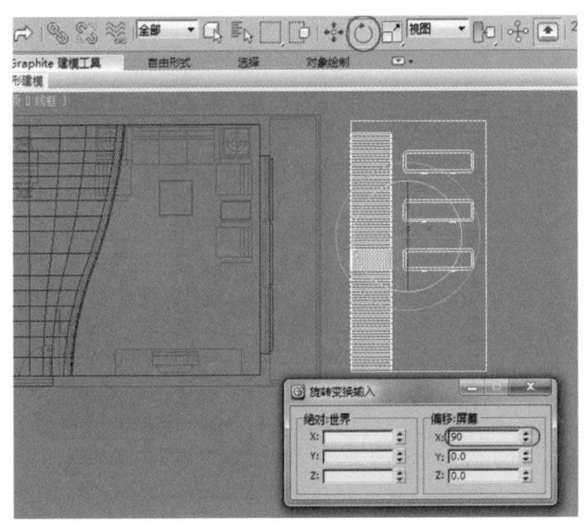

图7-38　将CAD图纸进行沿【X】轴旋转

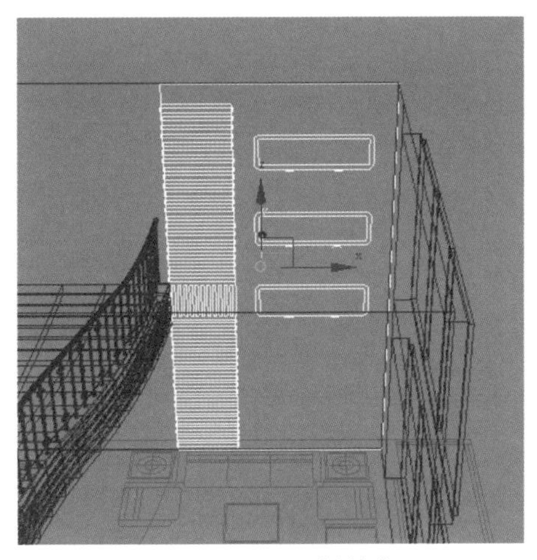

图7-39　CAD图纸的位置

03 选择不同的造型并执行【挤出】命令，“装饰洞”造型【挤出】的【数量】设为200mm，“石膏板”造型【挤出】的【数量】设为75mm，“石膏板01”造型【挤出】的【数量】设为60mm，如图7-40所示。

04 将它们转换为可编辑多边形，为了便于管理，可以附加为一体。将装饰洞造型后面的面删除后，可以为它增加一个盖子，作为装饰洞，里面是磨砂玻璃材质，效果如图7-41所示。

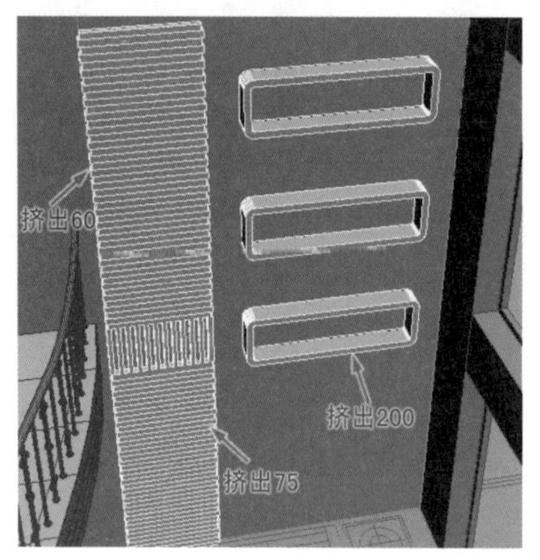

图7-40 选择不同的造型【挤出】的【数量】

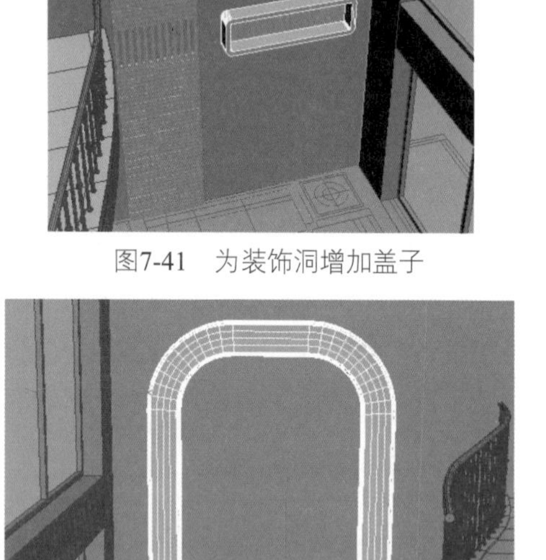

图7-41 为装饰洞增加盖子

电视墙的制作就比较简单了，直接执行【倒角剖面】命令即可，最终的效果如图7–42所示。

下面制作餐厅的装饰墙面。

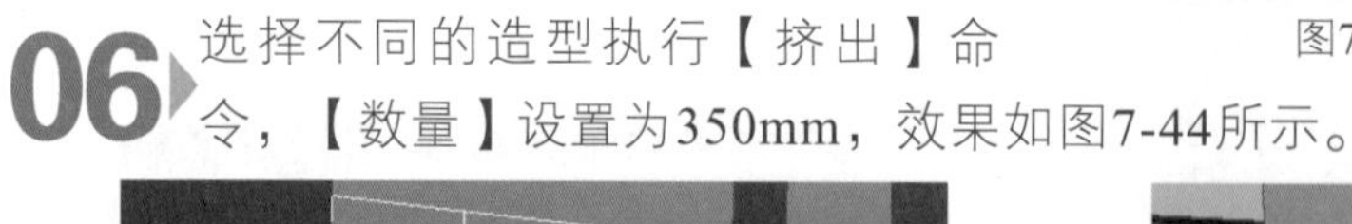

05 与制作沙发墙的方法一样，首先将本书配套光盘“场景”\“第7章”\“餐厅背景墙.dwg”文件导入到场景中，然后将其旋转，放置在餐厅的位置，效果如图7-43所示。

图7-42 制作的电视墙

06 选择不同的造型执行【挤出】命令，【数量】设置为350mm，效果如图7-44所示。

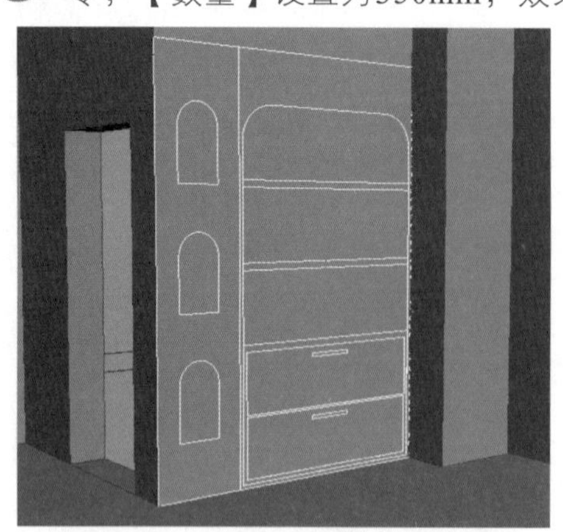

图7-43 导入餐厅背景墙造型

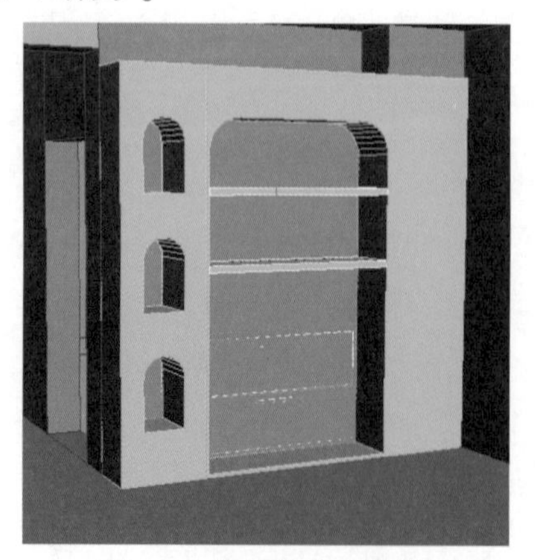

图7-44 执行挤出后的效果

如果在AutoCAD中图层没有分得很清楚，那么在3ds Max中就不能直接执行【挤出】命令，只能作为建模参照。

07 将制作的厨子进行精细调整，转换为编辑多边后，将外面的边执行【倒角】命令，最后制作出橱门及边上的装饰线，最终的效果如图7-45所示。

08 用线或方体制作出中央空调的排气口，效果如图7-46所示。

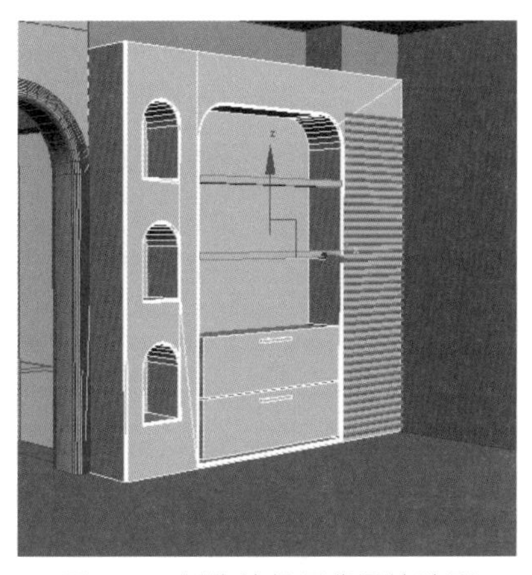

图7-45　制作的餐厅背景墙造型

图7-46　制作的空调排气口

在制作的时候可以先赋予一种颜色，以观看效果，后面直接调整即可。

7.2.5　制作天花

/现场实战——制作天花

01 执行【画线】命令在【顶】视图客厅的位置绘制一个线形（参照楼板的形态），中间创建一个3500mm×1850mm的矩形，左边创建四个小矩形，位置如图7-47所示。

02 选择用线绘制的造型，将所有的矩形连接为一体，执行【挤出】命令，设置【数量】为80mm，如图7-48所示。

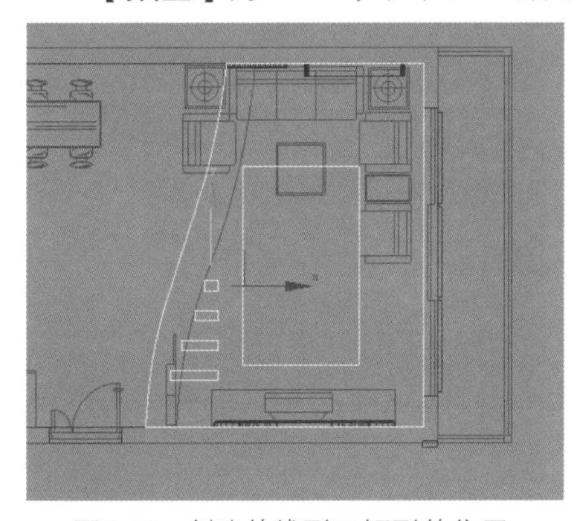

图7-47　创建的线形及矩形的位置

图7-48　执行【挤出】命令后的效果

为了方便观察，可以将其他的造型隐藏。

03 在【顶】视图用捕捉创建一个3600mm×2200mm的矩形，执行【编辑样条曲线】命令，按3键，进入【曲线】层级子物体，在【轮廓】右侧的窗口中导入200mm，按Enter键，此时线形产生200mm的轮廓。效果如图7-49所示。

04 用同样的方法对其执行【挤出】命令，【数量】设为80mm，再用同样的方法制作一个，【轮廓】为100mm，三级天花就制作完成了。效果如图7-50所示。

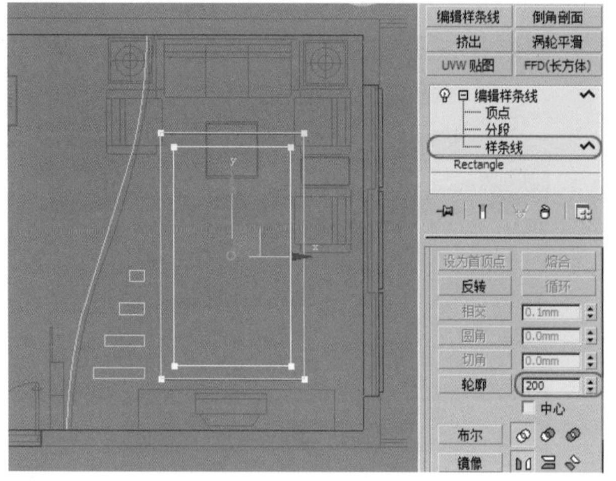

图7-49　为线添加轮廓

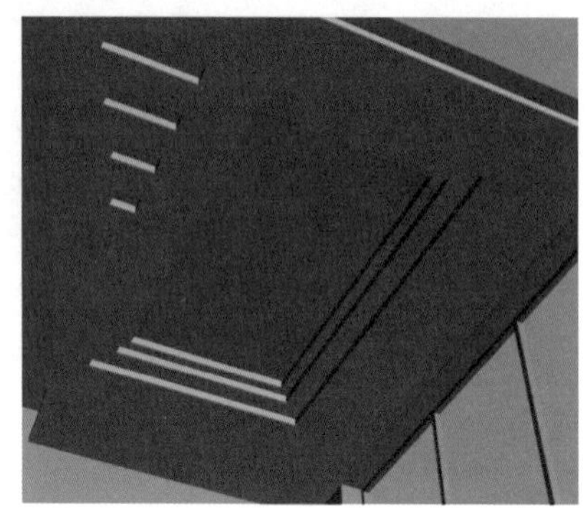

图7-50　制作的三级天花造型

05 在【前】视图用【线】命令绘制出木材天花，效果如图7-51所示。

06 对线型执行【挤出】命令，【数量】设置为5780mm，【分段】设置为50，效果如图7-52所示。

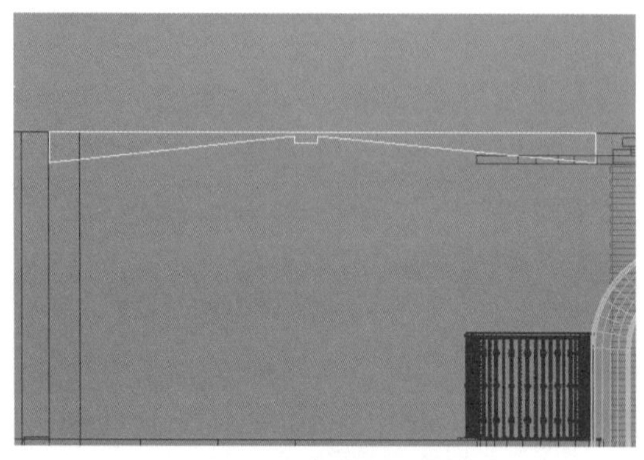

图7-51　绘制的木材天花

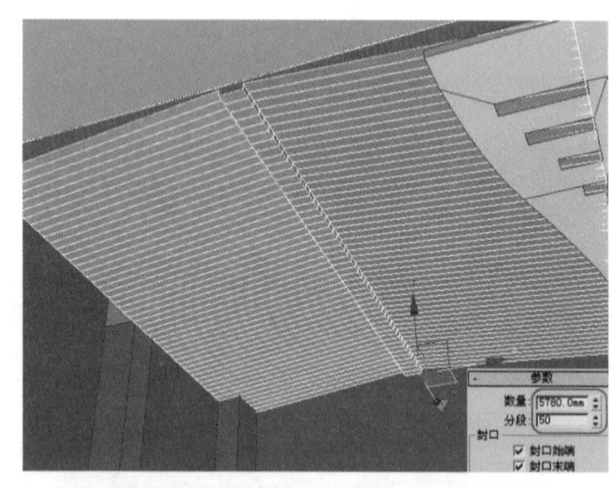

图7-52　执行【挤出】命令后的效果

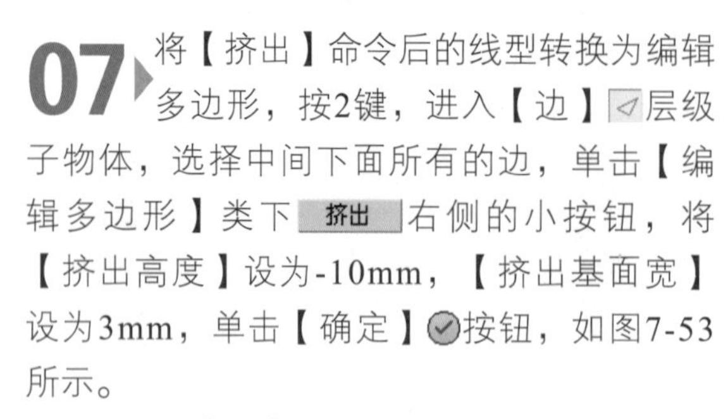

07 将【挤出】命令后的线型转换为编辑多边形，按2键，进入【边】层级子物体，选择中间下面所有的边，单击【编辑多边形】类下 挤出 右侧的小按钮，将【挤出高度】设为-10mm，【挤出基面宽】设为3mm，单击【确定】按钮，如图7-53所示。

图7-53　用【挤出】命令制作凹槽

08 在【顶】视图倾斜增加一条段数，然后将右面的小部分删除，不要与旁边的天花交错，效果如图7-54所示。

为墙体制作出踢脚板。进入【多边形】■层级后，使用切片平面类下的【切片】，执行【挤出】命令生成厚度，踢脚板的【高度】为100mm，效果如图7-55所示。

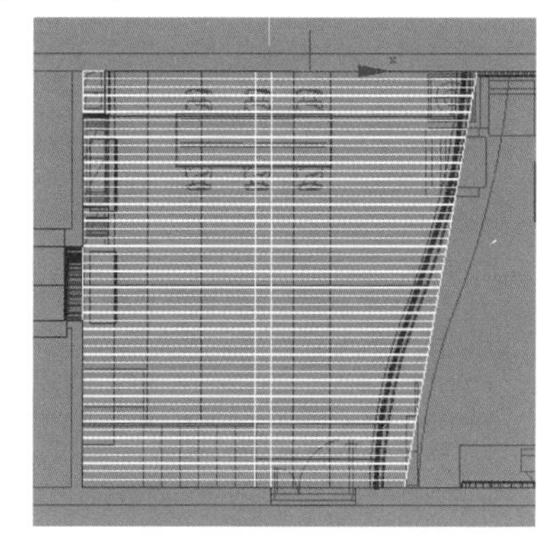

图7-54　调整的形态

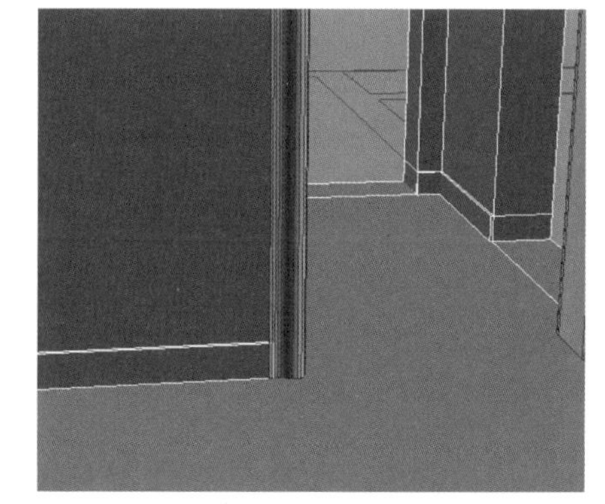

图7-55　制作的踢脚板

这个场景的大多数物体已基本制作完成，现在还剩下的是家具、装饰物等物体，直接采用合并的方法即可。

09 执行【合并】命令，将本书配套光盘“场景”\“第7章”\“精美复式户型家具.max”文件合并到场景中，效果如图7-56所示。

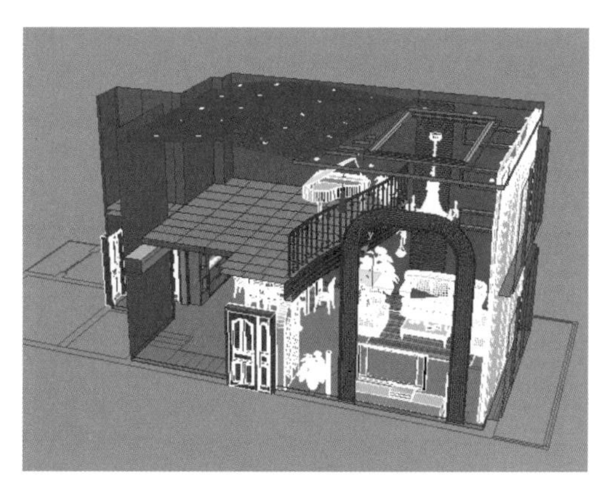

图7-56　合并家具后的效果

10 右击鼠标，在弹出的快捷菜单中执行【全部解冻】命令，将CAD平面图删除。

11 按Ctrl+S组合键，将文件进行快速保存。

模型已经制作完成，如果想制作的效果图漂亮、出彩，建模必须仔细、认真，否则后面赋材质或设置灯光、渲染的时候就很不方便了，所以基础工作一定要做好。

7.3 设置摄影机

在这个空间中设置两架摄影机，分别用来观看中庭、餐厅、电视墙。这里需要重点注意的是，这是一个两层空间，在设置摄影机的时候要体现出壮观、高大的感觉，在观看整个场景的时候，图纸采用竖向放置。

Max VRay /现场实战——为场景设置摄影机

01 继续上面的操作步骤。

02 在【顶】视图创建两架摄影机，第一架用来观看中庭及餐厅，第二架用来观看电视墙，位置如图7-57所示。

03▸用来观看中庭及餐厅的摄影机在【前】视图移动到高度为1200mm的位置，观看电视墙的摄影机高度为1800mm的位置，因为这两张图采用的是竖构图，效果如图7-58所示。

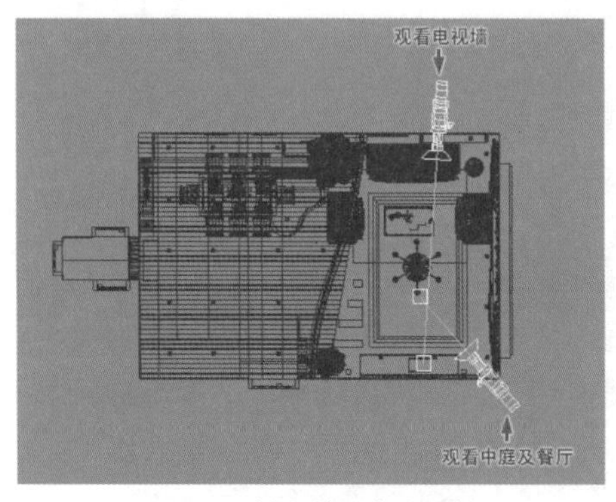

图7-57　创建的两架摄影机

图7-58　调整摄影机的高度

04▸调整两架摄影机的【镜头】为24mm，必须使用选中【剪切平面】复选框，再调整一下【近距剪切】及【远距剪切】的参数，不要让前面的物体挡住。

05▸两架摄影机视图就设置完成了，效果如图7-59所示。

图7-59　两个摄影机视图的效果

06▸按Ctrl+S组合键，将文件进行快速保存。

7.4 材质的设置

下面就介绍场景中主要材质的调制，主要包括白乳胶漆、壁纸、仿古地砖、木纹、马赛克、白油材质等。效果如图7-60所示。

首先将VRay指定为当前渲染器，按F10键，打开【渲染设置】窗口，选择【公用】选项卡，在【指定渲染器】卷展栏下单击【选择渲染器】...按钮，在弹出的【选择渲染器】窗口中选择【V-Ray Adv 2.00 .03】。

图7-60　场景中的主要材质

首先调制一种白乳胶漆材质，具体步骤这里不再赘述。将调制好的白乳胶漆材质赋给天花、墙面及楼板造型，效果如图7-61所示。

为了赋材质比较方便，可以将【摄影机】视图转换成【透】视图，直接按P键即可，因为在【透】视图观看物体比较方便，调整完成后再按C键，切换成【摄影机】视图。

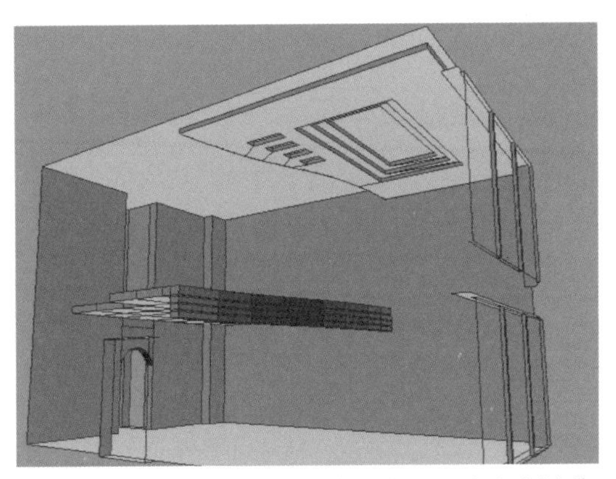

图7-61　为天花、墙面及楼板赋予白乳胶漆材质

7.4.1　壁纸材质

/现场实战——调制壁纸材质

01 选择第二个材质球，将其指定为【VRayMtl】材质，材质命名为“黄壁纸”，在【漫反射】中添加一幅“壁纸.jpg”的图片，设置【坐标】卷展栏下的【模糊】为0.1，这样可以将贴图变得更加清晰；将【漫反射】选项组中的位图复制给【凹凸】通道中，将【数量】设置为20，如图7-62所示。

02 将调制好的壁纸材质赋给餐厅及走廊的墙面，对其执行【UVW 贴图】命令，在【贴图】选项组下选中【长方体】单选按钮，【宽】、【高】分别设为2000mm，效果如图7-63所示。

03 再调制一种蓝条壁纸材质赋给沙发后墙，位图的名称为“壁纸01.jpg”， 将墙体转换成编辑多边形后，在沙发墙上垂直增加一个段数，选择对其执行【UVW 贴图】命令调整纹理，垂直增加一个段数，效果如图7-64所示。

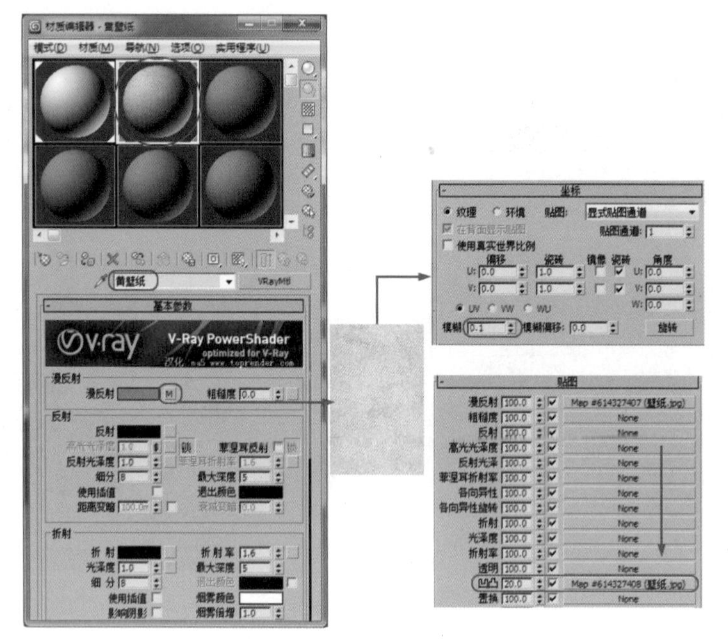
图7-62　调制黄壁纸材质

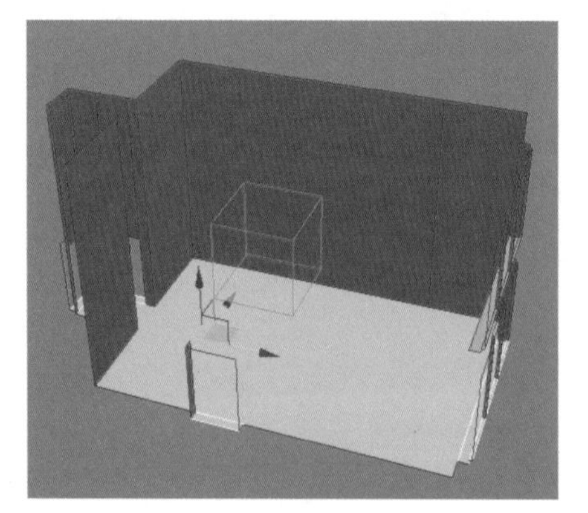
图7-63　为墙面赋黄壁纸材质

图7-64　为沙发墙赋蓝条壁纸

7.4.2　仿古砖材质

现场实战——调制仿古地砖材质

01 选择一个未用的材质球，将其指定为【VRayMtl】材质，材质命名为“仿古砖”，调整【反射】参数。在【漫反射】中添加一幅“仿古砖.jpg”的图片，设置【坐标】卷展栏下的【模糊】为0.1，这样可以将贴图变得更加清晰，【角度】下的【W】设置为45，在【反射】中添加【衰减】，参数设置如图7-65所示。

02 在【贴图】卷展栏下，将【漫反射】中的位图复制给【凹凸】通道，将【数量】设置为20，如图7-66所示。

03 为了方便赋材质，可以将地面分离出来，将调制好的仿古砖材质赋给地面，对其执行【UVW 贴图】命令，在【贴图】选项组下选中【平面】单选按钮，【长度】、【宽度】分别设置为1800mm，效果如图7-67所示。

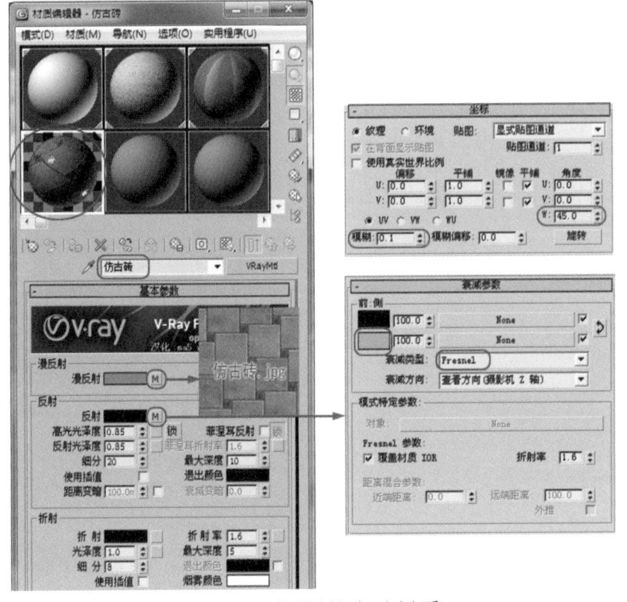

图7-65 调制仿古砖材质

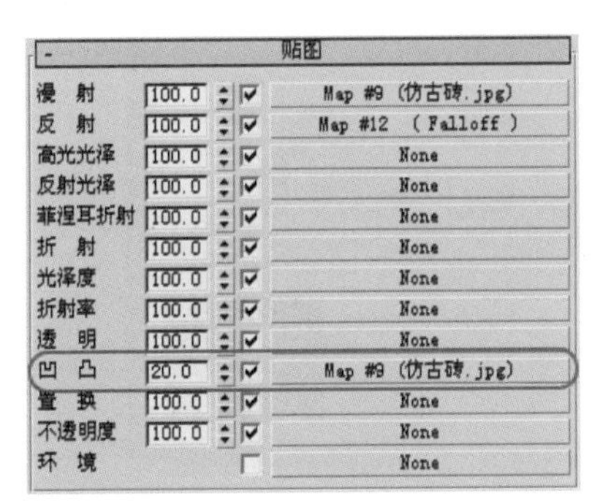

图7-66 将位图复制给【凹凸】通道

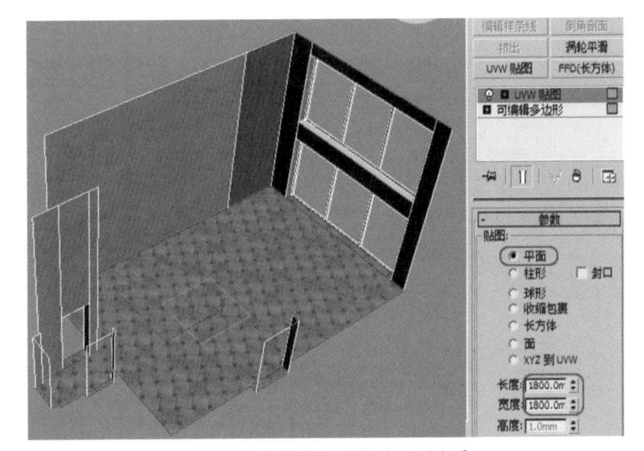

图7-67 为地面赋仿古砖材质

04 马赛克材质的调制就不再介绍了，与仿古砖材质基本是一样的，就是更换位图为“马赛克.jpg”文件，将调制好的马赛克材质赋给电视墙造型，对其执行【UVW 贴图】命令，调整一下纹理，效果如图7-68所示。

05 同样调制一种“疤节木”材质赋给弧形天花，效果如图7-69所示。

图7-68 为电视墙赋马赛克材质

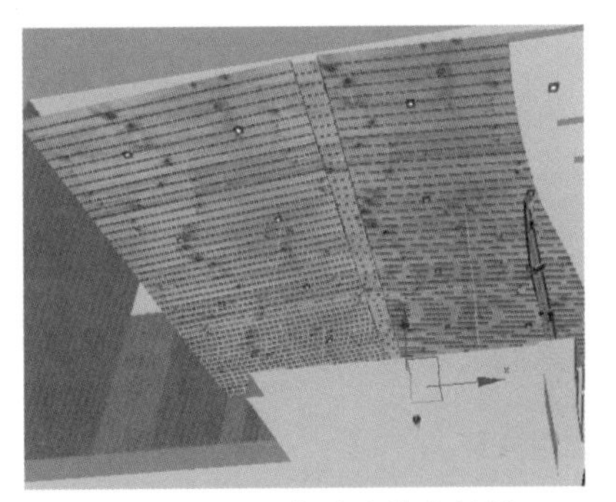

图7-69 为天花赋疤节木材质

06 白油材质就不需要调制了，直接使用【吸管】工具在茶几上面单击，此时就可以将上面的“白油”材质吸到材质球上面，将“白油”材质赋给沙发墙、大门套、踢脚板、餐橱、栏杆，切换为【摄影机】视图观看效果，如图7-70所示。

图7-70　为造型赋予白油材质

7.4.3　环境贴图

/现场实战——为环境添加贴图

01 按8键，打开【环境和效果】窗口，为环境添加一幅名为“窗景10.jpg”的图片，如图7-71所示。

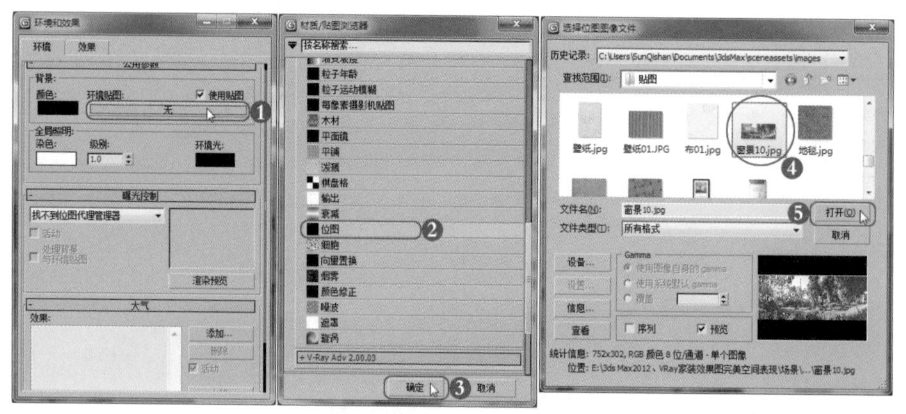

图7-71　为环境添加贴图

02 将【环境】选项卡下的贴图以实例的方式复制给一个没有使用过的材质球，调整【偏移】下的【U】为0.58，如图7-72所示。

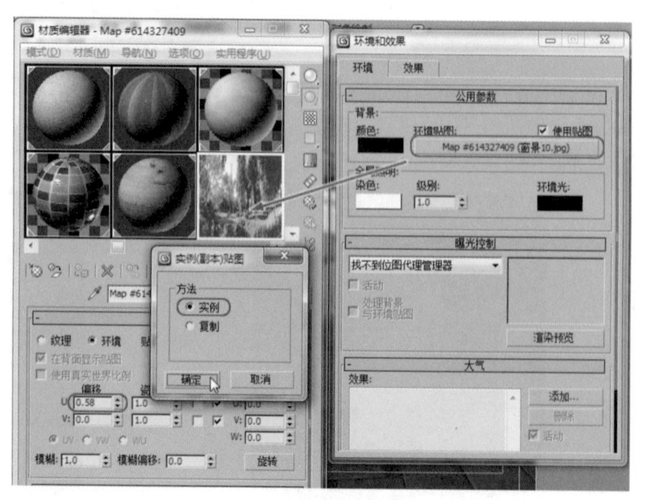

图7-72　复制到材质球中

03 按Alt+B组合键，快速打开【视口背景】对话框，选中【使用环境背景】和【显示背景】复选框，如图7-73所示。

04 此时，在窗口中就可以看到环境贴图了，如图7-74所示。

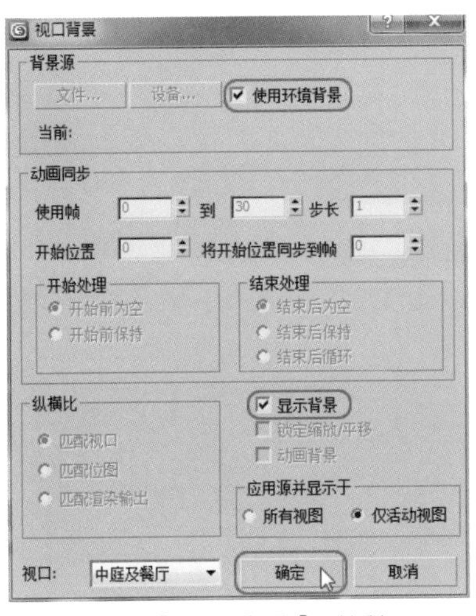

图7-73 【视口背景】对话框

图7-74 为环境添加贴图后的效果

7.5 灯光的设置

这个空间还是用【VR_太阳】来表现出真实的阳光效果，再用【VR_光源】模拟天空光，最后设置一下灯槽及辅助光源即可。

7.5.1 设置阳光及天光

Max VRay/现场实战——设置阳光及天光

01 单击【灯光】 | VRay | VR_太阳按钮，在【顶】视图单击并拖动鼠标左键，创建一盏【VR_太阳】，在各个视图调整一下它的位置，将灯光的【强度倍增】设置为0.002，【尺寸倍增】设置为3，目的是让阴影的边缘比较虚，参数及位置如图7-75所示。

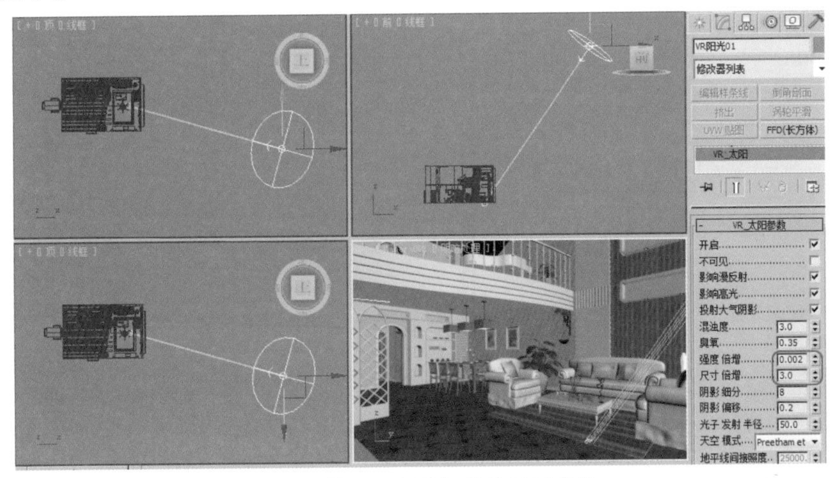

图7-75 【VR_太阳】的位置及参数

设置完太阳光后就可以设置一下简单的渲染参数。进行渲染观看效果，主要是看一下太阳光的位置及亮度。

02▶因为是测试，为了得到一个比较快的速度，所以将渲染的图像尺寸设置得小一点即可，如图7-76所示。

03▶同样也是为了提高速度，设置一个质量比较差，速度比较快的VR渲染参数，首先使用低参数的【固定】方式，取消选中【抗锯齿过滤器】选项组中的【开启】复选框，如图7-77所示。

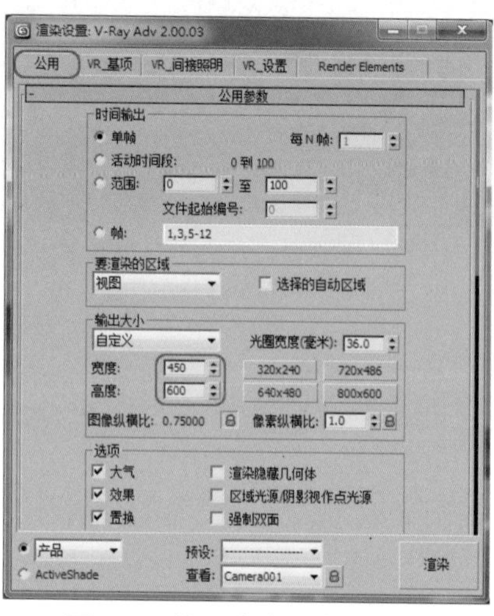

图7-76　设置渲染图像的尺寸

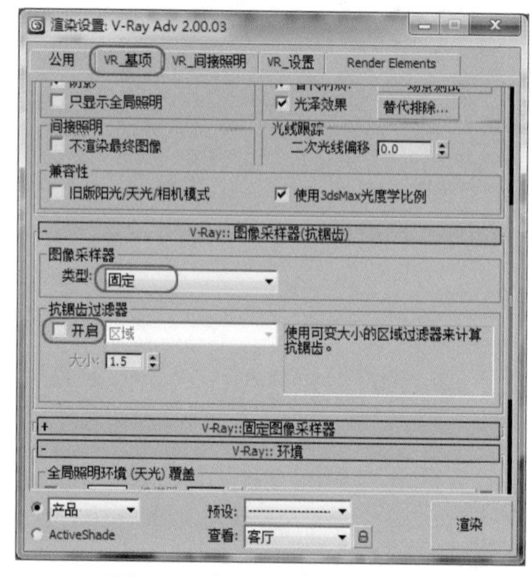

图7-77　设置图像采样参数

04▶打开【VR_间接照明】选项卡，在【二次反弹】选项组中选择【灯光缓存】选项；在【V-Ray::发光贴图】卷展栏下选择【非常低】选项，如图7-78所示。

05▶再调整【V-Ray::灯光缓存】卷展栏下的【细分】为200，目的是加快渲染速度，取消选中【保存直接光】复选框，选中【显示计算状态】复选框，如图7-79所示。

图7-78　设置【VR_间接照明】参数

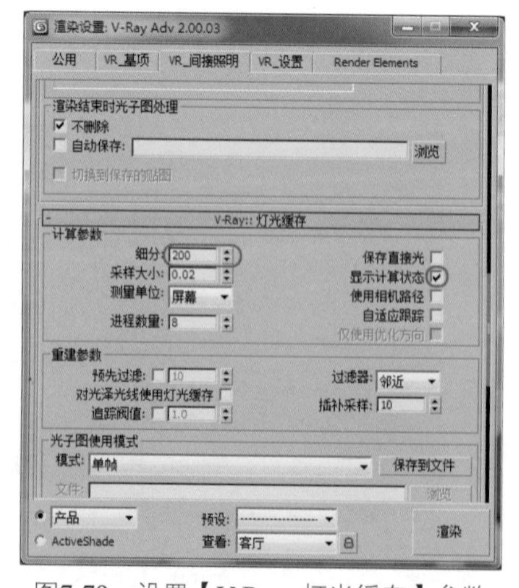

图7-79　设置【V-Ray::灯光缓存】参数

06▶将两个【摄影机】视图进行渲染，效果如图7-80所示。

图7-80　渲染的效果

可以看到天花上面有灯光效果，因为使用了【VR发光材质】的效果，其实还可以打灯光，两种方法都可行。

通过上面的渲染效果可以看出，对阳光的位置基本满意，下面创建【VR_光源】，放在窗户的位置，主要模拟天光的效果。用【VR_光源】的阴影及效果要比【环境】类下的天光好。

07 在【前】视图窗户的位置创建一盏【VR_光源】，大小与窗户差不多，将它移动到窗户的外面，位置如图7-81所示。

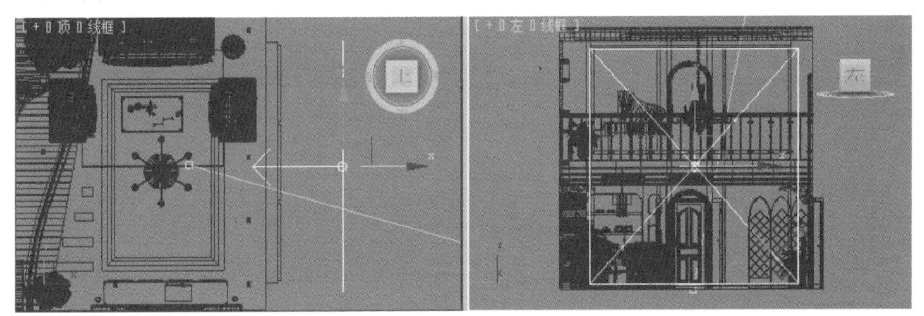

图7-81 【VR_光源】的位置

08 修改【VR_光源】的颜色为淡蓝色，【倍增器】设置为8，取消选中【不可见】复选框，分别对两个视图进行快速渲染，其渲染的效果如图7-82所示。

图7-82　设置天光后的渲染效果

通过上面的渲染效果可以看出，整体的光感还是比较灰暗，为了让空间达到更好的光照效果，必须把室内的灯光也设置出来，然后再设置一些辅助光源来照亮整体空间。

7.5.2 设置室内及辅助灯

/现场实战——设置室内及辅助灯

01 在【顶】视图餐厅酒柜的里面创建【VR_光源】，【倍增器】数值设置为3，尺寸为100mm×600mm，【颜色】为淡黄色，装饰洞里面的灯【倍增器】数值设置为8，尺寸为60mm×60mm，位置如图7-83所示。

设置的灯光

渲染效果

图7-83 设置的【VR_光源】

02 同样，在餐厅灯的位置创建三盏【VR_光源】，【倍增器】的数值设置为16，尺寸为200mm×200mm，位置如图7-84所示。

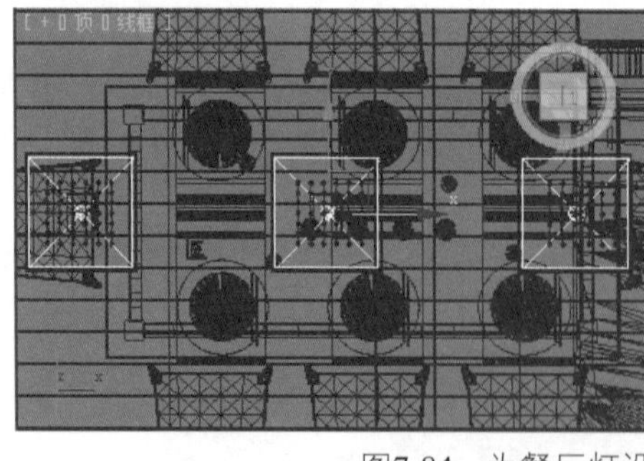

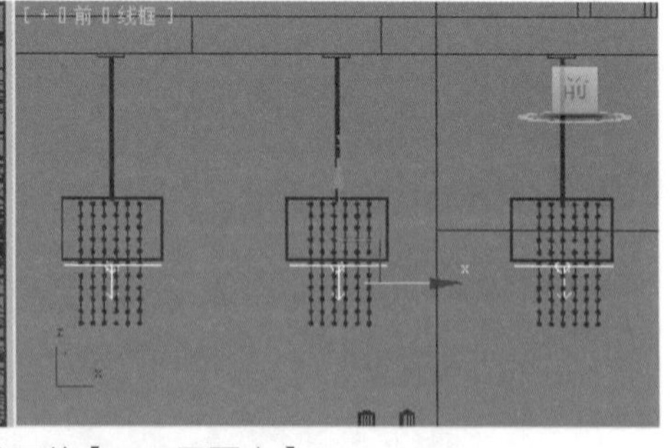

图7-84 为餐厅灯设置的【VR_平面光】

03 室内如果只靠这些灯光还不够，应该还需要设置一点布光，来增加整体的气氛和光感，在不同的位置创建4盏【VR_光源】，【倍增器】的数值设置为1，位置如图7-85所示。

04 在【顶】视图创建一盏【自由点光源】，在有筒灯的位置全部实例复制，选中【阴影】单选按钮，选择【VRay阴影】，再选择【Web】（光域网），选择一个“筒灯.ies”文件，强度修改为600，位置如图7-86所示。

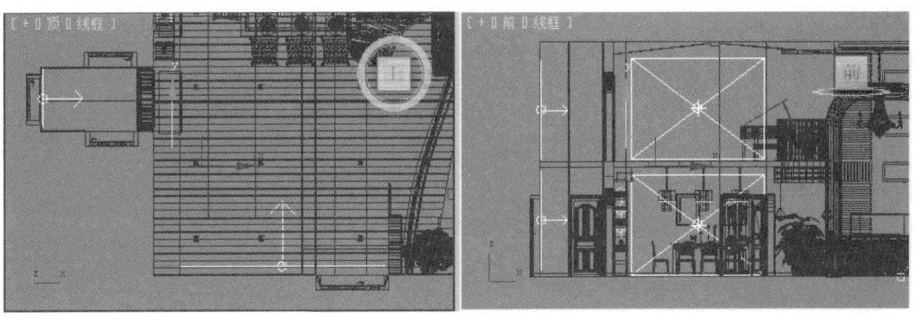

图7-85　设置的辅助光源

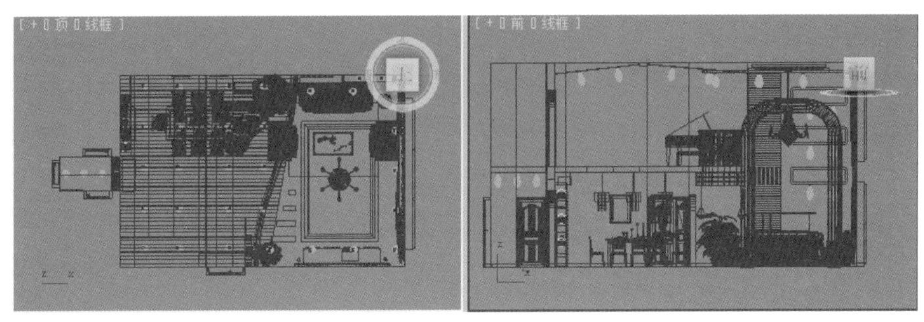

图7-86　灯光的位置

05 灯光设置完成后，渲染一下两个【摄影机】视图，其渲染的效果如图7-87所示。

图7-87　渲染的效果

从现在的这个效果来看，整体感觉还是可以的，就是画面有点曝光，这个问题在渲染参数里面可以改善，在后期处理中也可以轻松解决。

7.6 渲染参数的设置

前面已经将大量烦琐的工作做完了，下面需要做的就是把渲染的参数设置得高一些，渲染最终的成图。

7.6.1 设置最终渲染参数

如果感觉满意，就可以设置最终的渲染参数，需要把灯光和渲染的参数提高，以得到更好的渲染效果。

/现场实战——设置最终渲染参数

01 在视图选择模拟天光的【VR_光源】的【细分】修改为20~30。

其他的辅助【VR_光源】也设置一下，灯槽里面的灯光就不需要细分了，如果有的读者愿意细分，也是可以的，但是速度相对来说要稍微慢一点。

02 重新设置一下渲染参数，按F10键，选择【VR_基项】选项卡，设置【V-Ray::图像采样器（抗锯齿）】、【V-Ray::颜色映射】卷展栏的参数，如图7-88所示。

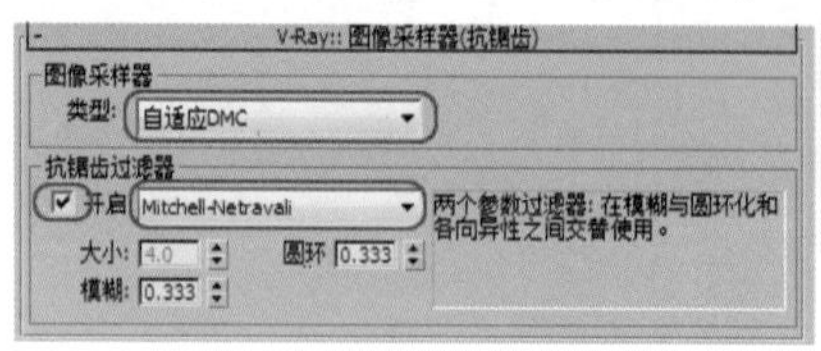

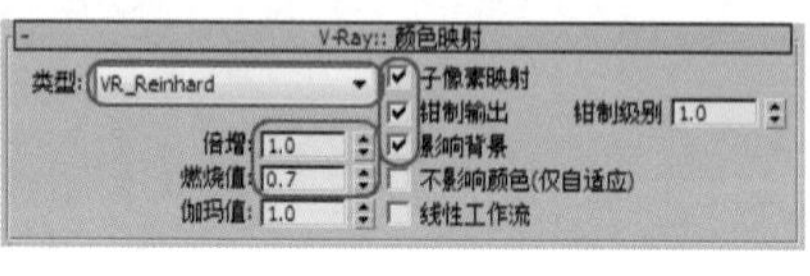

图7-88 设置最终的渲染参数

03 单击【VR_间接照明】选项卡，设置【V-Ray::发光贴图】及【V-Ray::灯光缓存】卷展栏的参数，如图7-89所示。

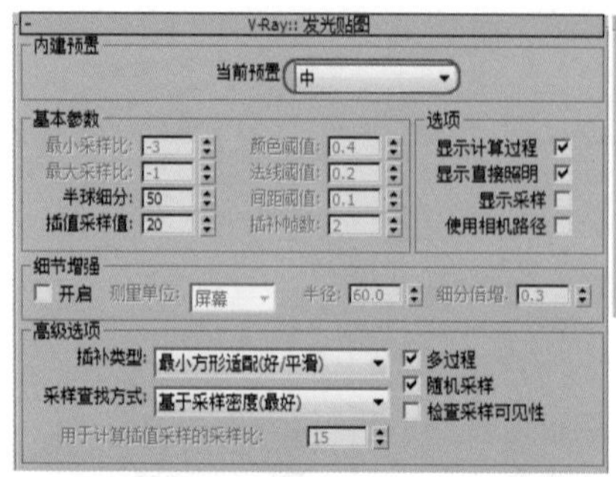

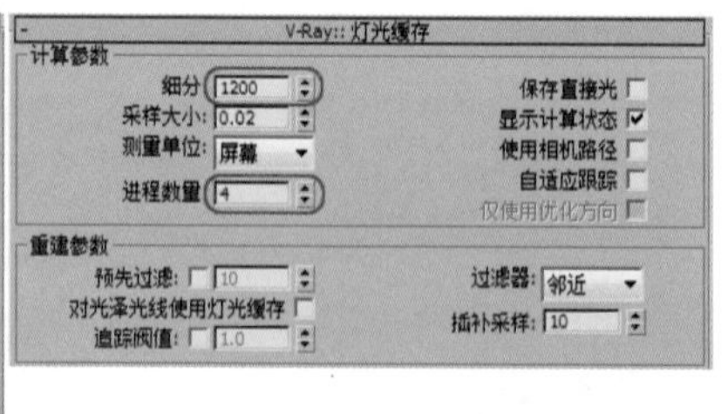

图7-89 设置【V-Ray::发光贴图】及【V-Ray::灯光缓存】卷展栏参数

04 单击【VR_设置】选项卡，设置【V-Ray:: DMC采样器】及【V-Ray::系统】卷展栏的参数，如图7-90所示。

05 当各项参数都调整完成后，最后将渲染尺寸设置为1200mm×1600mm，如图7-91所示。

场景中设置了两个视角，采用【批处理渲染】，可以将两个视角进行一起渲染出图，这样就不需要守在计算机旁边了，等渲染完成后来那张图就会自动保存起来。

06 执行菜单栏中的【渲染】|【批处理渲染】命令，此时将弹出【批处理渲染】

图7-90 设置【VR_设置】选项卡的参数

对话框，单击添加(A)...按钮，在下方的窗口中就出现了一个“View01”，在摄影机右面的窗口中选择“精美复式户型—餐厅”，单击输出路径右面的...按钮，在弹出的【渲染输出文件】窗口中找一个保存路径，文件保存为.tif格式，同样再单击添加(A)...按钮，将客厅进行保存，最后单击渲染(R)按钮进行渲染。如图7-92所示。

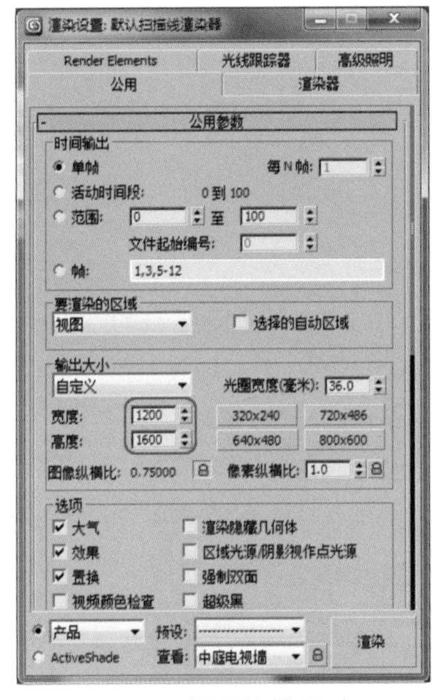

图7-91　设置渲染尺寸

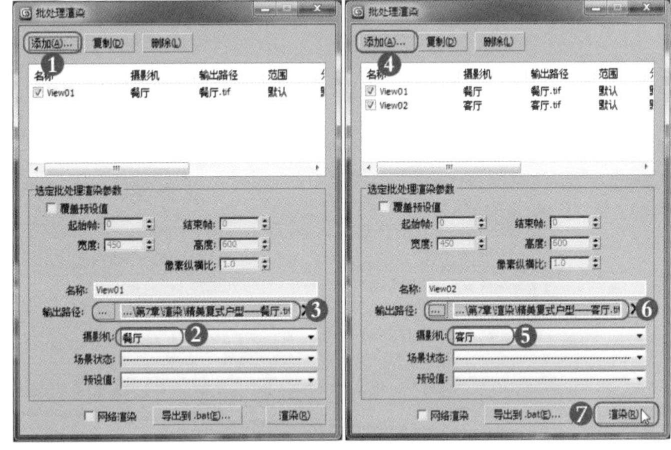

图7-92　对图像进行批处理渲染

经过漫长的渲染，最终两张图像渲染完成，所需要的时间约7个小时，时间主要还是由计算机的配置来决定。效果如图7–93所示。

图7-93　渲染的效果

7.6.2　渲染通道

在效果图的制作过程中，通道就是由根据场景中不同的材质形成的不同的单色色块的图片，这种渲染方式称为通道渲染。渲染通道的目的就是能够更方便在Photoshop中选择、修改效果图，可以用Photoshop的选择颜色功能，选出不同物体的区域进行局部细节调整，在设置通道的过程中应注意以下几个问题。

- 通道渲染的模型文件应另存一份并重新命名，在原来的名字前面加上通道。
- 材质不能有反射、折射、高光。
- 调整【环境光】、【漫反射】、【高光反射】一样，【自发光】为100。
- 每一种材质用一种颜色代替，临近物体的颜色区分要明显。
- 如果有透明的玻璃材质，应保留或者渲染两张通道，一张保留透明玻璃材质的，另一张全部为通道的图片。
- 渲染通道的尺寸要与效果图的尺寸一样，文件为.tif格式。

下面渲染通道。

01 继续上面的操作步骤。

02 在工具栏选择过滤器类下选择【L-灯光】，按Ctrl+A组合键，选择所有灯光，然后删除，如图7-94所示。

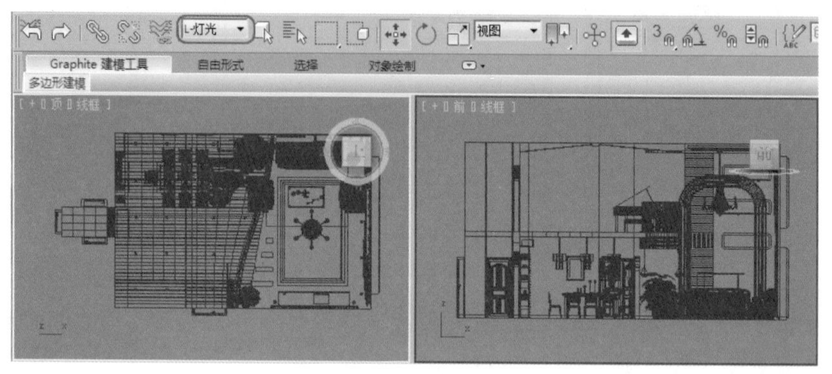

图7-94　删除所有灯光

03 执行菜单栏中的【MAXScript】|【运行脚本】命令，此时将弹出【选择编辑器文件】对话框。选择本书光盘“场景”类下的“清空材质.mse”，在弹出的面板中选中【转换所有材质】复选框，单击【转换为通道渲染场景】按钮，此时的场景就被一种带有自发光的单色所替代。如图7-95所示。

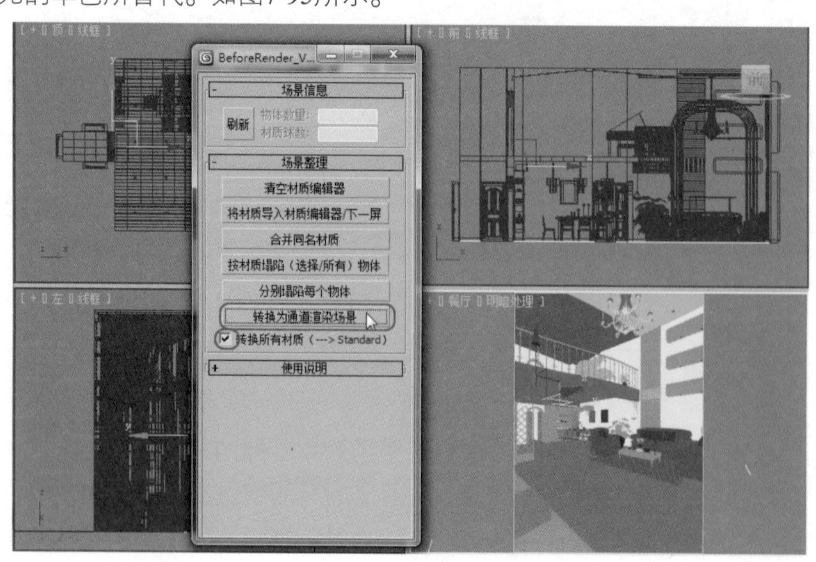

图7-95　转换材质

04 按F10键，打开【渲染设置】窗口，在【公用】选项卡下将【VRay渲染器】选项取消，使用3ds Max默认的线性渲染即可，如图7-96所示。

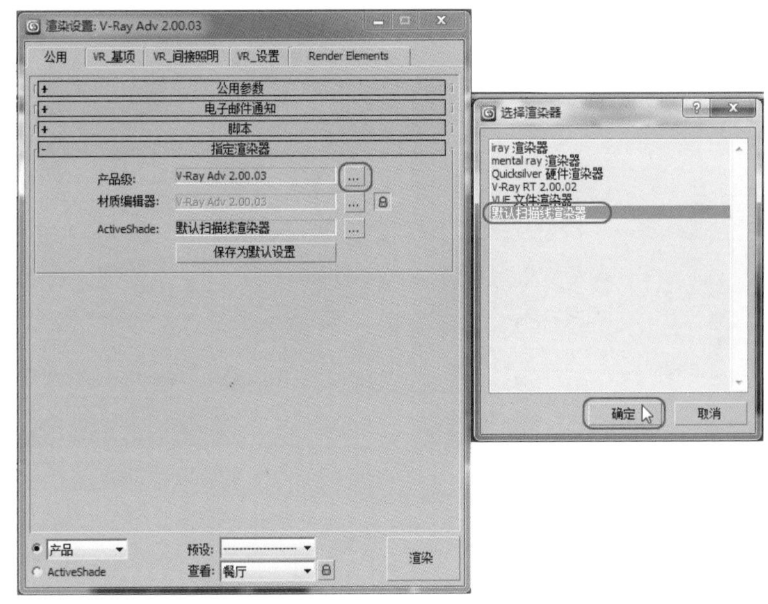

图7-96　将【VRay渲染器】选项取消

05 当所有材质全部调制完成以后，就可以对场景进行输出了。输出的的尺寸为1200mm×1600mm，与前面输出的效果图尺寸一定要一致，输出后的效果如图7-97所示。

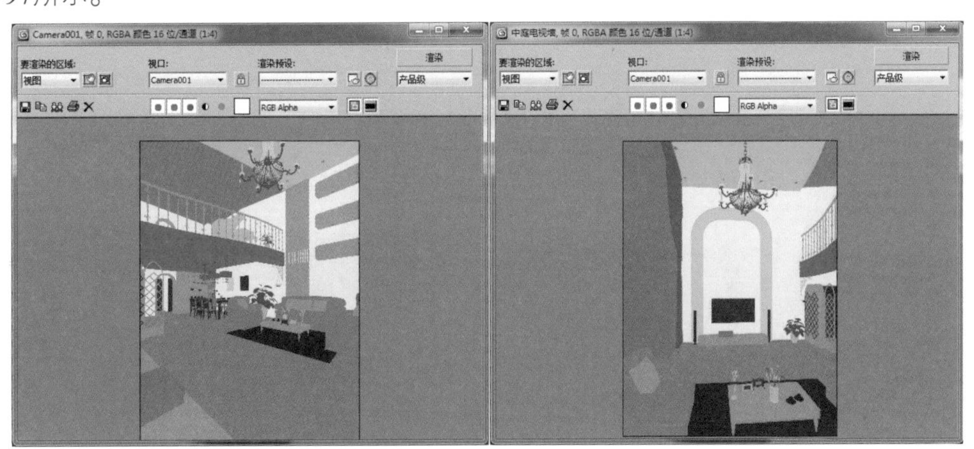

图7-97　渲染的通道

下面详细介绍使用通道为效果图后期处理的方法与技巧。

7.7 Photoshop后期处理

当效果图渲染输出以后，还需要使用Photoshop来修改渲染输出的图片，修饰、美化图片的细节及瑕疵，还有对效果图的光照、明暗、颜色等方面的调整。本节主要介绍怎样利用通道进行更专业的进行后期处理。处理的前后效果如图7–98所示。

处理前的效果

处理后的效果

图7-98　用Photoshop处理的前后效果

/现场实战——对餐厅进行后期处理

01 启动Photoshop CS5中文版。

02 打开上面输出的“精美复式户型——餐厅.tif”以及“精美复式户型——餐厅（通道）.tif”文件，这两张渲染图都是按照1200mm×1600mm的尺寸来渲染输出的，如图7-99所示。

图7-99　渲染的两张图像

03 按住Shift键，将“精美复式户型——餐厅（通道）”拖拽到“精美复式户型——餐厅”图像中，在【图层】面板中将通道图层【图层1】关闭，回到背景层，复制一个背景图层进行修改，效果如图7-100所示。

图7-100 关闭通道图层

现在观察和分析渲染的图片，可以看出图稍微有些暗，并且带点灰，这就需要使用Photoshop先来调节该图整体的【亮度】和【对比度】。

04 按Ctrl+L组合键，打开【色阶】窗口，调整图像的亮度与对比度，如图7-101所示。

图7-101 使用【色阶】调整图像的亮度

下面就可以对场景中的每一个局部进行调整了。

05 确认当前图层在通道层上，单击工具箱中的【魔棒】工具（或按W键），激活【魔棒】工具。在图像中单击黄色壁纸，此时的黄色壁纸材质全部处于选择状态，如图7-102所示。

06 在【图层】面板中回到【背景副本】图层，按Ctrl+J组合键，把选区从图像中单独复制一个图层，如图7-103所示。

图7-102　在通道中选择白乳胶漆

图7-103　将黄色壁纸单独复制一层

从画面上来看，色调比较冷，所以可以将画面增加一点黄色。

07 按Alt+B组合键，打开【色彩平衡】对话框，分别调整【阴影】、【中间调】、【高光】的色阶，如图7-104所示。

08 按Alt+I+A+C组合键，打开【亮度/对比度】对话框，调整图片的亮度与对比度，如图7-105所示。

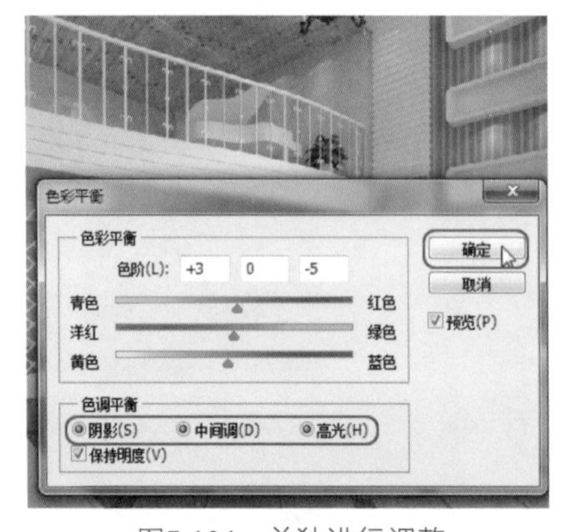

图7-104　单独进行调整

图7-105　调整亮度/对比度

09 用同样的方法将仿古砖调整一下，效果如图7-106所示。

调整前的效果

调整后的效果

图7-106　地面调整前后的效果

10 如果感觉不理想，还可以用工具栏中的一些工具进行局部调整。

11 用同样的方法将不太理想的部分单独复制一个图层，进行【亮度/对比度】、【色彩平衡】的调整，最后还要仔细调整明暗变化，直到满意为止。效果如图7-107所示。

这个空间应整体给人感觉稍微冷一点，给它一个整体的色系，下面就对其执行【照片滤镜】命令，以改变整体的色调。

12 将所有单独调整的图层及背景副本合并，复制一个调整后的图层，在图层下面的下拉窗口中选择【柔光】选项，调整【不透明度】为60%，目的是让画面更有层次感，效果如图7-108所示。

图7-107　处理后的效果

图7-108　使用柔光效果

下面调整一下整体色调。

13 按Alt+B组合键，打开【色彩平衡】对话框，分别【调整阴影】、【中间调】、【高光】的色阶，如图7-109所示。

14 确认位于【图层】面板最上方的图层是当前图层，对图像使用【照片滤镜】，并调整参数，如图7-110所示。

图7-109　使用【色彩平衡】调整色调

图7-110　添加【照片滤镜】

15 最后再为筒灯及吊灯添加【光晕】效果，到此为止，这张中庭及餐厅的后期处理就完成了，读者也可根据实际情况再进行局部调整，每个人的感觉和意识是不一样的，最终效果如图7-111所示。

16 执行菜单栏中的【文件】|【存储为】命令，将处理后的文件另存为“精美复式户型——餐厅.psd”文件。读者可以在本书配套光盘“场景”\“第7章”\“后期”目录中找到。

17 另外，中庭电视墙就不作介绍了，读者可以按照上面介绍的方法，来进行调整，最终效果如图7-112所示。

图7-111　餐厅处理的最终效果

图7-112　客厅期处理的效果

7.8 小结

本章介绍了复式户型的设计制作，针对不同的空间可以采取不同的表现方法，最重要的是中庭的表现，在这个空间中可以设置多架摄影机，可以更清楚地看到每一个空间的效果，但是工作量会很大，也就是每一个要表现的地方必须细致地将它制作出来。

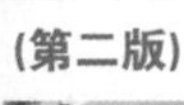

第8章

精工奢华别墅——新古典风格

本章内容

- 方案介绍
- 模型分析
- 调用材质库
- 设置摄影机
- 灯光的设置
- 渲染参数的设置
- Photoshop后期处理

这一章介绍别墅的设计与表现，这是一个新小区的样板间，房地产商采用了招投标的方式来选取合适的设计风格，即用新古典的设计风格来设计，并指出涉及到的装修成本。随着中国富裕阶层的迅速崛起，他们需要房地产商和建筑师找到一种恰当的建筑形式和装修风格来彰显自己的财富与地位。新古典主义适时地迎合了这种需求。这种风格以其舶来的洋血统和饱满的体量，柔和雅致的色调以及足够舒适的家具，倍受这些先富起来的人们的推崇。作者曾经作过调查，在客户中，财富越多，选择这种风格的越多。又因为是需要进行投标的项目，在做的过程中就要格外考虑能够牵扯到的细节因素。

8.1 方案介绍

在从事设计工作的过程中，当接手一套房间数量较多的别墅户型时，首先需要考虑这个空间的使用功能，要了解在这个空间内生活的大概会是哪些人，他们各自心仪的房间是什么风格的。又因为这个项目属于精装修的房子，在交房到业主手中后，就是可以拎包入住的那种，这样就需要综合以前的工作经验，把整个空间进行合理划分，以达到使用功能合理、齐全，造型上更彰显新古典的风格。

新古典主义的设计风格其实是经过改良的古典主义风格。欧洲文化丰富的艺术底蕴，开放、创新的设计思想及其尊贵的姿容，一直以来颇受众人喜爱与追求。新古典风格从简单到繁杂、从整体到局部，精雕细琢，镶花刻金都给人一丝不苟的印象。一方面保留了材质、色彩的大致风格，仍然可以很强烈地感受传统的历史痕迹与浑厚的文化底蕴，同时又摒弃了过于复杂的肌理和装饰，简化了线条。

8.1.1 户型分析

本方案是某小区的一套别墅，700m^{2}的私家花园，天地共容，门户独享，优雅的私家花园、车库、观景露台、大落地飘窗，美好风景尽收眼底。小区有15万m^{2}的绿色地带，7000m^{2}的大型景观湖，给人们创造了一个可以天马行空、放任自己的空间。

该户型为三层别墅结构，因为是位于联排别墅的西首，与它相邻的户型是比其多两层的大户型，因此主要考虑一层、二层的设计空间，负一层为活动空间，三层是露天阳台，三层的建筑面积为共为560m^2，三层的高度为9m。人性化的设计理念使整个空间在使用分区上更趋于合理性。在会客与休息的功能划分上不再相互干扰，使动与静有机的结合为一体，极大满足了对高品质生活的要求。整体的家具布局及房间位置，是用平面效果图来表现的，一层的平面效果如图8-1所示。

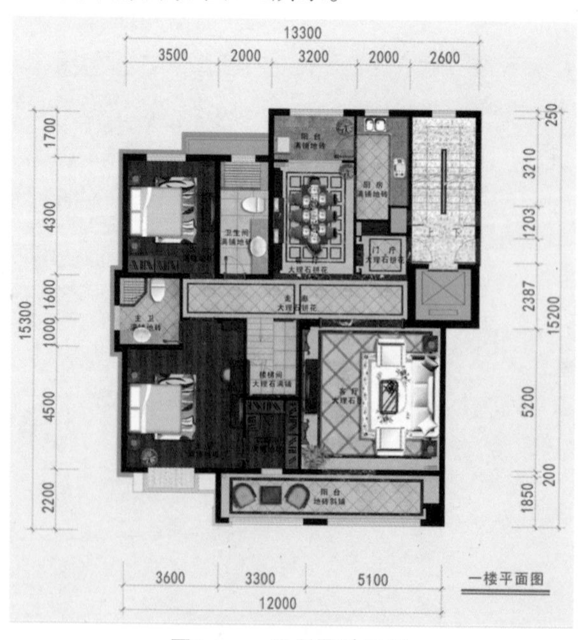

图8-1　一层平面效果图

二层包括书房、两个卧室、卫生间、衣帽间，效果如图8-2所示。

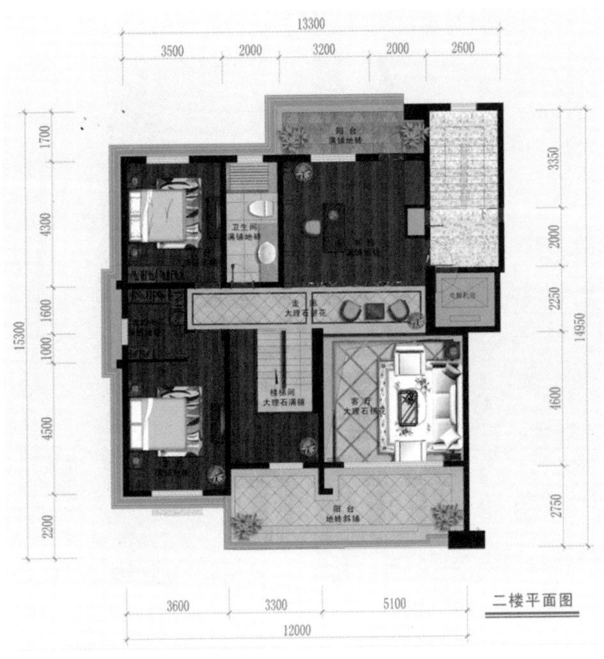

图8-2 别墅二层平面效果图

作为新古典体现出来的风格，览尽所有设计思想和所有设计风格，无非是对生活的一种态度而已。为业主设计适合现代人居住，功能性强并且风景优美的古典主义风格时，能否敏锐地把握客户需求实际上对设计师们提出了更高的要求。无论是家具还是配饰均以其优雅、唯美的姿态，平和而富有内涵的气韵，描绘出居室主人高雅、贵族的身份。常见的壁炉、水晶宫灯、罗马古柱亦是新古典风格的点睛之笔。高雅而和谐是新古典风格的代名词。

8.1.2 设计说明

1. 中庭设计思路

别墅整体色调安排以“暖色”为主调，电视背景墙运用了新古典的常见颜色——香槟金，香槟金色的画框衬托出沉稳的古典油画；香槟金色的金属造型搭配切边清镜，使整个电视墙有整体大气的气魄而不显得沉闷，在电视墙的造型中采用暖黄色的大理石和深色大理石相互映衬，繁杂精致的理石线条，再配以恰到好处的灯光效果，让电视墙有雍容华贵的大气。沙发背景墙和电视墙造型有异曲同工之妙，相同的材质、相同的色调，只是将大理石线条之内的区域，安排了斜拼的软包造型，两侧点缀新古典的三头壁灯，既统一了风格，又不会产生喧宾夺主的效果，中庭的最终效果如图8-3所示。

2. 门厅设计思路

门厅延续了中庭的整体格调，玄关左手边采用阿富汗金大理石线条作为门洞装饰，将玄关和中庭进行有效的分隔，玄关的正立面则采用了暖色的宝金米黄进行装饰，通过不同的造型来营造不一样的质感，主墙面采用经典的新古典花纹壁纸，搭配精致厚重的大理石线条，外侧配以3cm宽的排骨线，再点缀统一色调的油画和摆台，温润的木质拉门，让整个玄关在一开始就让人为之驻足。门厅的最终效果如图8-4所示。

图8-3　别墅中庭的设计效果图

图8-4　门厅的设计效果图

3．餐厅设计思路

餐厅一般的色彩配搭、风格都是随着客厅的，因为目前国内多数的建筑设计，餐厅和客厅都是相通的，这主要是从空间感的角度来考量的。在色彩的使用上，宜采用暖色系，因为从色彩心理学上来讲，暖色有利于促进食欲。本案中将餐厅和中庭的分隔门洞同样采用阿富汗金大理石线条作为门洞装饰，将餐厅、走廊和中庭进行分隔，在餐厅的使用功能上，精致的新古典餐桌餐椅、晶莹剔透的水晶灯，让这个空间熠熠生辉，然后再充分利用左手边完整的墙面制作具有展示并具有储物功能的酒柜，极大满足了餐厅包括厨房中可能要用到的储物功能。餐厅的最终效果如图8-5所示。

图8-5　别墅餐厅的设计效果图

4．书房设计思路

欧洲古典风尚总让人沉醉，并渗透到生活细节中，新古典式的书房设计勾起人们对几个世纪前文明觉醒的回忆，新古典式书房装饰会给空间带来全新思路，沉稳、大气、内敛的书房环境，正是摆脱浮躁的最好的避风港，欧洲复古风潮不老，古典文艺气息在全新的书房中流淌……书房的最终效果如图8–6所示。

图8-6　别墅书房的设计效果图

其他空间，例如：卧室、厨房、卫生间等，这里就不再介绍了，希望读者可以按照平面户型图独立设计制作出来。下面列出了一些参考设计图片，卧室及儿童房的参考效果如图8–7所示。

卧室及儿童房参考设计效果

图8-7　别墅卧室及儿童房的参考设计

别墅中的卫生间和厨房的参考效果如图8–8所示。

卫生间的参考设计效果

厨房的参考设计效果

图8-8　别墅卫生间及厨房的参考设计

8.2 模型分析

在建立别墅基本框架的时候，同样是先【导入】平面图，只有通过平面图才能清楚的理解整个空间的结构，因为这个空间比较复杂，所以必须通过平面图才能建立模型，天花的造型是通过天花图得到的，两层平面图和天花图的效果如图8-9所示。

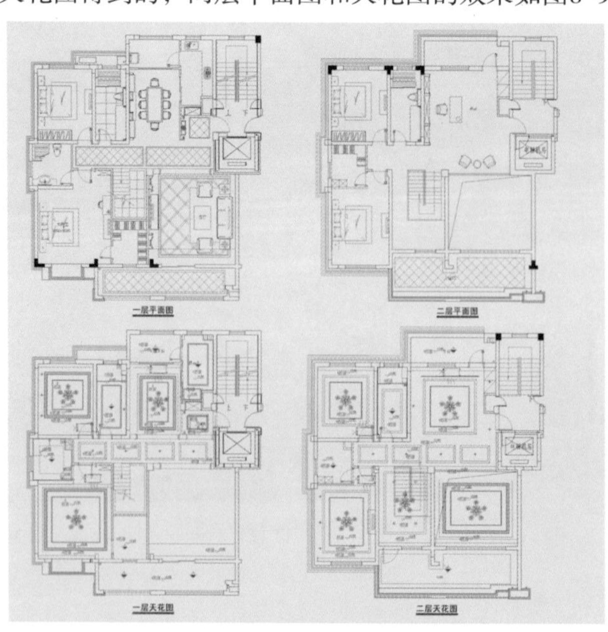

图8-9　平面图和天花图的效果

立面图在制作复杂场景中尤为重要，设计方案重点通过立面图来体现，房间的高度、墙体的造型，别墅客厅及餐厅的立面图的效果如图8–10所示。

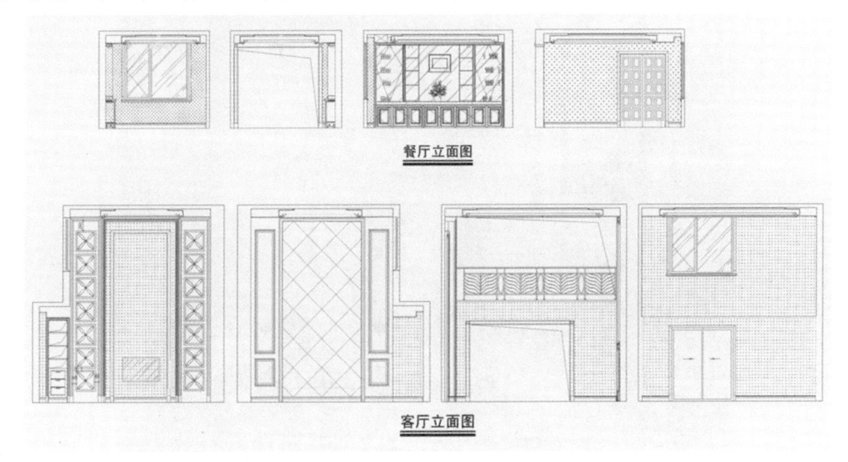

图8-10 客厅及餐厅的立面图

既然有了比较全面的CAD图纸，包括平面图、顶面图、立面图，制作别墅的模型应该说就不是什么大问题了，主要是细心观看图纸，对设计师的意图有一个清晰的理解，然后建立模型，最后合并家具，效果如图8–11所示。

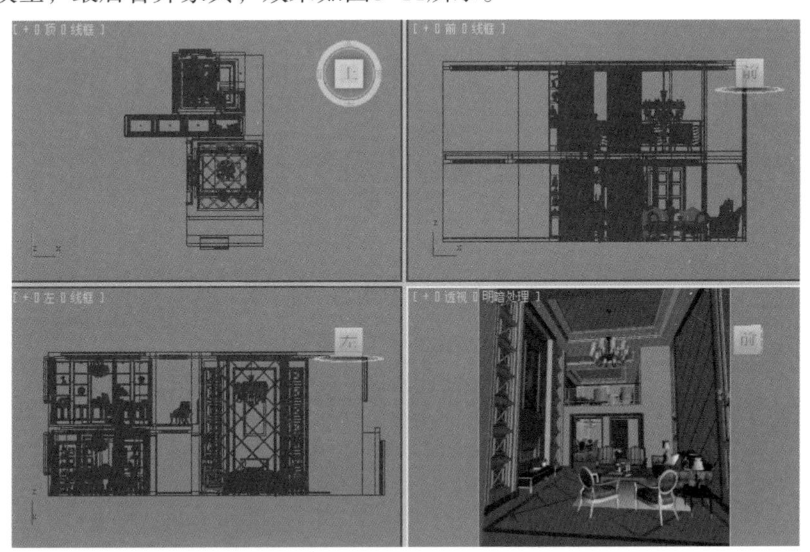

图8-11 按照图纸生成的三维模型

8.3 调用材质库

本节介绍用最专业的方法使用材质库中的材质将场景中的单色进行替换，这样可以极大提高作图速度，这个场景中的材质主要包括乳胶漆、壁纸、软包、金属、镜子、大理石地砖材质等。效果如图8–12所示。其实大部分材质的调制都基本相同，就是更换一下位图即可，关键还是要看对【VRayMtl】的理解，如果对【VRayMtl】的各项参数都很明白了，那么大部分材质调制起来就很轻松了。

图8-12 场景中的主要材质

首先将VRay指定为当前渲染器，按F10键，打开【渲染设置】窗口，选择【公用】选项卡，在【指定渲染器】卷展栏下单击...按钮，在弹出的【选择渲染器】窗口中选择【V-Ray Adv 2.00 .03】。

/现场实战——调用材质库

01 启动3ds Max 2012中文版。

02 打开随书光盘“场景”\“第8章”\“精工奢华——新古典别墅.max”文件。如图8-13所示。

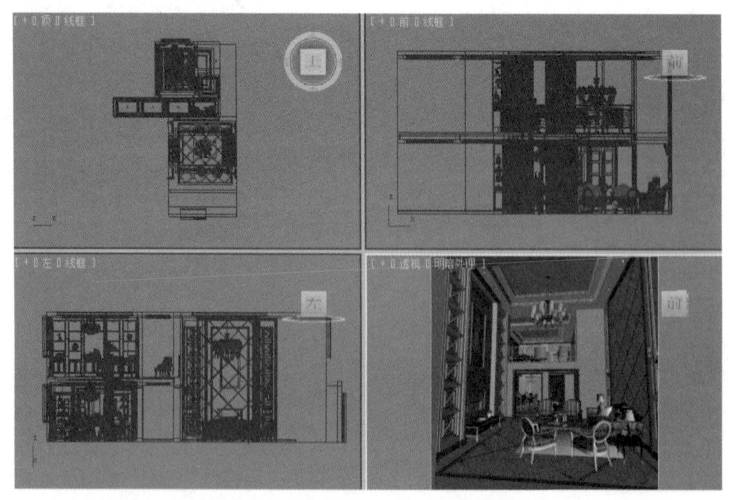

图8-13 打开的“精工奢华——新古典别墅.max”文件

模型建立完成后，将每一种材质用一种颜色来替代，并赋给场景中的物体，这样有利于修改和调整，直接修改材质即可，修改完成后场景中的颜色会一起改变。

03 按M键，打开【材质编辑器】对话框，首先激活第一个材质球，也就是“白乳胶漆”材质球，单击【标准】 Standard 按钮，在弹出的【材质/贴图浏览器】对话框中，单击【材质/贴图浏览器】▼按钮下方的【打开材质库】选项，如图8-14所示。

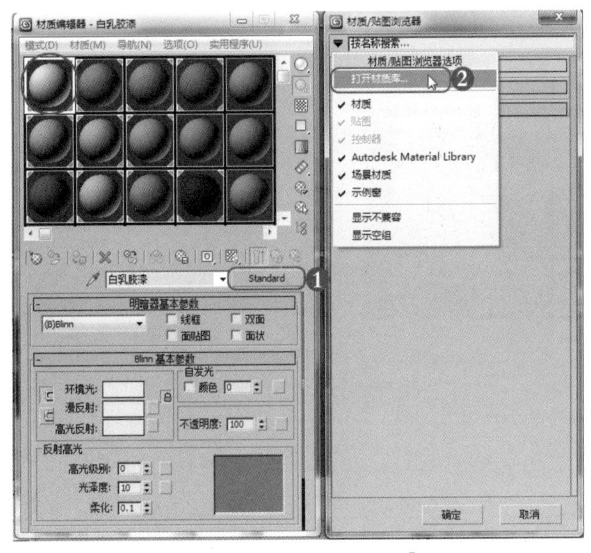

图8-14　单击【打开材质库】选项

04 在弹出的【导入材质库】对话框中，选择本书配套光盘“场景”\“第8章”\“精工奢华——新古典别墅（材质库）.mat”文件，单击 打开(O) 按钮，如图8-15所示。

05 此时打开的“材质库”效果如图8-16所示。

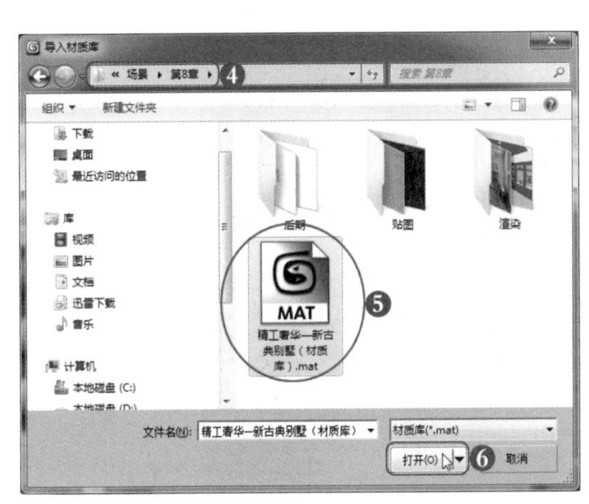

图8-15　选择【打开材质库】

图8-16　打开的【材质库】

06 在打开的材质库中双击“白乳胶漆”，此时的颜色就替换为“白乳胶漆”材质了，也不需要赋给物体，因为之前已经赋了，这样场景中物体的颜色会一起改变。

07 同样在【材质编辑器】对话框中选择第二个材质球，这个材质球是“淡黄乳胶漆”材质，在【材质库】中双击“淡黄乳胶漆”材质，于是材质球及场景中凡是赋予木纹的颜色都会变成“淡黄乳胶漆”材质。

08 同样，在【材质编辑器】对话框中选择第三个材质球，这个材质球是壁纸材质，在【材质库】中双击“壁纸”材质，第三个材质球及场景中凡是赋予壁纸的颜色都会变成“壁纸”材质，如图8-17所示。

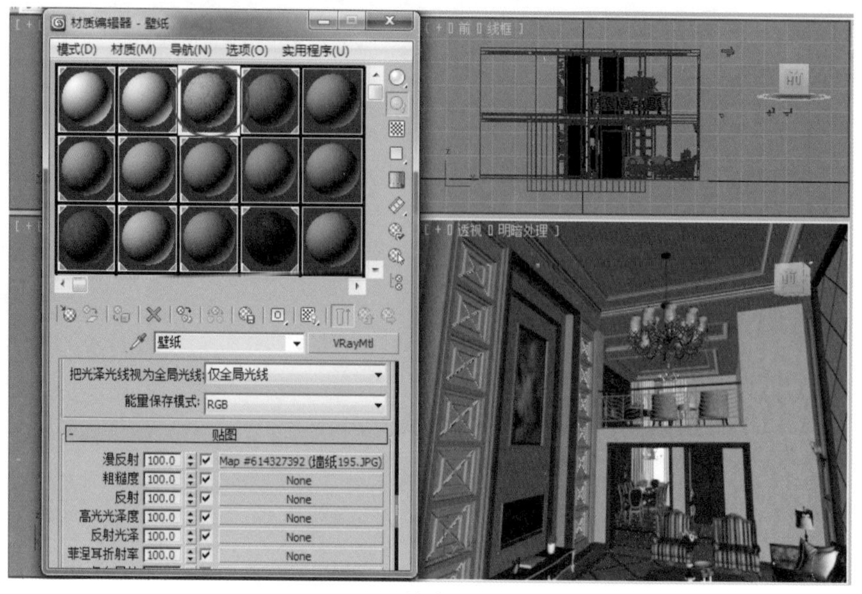

图8-17　替换壁纸材质

09 用同样的方法将材质球中的颜色替换为材质库中的材质，名字都是对应的，最终效果如图8-18所示。

图8-18　全部替换为材质

有些带有纹理的材质如果感觉纹理不合适，就可以添加一个【UVW贴图】修改器进行修改。

由此看来，有一个自己的材质库是多么重要，在制作效果图的时候可以极大提高作图效率，如果需要不一样的纹理，可直接在【漫反射】中换一个位图即可，其他参数基本一样。

8.4 设置摄影机

这个场景中使用了四架摄影机，分别用来观看门厅、中庭、餐厅和书房，这样就可以将这个场景完全观看清楚。

/现场实战——为场景设置摄影机

01 继续上面的操作步骤。

02 在【顶】视图创建一架摄影机，用来观看中庭的空间，从阳台向餐厅的方向观看，调整摄影机的【镜头】为24，高度为1700mm，位置如图8-19所示。

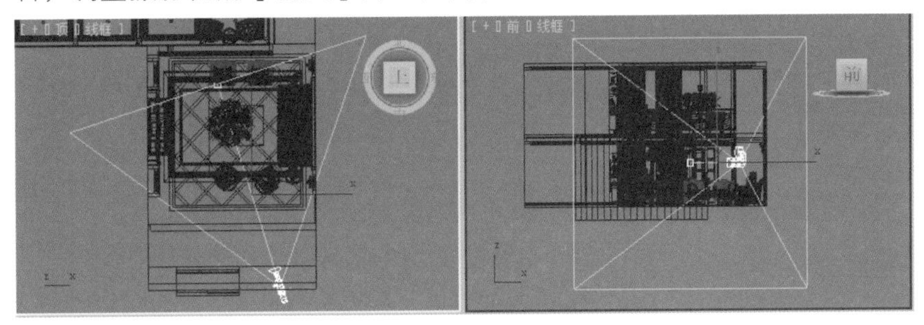

图8-19　摄影机的位置

03 同样在【顶】视图创建三架摄影机，用来观看餐厅、门厅和书房，书房摄影机的高度大约为4.2m，因为书房是在二楼，位置如图8-20所示。

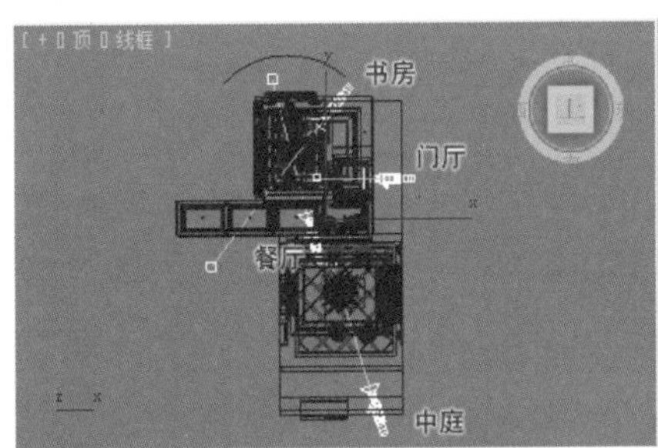

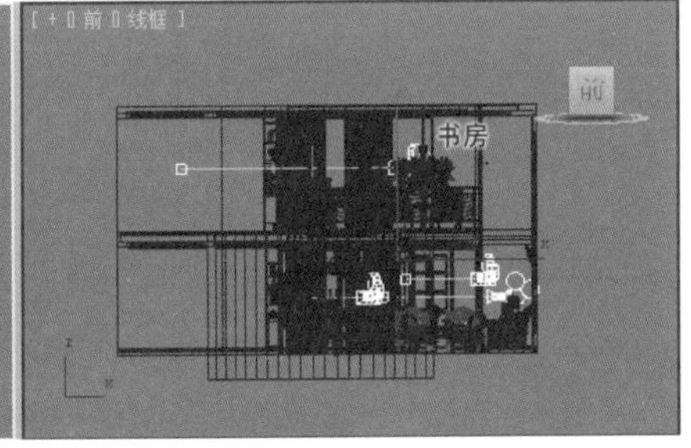

图8-20　四架摄影机的位置

04 从画面的构图来看，不是很理想，若想得到一个比较美观、合理的构图，必须选择竖构图，按F10键，快速打开【渲染设置】窗口，设置【图像纵横比】为1，渲染尺寸设置得小一些即可，如图8-21所示。

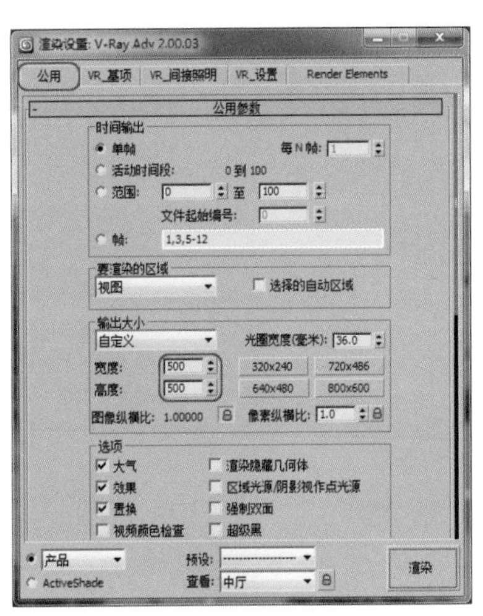

图8-21　设置图像的尺寸

05 四架摄影机视图就设置完成了，效果如图8-22所示。

摄影机视图就设置完成了，按Shift+F组合键，快速打开【显示安全框】，直接在视图中就可以看到画面构图的效果。

06 单击菜单栏按钮，在弹出的下拉菜单中执行【另存为】命令，将场景另存为“精工奢华——新古典别墅A.max”文件。

图8-22　设置的四架摄影机视图

8.5 灯光的设置

这个场景主要表现室内灯光的效果，空间比较大也比较复杂，所以要靠很多灯光来照亮场景。客厅和餐厅有一个很宽敞的窗户，所以为了得到更好的效果，还要配合天光进行表现。

8.5.1　设置天光

现场实战——设置天光

01 单击【灯光】| VRay | VR_光源 按钮，在【前】视图窗户的位置创建一盏【VR_光源】用于模拟天空光，将【颜色】设置为浅蓝色（天空的颜色），设置【倍增器】的数值为12，取消选中【不可见】复选框，如图8-23所示。

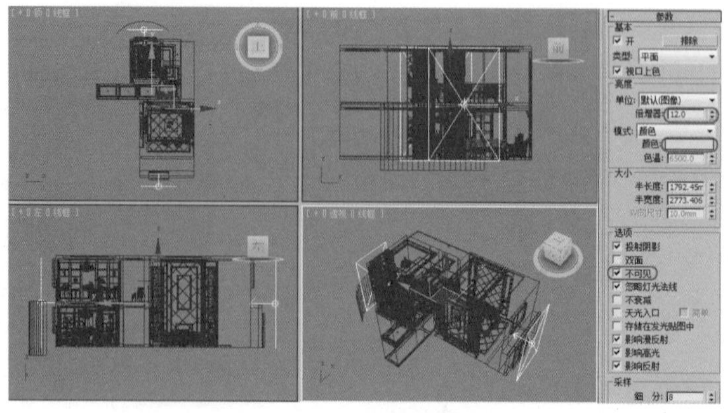

图8-23　【VR_光源】的位置

设置完这盏天光后就可以设置一下简单的渲染参数，以便进行渲染观看效果。

02 因为是测试，所以参数设置得比较低即可，目的是为了得到一个比较快的渲染速度，首先使用低参数的【固定】方式，取消选中【抗锯齿过滤器】选项组下的【开启】复选框，再设置一下【V-Ray::颜色映射】卷展栏下的参数，如图8-24所示。

03 打开【VR_间接照明】选项卡，在【二次反弹】选项组中选择【灯光缓存】选项；在【V-Ray::发光贴图】卷展栏下选择【非常低】选项，如图8-25所示。

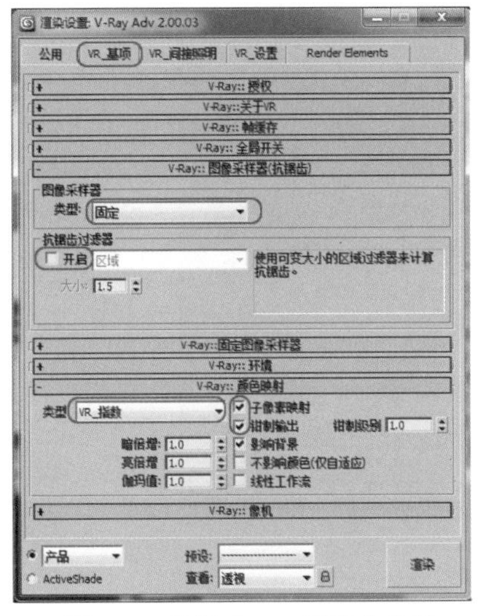

图8-24 设置【VR_基项】参数

图8-25 设置【VR_间接照明】参数

04 再调整一下【V-Ray::灯光缓存】卷展栏下的【细分】为200，目的是加快渲染速度，取消选中【保存直接光】复选框，选中【显示计算状态】复选框，如图8-26所示。

05 渲染一下中庭的角度，其渲染的效果如图8-27所示。

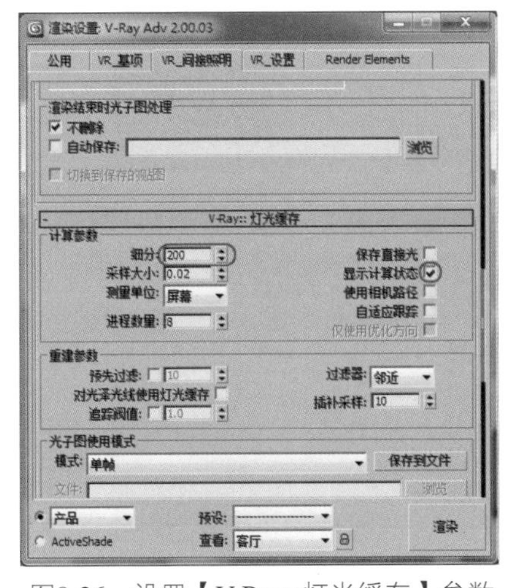

图8-26 设置【V-Ray::灯光缓存】参数

图8-27 渲染的效果

通过上面的渲染效果可以看出，整体的光感太暗，需要为场景设置室内的灯光效果才可以将整体照亮。

8.5.2 设置室内及辅助光

/现场实战——设置室内及辅助光

01 在【顶】视图中庭的位置创建一盏【VR_光源】，模拟吊灯的发光效果，将它移动到天花的下面，【颜色】为淡黄色，【倍增器】的数值设置为5，取消选中【不可见】、【影响反射】复选框，在餐厅、门厅、书房的位置进行复制，灯光的尺寸调整一下即可，位置及形态如图8-28所示。

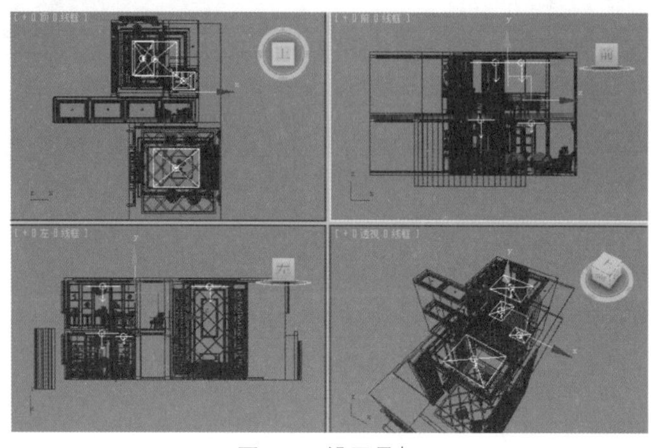

图8-28 设置吊灯

02 在【左】视图走廊的位置创建【VR_光源】，作为走廊的辅助光源，【倍增器】的数值设置为3，取消选中【不可见】复选框，再复制一盏，位置及形态如图8-29所示。

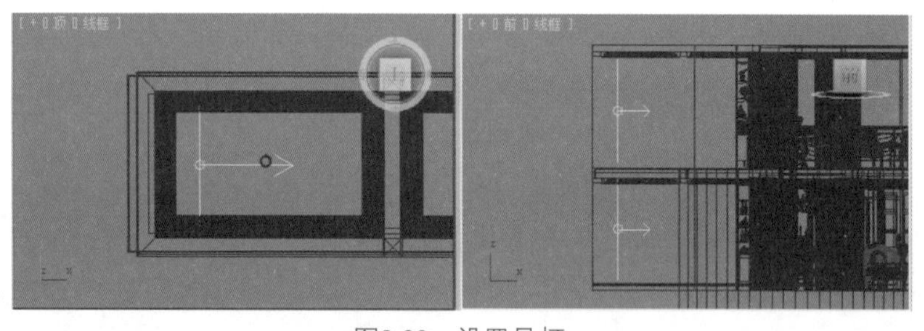

图8-29 设置吊灯

03 在场景中只显示天花，将其他造型隐藏起来，这样操作起来就方便多了，为所有的灯槽设置【VR_光源】，【颜色】为淡黄色，【倍增器】的数值设置为3，取消选中【不可见】复选框，位置及形态如图8-30所示。

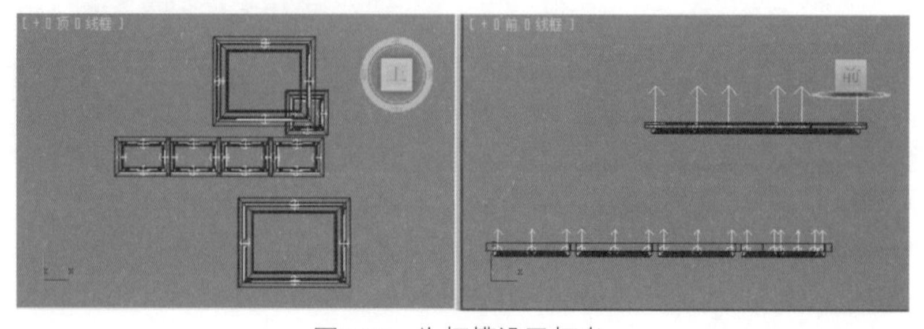

图8-30 为灯槽设置灯光

04 用同样的方法为电视墙及门厅的装饰墙设置灯槽，如图8-31所示。

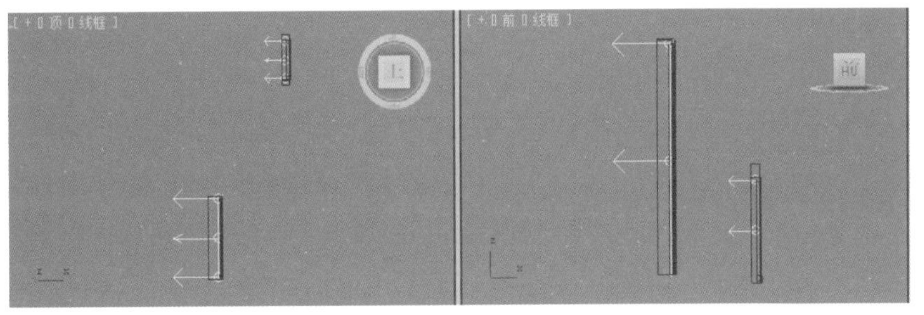

图8-31　为灯槽设置灯光

05 再用VR球形灯为中庭的台灯、壁灯设置光源，如图8-32所示。

06 在【顶】视图创建一盏【目标灯光】，在有筒灯的位置全部实例复制，选中【阴影】单选按钮，选择【VRayShadow】（VRay阴影），再选择【光度学Web】选项，选择一个“中间亮.ies”文件，强度修改为20000即可，位置如图8-33所示。

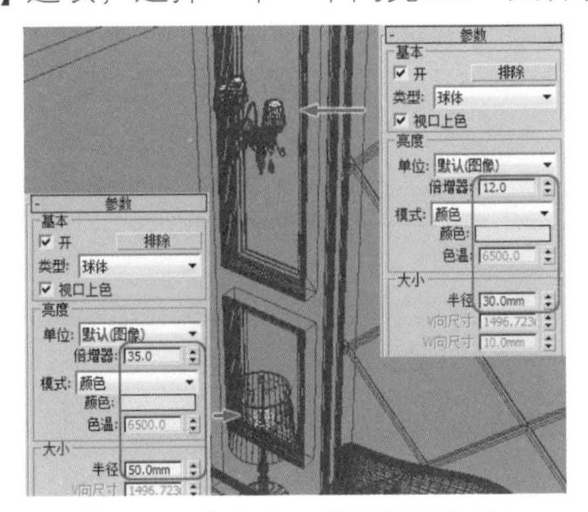

图8-32　为台灯、壁灯设置灯光

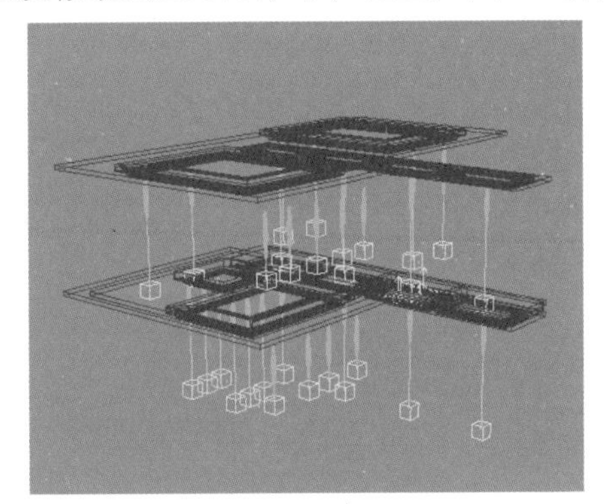

图8-33　为筒灯设置灯光

07 对四个角度进行快速渲染观看效果，其渲染的效果如图8-34所示。

图8-34　渲染效果

整个场景中的灯光就设置完成了，从现在的这个效果来看，整体的效果还是可以的，下面需要做的就是精细调整灯光细分及提高渲染参数，将整体的亮度及对比度加强一些，再进行最终的渲染出图。

8.6 渲染参数的设置

前面已经将大量烦琐的工作做完，下面需要做的工作就是把渲染的参数设置高一些，然后执行【批处理渲染】命令进行渲染输出。

/现场实战——设置最终渲染参数

01 修改所有的【VR_光源】的【细分】数值为20。

灯槽里面的灯光的【细分】也可以设置为15，太高速度会比较慢，模拟天光的【VR_光源】的细分设置为30也可以，主要还是根据经验进行设置。

02 重新设置一下渲染参数，按F10键，在打开的【渲染设置】窗口中，选择【VR_基项】选项卡，设置【V-Ray::图像采样器（抗锯齿）】、【V-Ray::颜色映射】的参数，如图8-35所示。

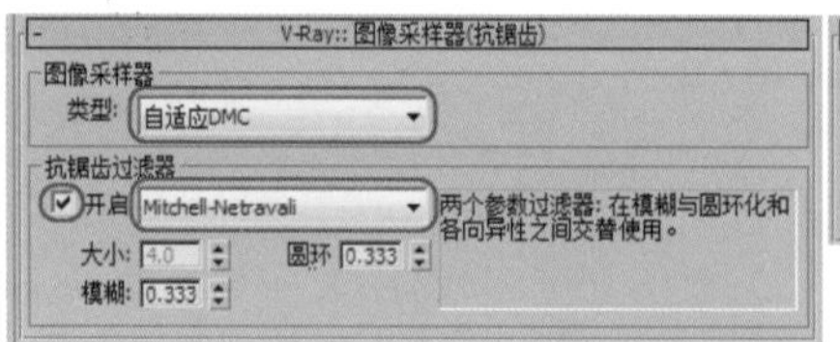

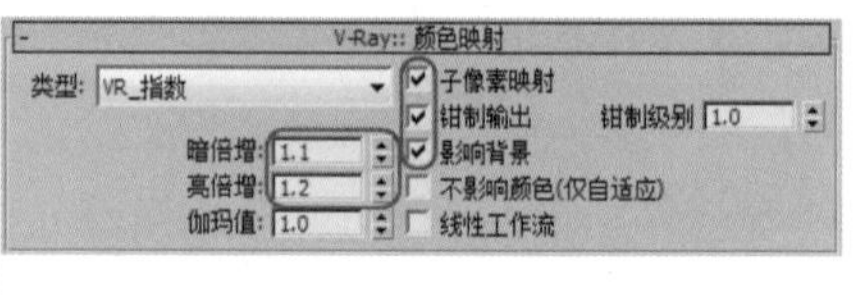

图8-35　设置最终的渲染参数

03 单击【VR_间接照明】选项卡，设置【V-Ray::发光贴图】及【V-Ray::灯光缓存】卷展栏的参数，如图8-36所示。

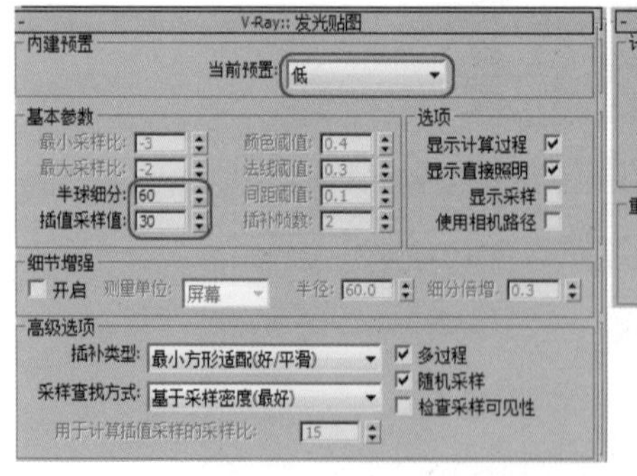

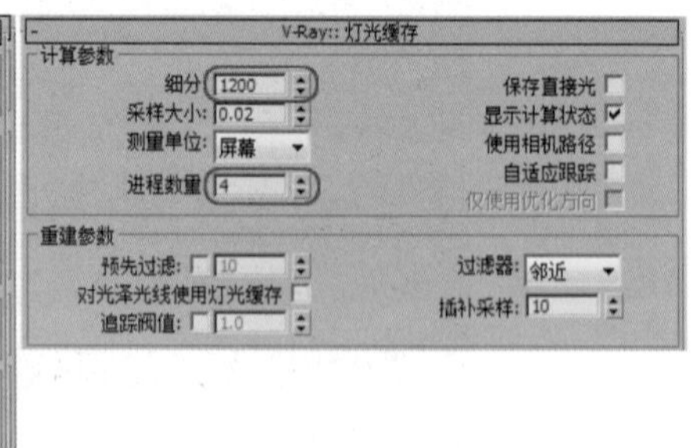

图8-36　设置【V-Ray::发光贴图】及【V-Ray::灯光缓存】卷展栏参数

04 单击【VR_设置】选项卡，设置【V-Ray::DMC采样器】及【V-Ray::系统】卷展栏的参数，如图8-37所示。

05 当各项参数都调整完成后，最后将渲染尺寸设置为1600mm×1600mm，如图8-38所示。

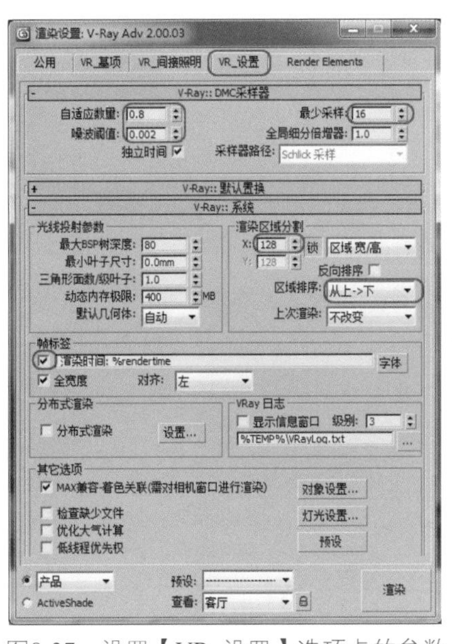

图8-37　设置【VR_设置】选项卡的参数

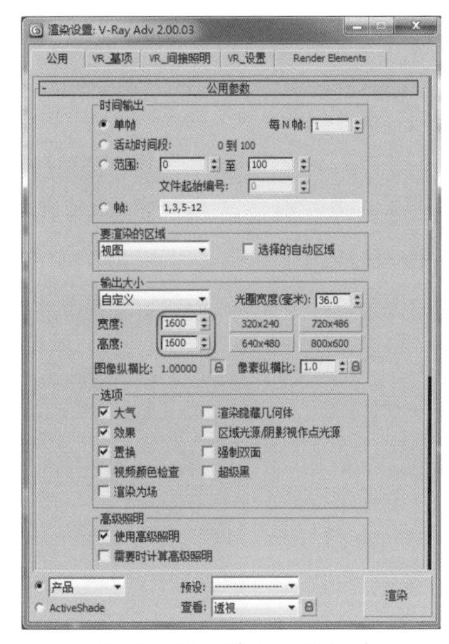

图8-38　设置成图渲染尺寸

场景中设置了4个视角，同样采用【批处理渲染】进行渲染，可以将4个视角进行一起渲染出图。

06 执行菜单栏中的【渲染】|【批处理渲染】命令，此时将弹出【批处理渲染】对话框，单击添加(A)...按钮，在下方的窗口中就出现了一个“View01”，在摄影机右面的窗口中选择“精工奢华别墅——餐厅”，单击输出路径右面的...按钮，在弹出的【渲染输出文件】窗口中找一个保存路径，文件保存为.tif格式，同样再单击添加(A)...按钮，将门厅、书房、中庭进行保存，最后单击渲染(R)按钮进行渲染。如图8-39所示。

经过漫长的渲染，最终两张图像渲染完成了，所需要的时间为20个小时左右，主要还是由计算机的配置来决定。效果如图8–40所示。

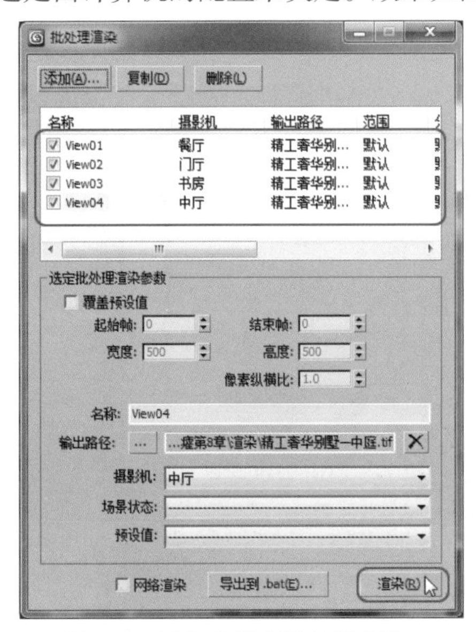

图8-39　对图像进行批处理渲染

图8-40　渲染的效果

从现在的这个效果来看，整体感觉还是可以的，就是画面有些灰、暗的效果，这个问题在后期可以很轻松解决。

07 将场景最后进行保存。

用第7章介绍的方法为场景渲染4张通道。首先将所有的灯光删除，取消VRay渲染器，利用“清空材质.mse”脚本将材质全部变成单色通道，然后分别将4个镜头渲染，效果如图8-41所示。

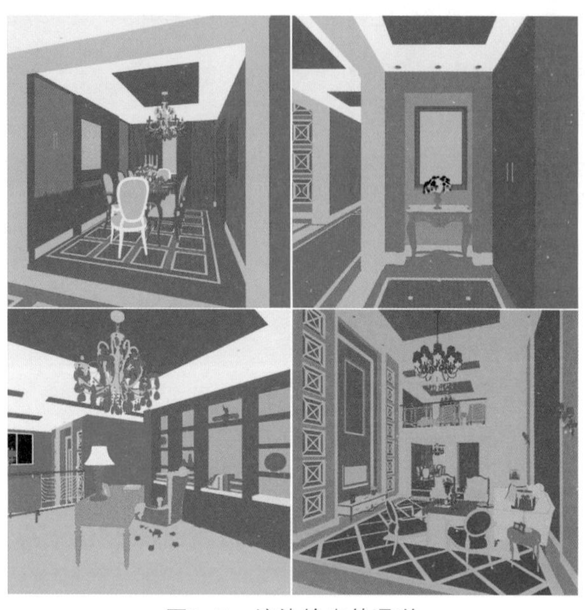

图8-41　渲染输出的通道

8.7 Photoshop后期处理

下面的工作需要用Photoshop进行修改渲染输出图片的光照、明暗、颜色等方面的调整，还可以借助它来修饰、美化图片的细节及瑕疵。重点是利用通道进行更专业的对图像进行局部的处理。处理的前后效果如图8-42所示。

处理前的效果

处理后的效果

图8-42　用Photoshop处理的前后效果

/现场实战——对别墅中庭进行后期处理

01 启动Photoshop CS5中文版。

02 打开上面输出的“精工奢华别墅——中庭.tif”以及“精工奢华别墅——中庭（通道）.tif”文件，这两张渲染图都是按照1600mm×1600mm的尺寸来渲染输出的，如图8-43所示。

图8-43 渲染的两张图像

03 按住Shift键，将“精工奢华别墅——中庭（通道）”拖拽到“精工奢华别墅——中庭”图像中，在【图层】面板中将通道图层【图层1】关闭，回到【背景】图层，然后复制一个【背景】图层进行修改，效果如图8-44所示。

图8-44 关闭【通道】图层

现在观察和分析渲染的图片，很明显，可以看出图有些暗，并且带点灰，这就需要使用Photoshop先来调节该图整体的【亮度】和【对比度】。

04 按Ctrl+L组合键，打开【色阶】对话框，调整图像的亮度与对比度，如图8-45所示。

下面就可以对场景中的每一局部进行调整。

05 确认当前图层在通道层上，用【魔棒】工具选择壁纸，按Ctrl+J组合键，把选区从图像中单独复制一个图层，调整一下色彩及亮度，如图8-46所示。

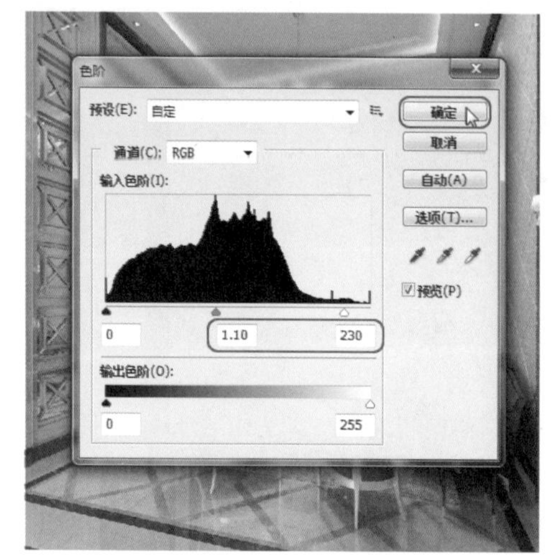

图8-45 使用【色阶】调整图像的亮度

图8-46 调整壁纸材质

06 用同样的方法将顶面的乳胶漆调整得亮一点，去一下饱和度，效果如图8-47所示。

调整前的效果　　调整后的效果

图8-47 地面调整前后的效果

07 如果感觉不理想，还可以用工具栏中的一些工具进行局部调整，其他一些局部这里就不再介绍了。

08 将所有单独调整的图层及背景副本合并，复制一个调整后的图层，执行菜单栏【滤镜】|【模糊】|【高斯模糊】命令，设置【半径】为8，如图8-48所示。

09 在图层下面的下拉窗口中选择【柔光】选项，调整【不透明度】为70%，目的是让画面更有层次感，效果如图8-49所示。

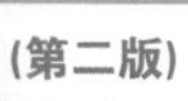

图8-48　执行【高斯模糊】命令　　　　图8-49　使用【柔光】效果

下面调整一下整体的色调。

10 将两个调整后的图层合并，按Alt+B组合键，打开【色彩平衡】对话框，分别调整【阴影】、【中间调】、【高光】的色阶，如图8-50所示。

11 确认位于【图层】面板最上方的图层是当前图层，对图像使用【照片滤镜】，调整一下参数，如图8-51所示。

图8-50　使用【色彩平衡】调整色调

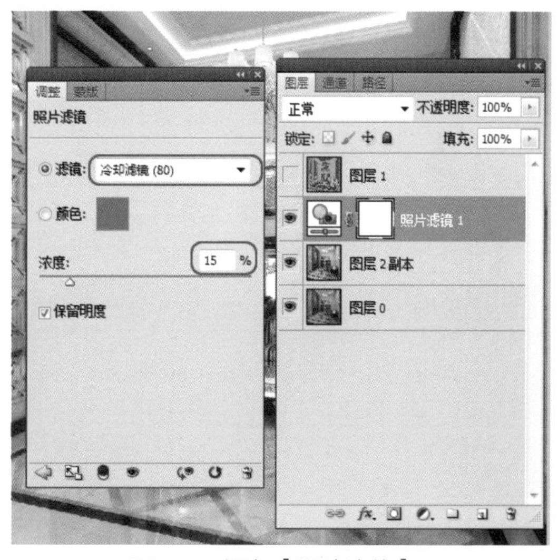

图8-51　添加【照片滤镜】

12 最后再为筒灯及吊灯添加【光晕】效果，到此为止，这张中庭的后期处理就完成了，读者也可根据实际情况再进行局部调整，每个人的感觉和意识是不一样的，最终的效果如图8-52所示。

13 执行菜单栏中的【文件】|【存储为】命令，将处理后的文件另存为“精工奢华别墅——中庭.psd”文件。读者可以在本书配套光盘“场景”\“第8章”\“后期”目录中找到。

图8-52　中庭处理的最终效果

8.8 小结

本章重点介绍了新古典别墅的设计制作，其实到现在为止，所介绍的难度并不是在表现上，关键是对空间的设计及材料的选用。作为一名优秀的设计师，对整体风格的把握是很重要的。

本章带领读者制作了别墅的中庭、门厅、餐厅、书房效果图，还有很多的空间，大部分知识在前面的章节中已经进行了大篇幅的介绍，这一章把主动权交给读者，参照以前学习的内容，检查自己掌握的程度与知识应用的能力，自己独立制作其他的空间。

第9章

全方位展现——户型图及动画浏览

本章内容

- 室内平面户型图的制作
- 户型鸟瞰图的表现
- 室内动画浏览的制作

本章主要介绍户型图及动画浏览的表现，其实这些都是效果图的一部分，平面户型图在介绍户型的时候可以很清楚地展现给客户，一般房地产或者装饰公司做一些这样的图。户型鸟瞰图在室内设计中主要表现一些比较全面的设计方案，展览展示一般采用户型鸟瞰图的表现手法。动画浏览相对来说制作得比较少，主要是成本太高，制作起来比较麻烦，但是一些房地产在做宣传时，有时候也要用动画浏览，因为动画浏览就更真实了，就好像人在房间里面走动观看房间一样。

9.1 室内平面户型图的制作

制作效果图是设计方案的一部分，有时遇到特殊要求，需要制作彩色的室内平面图（彩平），必须将先前用AutoCAD绘制的图纸输出到Photoshop中，然后在Photoshop中根据不同区域划分，添加颜色或图块，使平面图更丰富，效果如图9-1所示。

图9-1 套三厅错层的平面户型图

9.1.1 导出平面图

/现场实战——导出平面图

01 启动AutoCAD 2012中文版软件。

02 单击菜单栏按钮，在弹出的菜单中执行【打开】命令，打开本书配套光盘“场景”\“第9章”\“套三厅错层彩平.dwg”文件，如图9-2所示。

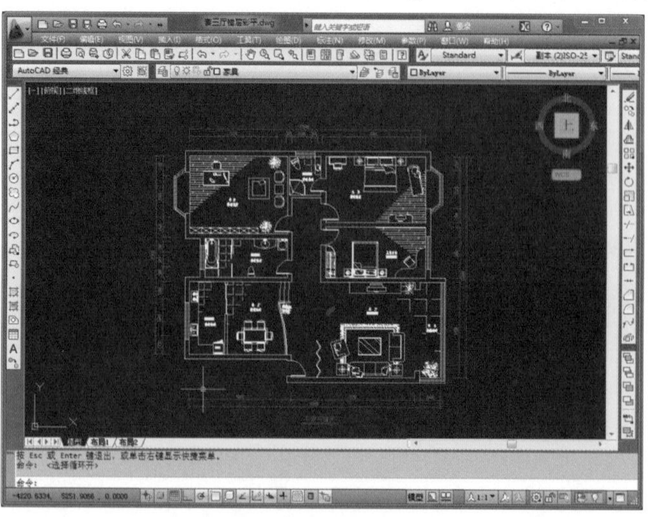

图9-2 打开的CAD平面图纸

03 执行菜单栏中的【文件】|【打印】命令，在弹出的【打印-模型】对话框中选择【打印机】的名称为“PublishToWeb PNG.pc3”，单击【特性(R)...】按钮，如图9-3所示。

04 在弹出的【绘图仪配置编辑器】对话框中，选择【自定义图纸尺寸】选项，单击【添加(A)...】按钮，如图9-4所示。

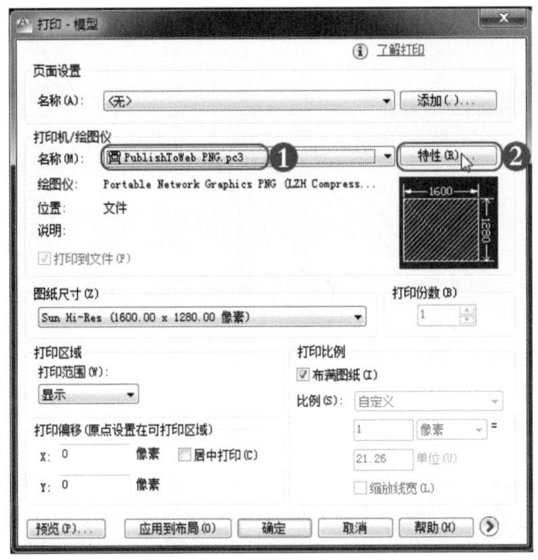

图9-3 【打印-模型】对话框

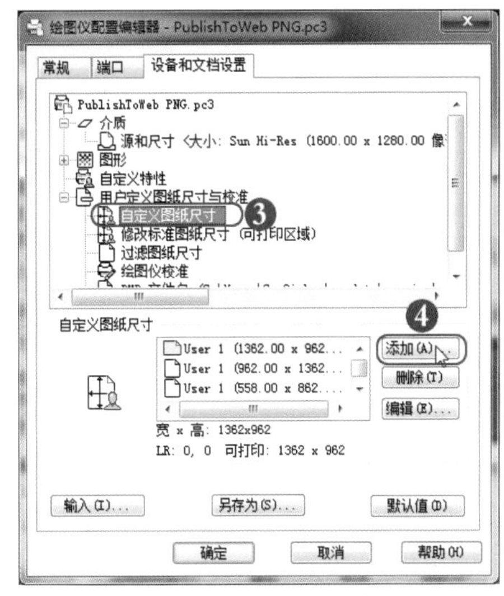

图9-4 【绘图仪配置编辑器】对话框

在【打印-模型】对话框中的【图纸尺寸】下方的下拉列表中可以选择图纸，但是尺寸比较小，可以使用【自定义图纸尺寸】来定义一张比较大的纸，这样画面就清楚一些，最后还要根据打印的图纸尺寸来定。

05 此时弹出【自定义图纸尺寸】对话框，单击【下一步(N) >】按钮，如图9-5所示。

06 在弹出的【自定义图纸尺寸-介质边界】对话框中，将【宽度】设置为3000mm，【高度】设置为2250mm，单击【下一步(N) >】按钮，如图9-6所示。

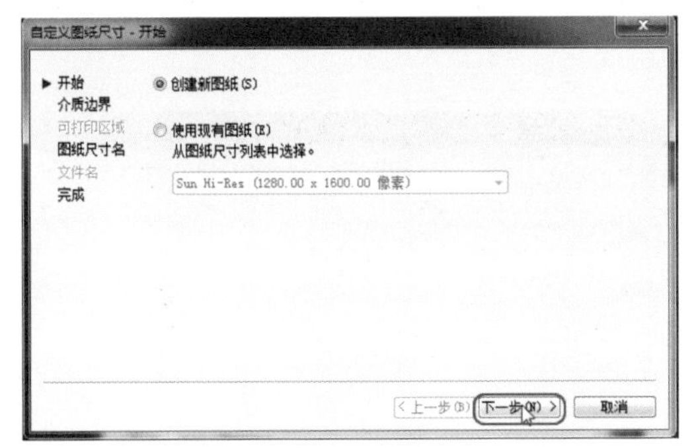

图9-5 【自定义图纸尺寸】对话框

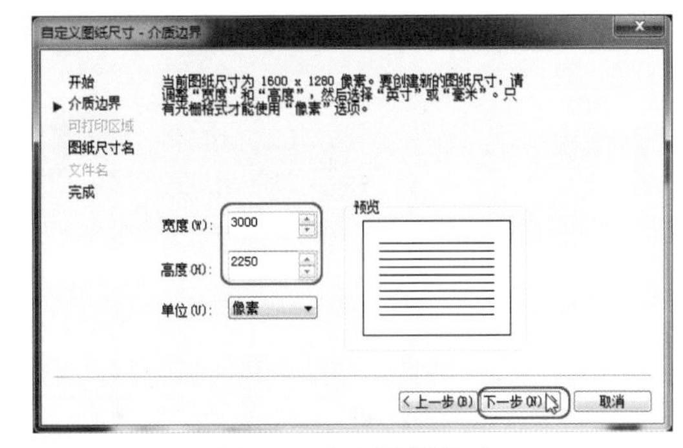

图9-6 定义图纸尺寸

07 在弹出的【自定义图纸尺寸-图纸尺寸名】对话框中单击【下一步(N) >】按钮，如图9-7所示。

08 在弹出的【自定义图纸尺寸-完成】对话框中单击【完成(F)】按钮，如图9-8所示。

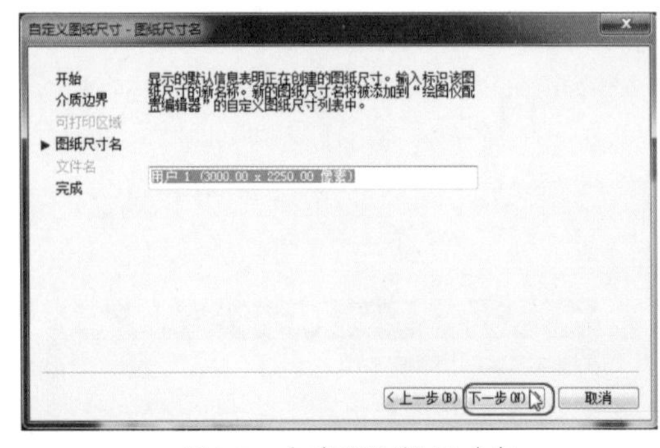

图9-7　自定义图纸尺寸名

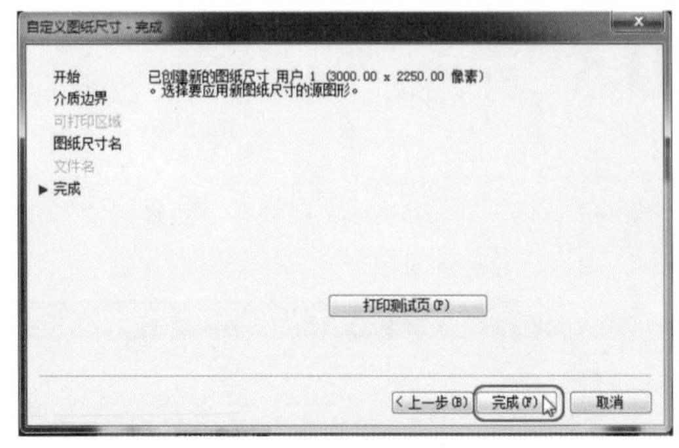

图9-8　【自定义图纸尺寸-完成】对话框

09 在回到的【绘图仪配置编辑器】对话框中，单击 确定 按钮，在【打印-模型】对话框中的【图纸尺寸】下方的下拉列表中选择【用户1（3000像素×2250像素）】图纸，然后选中【居中打印】复选框；在【打印范围】下方的下拉列表中选择【窗口】选项，如图9-9所示。

10 在绘图窗口中拖出一个矩形框，选择平面图，如图9-10所示。

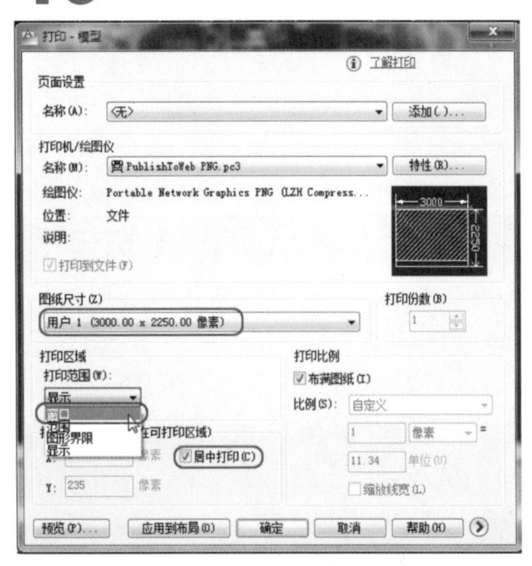

图9-9　【打印-模型】对话框

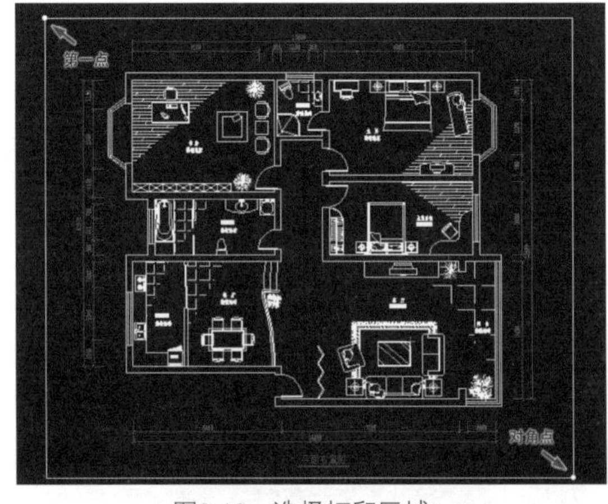

图9-10　选择打印区域

11 在【打印-模型】对话框中单击 确定 按钮，此时弹出【浏览打印文件】对话框，选择好文件的路径，单击 保存(S) 按钮，如图9-11所示。

此时，CAD平面图就是打印输出的一张3000像素×2250像素的图片了，这时就可以使用Photoshop进行修改了。

图9-11　【浏览打印文件】对话框

9.1.2 填充墙体

/现场实战——填充墙体

01 启动Photoshop CS5中文版软件。

02 打开刚才打印输出的“套三厅错层彩平——Model.png”文件。

03 执行菜单栏中的【选择】|【色彩范围】命令，在弹出的【色彩范围】对话框中设置【颜色容差】为100，将吸管放在白色上单击一下，然后单击确定按钮，如图9-12所示。

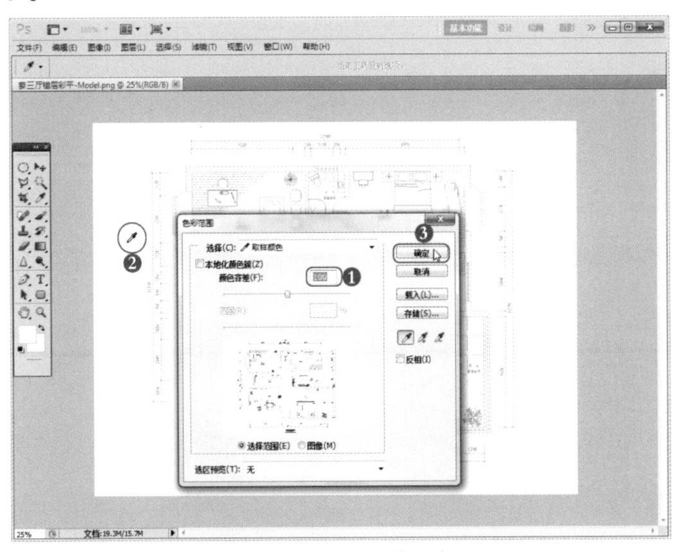

图9-12 【色彩范围】对话框

04 此时白颜色被全部选中，按Ctrl+Shift+I组合键反选，再按Ctrl+C组合键复制选择的图纸，最后按Ctrl+V组合键粘贴，复制一个新的图层。

05 将【背景】图层【图层0】填充为白色，如图9-13所示。

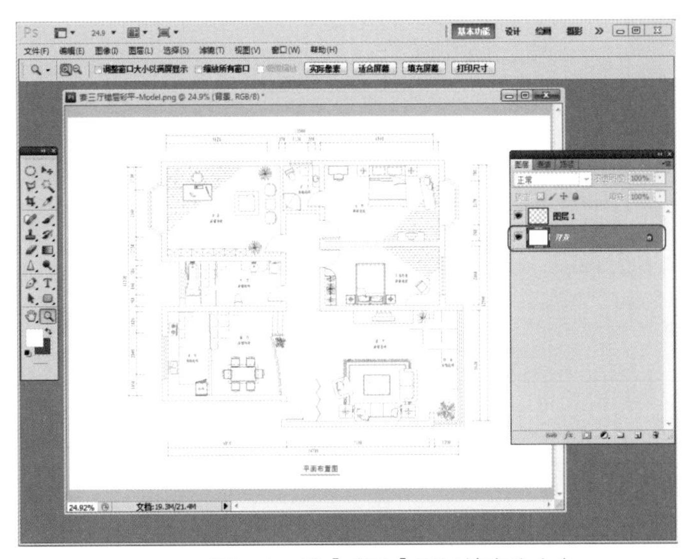

图9-13 将【背景】图层填充为白色

06 在【图层】面板上回到【图层1】图层，单击工具箱中的【魔棒】工具（或按W键），激活【魔棒】工具，单击【添加到选区】按钮，选中【连续】复选框，在窗口中连续单击墙体，将所有墙体全部选择，如图9-14所示。

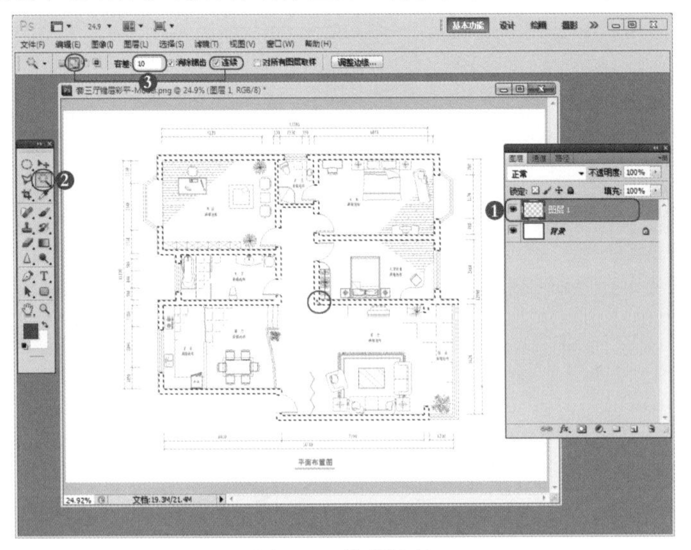

图9-14　选择墙体

07 按D键，将前景色转换为黑色，按Alt+Delete组合键，前景色填充，此时墙体被填充为黑色，如图9-15所示。

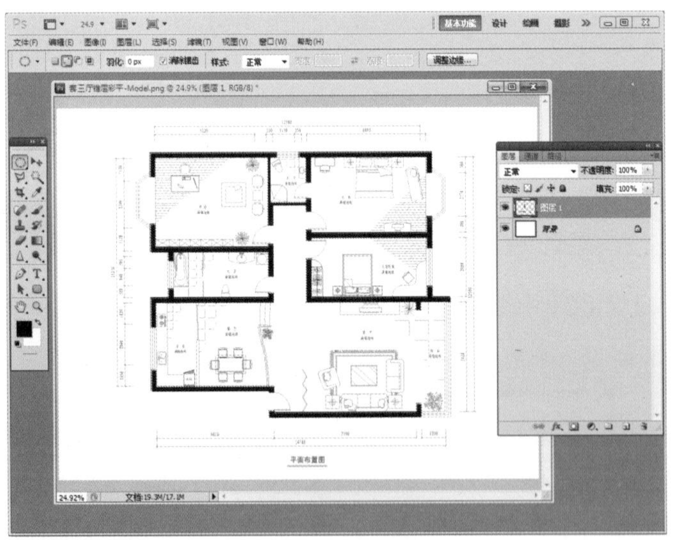

图9-15　将墙体填充为黑色

08 按Ctrl+D组合键取消选区。

9.1.3　制作地面

/现场实战——制作地面

01 继续上面的操作。

02 双击Photoshop的灰色操作界面，打开本书配套光盘“后期处理”文件夹下的“彩平地板.jpg”文件。

03 单击工具箱中的【移动】工具（或按V键），激活【移动】工具，将打开的“彩平地板.jpg”文件拖到场景中，作为书房的地板，如果感觉颜色及纹理不理想可以对其进行调整，效果如图9-16所示。

04 将拖入的地板复制两个，放在主卧室和儿童卧室里面，将多余的删除掉，效果如图9-17所示。

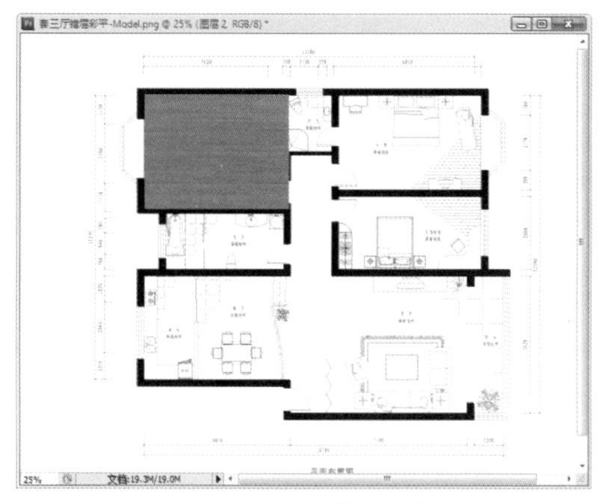

图9-16　为书房铺地板

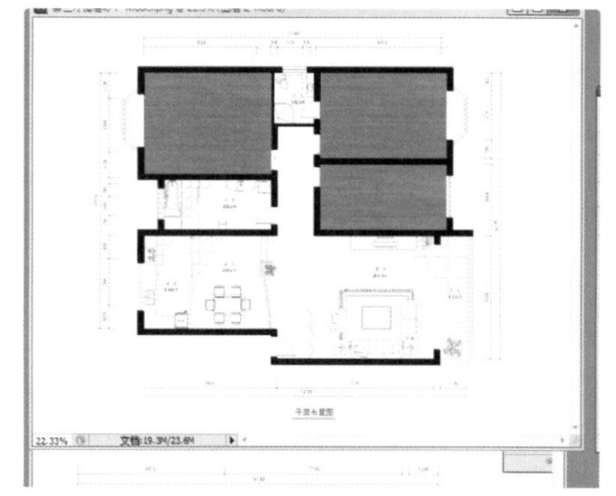

图9-17　为卧室铺地板

05 用同样的方法将“色丽石.jpg”文件拖到场景中，放在窗台的位置，为了便于观察，在图层面板中将平面图放在上方，将多余的部分删除掉，效果如图9-18所示。

06 在【图层】面板中单击【添加图层样式】按钮，在弹出的菜单中选择【斜面和浮雕】选项，如图9-19所示。

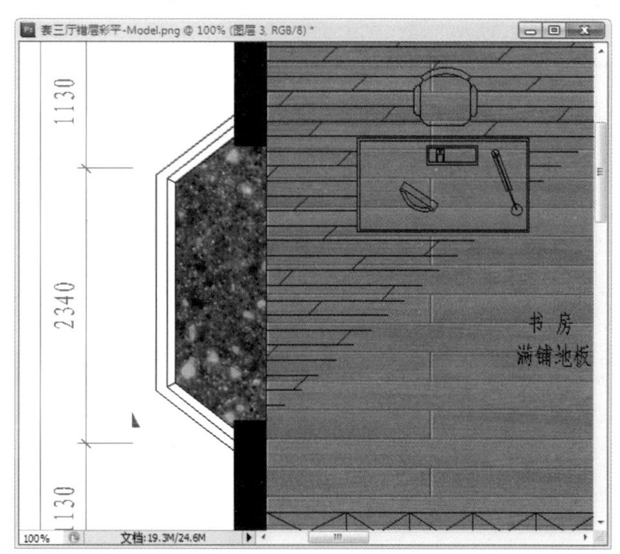

图9-18　色丽石的位置

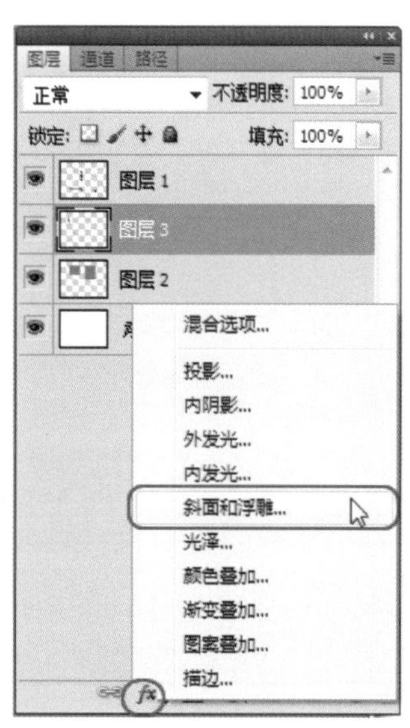

图9-19　为图层添加斜面和浮雕

07 在弹出的【图层样式】对话框中，可以设置【斜面和浮雕】选项组的各项参数，然后单击 确定 按钮。如图9-20所示。

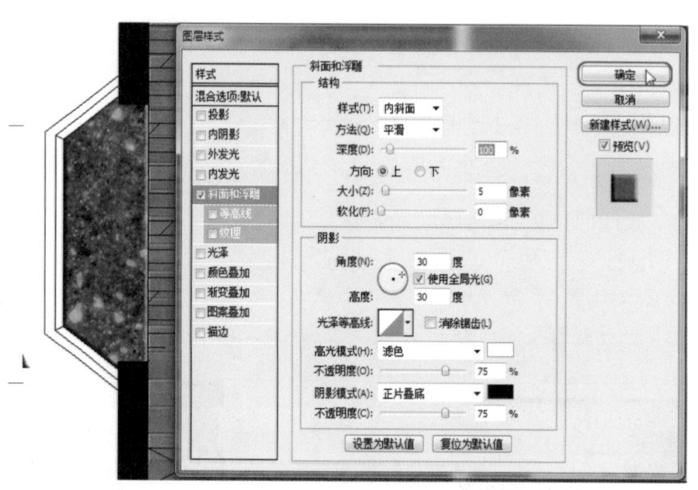

图9-20　为窗台添加斜面和浮雕效果

08 将制作好的窗台复制一个，放在主卧的位置，使用【自由变形】进行水平翻转。

09 用同样的方法打开“卫生间地砖.jpg”，放在卫生间的位置，然后复制一个放在主卫生间里面，将多余的部分删除。

10 打开“地砖.jpg”，作为客厅、餐厅、厨房、走廊的地面，效果如图9-21所示。

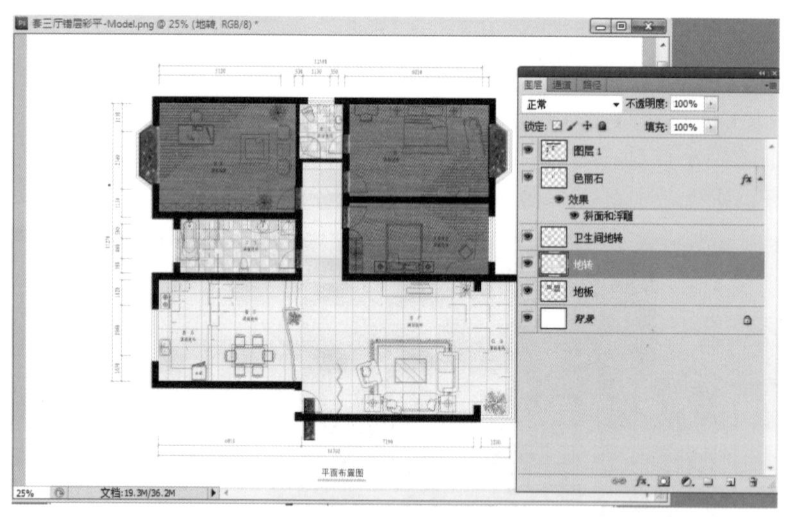

图9-21　制作的地面

11 执行菜单栏中的【文件】|【保存】命令，将文件命名为“套三厅错层彩平.psd”文件。

9.1.4　摆放家具

/现场实战——摆放家具

01 继续上面的操作。

02 双击Photoshop的灰色操作界面，打开本书配套光盘“后期处理文件夹”下的“彩平图块. psd”文件。

03 在此文件中选择“书房桌子”然后移动到书房中，位置参照平面图即可，如果大小不合适可以使用【自由变形】工具调整。如图9-22所示。

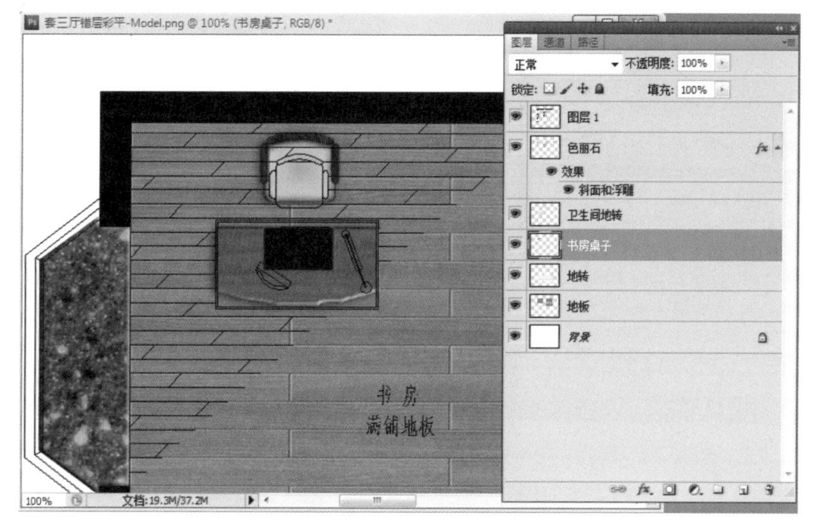

图9-22　书房桌子的位置

04 在【图层】面板将“书房桌子”复制一个，按Ctrl键单击复制的图层，此时出现一个选区，然后按D键，将前景色转换为黑色，按Alt+Delete组合键填充。

05 在【图层】面板中将复制的【书房桌子副本】图层放在【书房桌子】图层的下方，按Ctrl＋T组合键，执行【自由变换】命令，将“书房桌子副本”放大一点，在【图层】面板中设置【不透明度】为70%。如图9-23所示。

06 执行菜单栏【滤镜】|【模糊】|【高斯模糊】命令，调整【半径】为3像素，让阴影的边缘模糊一点。如图9-24所示。

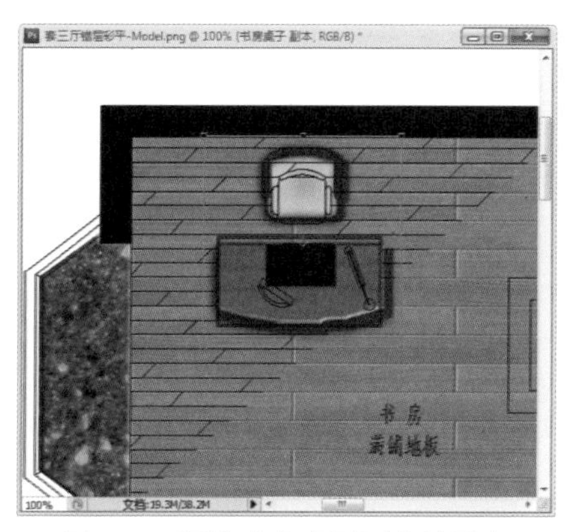

图9-23　调整书房桌子副本的形态

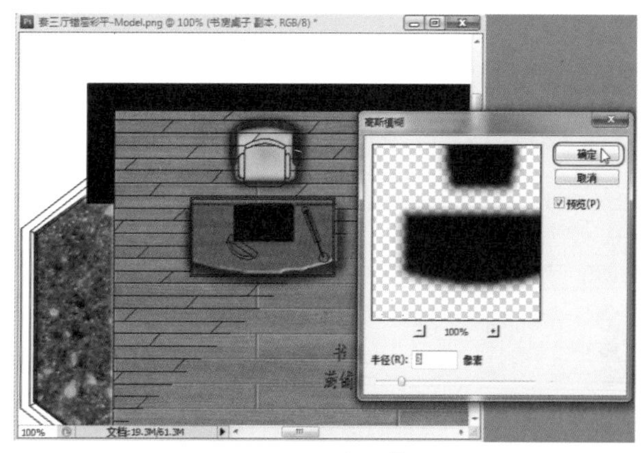

图9-24　调整高斯模糊

07 用同样的方法将书房中的沙发、书厨、植物拖到场景中，位置及效果如图9-25所示。

08 在【图层】面板中选择平面图图层，然后将书房里面的线形删除，如图9-26所示。

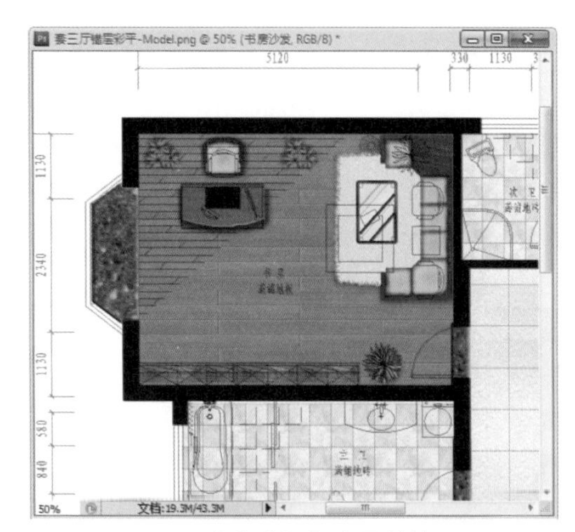

图9-25 为书房添加家具的效果

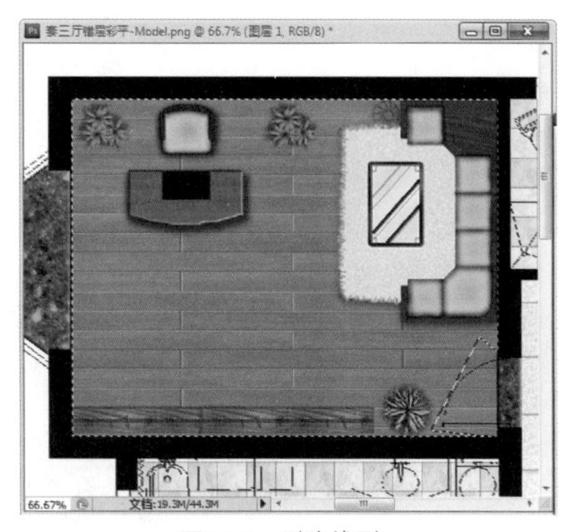

图9-26 删除线形

09 其他房间用同样的方法全部加上家具及植物，然后删除平面图上多余的线形，将门、楼体保留。效果如图9-27所示。

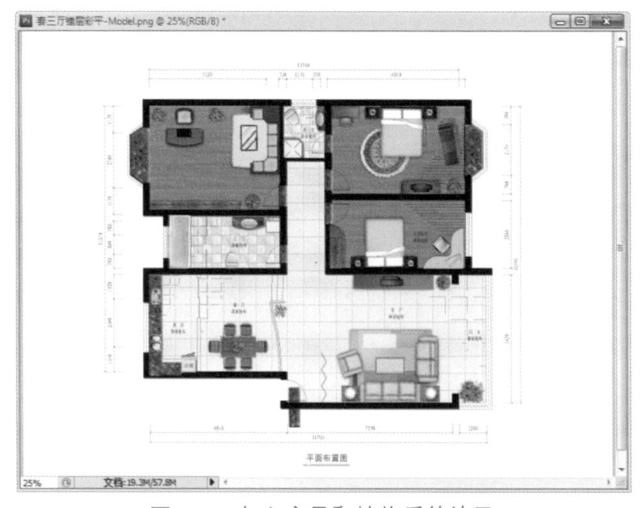

图9-27 加入家具和植物后的效果

10 按Ctrl+S组合键，将文件快速保存。

9.1.5 处理细节

/现场实战——处理细节

01 继续上一节的操作。

02 在【图层】面板中激活【图层1】（平面图）图层，用【魔术棒】工具选择门、楼体扶手、隔断，为它们填充一个暗红色（与填充墙体的方法一样），效果如图9-28所示。

03 将厨具或者窗台上面的材质复制一块，放在楼体的位置，然后进行修饰，最终效果如图9-29所示。

04 单击工具箱中的【文字】T.按钮，在书房位置输入“书房满铺地板”，效果如图9-30所示。

05 将文字在每一个房间里面复制一个，然后修改房间及材料，最后将尺寸标注再进行修改。最终效果如图9-31所示。

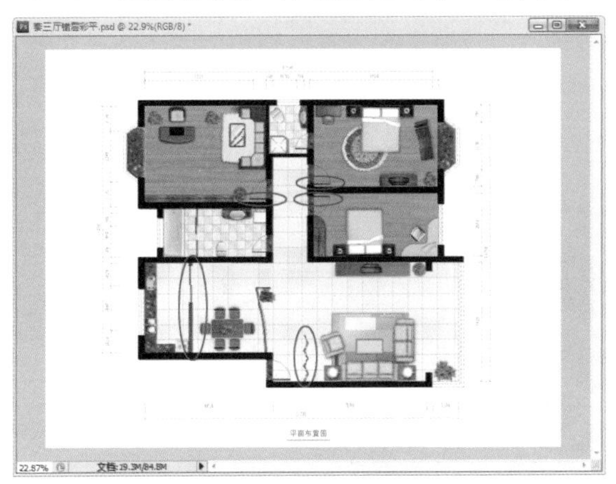

图9-28　为门、楼体扶手、隔断填充颜色

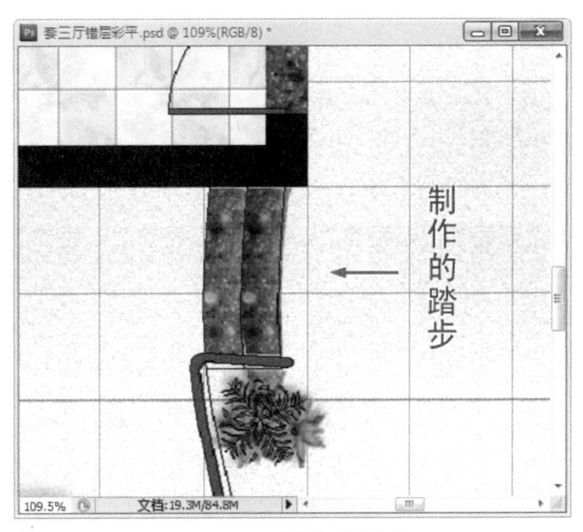

图9-29　制作的楼体

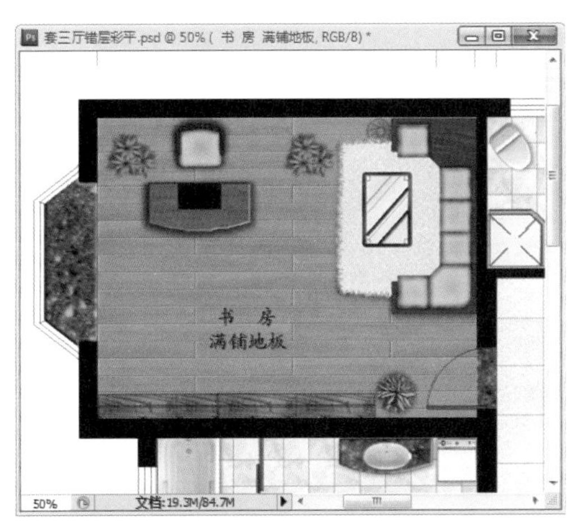

图9-30　输入的文字

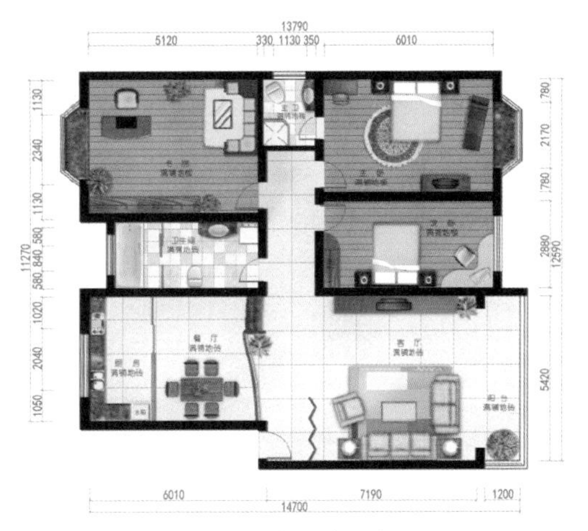

图9-31　输入的文字

06 按Ctrl+S组合键，将文件快速保存。

作为一名专业的设计师，无论使用AutoCAD还是使用3ds Max、Photoshop制作施工图或效果图，在绘制的过程中大都使用快捷键操作，以提高作图的速度。建议在练习的过程中也使用快捷键，早日掌握这一技巧，使其成为作图过程中的好帮手，这也是专业作图的基本要求。

9.2 户型鸟瞰图的表现

鸟瞰图就是从高空向下俯视，看到的所有房间的整体效果。根据透视原理，用高视点透视法从高处某一点俯视地面起伏绘制成的立体图。它就像从高处鸟瞰制图区，比平面图更有真实感。视线与水平线有一俯角，图上各要素一般都根据透视投影规则来描绘，其特点为近大远小，近明远暗。如直角坐标网，东西向横线的平行间隔逐渐缩小，南北向的纵线交汇于地平线上一点（灭点），网格中的水系、地貌、地物也按上述规则变化。鸟瞰图可运用各种立体表示手段，表达地理景观等内容，可根据需要选择最理想的俯视角度和适宜比例绘制。其中块状鸟瞰图不仅可表示地形，而且可看到前侧、左侧或右侧的地壳截面，可表示地质基础与地形的关系，并能揭示喀斯特地区地下溶洞的结构等。

鸟瞰图常用于表现建筑，在室内中也经常用到，主要用来表现商场的展览展示，也可用于一些装修设计效果图，但是上面的天花、灯具就不能出现了，否则就会遮挡视线，效果如图9-32所示。

图9-32　套三双厅户型鸟瞰图

9.2.1　导入CAD图纸

/现场实战——引入CAD图纸

01 启动3ds Max 2012中文版，执行菜单栏中的【自定义】|【单位设置】命令，此时将弹出【单位设置】对话框。将【显示单位比例】和【系统单位比例】的单位设置为【毫米】，如图9-33所示。

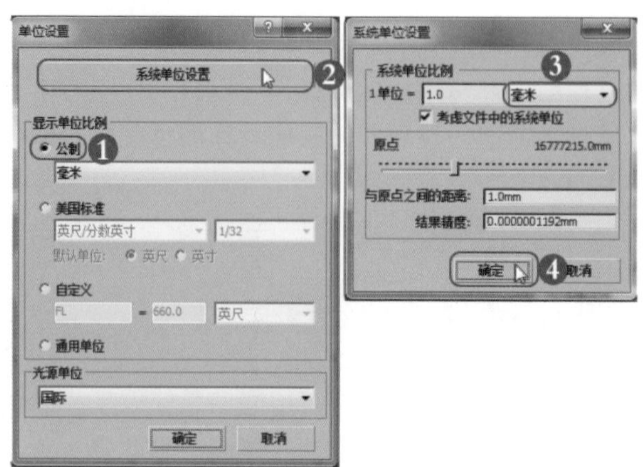

图9-33　设置单位

02 用前面介绍的方法将本书配套光盘“场景”\“第9章”\“鸟瞰图纸（导入）.dwg”文件导入到场景中，效果如图9-34所示。

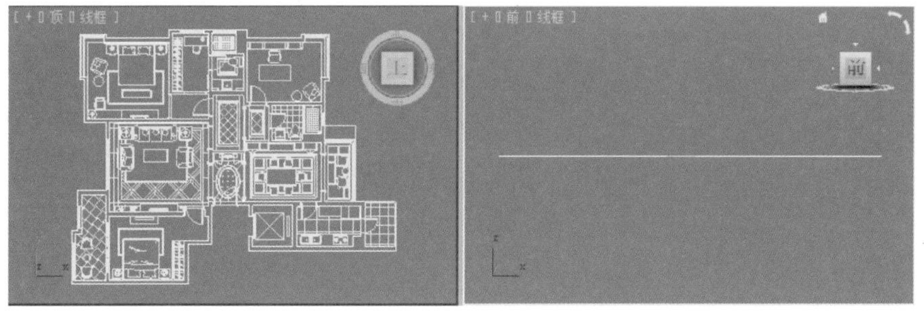

图9-34　导入套二双厅平面图

03 选择【家具】图层，右击鼠标，在弹出的快捷菜单中执行【冻结当前选择】命令，将【家具】图层进行冻结，这样在后面的操作中就不会选择和移动图纸。

导入的平面图已经在AutoCAD中修改好了，一共由两个图层组成，分别是【家具】图层和【墙体】图层。【墙体】图层在CAD中是由【多段线】工具绘制的，是封闭线型，直接执行【挤出】命令就可以生成墙体。

9.2.2　制作墙体

Max/VRay/现场实战——制作墙体

01 在【顶】视图选择墙体，执行【挤出】命令，【数量】设置为2750mm（即房间高度为2.75m），按F4键，显示物体的结构线，如图9-35所示。

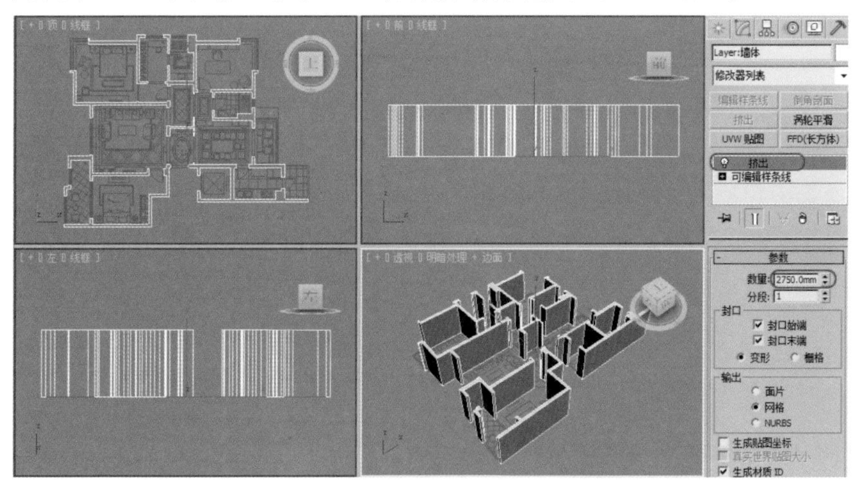

图9-35　对墙体执行【挤出】命令后的效果

02 右击鼠标，在弹出的快捷菜单中执行【转换为】|【转换为可编辑多边形】命令，将墙体转化为可编辑多边形。

03 用第4章介绍的方法为墙体制作窗洞和门洞，窗台的高度是900mm，窗户的高度为1500mm，门洞的高度为2200mm，大门洞的高度为24500mm，再为墙体制作一个踢脚板，如图9-36所示。

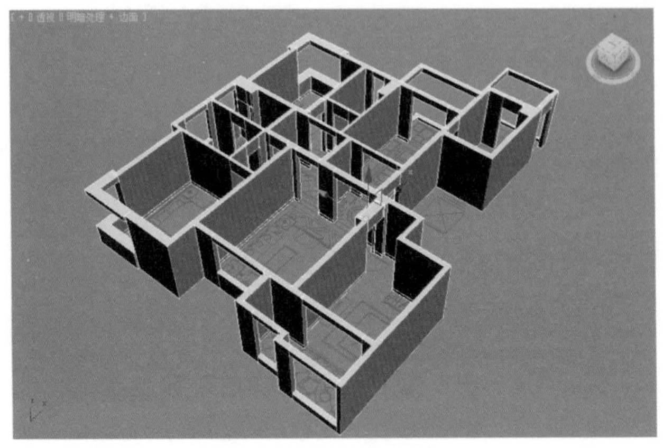

图9-36　制作的窗洞和门洞

至于一些细节部分，还要咨询客户。

04 地面的制作主要是按照导入的CAD图纸进行描绘，材质不一样的一定要进行分开建立模型，尤其是走廊、客厅和餐厅的地面，有各种各样的大理石地花，所以制作起来一定要细心，最终的效果如图9-37所示。

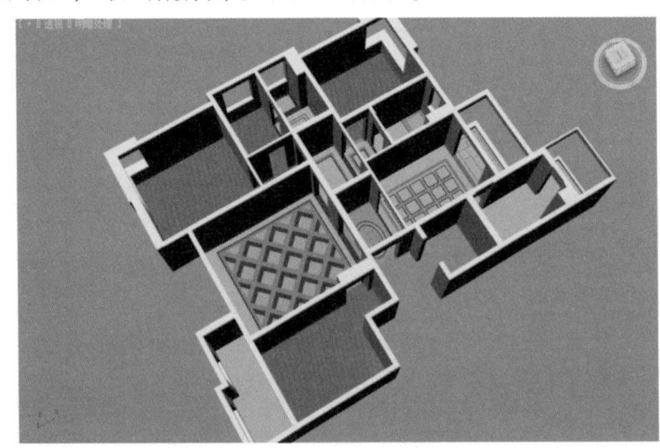

图9-37　制作的所有地面

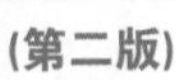

05 场景中材质的调制就不再介绍了，主要是白乳胶漆、壁纸、地板、大理石，效果如图9-38所示。

图9-38　场景中的材质

06 执行【合并】命令将本书配套光盘“场景”\“第9章”\“鸟瞰家具.max”文件合并到场景中，如图9-39所示。

图9-39 合并家具后的效果

07 用视图控制区中的【弧形旋转】工具调整好【透】视图的观察效果，按Ctrl+C组合键，从视图创建摄影机，此时在场景中就创建了一架摄影机，效果如图9-40所示。

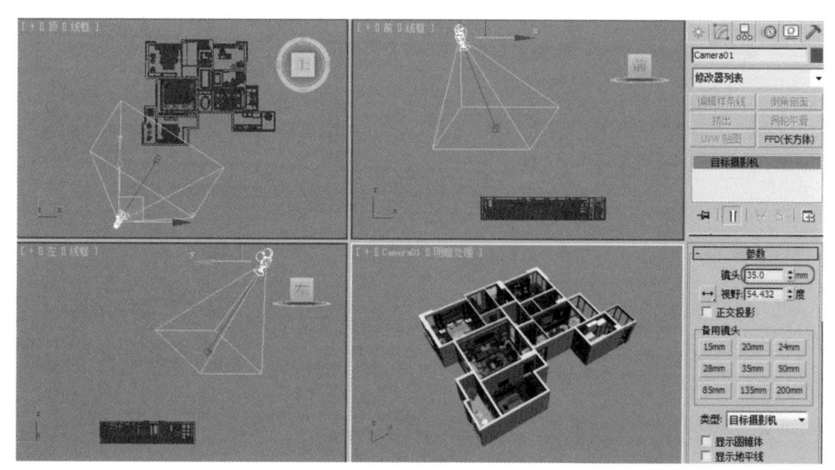

图9-40 创建的摄影机

08 修改摄影机的【镜头】为35mm，得到一个标准的效果，在不同的视图调整摄影机的位置。

9.2.3 设置灯光

/现场实战——设置灯光

01 单击【灯光】| VRay | VR_光源 按钮，在【顶】视图创建一盏【VR_光源】用于模拟场景的环境光，将【颜色】设置为淡蓝色（天空的颜色），设置【倍增器】的数值为5，取消选中【不可见】和【影响反射】复选框，位置如图9-41所示。

02 在走廊、客厅、餐厅、卧室、书房空间分别创建【VR_光源】，作为房间的辅助灯光，设置【倍增器】的数值为3，取消选中【不可见】和【影响反射】复选框，灯光尺寸根据房间大小不同进行设置，位置如图9-42所示。

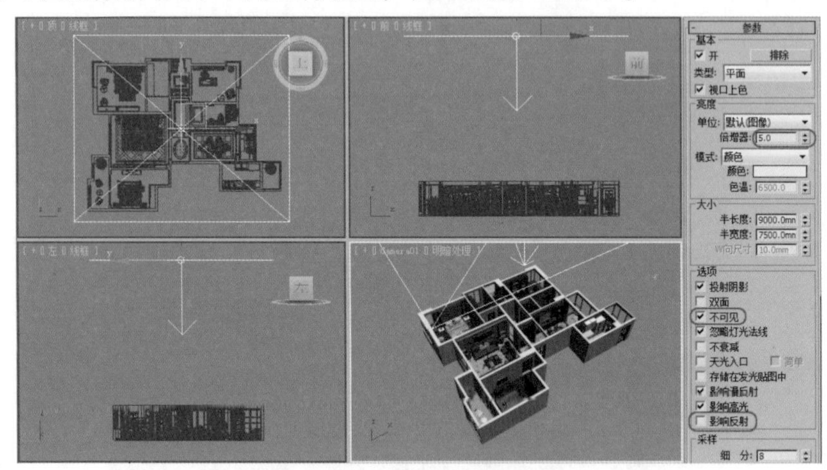

图9-41 【VR_光源】的位置

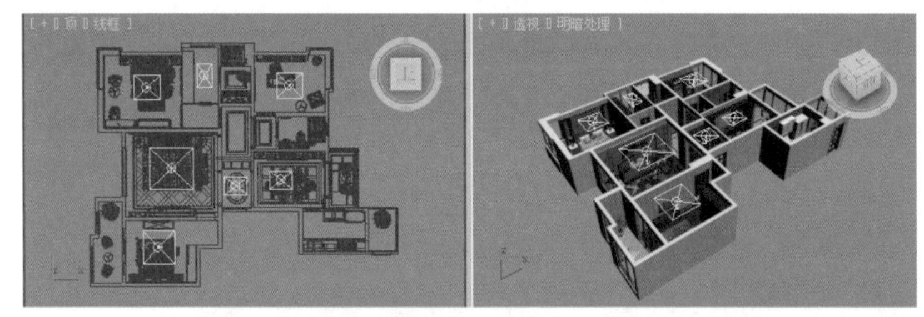

图9-42 【VR_光源】的位置

设置完这两部分灯光后就可以设置一下简单的渲染参数，以便进行渲染观看效果。

03 因为是测试，为了得到一个比较快的速度，所以将渲染的图像尺寸设置得小一点即可，因为是鸟瞰图，所以尺寸不能太小，如果太小会有很多物体渲染出来看不清楚，如图9-43所示。

04 同样是为了提高速度，设置一个质量比较差，速度比较快的VR渲染参数，首先使用低参数的【固定】方式，取消选中【抗锯齿过滤器】选项组下的【开启】复选框，如图9-44所示。

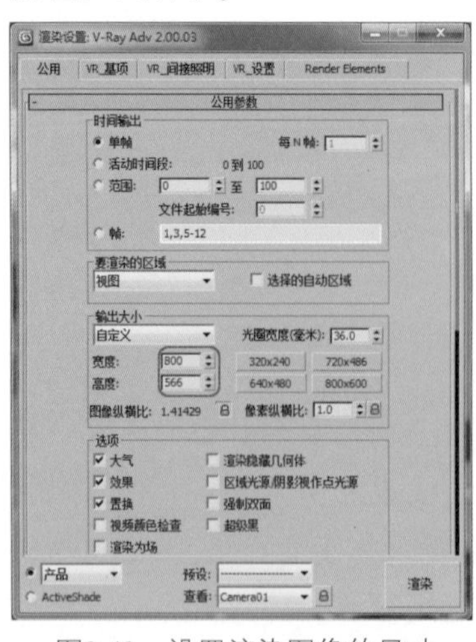

图9-43 设置渲染图像的尺寸

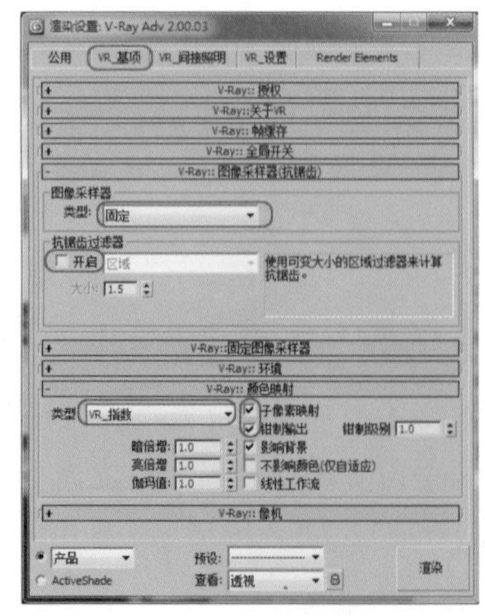

图9-44 设置【V-Ray::图像采样器（抗锯齿）】参数

05 打开【VR_间接照明】选项卡，在【二次反弹】选项组中选择【灯光缓存】选项；在【V-Ray::发光贴图】卷展栏下选择【非常低】选项，如图9-45所示。

06 再调整【V-Ray::灯光缓存】卷展栏下的【细分】为200，目的是加快渲染速度，取消选中【保存直接光】复选框，选中【显示计算状态】复选框，如图9-46所示。

图9-45 设置【VR_间接照明】参数

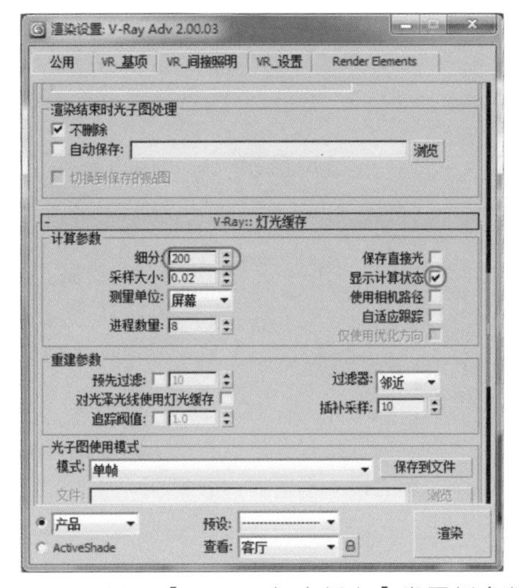

图9-46 设置【V-Ray::灯光缓存】卷展栏参数

07 按8键，打开【环境和效果】窗口，调整背景的颜色为一种蓝灰色。快速渲染摄影机视图，其渲染的效果如图9-47所示。

通过上面的渲染效果可以看出，整体的光感还是不够理想，出现这样的效果就需要设置室内的灯光，将一些家具及墙面照亮，画面的层次感就会好很多。因为天花没有制作，所以很多筒灯的位置只能靠感觉进行设置。

图9-47 渲染的效果

08 在【前】视图创建一盏【目标灯光】，在有筒灯的位置全部实例复制，选中【阴影】单选按钮，选择【VRayShadow】（VRay阴影），再选择【光度学Web】，选择一个“7.IESs”文件，强度默认即可，位置如图9-48所示。

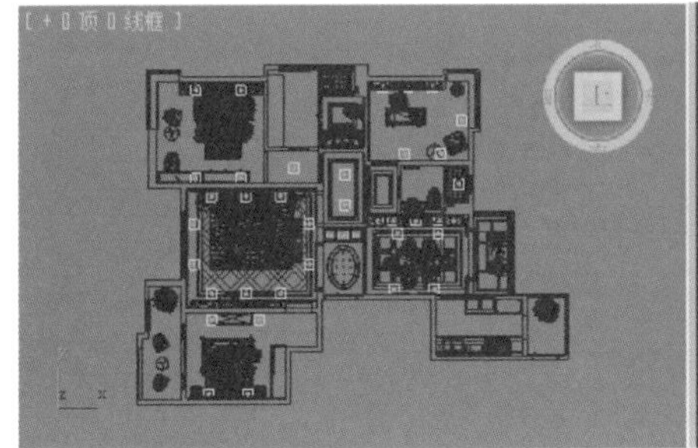

图9-48 为筒灯设置光域网

09 在客厅台灯和壁灯的位置创建VR球型灯，台灯【倍增器】的数值设置为40，壁灯【倍增器】的数值设置为20，【半径】设置为35mm，放在灯罩的里面，位置如图9-49所示。

10 分别对其他台灯、壁灯进行实例复制多盏，位置如图9-50所示。

图9-49　创建台灯及壁灯

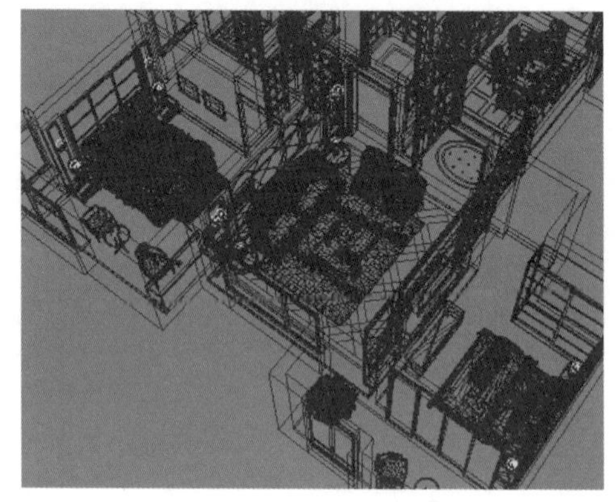

图9-50　进行实例复制

9.2.4　设置渲染参数

/现场实战——设置渲染参数

01 首先修改所有【VR_光源】的【细分】为20。

02 重新设置一下渲染参数，按F10键，在打开的【渲染设置】窗口中，选择【VR_基项】选项卡，设置【V-Ray::图像采样器（抗锯齿）】、【V-Ray::颜色映射】卷展栏的参数，如图9-51所示。

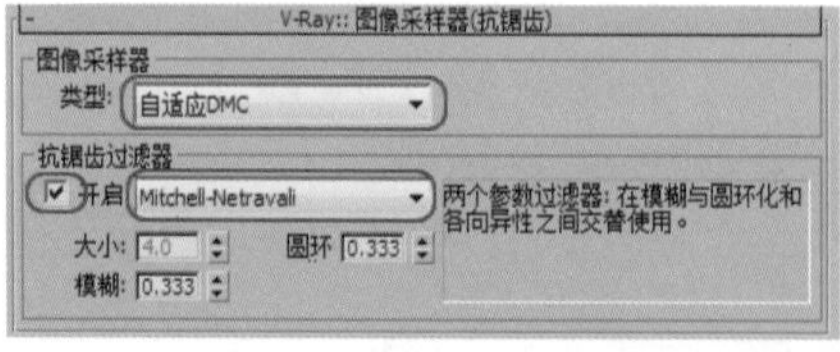

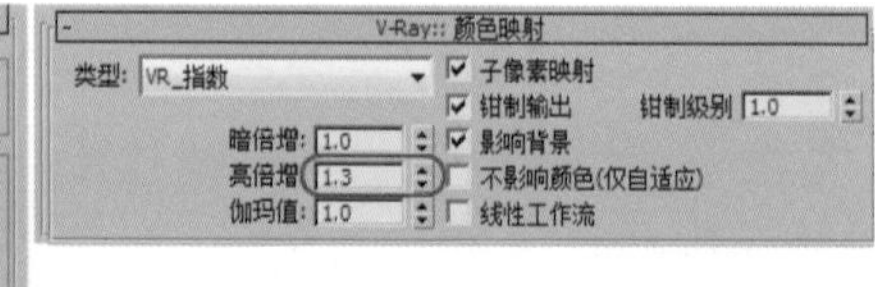

图9-51　设置最终的渲染参数

03 单击【VR_间接照明】选项卡，设置【V-Ray::发光贴图】及【V-Ray::灯光缓存】卷展栏的参数，如图9-52所示。

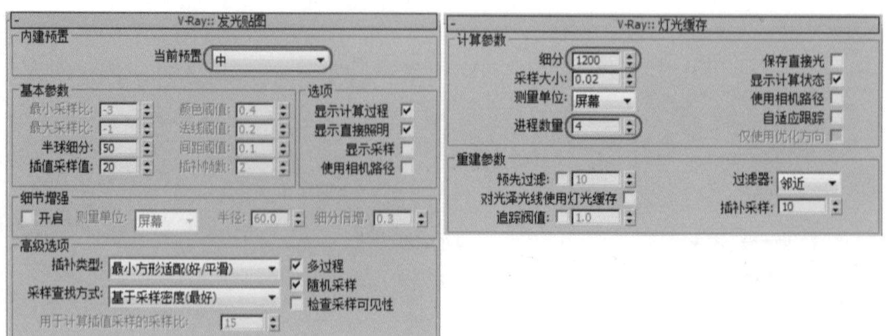

图9-52　设置【V-Ray::发光贴图】及【V-Ray::灯光缓存】卷展栏参数

04 单击【VR_设置】选项卡，设置【V-Ray::DMC采样器】及【V-Ray::系统】卷展栏的参数，如图9-53所示。

05 当各项参数都调整完成后，最后将渲染尺寸设置为2000mm×1415mm，单击 渲染 按钮，如图9-54所示。

图9-53　设置【VR_设置】选项卡参数

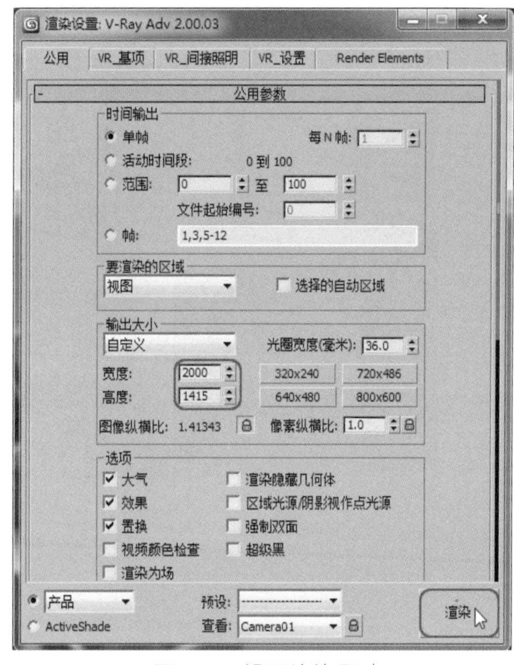

图9-54　设置渲染尺寸

06 等待半个小时左右的时间就渲染完成了，最终效果如图9-55所示。

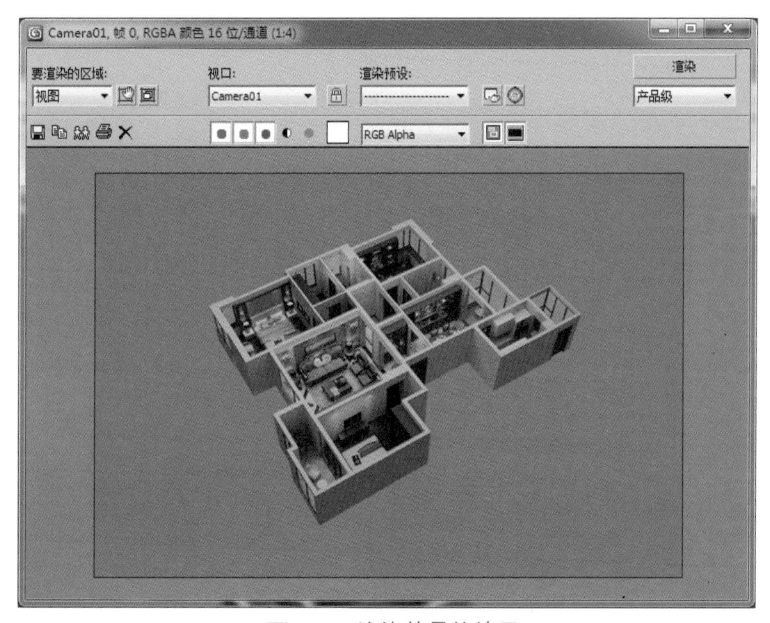

图9-55　渲染的最终效果

07 单击【保存】按钮，将渲染后的图片进行保存，文件名为“套三双厅户型鸟瞰图.tif”文件。

9.3 室内动画浏览的制作

想要连续观察室内各个局部效果，必须给制作的方案场景设置动画浏览，这样就可以通过摄影机观察房间内不同的空间。制作简单的室内浏览动画并不是很麻烦，只要是按照下面的步骤进行操作，就可以设置出理想的室内浏览动画。效果如图9-56所示。

图9-56　客厅浏览动画的效果（部分截图）

9.3.1　设置动画

/现场实战——设置动画

01 启动3ds Max 2012中文版。

02 打开随书配套光盘“场景”\“第9章”\“动画浏览.max”文件，如图9-57所示。

这个场景是一个套二家装户型，场景的空间是客厅、餐厅、走廊，其他空间没有制作。为了操作方便，观看起来更加清晰，可以将场景中的物体临时冻结起来。

03 在动画控制区内右击鼠标，弹出【时间配置】对话框，将动画总【长度】设置为2000，如图9-58所示。

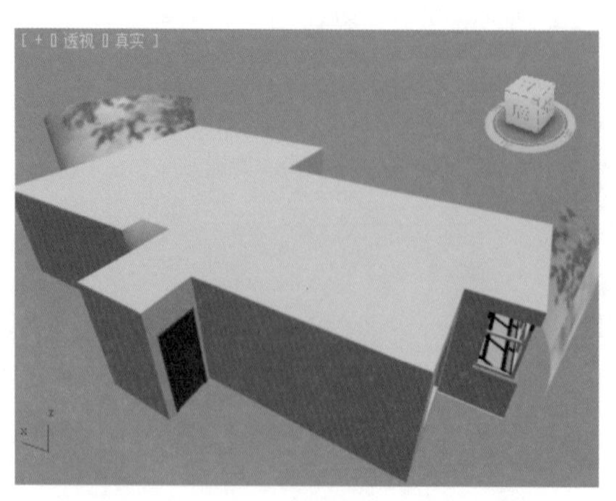

图9-57　打开的“动画浏览.max”文件

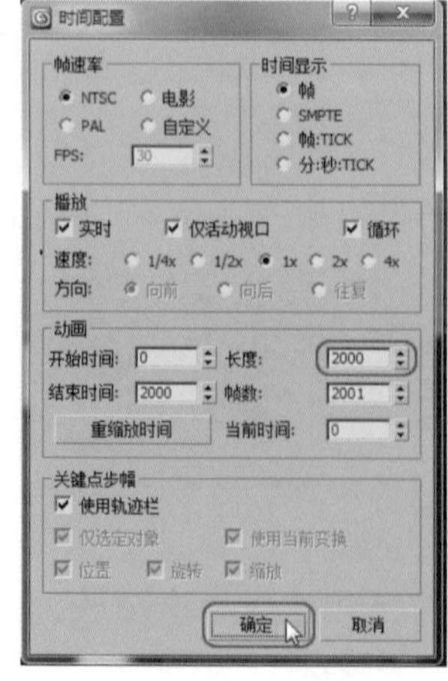

图9-58　设置【长度】参数

注意：设置长度数值决定动画播放的长度。数值越大，渲染时间就会越长，动画中的内容和变化就可以越多越饱满；数值越小，渲染时间越短，内容和变化就会越少。

04 单击【创建】命令面板中的【摄影机】| 目标 按钮，在【顶】视图创建一架目标摄影机。【镜头】设置为24mm，调整一下位置。如图9-59所示。

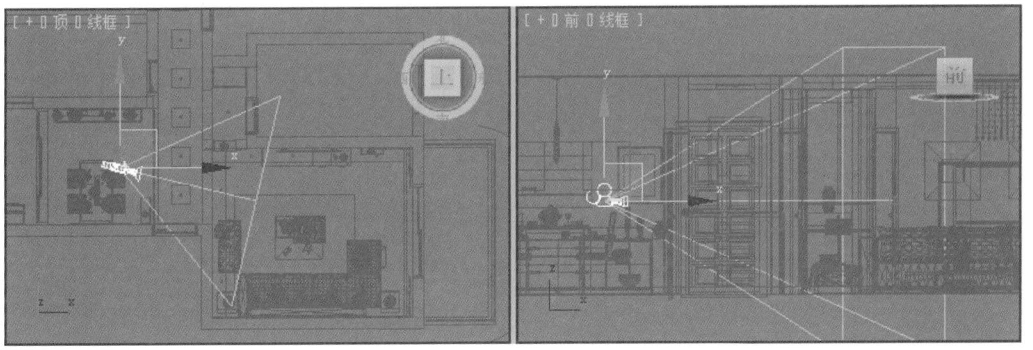

图9-59 创建的目标摄影机

05 激活【透】视图，按C键，将【透】视图切换成【摄影机】视图，在动画控制区中激活自动关键点按钮，将时间滑块拖动到200帧的位置。在【顶】视图调整摄影机的位置。如图9-60所示。

06 将时间滑块拖动到400帧的位置。在【顶】视图及【前】视图沿X、Y轴移动摄影机，位置如图9-61所示。

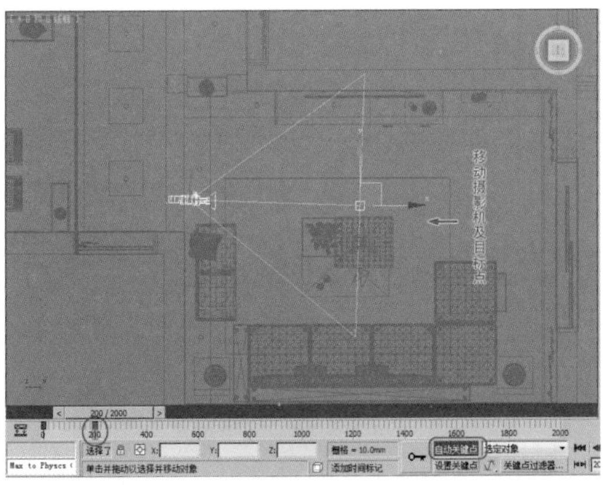

图9-60 调整摄影机的位置一

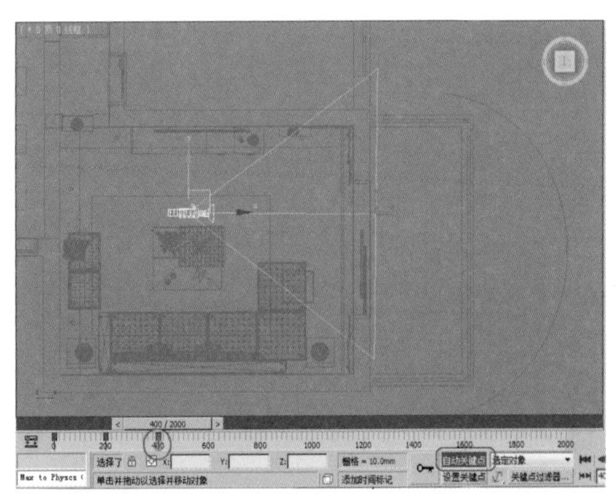

图9-61 移动摄影机的位置二

07 将时间滑块拖动到600帧的位置。在【顶】视图及【前】视图沿X、Y轴移动摄影机，具体位置如图9-62所示。

08 将时间滑块拖动到800帧的位置。在【顶】视图及【前】视图沿X、Y轴移动摄影机，具体位置如图9-63所示。

09 将时间滑块拖动到1000帧的位置。在【顶】视图及【前】视图沿X、Y轴移动摄影机，具体位置如图9-64所示。

10 将时间滑块拖动到1200帧的位置。在【顶】视图及【前】视图沿X、Y轴移动摄影机，具体位置如图9-65所示。

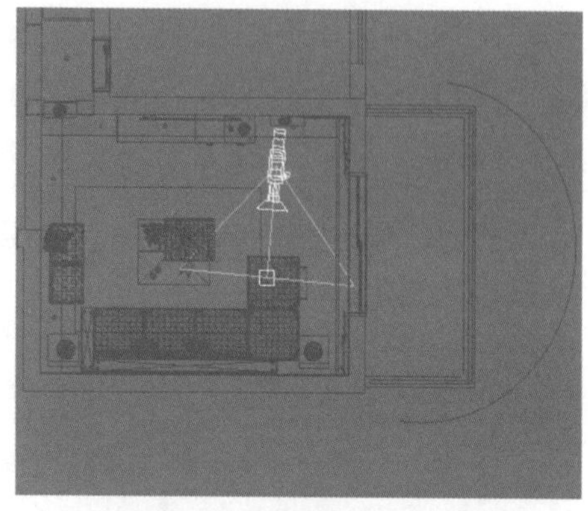

图9-62　调整摄影机的位置三

图9-63　移动摄影机的位置四

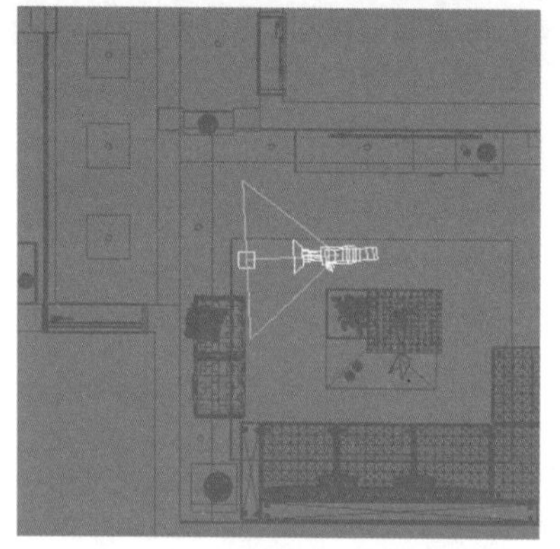

图9-64　调整摄影机的位置五

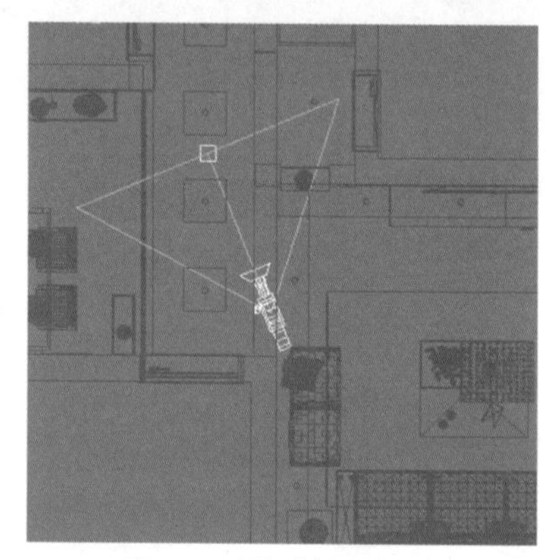

图9-65　移动摄影机的位置六

11 将时间滑块拖动到1400帧的位置。在【顶】视图及【前】视图沿X、Y轴移动摄影机，具体位置如图9-66所示。

12 将时间滑块拖动到1600帧的位置。在【顶】视图及【前】视图沿X、Y轴移动摄影机，具体位置如图9-67所示。

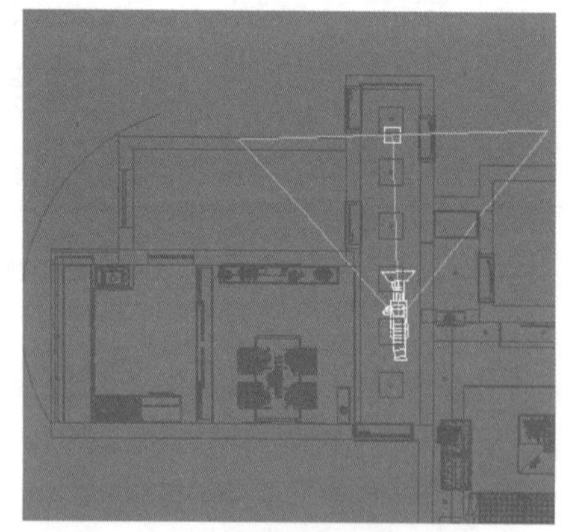

图9-66　调整摄影机的位置七

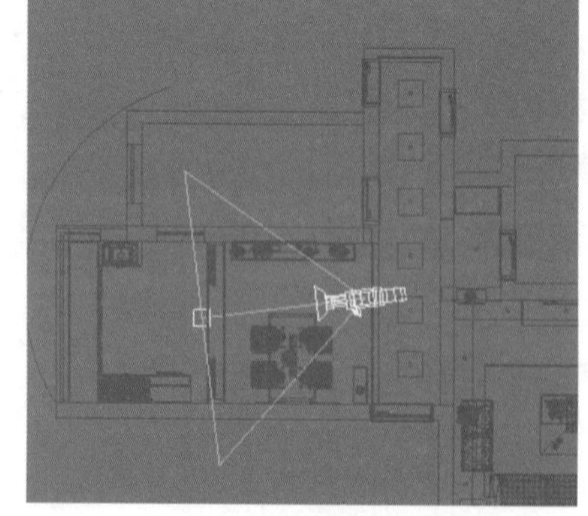

图9-67　移动摄影机的位置八

13 将时间滑块拖动到1800帧的位置。在【顶】视图及【前】视图沿X、Y轴移动摄影机，具体位置如图9-68所示。

14 将时间滑块拖动到2000帧的位置。在【顶】视图及【前】视图沿X、Y轴移动摄影机，具体位置如图9-69所示。

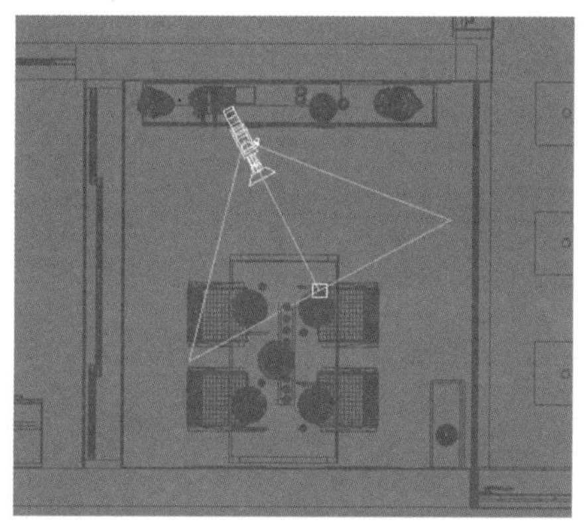

图9-68 调整摄影机的位置九

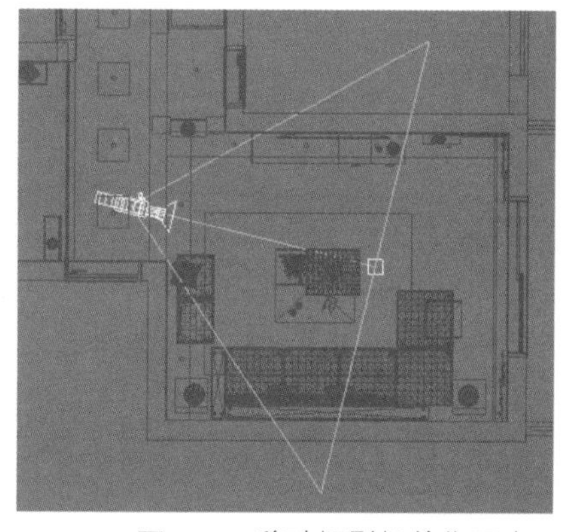

图9-69 移动摄影机的位置十

下面对设置的动画进行编辑。

15 在【顶】视图选择摄影机，单击【运动】按钮，再单击 轨迹 按钮，激活 子对象 按钮，在【顶】视图调整轨迹的形态，如图9-70所示。

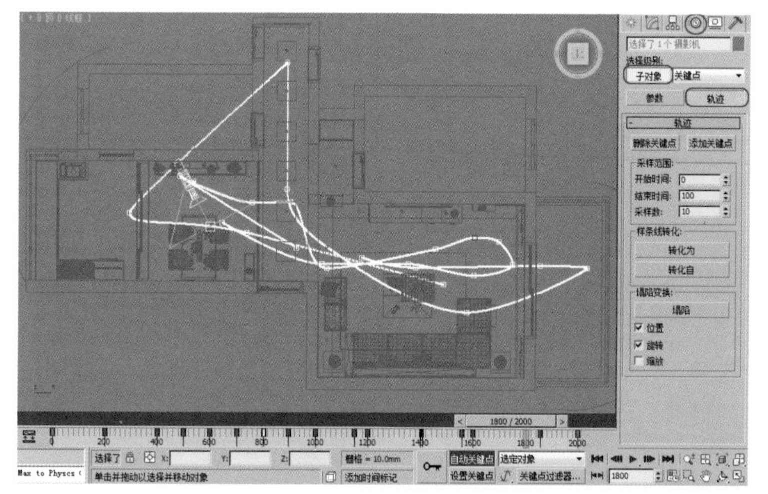

图9-70 调整轨迹的形态

技巧：可以通过单击 添加关键点 按钮，增加关键点，更好的控制轨迹的形态，还可以单击 删除关键点 按钮，删除多余的关键点。

16 将场景中的所有物体进行解冻，在动画控制区内单击【播放动画】按钮，在【摄影机】视图中观看效果。

17 单击菜单栏中的按钮，在弹出的菜单中执行【另存为】命令，将此场景另存为“动画浏览A.max”文件。

9.3.2 渲染输出

/现场实战——为设置的浏览动画进行输出

01 单击主工具栏中的【渲染设置】按钮，在弹出的对话框中，选择【活动时间段】选项，输出的尺寸可以小一点，选择500mm×333mm即可。如图9-71所示。

02 单击【渲染设置】对话框中【渲染输出】类下的 文件... 按钮，在弹出的【渲染输出文件】对话框中选择一个路径，把输出的文件名设为“浏览动画”，并选择文件保存类型为“.avi”格式，如图9-72所示。

图9-71 【渲染设置】对话框

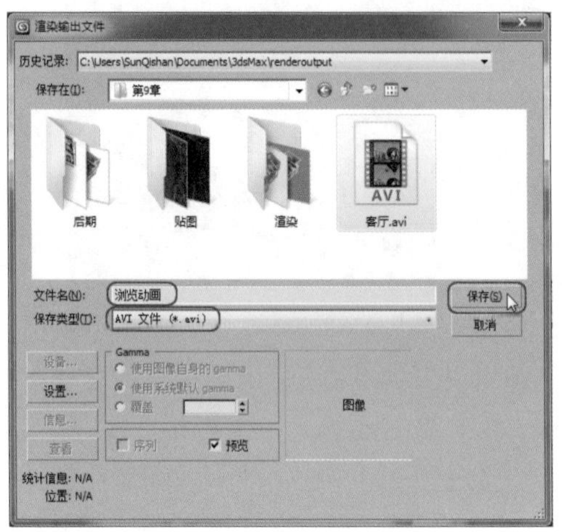
图9-72 为文件选择一种保存类型

03 单击【渲染输出文件】对话框中的 保存(S) 按钮，此时弹出一个【AVI文件压缩设置】对话框，单击 确定 按钮，如图9-73所示。

04 关闭此对话框，再单击【渲染设置】对话框中的 渲染 按钮就可以渲染动画。

图9-73 【AVI文件压缩设置】对话框

一般渲染动画的时间都比较长，这是因为它占用系统的资源比较大，有时要渲染几十个小时或者几天的时间，渲染时间的长短取决于场景中造型的复杂程度以及渲染的效果。

9.4 小结

本章着重介绍了户型图及动画浏览的制作，建议读者一定要对制作这方面的图有一个清晰的思路，在现实生活中不一定什么时间就能用上。

要想综合素质得到一个很好的提高，平时一定要多加练习，不但对软件熟练操作，还需要制作者各方面的综合能力，包括对建筑装潢时尚风格的了解和把握、对设计方案的理解、对真实世界的观察和分析能力、对色彩的感受力和对光的感受力。

附录I 工程报价表

套二双厅装修报价表 日期： 年 月 日						
序号	分项工程名称	单位	数量	单价	合价	备 注
一	客厅、餐厅					
1	包门套（黑胡桃）	m	10.0	￥55.00	￥550.00	大芯板衬底，实木线条，环保系列油漆工艺，门套线宽不大于60mm，每增加10mm增加5.4元
2	门	扇	1.0	￥380.00	￥380.00	成品工艺门
3	门油漆安装	扇	1.0	￥260.00	￥260.00	鸵鸟或高乐聚脂漆，底漆3遍，面漆2遍，工费，按门锁，严门
4	门吸合页	项	1.0	￥30.00	￥30.00	门吸1个，合页2个
5	踢脚线	m	16.0	￥25.00	￥400.00	九厘板衬底，黑胡桃装饰板饰面，聚脂漆
6	包阳台推拉门套	m	12.0	￥60.00	￥720.00	大芯板衬底，实木门边线，黑胡桃饰面板饰面，聚脂漆
7	鞋柜兼挂衣板	m^2	2.2	￥450.00	￥990.00	木龙骨框架，大芯板饰面，黑胡桃饰面板饰面，聚脂漆
8	石膏板吊顶	m^2	2.0	￥120.00	￥240.00	松木龙骨，泰山石膏板饰面直形，弧形按展开面积计算
9	顶面腻子乳胶漆	m^2	28.0	￥18.00	￥504.00	原墙皮铲除，3遍腻子，3遍立邦美得丽乳胶漆，超过三色每平方加收3~5元
10	墙面腻子乳胶漆	m^2	57.2	￥18.00	￥1029.60	
11	影视墙造型	m	2.5	￥210.00	￥441.00	松木龙骨，石膏板饰面，乳胶漆工艺
小 计：					￥5544.60	
二	卧 室					
1	包门套（黑胡桃）	m	10.0	￥55.00	￥550.00	大芯板衬底，实木线条，环保系列油漆工艺，门套线宽不大于60mm，每增加10mm增加5.4元
2	门	扇	1.0	￥380.00	￥380.00	成品工艺门
3	门油漆安装	扇	1.0	￥260.00	￥260.00	鸵鸟或高乐聚脂漆，底漆3遍，面漆2遍，工费，按门锁，严门
4	门吸合页	项	1.0	￥30.00	￥30.00	门吸1个，合页2个
5	踢脚线	m	11.0	￥25.00	￥275.00	九厘板衬底，黑胡桃装饰板饰面，聚脂漆
6	包阳台推拉门套	m	12.0	￥60.00	￥720.00	大芯板衬底，实木门边线，黑胡桃饰面板饰面，聚脂漆
7	石膏线	m	14.6	￥8.00	￥116.80	8cm素线
8	顶面腻子乳胶漆	m^2	13.2	￥18.00	￥237.60	原墙皮铲除，3遍腻子，3遍立邦美得丽乳胶漆，超过三色每平方加收3~5元
9	墙面腻子乳胶漆	m^2	35.6	￥18.00	￥640.80	
小 计：					￥3210.20	

续表

三	儿童房					
1	包门套（黑胡桃）	m	10.0	￥55.00	￥550.00	大芯板衬底，实木线条，环保系列油漆工艺，门套线宽不大于60mm，每增加10mm增加5.4元
2	门	扇	1.0	￥380.00	￥380.00	成品工艺门
3	门油漆安装	扇	1.0	￥260.00	￥260.00	鸵鸟或高乐聚脂漆，底漆3遍，面漆2遍，工费，按门锁，严门
4	门吸合页	项	1.0	￥30.00	￥30.00	门吸1个，合页2个
5	踢脚线	m	9.6	￥25.00	￥240.00	九厘板衬底，黑胡桃装饰板饰面，聚脂漆
6	包窗套	m	5	￥45.00	￥225.00	九厘板衬底，黑胡桃装饰板饰面
7	石膏线	m	12.6	￥8.00	￥100.80	8cm素线
8	顶面腻子乳胶漆	m^2	9.9	￥18.00	￥178.20	原墙皮铲除，3遍腻子，3遍立邦美得丽乳胶漆，超过三色每平方加收3～5元
9	墙面腻子乳胶漆	m^2	30.2	￥18.00	￥543.60	
小　计：					￥2507.60	
四	厨　房					
1	包门套（黑胡桃）	m	5.0	￥70.00	￥350.00	大芯板衬底，实木线条，环保系列油漆工艺，门套线宽不大于60mm，每增加10mm增加5.4元
2	门	扇	1.0	￥380.00	￥380.00	成品工艺门
3	门油漆安装	扇	1.0	￥260.00	￥260.00	鸵鸟或高乐聚脂漆，底漆3遍，面漆2遍，工费，按门锁，严门
4	门吸合页	项	1.0	￥30.00	￥30.00	门吸一个，合页两个
5	墙砖铺装	m^2	26.0	￥25.00	￥650.00	甲方供主材，辅料32.5R水泥。不含对原墙面进行特殊处理，如墙面需特殊处理找平另收10元/m^2，300×600每平方米加收10元，边长任一边小于10cm（含10cm）的砖或异型砖及拼花砖每平方米60元，马赛克60元/m^2
6	地砖铺装	m^2	6.0	￥25.00	￥150.00	甲供主材，辅料32.5R水泥，800×800加收10元/m^2，如地面需水泥找平另收费。边长小于10cm的砖或异型砖及拼花砖每平方米55元，若为鹅卵石或锈板每平方米60元
7	PVC扣板吊顶	m^2	6.0	￥55.00	￥330.00	木龙骨框架，优质PVC扣板
小　计：					￥2150.00	
五	卫生间					
1	包门套（黑胡桃）	m	5.0	￥70.00	￥350.00	大芯板衬底，实木线条，环保系列油漆工艺，门套线宽不大于60mm，每增加10mm增加5.4元
2	门	扇	1.0	￥380.00	￥380.00	成品工艺门

续表

3	门油漆安装	扇	1.0	￥260.00	￥260.00	鸵鸟或高乐聚脂漆，底漆3遍，面漆2遍，工费，按门锁，严门
4	门吸合页	项	1.0	￥30.00	￥30.00	门吸1个，合页2个
5	墙砖铺装	m^2	23.0	￥25.00	￥575.00	甲方供主材，辅料32.5R水泥。不含对原墙面进行特殊处理，如墙面需特殊处理找平另收10元/m^2，300×600每平方米加收10元，边长任一边小于10cm（含10cm）的砖或异型砖及拼花砖每平方米60元，马赛克60元/m^2
6	地砖铺装	m^2	5.0	￥25.00	￥125.00	甲供主材，辅料32.5R水泥，800×800平方米加收10元，如地面需水泥找平另收费。边长小于10cm的砖或异型砖及拼花砖每平方米55元，若为鹅卵石或锈板每平方米60元
7	PVC扣板吊顶	m^2	5.0	￥55.00	￥275.00	木龙骨框架，优质PVC扣板
8	墙、地面防水	m^2	21.0	￥20.00	￥420.00	优质金汤不漏，墙面高度做1.5m
小　计：					￥2415.00	
合　计：					￥15827.40	
工程直接费用：					￥15827.40	
工程管理费：					￥949.60	工程直接费用×6%
工程总造价：					￥16777.00	
六	**其　他：**					
1	水路改造	项	1	￥1000.00	￥1000.00	暂收1000，据实结算。40元/m，不含阀门软管及龙头混凝土每米加收6元
2	电路改造	项	1	￥1000.00	￥1000.00	明线18元/m，暗线25元/m，混凝土每米加收6元
3	灯具安装	项	1	￥300.00	￥300.00	人工费，不含灯具
4	材料搬运费	项	1	￥600.00	￥600.00	
5	垃圾清运费	项	1	￥200.00	￥200.00	运到物业指定地点
6	洁具安装	项	1	￥200.00	￥200.00	
小　计：					￥4300.00	
共　计：					￥21077.00	

注：公司材料专用品牌如下所述。
大芯板：林杉或绿保；　万能胶：一哥；　石膏板：泰山；　白胶：颐中；
水路水管：中德或金德 PPR管直径20mm；　油漆：鸵鸟或高乐；
乳胶漆：立邦美得丽；　电线：长城国标电线

附录II 家居装饰装修施工合同

发包方：（简称甲方）____

承包方：（简称乙方）____

依据《中华人民共和国合同法》、《中华人民共和国消费者权益保护法》及有关法律、法规的规定，结合本工程的具体情况。甲、乙双方在平等、自愿的基础上，经协商一致，签订本合同，双方共同信守。

第1条　工程概况和造价

1.1　工程地点：________区（市）______________路____号________小区（花园）________楼________单元________室。

住房结构________房型_______房_______厅_______厨_______卫_______阳台（阴台），套内施工面积________平方米。

1.2　承包施工内容：____
____
____。

1.3　工程预算总造价：人民币（大写）________________________________元。

其中：材料费_______元，人工费_______元，拆除费_______元，清洁、搬运、运输费_______元，其他费用元，管理费_______元。

1.4　工程决算与结算：在没有项目变更的情况下，预算工程造价与竣工决算工程造价基本相符，上下增减幅度不应超过预算造价的5%。施工内容变更的按实进行决算。竣工验收合格后_______日内，乙方制作决算书交给甲方审核并签字（有监理的监理公司应当签字），双方无异议的进入财务结算。

1.5　工程期限：______________（日历）天。

开工日期_______年___月___日（首期工程款到位后的第三日卫开工日期）；

竣工日期_______年___月___日（按约定验收标准验收合格的日期为竣工日期）。

第2条　工程监理

2.1　若本工程委托监理，甲方应与工程监理单位另行签订《工程监理合同》，并将本工程监理单位及监理工程师的姓名、联系方式及监理的职责范围通知乙方。

2.2　乙方驻工地代表（姓名）______________，全权代表乙方负责本工程施工合同履行。如乙方更换工地代表，应及时书面通知甲方。

第3条　乙方工程承包方式

甲、乙双方协商确定，采取下列第_______款承包方式。

3.1　乙方包工包料，全部装饰材料由乙方采购供给并包施工（见《工程主材料报价单》）。乙方提供的材料、设备应提前____天通知甲方验收。未经甲方验收以及不符合工程主材料报价单要求的，不得使用。如已使用，对工程造成的损失由乙方负责。甲方不按时验收，超过　天的，视为验收，但不免除乙方不按工程主材料报价单选购以及使用材料所引起的责任。乙方提供的材料、设备属于伪劣商品的，应双倍赔偿甲方。

3.2　乙方包工、包部分材料，甲方供部分材料。甲乙双方各自应当填写《工程主材料报价单》，并各自承担因供应材料所引起的产品质量、空气质量等方面的责任。

3.3　乙方只包人工费，甲方采购供给全部材料（见《工程主材料报价单》），甲方提供的材料、设备应提前_____天通知乙方验收。乙方发现甲方提供的材料中有质量问题或规格差异，应向甲方及时提出。甲方仍表示使用的，由此造成的工程质量问题，其责任由甲方承担。未经甲方同意，乙方不得将甲方提供的材料、设备挪作它用。乙方违反本规定的，应当双倍赔偿甲方。

3.4　甲方或者乙方提供的材料应当符合《室内装饰材料有害物质限量10项强制性国家标准》。

第4条　施工设计图纸

甲、乙双方协商确定，施工图纸采取下列第_______种方式解决。

4.1　甲方为乙方提供施工设计图纸，图纸一式两份，双方各执一份，乙方照图施工。

4.2　甲方委托乙方设计并提供施工图纸，甲方同意后签字，图纸一式两份，双方各执一份，乙方照图施工；甲、乙双方协商确定设计费（大写）为_______元，由甲方支付。

第5条　甲方义务

5.1　开工前三天，解决施工必备的水源、电源，无偿提供给乙方施工使用，并按有关规定向施工所在地的物业管理公司申报。

5.2　施工现场无任何影响施工的物品存放，如有滞留家居、物品等，应采取保护措施。

5.3　负责协调现场施工队因临时占用公用部位操作而影响的邻里关系。

5.4　需要拆改原建筑结构，变动燃气、供暖等管线时，开工前到有关负责部门办妥各相应的审批手续，并承担费用。

5.5 按照本合同规定的付款、金额向乙方支付工程款。

5.6 乙方告知甲方签证的，甲方如无异议，应在三日内签证。

5.7 参与工程质量和施工进度的监理、材料进厂的验收、隐蔽工程的验收、竣工质量的验收。

第6条 乙方义务

6.1 根据工程设计图纸、工程特点，做好图纸会审，制定施工进度计划表，交给甲方、监理方各一份。

6.2 主动向甲方宣传室内环保指示，提高甲方的环保装修意识；乙方在装饰设计中，应计算居室单位每季使用装饰材料的承载量，以保证室内空气质量达标。

6.3 做好工程所需各种人员及机具的调度，施工中电工、焊工等主要工种必须做到持证上岗；指定专人负责安全工作，并严格遵守有关安全施工操作规范及防火规定。

6.4 严格按照有关施工操作规范及质量标准施工，确保工程质量符合双方指定的工程质量标准。

6.5 进入现场的施工人员，不得扰民及污染环境，不得在居民正常休息时间从事敲、凿、刨、钻等产生噪声的装修活动。

6.6 保证居室内上、下水管道畅通和卫生间清洁；保证施工现场的整洁，每日完工后，清理施工现场。

6.7 未收到有关部门的批准文件，不得拆改建筑物结构及各种设备管线，不得超建筑设计承重标准增加荷载。

6.8 隐蔽工程竣工的验收，应提前两天通知甲方、监理方，现场验收签字后，再进行下道工序施工。

6.9 工程竣工后，两天内通知甲方、监理方，确定工程验收时间，届时进行工程验收签证验收合格后，向甲方和监理方提供水、电管路改造图纸各一套，留存备查。

第7条 工程款、决算

7.1 工程预、决算由乙方负责编制。

7.2 编制工程预、决算书，采取甲、乙双方“协商定价”方式时，应当参照当地现行价格，双方认可；若甲方委托监理，要有监理方签字。

7.3 采取“套用定额”方式预、决算，乙方做到套用定额准确，按实际工作量计算。

7.4 施工过程中如发生施工项目增减或变更，甲、乙双方协商一致，并签订《施工项目变更单》，同时调整相关工程费用及工期。

7.5 各项工程项目结算，依甲、乙双方现场实测实量工程量为准，并经双方签证后，按实结算。

第8条 工程款支付方式

8.1 双方合同签字生效后，甲方按下表规定工程形象进度，向乙方按时付款。

工程付款时间表

工程进度	付款时间	付款比例（%）	金 额（元）
对预算设计方案认可	合同签订当日		
施工过程中	水、电隐蔽工程通过验收		
工期过半	油漆工进场前		
竣工验收	验收合格当天		
增加工程项目	签订工程项目变更单时		

8.2 甲乙双方商定的其他付款方式。

第9条 违约责任

9.1 甲方违约责任。

9.1.1 甲方如不按本合同的规定时间和付款比例及时向乙方支付工程款的，属于违约，应向乙方支付________元/日违约金。

9.1.2 因甲方供料误时，造成停工待料，使工期延误的，工期自动顺延，由此造成的损失由甲方自负。

9.1.3 因甲方所供材料，不符合相关质量标准，造成工程质量或空气质量问题，进而导致甲方经济损失的，其责任由甲方自负。

9.1.4 工程未办理验收、结算手续，甲方提前擅自入住，由此造成无法验收和损失的，由甲方承担经济责任。

9.1.5 甲方未办理有关手续，强行要求乙方拆改原有房屋承重结构或公用管线和设施的，乙方应当拒绝。乙方未拒绝，接受甲方要求施工时，由此造成的损失和事故责任由甲方负责，乙方承担连带责任（包括罚款）。

9.2 乙方违约责任。

9.2.1 因乙方施工质量或施工工艺不符合质量标准，致使工程返工、整改等造成经济损失的，乙方应向甲方赔偿实际经济损失。

9.2.2 因乙方原因致使工期延误的，工期不予顺延，乙方应向甲方支付工程总价款每日________%的违约金。

9.2.3 因乙方责任导致室内空气质量不合格的，乙方必须返工或进行综合治理。因此造成工期延长的，视同工期延误，乙方向甲方支付工程总价款每日________%的违约金；经返工或综合治理，室内空气质量仍然不达标

的，乙方应退还甲方本合同项下由乙方购买的可能释放有害物质的装饰装修材料的全部价款。

9.3　甲方认可的并以文字协议为依据的工程量增加、设计变更或不可抗力等造成的工期顺延，不计违约金。

第10条　工程质量验收

工程竣工后，乙方通知甲方验收，甲方自接到竣工验收通知后五日内组织验收。验收合格后，填写工程质量验收单，双方办理移交手续凉爽方未办理手续前，甲方不得入住，否则视同承认验收合格。

10.1　在竣工验收时，如甲方对工程质量有异议，应申请由质量技术监督部门认证的专业检测机构，对其进行检测，检测相关费用由责任方承担。本工程质量按下列两款标准执行：

10.1.1《家庭装饰工程质量规范》（GB/T6016—97）。

10.1.2《家居装饰装修工程施工要求》（DB3702/T042—2003）。

10.2　在工程完工后（不含石坊提供的可能释放有害物质的装饰装修材料和家具），如甲方对室内空气质量有异议，乙方应提供给甲方由质量技术监督部门认证的检测机构的室内空气检测报告。

10.2.1　本工程室内环境空气质量，应当在装修完工的7日后进行检测。检测时甲乙双方应现场确认。

10.2.2　本工程室内空气质量检测应执行国家现行的《室内空气标准》（GB/T18883—2002）。室内环境应检测一下项目，即甲醛、苯、甲苯、二甲苯、总挥发性有机化合物TVOC。

第11条　卫生保洁

工程竣工后，乙方将施工的居室内、经过走廊和楼道的沾污部位等打扫干净，搞好清洁卫生；建筑垃圾的清运，甲方如无能力处理，可以委托乙方承运，甲方支付实际清运费（大写）________元。乙方负责将垃圾运到指定地点。

第12条　工程保修

工程竣工验收合格后，双方办理移交手续，结清尾款另一方应提交水电线路图，签署保修单，保修期为两年。有防水要求的厨房、卫生间防渗工程保修期为五年。保修期内，凡因乙方原因出现各项质量问题，乙方负责免费返修，并接到甲方通知三日内，派人做好维修服务；因甲方住用、管理不当等原因出现的问题，乙方不承担免费保修责任。

第13条　合同争议的解决方式

本合同在履行过程中或在保修期内发生争议，由甲、乙双方协商解决；也可以向当地消费者协会室内装饰投诉站申请调解，不愿通过协商、调解解决或协商、调解不成时，选择下列________种方式解决。

13.1　提交当地仲裁委员会仲裁。

13.2　人民法院诉讼解决。

第14条　附则

14.1　本合同经双方签章后正式生效，至工程竣工、甲方向乙方付清工程款，保修期满后，自行失效。

14.2　合同经双方签字生效后，任何一方需变更合同内容，应经协商一致后，重新签订补充协议。开工前，一方如要终止合同，应以书面形式提出，并按合同工程总造价款的________%支付违约金，办理终止合同手续。

14.3　本合同一式______份，甲、乙、监理方各执壹份。合同附件为本合同的组成部分，具有同等法律效应。

14.4　本合同经双方签订后，工程不得转包。甲方发现乙方将工程转包的，可以终止合同的履行，并追究乙方的违约责任：合同总价款的________%，此外，转包给甲方造成的损失，按照实际损失数额进行赔偿。

14.5　本合同未尽事宜，双方可另行签订合同“补充条款”，与本合同具有同等法律效应。

工程发包方：（签章）	工程承包方：（签章）	工程监理方：（签章）
地址： 代表人： 联系电话： 年　月　日	地址： 代表人： 联系电话： 年　月　日	地址： 代表人： 联系电话： 年　月　日

合同附件：

1. 由乙方编制，应有甲、乙双方的签名及签署日期。
2. 家居装饰装修工程预算报价单。
3. 家居装饰装修工程施工进度表。
4. 家居装饰装修工程项目变更通知单。
5. 家居装饰装修工程质量验收单。
6. 家居装饰装修工程决算报价单。
7. 家居装饰装修工程保修书。

本合同由青岛市工商行政管理局、青岛市消费者协会、青岛市室内装饰行业协会共同制定。